本书系国家自然科学基金（51979173）和南京水利科学研究院出版

北京市永定河滞洪水库大坝安全评价关键技术研究

BEIJING SHI YONGDING HE ZHIHONG SHUIKU DABA
ANQUAN PINGJIA GUANJIAN JISHU YANJIU

李 卓　蒋景东　范光亚　毕朝达　黄 勇　刘 波　朱思远 ◎ 编著

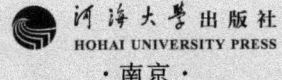

河海大学出版社
HOHAI UNIVERSITY PRESS
·南京·

内容提要

本书在现场安全检查、混凝土结构与金属结构安全检测、补充地质勘查和观测资料分析等工作的基础上，按照《水库大坝安全鉴定办法》（水建管〔2003〕271号）及《水库大坝安全评价导则》（SL 258—2017）要求，依据工程勘测、设计、施工、监理、验收、运行管理、安全监测等资料，对永定河滞洪水库中堤、右堤、进水闸、连通闸、退水闸等建筑物的工程质量、运行管理、防洪能力、渗流安全、结构与抗震安全、金属结构安全等进行了分析评价并提出了建议。本书可供大坝安全设计、施工、评价、运行管理和相关科研人员参考使用。

图书在版编目（CIP）数据

北京市永定河滞洪水库大坝安全评价关键技术研究 /
李卓等编著. -- 南京：河海大学出版社，2022.2
ISBN 978-7-5630-7169-2

Ⅰ. ①北… Ⅱ. ①李… Ⅲ. ①滞洪水库—大坝—防洪工程—安全评价—研究—北京 Ⅳ. ①TV697.1

中国版本图书馆CIP数据核字（2021）第174213号

书　　名	北京市永定河滞洪水库大坝安全评价关键技术研究
书　　号	ISBN 978-7-5630-7169-2
责任编辑	成　微
特约校对	徐梅芝
封面设计	徐娟娟
出版发行	河海大学出版社
地　　址	南京市西康路1号（邮编：210098）
网　　址	http://www.hhup.cm
电　　话	（025）83737852（总编室）
	（025）83722833（营销部）
经　　销	江苏省新华发行集团有限公司
排　　版	南京布克文化发展有限公司
印　　刷	广东虎彩云印刷有限公司
开　　本	787毫米×1092毫米　1/16
印　　张	17.75
字　　数	445千字
版　　次	2022年2月第1版
印　　次	2022年2月第1次印刷
定　　价	89.00元

前言

官厅山峡的洪水是北京市防洪的心腹之患,威胁着永定河泛区和小清河分洪区的防洪安全,永定河滞洪水库滞蓄官厅山峡洪水,对于缓解永定河洪水的威胁,减少长辛店地区和小清河分洪区的洪灾损失,促进北京市经济可持续发展和社会稳定具有重要意义。北京市永定河滞洪水库位于卢沟桥下游永定河内,由"两库"、"三闸"和"四堤"组成。"两库"即稻田水库(上库)和马厂水库(下库),稻田水库库容 3 008 万 m^3,马厂水库库容 1381 万 m^3;"三闸"即进水闸、连通闸和退水闸;"四堤"即永定河左堤和右堤、中堤和横堤,堤防总长为 36.9 km。滞洪水库工程等别为Ⅱ等;"三闸"建筑物级别为 2 级,堤防级别为 1 级,水库防洪标准为 100 年一遇洪水设计,地震设防烈度为Ⅷ度。工程承担首都永定河重要防洪任务,同时保护下游重要基础设施、军事及交通干线等安全。

由于工程枢纽包含水库、堤防、水闸等多种建筑物类型,同时堤防穿越北京市输水、输气管道,交通道路桥梁、北京城市地铁,并且工程的安全性态关乎北京市的防洪安全,加之工程自 2004 年 12 月竣工初步验收以来已运行超过 15 年,随着时间的推移,建筑物的强度、稳定和耐久性均有可能发生变化,给安全运行管理工作带来一定的影响,为了解工程目前的安全性态及存在问题,有预见性地对大坝进行全面管理维护,本书在现场安全检查、混凝土结构和金属结构安全检测及补充地勘的基础上,依据有关技术规范,融合计算分析、安全监测、反演分析、三维仿真分析等手段,对永定河滞洪水库各建筑物的工程质量、运行管理、防洪能力、渗流安全、结构与抗震安全、金属结构安全等进行了分析评价,结合工程运行现状提出了今后安全运行的主要建议。本书安全分析评价对保障永定河滞洪水库安全运行、充分发挥工程的社会效益等具有重要意义,其分析方法为今后国家类似特大型重点城市大型蓄滞洪区工程枢纽的安全鉴定工作提供了参考借鉴。

本著作编写过程中,有关领导和专家给予了热忱的指导和支持,书中部分内容的编写和资料提供得到了有关人员的支持和帮助;本著作的出版得到了南京水利科学研究院出版基金以及国家自然科学基金(编号:51979173)的资助,特表示感谢。

书中存在的错误和不足之处,敬请批评、指正。

编著者
2022 年 1 月

目录

1 引言 ··· 001

    1.1 项目背景 ·· 001

    1.2 本次安全评价基础性工作 ··· 003

    1.3 本次安全鉴定成果 ··· 003

2 工程概况 ·· 005

    2.1 概述 ··· 005

    2.2 工程布置 ·· 006

    2.3 水库运行中存在的主要问题 ·· 007

    2.4 本次大坝安全评价工作简况 ·· 008

3 现场安全检查 ··· 010

    3.1 现场安全检查概况 ··· 010

    3.2 现场安全检查中存在的问题 ·· 011

    3.3 小结 ··· 018

4 工程质量评价 ··· 020

    4.1 评价方法 ·· 020

    4.2 工程地质条件评价 ··· 024

    4.3 工程质量评价 ··· 041

    4.4 小结 ··· 054

5 运行管理评价 ·· 057

5.1 水库运行管理能力评价 ··· 057
5.2 水库调度运行评价 ·· 059
5.3 工程养护修理评价 ·· 062
5.4 小结 ··· 062

6 防洪能力复核 ·· 064

6.1 设计标准 ·· 064
6.2 流域概况 ·· 064
6.3 洪水流量 ·· 066
6.4 泥沙 ··· 072
6.5 调洪演算 ·· 074
6.6 调洪计算 ·· 077
6.7 水库防洪能力复核 ··· 079
6.8 小结 ··· 082

7 渗流安全评价 ·· 083

7.1 大坝运行过程中与渗流有关问题 ·· 083
7.2 渗流监测资料分析 ·· 083
7.3 渗流计算分析 ··· 086
7.4 小结 ··· 099

8 结构安全评价 ·· 100

8.1 变形监测资料分析 ·· 100
8.2 中堤、右堤结构安全评价 ··· 123
8.3 堤防护坡复核 ··· 132
8.4 泄输水建筑物结构安全评价 ·· 133
8.5 小结 ··· 202

9 抗震安全评价 ·· 204

9.1 地震基本参数 ··· 204
9.2 大坝抗震复核 ··· 204
9.3 泄输水建筑物抗震安全复核 ·· 206
9.4 小结 ··· 226

10	**金属结构安全评价**	**227**
	10.1 进水闸工作闸门及启闭机	227
	10.2 连通闸工作闸门及启闭机	240
	10.3 退水闸工作闸门及启闭机	253
	10.4 小结	268
11	**大坝安全综合评价**	**270**
	11.1 主要结论	270
	11.2 建议	271
参考文献		**272**
附表		**273**

1 引言

1.1 项目背景

北京市永定河滞洪水库位于卢沟桥下游 2.4 km 至 14.6 km 的永定河内,距北京市区约 20 km。水库的主要任务是防洪,用以控制永定河官厅山峡的洪水,解决 100 年一遇洪水情况下,永定河不向右岸分洪,以及右岸长辛店地区及北京市境内小清河分洪区人员的防洪避险问题,减少小清河分洪区及永定河下游泛区重要基础设施、工矿企业、军事仓库及交通干线的洪灾损失。永定河滞洪水库总库容 4 389 万 m^3,由上库和下库组成。上库为稻田水库,库容为 3 008 万 m^3;下库为马厂水库,库容为 1 381 万 m^3。水库由中堤、右堤、进水闸、连通闸、退水闸等组成,平面布置图见图 1.1-1。工程于 2000 年开工,2002 年 11 月建成,2004 年 12 月完成初步竣工验收。

鉴于永定河滞洪水库在永定河防洪体系中的重要作用,滞洪水库工程等别确定为 Ⅱ 等,进水闸、连通闸、退水闸等建筑物级别为 2 级,中堤、右堤级别为 1 级,水库按 100 年一遇洪水标准设计,地震设防烈度为 Ⅷ 度。稻田水库设计洪水位 53.50 m,马厂水库设计洪水位 50.50 m。

稻田水库起自大宁水库左岸南端,下至京良公路永立桥,右堤为永定河右堤,中堤为沿永定河右侧治导线新建的堤防。马厂水库以连通闸与稻田水库相接,下至黄良铁路桥上游约 500 m 处的老三坝,水库右堤为永定河右堤,中堤为沿永定河右侧治导线新建的堤防。

根据《水库大坝安全鉴定办法》(水建管〔2003〕271 号)要求,水库大坝实行定期安全鉴定制度,首次安全鉴定应在竣工验收后 5 年内进行,运行期每 6～10 年应进行一次安全鉴定。滞洪水库自 2004 年 12 月工程初步竣工验收,迄今已运行超过 15 年,为了解工程目前的安全性态,为工程运行管理和综合效益发挥提供科学依据,北京市永定河滞洪水库管理处决定按照《水库大坝安全鉴定办法》要求,对滞洪水库大坝进行初步竣工验收后的首次安全鉴定。

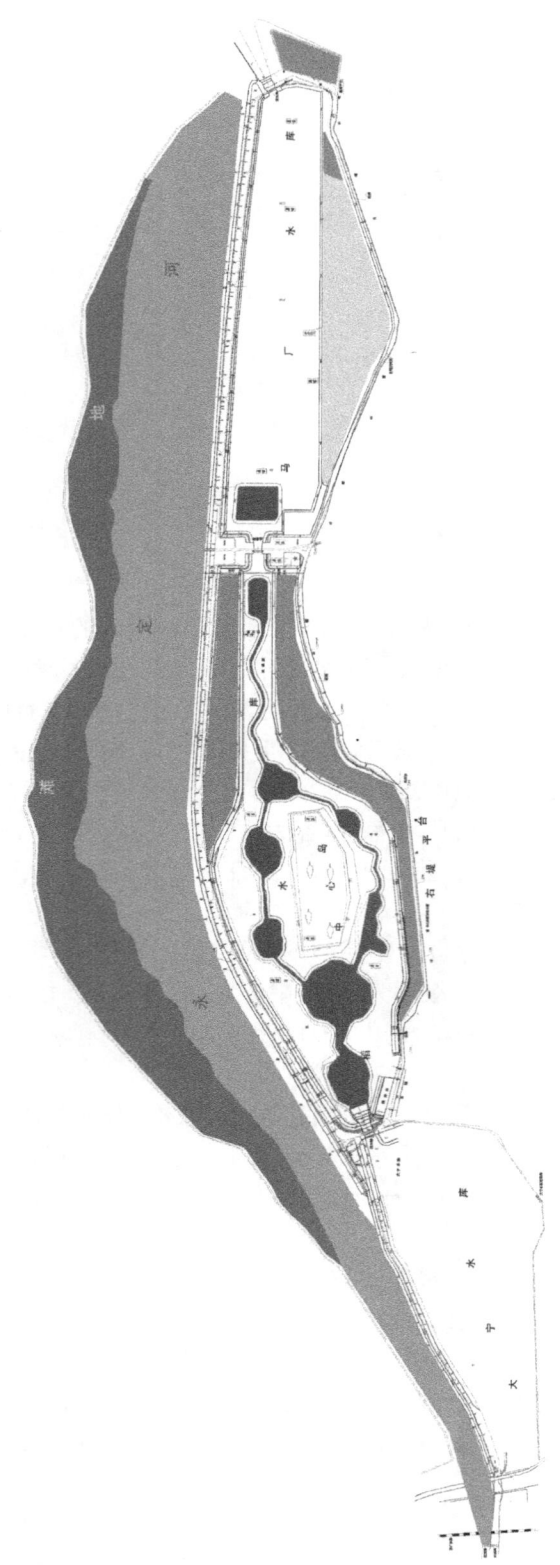

图 1.1-1 永定河滞洪水库平面布置图

1.2 本次安全评价基础性工作

根据《水库大坝安全鉴定办法》和《水库大坝安全评价导则》要求，并结合滞洪水库实际，本次大坝安全鉴定开展了如下基础性工作：

1. 基础资料收集

收集了滞洪水库建库工程勘测、设计、施工、监理及验收资料，大坝安全监测记录，运行管理等其他相关资料。

2. 现场安全检查

由北京市水务局、水利部大坝安全管理中心、北京市永定河滞洪水库管理处、北京市水利规划设计研究院、北京市官厅水库管理处、北京市水务工程建设与管理事务中心、南京水利科学研究院、滞洪水库管理所等单位专家共同组成的大坝现场安全检查专家组开展了全面现场安全检查，了解了工程安全与管理现状及存在的主要问题，并对本次安全评价工作提出指导性意见。

3. 观测资料分析

滞洪水库监测项目包括：闸前水位监测，进水闸、连通闸、退水闸的闸基渗流压力、闸墩接缝开合度、闸墩变形监测，中堤断面沉降观测。监测积累了第一手原始观测资料，对揭示工程总体运行性态具有重要价值。本次安全鉴定对大坝渗流观测资料进行了系统、全面地分析。

4. 混凝土结构检测

对滞洪水库各建筑物混凝土外观缺陷、裂缝分布、渗漏状态等多个方面进行了外观质量检测；采用回弹法对各建筑物混凝土强度及碳化深度进行了检测；采用雷达的超高频电磁波方法对混凝土内部钢筋的分布与保护层厚度进行了抽检；采用外观检查结合钻孔方式对钢筋混凝土结构钢筋锈蚀程度进行了检测。

5. 金属结构检测

以目测并借助卷尺、卡尺、数码相机等工具，描述、记录金属结构主要构件的外观情况；使用 QuaNix 涂层测厚仪对金属结构的涂层厚度进行抽样检测，采用超声波方法对钢闸门主要构件的腐蚀量进行抽样检测；对主要金属结构的腐蚀分布、面积及部位等进行描述，评定腐蚀程度；采用欧能达 5100 型全数字超声波探伤仪进行无损探伤，检验焊缝及热影响区，探测焊缝内部缺陷的大小、形状和分布情况；对绝缘电阻、三相电流、三相电压、电气设备运行温度、设备运行噪音等电气参数及粗糙度、硬度等材料特性进行了检测。对闸门结构进行了有限元计算，复核了闸门面板强度，主梁、纵梁、边梁、底梁应力及挠度，对启闭机进行了检测。

6. 补充地勘

经现场检查，确定了本次补充地勘工作的重点，对滞洪水库中堤、右堤、进水闸进行了补充地质勘察。

1.3 本次安全鉴定成果

南京水利科学研究院承担了本次大坝安全鉴定的有关专题研究及大坝安全综合评价

任务。在北京市永定河滞洪水库管理处、北京市永定河滞洪水库管理所等单位的支持和配合下，相关工作已经完成，提出的成果见表1.3-1，本书即为其中的大坝安全综合评价报告。

表1.3-1　永定河滞洪水库大坝安全评价报告清单

序号	专题成果名称	完成单位
1	永定河滞洪水库大坝安全综合评价报告	南京水利科学研究院
2	永定河滞洪水库大坝现场安全检查报告	滞洪水库大坝现场安全检查专家组
3	永定河滞洪水库工程质量评价报告	南京水利科学研究院
4	永定河滞洪水库防洪安全评价报告	南京水利科学研究院
5	永定河滞洪水库渗流安全评价报告	南京水利科学研究院
6	永定河滞洪水库结构与抗震安全评价报告	南京水利科学研究院
7	永定河滞洪水库混凝土结构安全检测报告	南京水利科学研究院
8	永定河滞洪水库金属结构安全评价报告	南京水利科学研究院、河海大学
9	永定河滞洪水库安全监测资料分析报告	南京水利科学研究院
10	永定河滞洪水库补充地勘报告	明达海洋工程有限公司

2 工程概况

2.1 概述

北京市永定河滞洪水库位于卢沟桥下游 2.4 km 至 14.6 km 的永定河内,距北京市区约 20 km。地理位置如图 2.1-1 所示。水库的主要任务是防洪,用以控制永定河官厅山峡的洪水,解决 100 年一遇洪水情况下,永定河不向右岸分洪,以及右岸长辛店地区及北京市境内小清河分洪区人员的防洪避险问题,减少小清河分洪区及永定河下游泛区重要基础设施、工矿企业、军事仓库及交通干线的洪灾损失。

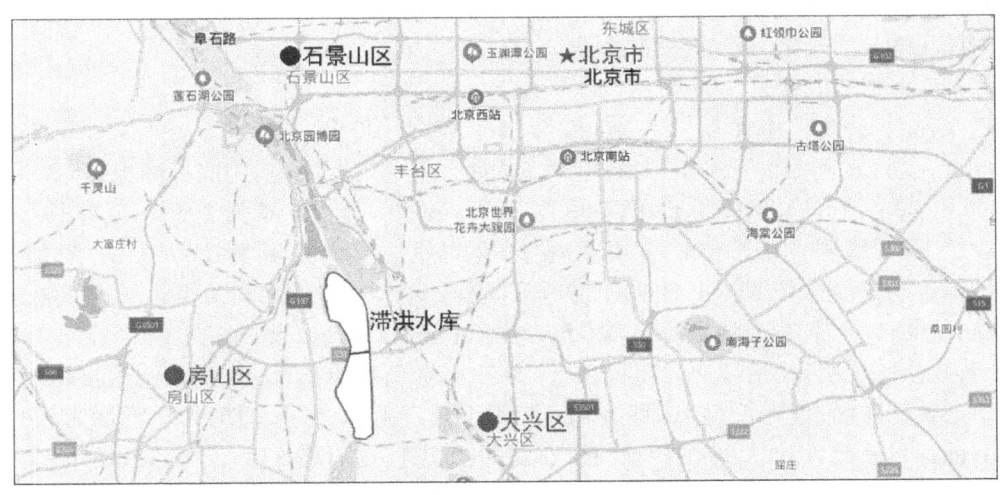

图 2.1-1 滞洪水库地理位置图

永定河官厅水库以下至三家店称官厅山峡,流域面积 16 000 km²,为多发性暴雨区,易产生较大洪水,永定河历史上发生的几次大洪水中,约 90% 的洪水产生于官厅山峡,滞洪水库对滞蓄官厅山峡洪水,缓解永定河洪水威胁,保护北京市防洪安全有重要意义。

当官厅山峡出现 50 年一遇洪水,洪峰流量为 4 330 m³/s 时,其中 2 500 m³/s 流量由卢沟桥拦河闸入永定河,其余 1 830 m³/s 洪水由小清河分洪闸入大宁水库、稻田水库、马厂水库,大宁水库泄洪闸不下泄,刘庄子分洪口门不分洪。当官厅山峡出现100年一遇洪水,洪峰流量为6 230 m³/s时,其中2 500 m³/s流量由卢沟桥拦河闸入永定河,小清河分洪闸下泄3 730 m³/s,经大宁水库、稻田水库、马厂水库联调后,大宁水库泄洪闸控制下泄214 m³/s入小清河分洪区,刘庄子分洪口门不分洪。

鉴于永定河滞洪水库在永定河防洪体系中的重要作用,滞洪水库工程等别确定为Ⅱ等,进水闸、连通闸、退水闸等建筑物级别为2级,中堤、右堤级别为1级,根据批准的流域、区域防洪规划要求确定设计洪水标准为100年一遇,地震设防烈度为Ⅷ度,水库总库容4 389万 m³,库面面积9.42 km²,水库的主要任务是防洪,控制永定河官厅山峡的洪水。工程于2000年开工,2002年11月建成。

2.2 工程布置

滞洪水库包括稻田水库和马厂水库,稻田水库为上库,起自大宁水库南端,下至京良公路永立桥;马厂水库为下库,通过连通闸与稻田水库相接,下至黄良铁路桥上游约500 m处。稻田水库长4 560 m,平均宽1 200 m,库区面积5.47 km²,库区设计底高程为47.80～48.30 m,平均底高程为48.00 m,最高库水位53.50 m,水库平均最大水深5.50 m,库容3 008万 m³。马厂水库长4 060 m,水库平均宽970 m,库区面积3.95 km²,库区设计底高程为46.80～47.30 m,平均底高程为47.00 m,最高库水位50.50 m,水库平均水深3.5 m,库容1 381万 m³。滞洪水库左岸为沿永定河右侧治导线新建的堤防(称为中堤),右岸为原永定河右堤。

水库主要建筑物有进水闸、连通闸、退水闸、中堤、横堤(连通闸左右侧堤防)、右堤,平面布置图见图1.1-1,工程特性表见附表。

(1)进水闸

进水闸位于大宁水库副坝左端,按防洪标准为100年一遇洪水设计,对应流量为1 900 m³/s。进水闸为潜孔平板门形式,闸室为带胸墙平底板闸室,闸底板高程49.00 m,共6孔,每孔净高6 m,净宽12.2 m,闸室总宽85.6 m,顺水流方向总长291 m,闸室长24 m。每孔设平板工作闸门,高6.4 m,采用卷扬启闭机。胸墙底高程55.00 m,闸顶高程63.00 m,上游最高水位61.21 m,闸下游库底高程46.00 m。进水闸采用底流式消能方式,消力池长34 m,池深3 m,池底板厚1.6 m,池底高程41.00 m。消力池上游设坡比为1∶4(以下若无特殊说明,均指坡比)的斜坡段与闸室相接,斜坡段长33 m,消力池后接钢筋混凝土护坦及柔性海漫,护坦长60 m,厚0.5 m,护坦下游设10 m深垂直防冲墙,海漫为长20 m、厚1 m的铅丝石笼,以1∶20的斜坡与抛石防冲槽相连,抛石底高程37.00 m,长30 m。

(2)连通闸

滞洪水库由横堤平台相隔为上下两座水库,连通闸用以连通上下库,连通闸位于京良公路永立桥右侧约350 m处,在100年一遇洪水设计条件下泄流量为1 176 m³/s。闸室为平底板开敞式,共5孔,每孔净宽12 m,中墩厚1.5 m,闸室总宽66 m。闸门为平板钢闸门,固定式卷扬启闭机。闸室上部设检修工作桥、闸门导向排架柱及公路桥。闸室上缘设7.2 m深垂直防渗墙;闸室上游接15 m长钢筋混凝土铺盖,厚0.5 m,其上游再接28 m长浆砌块石护底至横堤平台上游坡脚。两侧翼墙为混凝土扶臂式挡土墙,与两岸横堤平台相连。闸室下游采用底流式消能方式,消力池深 1.3 m,池长 20 m,然后接长 30 m、厚 1 m 的钢筋混凝土护坦,再接长 54 m、厚 0.5 m、坡度 1∶18 的浆砌块石海漫,海漫尾部设混凝土防冲墙,下接长 17 m、深 2 m 的抛石防冲槽以及 1∶5 的反坡段,反坡段与库底相连。

(3) 退水闸

退水闸位于黄良铁路桥上游 500 m、马厂水库的尾堤上,上游最高水位为 50.50 m 时,泄流量为 400 m³/s。闸室为平底板开敞式,底板高程为 45.80 m,共 8 孔,每孔净宽 7 m,中墩厚 1.2 m,缝墩厚 2.0 m。闸门为弧形钢闸门,采用固定式卷扬启闭机。闸室上部设有检修桥、机架桥和交通桥。闸室上游接长 15 m、厚 0.5 m 的钢筋混凝土铺盖,铺盖前为长 15 m、厚 0.5 m 的浆砌块石护底和长 10 m、厚 0.5 m 的干砌石护底。闸室下游为长 15 m、厚 0.8 m 的钢筋混凝土消力池,池深 1.2 m,池底板高程 43.8 m,消力池下游接钢筋混凝土护坦,下接长 40 m、厚 0.5 m 的浆砌块石海漫,海漫末端设 3 m 深的混凝土防冲墙,海漫以 1∶20 的正坡与抛石防冲槽相接,防冲槽后以 1∶10 的反坡与退水渠衔接,退水渠渠首底高程 45.80 m,底坡 1∶1 000,平均宽 150 m。

(4) 水库右堤

水库右堤在原永定河右堤基础上建设,建设时由原堤向堤内加宽 30 m,局部加宽 110 m,内坡为 1∶4.5,外坡原坡比不变,库内边坡采用混凝土连锁板、混凝土六角方砖和空格砖护砌及黏土包胶,连锁板下铺土工布反滤层。右堤道路宽 6.0 m,路面设单侧 0.1% 的横坡,道路两侧设混凝土路缘石,路缘石顶部与混凝土路面高度一致。每 200 m 设伸缩缝一道,沿道路中心线及横向每 5 m 做切缝。在桩号 K1+000~K2+600 设排水渠,每 100 m 做一道直径为 300 mm 的混凝土过路管,与原堤防护砌排水设施相连。

(5) 水库中堤

水库左侧堤防为沿永定河右侧治导线建设的堤防,为滞洪水库中堤,或称为"左堤",中堤上起大宁水库左堤南端桩号 K3+475.532 处,下至滞洪水库退水闸,堤长 10.21 km,其中稻田水库段长 6.14 km,马厂水库段长 4.07 km。堤防为碾压式细砂均质堤。堤顶宽 75 m,最大堤高 12.7 m,两侧边坡 1∶4.5,沿永定河一侧边坡采用混凝土连锁板下接 2.1 m 深的浆砌块石防冲齿墙;水库一侧边坡采用混凝土连锁板、混凝土六角方砖和空格砖护砌及黏土包胶。中堤为沥青混凝土路面,分上下道布置于堤顶两侧,道路宽 4 m,部分单线段 7~8 m,每 500 m 设联络线路一道,路面宽为 5 m,路面设单侧 1% 的横坡,路面两侧设路缘石,每 100 m 做排水槽与已建堤坡排水槽连通,设计路面结构层厚度 68 cm。

(6) 横堤平台

横堤平台位于京良公路永定河桥右侧,起到连接左、右堤及连通闸的作用。横堤平台为碾压式细砂均质堤,堤长 675 m,堤顶高程 55.5 m,两侧边坡为 1∶4.5,分别坡向稻田水库和马厂水库,边坡采用混凝土连锁板、混凝土六角方砖和空格砖护砌及黏土包胶,连锁板下铺无纺布为反滤层。

2.3 水库运行中存在的主要问题

滞洪水库投入运行至今已 10 多年,运行中逐渐暴露出如下主要问题:

1. 堤顶路面裂缝

稻田水库中堤局部破损严重，桩号 K0+490~K1+000、K3+400~K5+691 多处破损，路面纵横裂缝较多，桩号 K0+700~K2+000 堤顶路面和浆砌石岸肩墙沉降较大。

2. 稻田水库

稻田水库右堤桩号 K5+230、K5+600 混凝土连锁板护坡有 2 处塌陷；局部树木生长茂盛引起混凝土连锁板上抬。中堤桩号 K1+000 处草皮护坡局部塌陷，有洞穴；马道与排水沟结构部位普遍存在破损现象，局部护坡因车辆碾压导致护坡破坏，混凝土连锁板护坡杂草较多，背水坡混凝土连锁板杂草较多，不利于巡视检查，护坡有车辆行驶痕迹。

3. 马厂水库

马厂水库中堤迎水坡马道与排水沟结合部位普遍破损，马道局部上台，踏步局部塌陷，排水沟局部破损，排水沟与六角砖护坡结合部位变形较大，草皮护坡杂草较多，不利于巡视检查，车辆行驶导致护坡破坏；背水坡草皮护坡杂草较多，不利于巡视检查，护坡有车辆行驶痕迹，影响护坡结构安全。

4. 进水闸

进水闸上游翼墙有竖向混凝土裂缝，右岸挡墙有一处沉降开裂；左岸翼墙外侧有 3 处塌陷坑，铺盖斜坡段普遍露筋，铺盖有纵向裂缝，分缝填充材料老化，少量破损、脱落。闸室底板上有纵向和横向裂缝，闸墩、边墩上有竖向裂缝，工作桥柱底可见较多钢筋锈胀、露筋。护坦有纵、横向混凝土裂缝；现浇混凝土护坡局部有断裂、破损现象，结构分缝的填充材料老化、缺失，存在少量破损、脱落。

5. 连通闸

连通闸上游翼墙有竖向裂缝；铺盖有纵、横向裂缝；闸室段 1# 孔下游闸底板上有横向裂缝；3# 孔闸底板（斜坡段）上有一处冻融剥蚀；闸墩、边墩上有竖向裂缝。下游连接段翼墙上有竖向裂缝；右岸模袋混凝土护坡有一处滑坡产生的隆起（高约 0.8 m），有两处范围 3 m×10 m 和 3 m×3 m 的塌陷；结构分缝的填充材料老化，存在少量破损、脱落。

6. 退水闸

退水闸上游连接段翼墙上有竖向混凝土裂缝；铺盖上有纵、横向混凝土裂缝；右岸模袋混凝土与预制块护坡结合部有范围 1 m×5 m 的塌陷。闸室段底板上有纵、横向裂缝；闸墩上有竖向裂缝，缝墩分缝填充材料部分破损、脱开；交通桥梁侧有较多钢筋锈胀、露筋。下游连接段翼墙上有竖向混凝土裂缝；消力池底板、护坦底板上有纵、横向混凝土裂缝；浆砌护坦有裂缝；石海漫有少量勾缝剥落、局部分缝填充材料脱落。

7. 大坝安全监测设施

进水闸、连通闸、退水闸部分渗压计损坏，无有效数据；退水闸三向测缝计缺少日常维护，传感器链接杆弯曲；部分沉降观测墩开裂、归心底盘锈蚀、保护盖无法打开。

2.4 本次大坝安全评价工作简况

滞洪水库自 2003 年投入运行以来，未进行过全面的大坝安全鉴定。运行期间出现稻田水库中堤背水坡渗漏，右堤迎水面混凝土连锁板护坡塌陷，连通闸渗漏等安全隐患。为准确掌握大坝安全运行状况，合理、科学调度水资源，有必要对其进行全面的安全鉴定和科学评价。为此，北京市永定河滞洪水库管理处委托南京水利科学研究院对滞洪水库进行安全评价。按照《水库大坝安全鉴定办法》和《水库大坝安全评价导则》要求，在资料收集、现场安全检查、混凝土与金属结构检测、补充地质勘察基础上，对大坝工程质量、运行管理、防洪能力、渗流安全、结构与抗震安全及金属结构安全等进行了评价，最后进行大坝安全综合评价，形成报告。

3

现场安全检查

3.1 现场安全检查概况

2019年6月20—24日,北京市永定河滞洪水库管理处和南京水利科学研究院有关技术人员联合成立了现场安全检查专家组,专家组向水库管理人员了解了大坝运行、监测情况,对大坝设计、施工、运行资料进行了初步检查分析,对工程有关问题进行了研讨后,对中堤、右堤、进水闸、连通闸、退水闸以及金属结构和运行管理设施等进行了现场检查,检查日期为2019年6月20—25日,本次现场检查期间水库空库运行,天气晴。

3.1.1 现场安全检查依据

检查工作按照《水库大坝安全鉴定办法》、《水库大坝安全评价导则》、《土石坝安全监测技术规范》(SL 551—2012)等进行。

3.1.2 现场安全检查项目

1. 水库调度

重点检查水库调度规程及执行情况、调度人员岗位职责、操作程序等。

2. 中堤、右堤

(1) 堤顶路面是否有裂缝等缺陷。

(2) 岸肩墙、迎水坡、背水坡、排水设施、观测设施是否有破坏现象。

(3) 背水坡、坝脚一带是否有异常渗漏现象。

(4) 附近是否有白蚁或其他动物的危害迹象。

(5) 其他异常现象。

3. 进水闸、连通闸、退水闸

(1) 闸室、闸墩、泄槽等:混凝土裂缝、变形、剥蚀。

(2) 启闭机排架:混凝土剥蚀、露筋、裂缝。

(3) 消能设施:是否破坏、下游淘刷情况。

(4) 闸门:锈蚀、变形、裂缝、焊缝开裂、油漆剥落、钢丝绳锈蚀、磨损、断裂、止水损坏或老化、漏水、闸门振动、空蚀。

(5) 控制设备：变形、裂纹、螺(铆)钉松动、焊缝开裂、锈蚀、润滑、磨损、水电油系统故障、操作运行情况。

(6) 其他异常现象。

4. 大坝安全监测

(1) 大坝安全监测规程、安全监测人员配备情况。

(2) 监测项目、精度、资料整编情况。

5. 其他

(1) 水库渗漏、附近地区渗水坑、地槽、四周山地植物生长情况、公路及建筑物的沉陷、与大坝在同一地质构造上其他建筑物的反应；原地面剥蚀、淤积情况。

(2) 其他异常情况。

3.2 现场安全检查中存在的问题

3.2.1 围堤

中堤上起大宁水库库尾，下至退水闸，全长 10.745 km，最大堤高 12.70 m，其中稻田水库段长 5.89 km，马厂水库段长 4.855 km。中堤设计为碾压式砂砾石均质坝，堤顶宽 75 m，两侧坡比 1∶3.5，迎水坡与滞洪水库库底相连接，背水坡与永定河河道相连接。

1. 稻田水库

1) 堤顶和岸肩墙

中堤堤顶为沥青路面和砂石路面，总体基本平整，局部破损；中堤桩号 K0+490～K1+000 段路面破损，有纵、横向裂缝；右堤路面为混凝土路面，右堤 K4+000～K5+900 路面破损严重，有纵、横向裂缝。中堤、右堤岸肩墙外观完好，局部有裂缝，中堤桩号 K0+700～K2+000 之间浆砌石岸肩墙沉降较大。外观缺陷检查情况见表 3.2-1。

表 3.2-1　堤顶及岸肩墙外观缺陷检查汇总表

序号	位置	起止桩号	部位	外观质量
1	中堤	K0+490～K1+000	上游侧堤顶	路面破损严重，路面基本平整，存在横向、纵向裂缝
			岸肩墙	浆砌石肩墙结构完好
2	中堤	K1+100～K2+800	下游侧堤顶	路面基本平整，存在纵向裂缝
3	中堤	K3+400～K5+691	上游侧堤顶	路面破损严重
4	中堤	K4+800～K5+800	下游侧堤顶	路面基本平整，存在纵向裂缝
5	右堤	K4+000～K5+300	堤顶	路面变形较大，裂缝较多，路面破损严重
			岸肩墙	K5+900 肩墙断裂
6	右堤	K7+000～K8+700	堤顶	路面为砂石、沥青路面，总体平整

2) 中堤迎水坡

中堤总体外观完好，混凝土板护坡纵、横向裂缝较多，有车辆碾压痕迹，混凝土板之间杂草较多,草皮护坡局部塌陷;马道与排水沟结合部位普遍存在破损现象,混凝土连锁板护坡杂草较多,不利于巡视检查;中堤迎水坡结构形式见表3.2-2,迎水坡外观缺陷检查情况见表3.2-3。

表 3.2-2　稻田水库中堤迎水坡护坡结构形式

序号	起止桩号	结构形式	备注
1	K0+100～K0+495	浆砌石肩墙+浆砌石护坡	进水闸进口段
2	K0+700～K1+000	三维植被网植草+现浇混凝土板	
3	K1+000～K3+200	草皮护坡+混凝土六角砖+混凝土连锁板	
4	K3+200～K3+400	混凝土空格砖植草+现状台地+混凝土连锁板	渐变段
5	K3+400～K5+691	混凝土空格砖植草+现状台地+混凝土连锁板	

表 3.2-3　稻田水库中堤迎水坡外观缺陷检查汇总表

序号	位置	起止桩号	部位/高程	外观质量
1	中堤	K0+495～K0+700		混凝土板表面平整,混凝土板存在15条纵向裂缝,裂缝宽1～6 mm
2	中堤	K0+700～K1+000	马道以下	护坡表面平整,混凝土板有车辆行驶痕迹,存在网状裂缝,存在约63条纵、横向裂缝,裂缝宽1～7 mm,混凝土板间杂草较多;排水沟外观完好
			马道	混凝土板平整
			马道以上	护坡为植草护坡
3	中堤	K1+000～K1+200	马道以下	护坡为混凝土连锁板,外观完好,但缝间杂草较多,不利于巡视检查
			马道	混凝土板完好
			马道以上	混凝土六角砖表面平整,草皮护坡塌陷、洞穴,排水沟局部破损
4	中堤	K1+200～K1+300		排水沟与六角砖护坡间接缝变形,翘起约2 cm
5	中堤	K1+200～K1+530	马道以下	混凝土连锁板和六角砖表面平整,杂草较多,不利于巡视检查,排水沟破损
6	中堤	K1+600～K3+200	马道以上	踏步破损,K1+650马道面板塌陷,排水沟结合处局部隆起约10 cm,桩号K2+100～K2+220排水沟与六棱块护坡间接缝轻微变形,桩号K2+100～K2+220排水沟局部隆起,桩号K2+150排水沟破损、排水沟排水不畅,桩号K2+300～K2+500草皮护坡与混凝土六角砖结合部位有轻微变形,桩号K2+500～K3+000排水沟破损
			马道	K2+100～K2+200马道局部塌陷,马道局部上抬
7	中堤	K3+400～K5+691		混凝土连锁板护坡总体平整,排水沟有杂物,岸肩墙局部破损

3）中堤背水坡

中堤背水坡混凝土板护坡和混凝土连锁板护坡总体平整，混凝土板之间杂草较多，混凝土连锁板杂草较多，不利于现场巡视检查，有车辆碾压痕迹，排水沟局部破损。稻田水库背水坡护坡结构形式见表3.2-4，背水坡外观缺陷检查情况见表3.2-5。

表3.2-4　稻田水库中堤背水坡护坡结构形式

序号	起止桩号	结构形式	备注
1	K0+100～K0+495	草皮护坡+现浇混凝土板	进水闸进口段
2	K0+700～K1+000	草皮护坡+现浇混凝土板	
3	K1+000～K3+200	混凝土连锁板	
4	K3+200～K3+400	混凝土连锁版	渐变段
5	K3+400～K5+691	混凝土连锁版	

表3.2-5　背水坡外观缺陷检查汇总表

序号	位置	起止桩号	部位/高程	外观质量
1	中堤	K0+700～K1+000	马道以上	护坡为植草护坡，杂草较多，护坡局部裂缝，裂缝间杂草较多
			马道	混凝土板平整
			马道以下	混凝土板护坡表面基本平整
2	中堤	K1+000～K5+691	马道以上	混凝土连锁板护坡杂草较多，不利于现场巡视检查，有车辆碾压痕迹；K1+800排水沟局部裂缝、破损；K4+800～K5+300排水沟局部破损

4）右堤迎水坡

右堤迎水坡总体外观完好，桩号K5+230、K5+600混凝土连锁板护坡有2处塌陷，面积约150 m²；马道局部塌陷，杂草较多；混凝土连锁板护坡杂草较多，不利于巡视检查，局部树木生长茂盛，引起混凝土连锁板上抬；车辆碾压引起护坡变形较大；右堤迎水坡结构形式见表3.2-6，迎水坡外观缺陷检查情况见表3.2-7。

表3.2-6　稻田水库右堤迎水坡护坡结构形式

序号	起止桩号	结构形式	备注
1	K4+300～K4+600	三维植被网植草+现浇混凝土板	
2	K4+600～K5+000	草皮护坡+混凝土六角砖+混凝土连锁板	
3	K5+000～K5+232	草皮护坡+混凝土六角砖+混凝土连锁板	渐变段
4	K5+232～K6+885	草皮护坡+混凝土六角砖+混凝土连锁板	
5	K6+885～K7+375	混凝土空格砖植草+现状台地+混凝土连锁板	渐变段
6	K7+375～K9+490	混凝土空格砖植草+现状台地+混凝土连锁板	

表 3.2-7　稻田水库右堤迎水坡外观缺陷检查汇总表

序号	位置	起止桩号	部位/高程	外观质量
1	右堤	K4+900～K5+230		六角砖护坡变形较大,马道与六角砖护坡结合处六角砖上翘
2	右堤	K5+230～K5+600	马道以下	桩号 K5+230 混凝土连锁板护坡塌陷面积约 100 m², 塌陷深约 1 m, 桩号 K5+600 混凝土连锁板护坡有 2 处塌陷, 面积约 150 m², 桩号 K5+700 排水沟与六角砖之间变形
			马道	桩号 K5+550 马道混凝土板上翘, 长约 200 m, 混凝土板间杂草较多
3	右堤	K6+100～K6+885	马道以上	桩号 K6+610～K6+685 车辆碾压引起护坡变形, 桩号 K6+250 六角砖护坡杂草较多, 踏步与六角砖结合处变形, 桩号 K6+300～K6+660 六角砖与草皮护坡结合处变形 18 处, 桩号 K6+600 马道与六角砖结合处六角砖上翘
			马道	桩号 K6+250 马道塌陷; 桩号 K6+100～K6+885 马道混凝土杂草较多, 混凝土板破损、上翘 5 cm
			马道以下	混凝土连锁板护坡杂草较多
4	右堤	K7+000～K7+800		桩号 K7+000～K7+350 混凝土连锁板护坡树木生长茂盛, 排水沟排水不畅, 桩号 K7+800 车辆碾压引起护坡变形较大, K7+700 排水沟排水不畅
5	右堤	K8+000～K9+220		排水沟排水不畅, 混凝土连锁板护坡杂草较多, 桩号 K8+700 车辆碾压引起护坡破损, 桩号 K9+000 浆砌石肩墙上抬, 桩号 K9+000～K9+200 混凝土连锁板护坡上抬, 排水沟局部破损
6	右堤	K8+000～K9+220		桩号 K9+420 混凝土连锁板变形较大, 桩号 K9+520 混凝土连锁板杂草较多

5) 右堤背水坡

背水坡树木生长茂盛,稻田水库背水坡护坡结构形式见表 3.2-8,背水坡外观缺陷检查情况见表 3.2-9。

表 3.2-8　稻田水库右堤背水坡护坡结构形式

序号	起止桩号	结构形式	备注
1	K4+300～K4+600	三维植被网植草	
2	K4+600～K9+949	现状堤顶,无护坡	

表 3.2-9　稻田水库右堤背水坡外观缺陷检查汇总表

序号	位置	起止桩号	部位/高程	外观质量
1	右堤	K4+300～K9+949		右堤背水坡无护坡,树木生长茂盛

2. 马厂水库

1) 堤顶和岸肩墙

堤顶为沥青混凝土路面、砂石路面、混凝土路面,中堤堤顶路面总体平整,局部有纵、横向裂缝;浆砌石岸肩墙局部裂缝。堤顶及岸肩墙外观缺陷检查情况见表3.2-10。

表 3.2-10　堤顶及岸肩墙外观缺陷检查汇总表

序号	位置	起止桩号	部位	外观质量
1	中堤	K6+294~K10+000	下游堤顶	路面基本平整,存在横向、纵向裂缝,局部纵向裂缝贯穿呈网格状
			岸肩墙	K8+400浆砌石岸肩墙裂缝、脱空
2	右堤	K8+700~K13+000	堤顶	路面总体平整,路面为砂石路面,路面为混凝土路面

2) 中堤迎水坡

迎水坡外观总体完好,排水沟与六角砖护坡结合部位普遍存在错位,马道局部上抬,踏步局部塌陷,车辆碾压引起护坡局部破坏,迎水坡护坡结构形式见表3.2-11,迎水坡外观缺陷检查情况见表3.2-12。

表 3.2-11　马厂水库中堤迎水坡护坡结构形式

序号	起止桩号	结构形式	备注
1	K6+294~K10+154	草皮护坡+混凝土六角砖+混凝土连锁板	

表 3.2-12　马厂水库中堤迎水坡外观缺陷检查汇总表

序号	位置	起止桩号	部位/高程	外观质量
1	中堤	K6+294~K10+154		桩号K6+500排水沟与六角砖护坡结合处变形、六角砖上翘;桩号K6+700踏步局部倾斜,六角砖变形破损,踏步局部塌陷、破损,六角砖护坡变形较大,草皮护坡杂草较多;车辆碾压导致桩号K7+680护坡破坏,六角砖护坡杂草较多;桩号K8+200草皮护坡杂草较多,不利于巡视检查,踏步和马道局部破损;桩号K9+000马道与护坡结合部位上抬,马道局部上抬,排水沟局部破损;桩号K9+500~K10+000排水沟局部破损

3) 中堤背水坡

背水坡草皮护坡杂草较多,不利于现场检查;混凝土连锁板护坡有车辆碾压痕迹,马厂水库背水坡护坡结构形式见表3.2-13,背水坡外观缺陷检查情况见表3.2-14。

表 3.2-13　马厂水库中堤背水坡护坡结构形式

序号	起止桩号	结构形式	备注
1	K6+294~K10+154	混凝土连锁板	

表 3.2-14　马厂水库中堤背水坡外观缺陷检查汇总表

序号	位置	起止桩号	部位/高程	外观质量
1	中堤	K6+000～K10+000		草皮护坡杂草较多不利于巡视检查,混凝土连锁板护坡车辆碾压痕迹

4)右堤迎水坡

右堤迎水坡总体外观完好,局部杂草较多,马厂水库迎水坡护坡结构形式见表3.2-15,迎水坡外观缺陷检查情况见表3.2-16。

表 3.2-15　马厂水库右堤迎水坡护坡结构形式

序号	起止桩号	结构形式	备注
1	K9+850～K10+315	草皮护坡+保留滩地+混凝土连锁板	
2	K10+315～K11+685	混凝土空格砖植草+保留滩地+混凝土连锁板	
3	K11+685～K13+727	混凝土空格砖植草+保留滩地+混凝土连锁板	
4	K13+727～K14+031	混凝土空格砖植草+填筑滩地+混凝土连锁板	

表 3.2-16　马厂水库右堤迎水坡外观缺陷检查汇总表

序号	位置	起止桩号	部位/高程	外观质量
1	右堤	K9+850～K14+000		右堤草皮护坡和混凝土连锁板护坡总体完好,局部杂草较多

5)右堤背水坡

右堤背水坡外观完好,树木生长茂盛,马厂水库背水坡护坡结构形式见表3.2-17,背水坡外观缺陷检查情况见表3.2-18。

表 3.2-17　马厂水库右堤背水坡护坡结构形式

序号	起止桩号	结构形式	备注
1	K9+850～K10+315	现状堤顶,无护坡	
2	K10+315～K11+685	现状堤顶,无护坡	
3	K11+685～K13+727	现状堤顶,无护坡	
4	K13+727～K14+031	现状堤顶,无护坡	

表 3.2-18　马厂水库右堤背水坡外观缺陷检查汇总表

序号	位置	起止桩号	部位/高程	外观质量
1	右堤	K9+850～K14+000		右堤背水坡部分树木生长茂盛、草皮护坡外观完好

3.2.2　进水闸

1. 上游连接段

上游混凝土护坡总体完好,局部有裂缝。翼墙、护底、铺盖、护坡等结构整体完好。结构分缝未见异常开合、错动,分缝止水基本正常。外观缺陷主要有:翼墙有竖向混凝土裂缝,右岸挡墙有1处沉降开裂;左岸翼墙外侧有3处塌陷;铺盖斜坡段普遍露筋;铺盖有纵向混凝土裂缝;现浇混凝土护坡局部有断裂、破损现象;分缝填充材料老化,少量破损、脱落。

2. 闸室段

闸墩、底板、胸墙、工作桥、检修桥、交通桥等结构整体完好。结构分缝未见异常开合、错动,分缝止水基本正常。外观缺陷主要有:上游闸室底板上有纵向和横向裂缝;闸墩、边墩上有竖向裂缝;工作桥柱底可见较多钢筋锈胀、露筋。

3. 下游连接段

翼墙、陡坡、消力池、护坦、海漫、护坡等结构整体完好。结构分缝未见异常开合、错动,分缝止水基本正常。外观缺陷主要有:翼墙上有竖向混凝土裂缝、局部剥蚀现象;护坦有纵、横向混凝土裂缝;现浇混凝土护坡局部有断裂、破损现象;结构分缝的填充材料老化、缺失,少量破损、脱落。

4. 启闭设施

启闭机房外观完好,启闭机保养较好,有备用电源。

3.2.3 连通闸

1. 上游连接段

上游侧模袋混凝土外观完好,翼墙、护底、铺盖、护坡等结构整体完好。结构分缝未见异常开合、错动,分缝止水基本正常。外观缺陷主要有:右岸踏步局部破损,左岸护坡有1处块石护坡松动、脱落,左岸排水沟有堵塞、盖板脱落现象;右岸护坡台阶边墙有1处沉降断裂;护坡与挡墙连接处的顶盖板局部有滑动、错开现象;翼墙上有竖向混凝土裂缝;浆砌石、干砌石护底整体完好;铺盖有纵、横向混凝土裂缝;结构分缝的填充材料老化、缺失,少量破损、脱落。

2. 闸室段

闸墩、底板、胸墙、工作桥、检修桥、交通桥等结构整体完好。结构分缝未见异常开合、错动,分缝止水基本正常。外观缺陷主要有:1#孔下游闸底板上有横向裂缝;3#孔闸底板(斜坡段)上有1处冻融剥蚀;闸墩、边墩上有竖向裂缝。

3. 下游连接段

翼墙、消力池、护坦、海漫、护坡等结构整体基本完好。结构分缝未见异常开合、错动,分缝止水基本正常。外观缺陷主要有:翼墙上有竖向混凝土裂缝;护坡与挡墙连接处的顶盖板局部有滑动、错动现象;右岸踏步台阶倒覆,右岸护坡台阶边墙有1处沉降断裂;右岸模袋混凝土护坡有1处滑坡产生的隆起(高约0.8 m),有两处范围3 m×10 m和3 m×3 m的塌陷;右岸排水沟有冻融剥蚀现象;结构分缝的填充材料老化,少量破损、脱落。

4. 启闭设施

启闭机房外观完好,启闭机保养较好,有备用电源。

3.2.4 退水闸

1. 上游连接段

左岸模袋混凝土护坡局部破损,翼墙、护底、铺盖、护坡等结构整体完好。结构分缝未见异常开合、错动,分缝止水基本正常。外观缺陷主要有:翼墙上有竖向混凝土裂缝;铺盖上有纵、横向混凝土裂缝;右岸模袋混凝土与预制块护坡结合部有范围 1 m×5 m 的塌陷;结构分缝的填充材料老化,少量破损、脱落。

2. 闸室段

闸墩、底板、胸墙、工作桥、检修桥、交通桥、翼墙、启闭机牛腿等结构整体基本完好。结构分缝未见异常开合、错动,分缝止水基本正常。外观缺陷主要有:底板上有纵、横向裂缝;闸墩上有竖向裂缝,缝墩分缝填充材料部分破损、脱开;交通桥梁侧有较多钢筋锈胀、露筋。

3. 下游连接段

翼墙、消力池、护坦、海漫、护坡等结构整体基本完好。结构分缝未见异常开合、错动,分缝止水基本正常。外观缺陷主要有:翼墙上有竖向混凝土裂缝;消力池底板、护坦底板上有纵、横向混凝土裂缝;浆砌护坦有裂缝,石海漫少量勾缝剥落、局部分缝填充材料脱落;左岸浆砌石护坡少量勾缝剥落;结构分缝的填充材料老化,少量破损、脱落。右岸护坡外观完好。

4. 启闭设施

启闭机房外观完好,闸门、启闭机保养较好,有备用电源。

3.2.5 管理设施

1. 管理房

水库管理房为砖混结构,满足水库运行管理需要。库区范围内防汛公路为沥青路面。防汛物资储存在三个水闸管理房内仓库及各堤堤顶。现有防汛物资主要为块石、木料、绳索、备用发电机等。

2. 通信设施

水库通信设施包括座机、手机和互联网络。通信设施满足日常管理和应急管理要求。

3.2.6 监测设施

目前水库大坝主要有库水位监测、变形监测、渗流监测和视频监控,监测设施总体基本工作正常。

3.3 小结

经现场检查,现状滞洪水库主要存在如下问题:

(1) 稻田水库中堤堤顶路面局部破损,桩号 K0+490～K1+000、K3+400～K5+691 多处破损,路面纵横裂缝较多,桩号 K0+700～K2+000 堤顶路面和浆砌石岸肩墙沉降较大。右堤路面整体破损严重,桩号 K4+000～K6+700 堤顶路面破损严重。

(2) 稻田水库中堤总体外观完好,迎水坡混凝土板护坡纵、横向裂缝较多,草皮护坡局部塌陷,马道与排水沟结构部位普遍存在破损现象,局部护坡因车辆碾压导致护坡破坏;背水坡混凝土连锁板护坡有车辆行驶痕迹,影响护坡结构安全。右堤桩号 K5+230、K5+600 混凝土连锁板护坡有 2 处塌陷,局部树木生长茂盛引起混凝土连锁板上抬;背水坡未见异常。

（3）马厂水库堤顶路面总体外观完好，局部有纵、横向裂缝，浆砌石岸肩墙局部破损。

（4）马厂水库中堤迎水坡马道与排水沟结合部位普遍破损，马道局部上台，踏步局部塌陷，排水沟局部破损，排水沟与六角砖护坡结合部位变形较大，车辆行驶导致护坡破坏；背水坡护坡有车辆行驶痕迹，影响护坡结构安全。

（5）进水闸上游混凝土护坡总体完好，翼墙有竖向混凝土裂缝，右岸挡墙有1处沉降开裂；左岸翼墙外侧有3处塌陷坑；铺盖斜坡段普遍露筋；铺盖有纵向混凝土裂缝；现浇混凝土护坡局部有断裂、破损现象；分缝填充材料老化，少量破损、脱落。上游闸室底板上有纵向和横向裂缝；闸墩、边墩上有竖向裂缝；工作桥柱底可见较多钢筋锈胀、露筋。下游连接段翼墙上有竖向混凝土裂缝、局部剥蚀现象；护坦有纵、横向混凝土裂缝；现浇混凝土护坡局部有断裂、破损现象；结构分缝的填充材料老化、缺失，少量破损、脱落。启闭机保养较好，有备用电源。

（6）连通闸上游连接段右岸踏步局部破损，左岸护坡有1处块石松动、脱落，左岸排水沟有堵塞、盖板脱落现象；右岸护坡台阶边墙有1处沉降断裂；护坡与挡墙连接处的顶盖板局部有滑动、错开现象；翼墙上有竖向混凝土裂缝；铺盖有纵、横向混凝土裂缝；结构分缝的填充材料老化、缺失，少量破损、脱落。闸室段1#孔下游闸底板上有横向裂缝；3#孔闸底板（斜坡段）上有1处冻融剥蚀；闸墩、边墩上有竖向裂缝。下游连接段翼墙上有竖向混凝土裂缝；护坡与挡墙连接处的顶盖板局部有滑动、错动现象；右岸踏步台阶倒覆，右岸护坡台阶边墙有1处沉降断裂；右岸模袋混凝土护坡有1处滑坡产生的隆起（高约0.8 m），有两处范围3 m×10 m和3 m×3 m塌陷；右岸排水沟有冻融剥蚀现象；结构分缝的填充材料老化，少量破损、脱落。启闭机保养较好，有备用电源。

（7）退水闸上游连接段翼墙上有竖向混凝土裂缝；铺盖上有纵、横向混凝土裂缝；右岸模袋混凝土与预制块护坡结合部有范围1 m×5 m的塌陷；结构分缝的填充材料老化，少量破损、脱落。闸室段底板上有纵、横向裂缝；闸墩上有竖向裂缝，缝墩分缝填充材料部分破损、脱开；交通桥梁侧有较多钢筋锈胀、露筋。下游连接段翼墙上有竖向混凝土裂缝；消力池底板、护坦底板上有纵、横向混凝土裂缝；浆砌护坦有裂缝；石海漫少量勾缝剥落、局部分缝填充材料脱落；左岸浆砌石护坡少量勾缝剥落；结构分缝的填充材料老化，少量破损、脱落。闸门、启闭机保养较好，有备用电源。

（8）进水闸、连通闸、退水闸部分渗压计损坏，无有效数据；退水闸三向测缝计缺少日常维护，传感器链接杆弯曲；部分沉降观测墩开裂、归心底盘锈蚀。

经现场检查，确定本次安全评价工作的重点如下：

① 补充进行进水闸、中堤、右堤地质勘察，查明渗漏原因；

② 复核各围坝坝顶高程，为安全评价提供基础资料；

③ 对进水闸、连通闸、退水闸混凝土与金属结构进行现场检测，评价建筑物工程质量。

4 工程质量评价

4.1 评价方法

对于工程质量评价，在现场检查、历史资料收集的基础上，结合大坝运行期间暴露出的坝顶沉降、迎水坡混凝土护坡破损、迎水坡坍塌以及背水坡渗漏等安全隐患进行了针对性地补充地质勘察，查阅了滞洪水库施工过程、验收等资料，查清补齐了工程质量评价所需的资料。

根据《水库大坝安全评价导则》要求，结合工程自身特点，本次工程质量评价依据的方法主要有如下几个方面。

4.1.1 补充地质勘察

本工程建设阶段积累了较为完善的地质勘察资料，本次在历史地勘资料收集的基础上补充了渗漏段的地质勘察。各阶段地质勘察情况详述如下：

（1）1999年初步设计阶段

该阶段工程地质勘察主要结合工程初步设计要求，对进水闸、连通闸、退水闸、中堤、右堤等进行了钻孔勘察。完成的主要工作量详见表4.1-1。

表4.1-1 1999年初步设计阶段完成的主要工作量统计表

类别	工作项目	单位	工作量
水文地质	井点调查	点	144
物探	地震	km	3.242
	高密度	km	3.972
勘探	钻探	m/孔	2 946/146
	竖井	m/孔	30/5
原位测试	标准贯入试验	段/孔	316/65
	重型动力触探	段/孔	140/52

续表

类别	工作项目	单位	工作量
水文地质试验	渗水试验	个	7
	抽水试验	m/孔	44.1/2
室内试验	原状样	个	331
	扰动样	个	227
	渗透变形	组	6
天然建材（砂砾石料场）	坑槽探	m/个	410/66
	取样	组	56
	碱活性试验	组	7

(2) 2019年大坝安全鉴定阶段

为配合大坝安全鉴定工作，进行了相应的地勘工作。野外地勘工作于2019年8月19日—9月11日完成。地勘工作详见表4.1-2。

表4.1-2　2019年大坝安全鉴定阶段地质勘探工作量统计表

工作内容	单位	工作量
地质钻孔	个/m	17/227.8
探井	个/m	14/72
室内试验（原状样）	件	18
室内试验（扰动样）	件	53
现场密度试验（环刀）	件	59
室内渗透试验	件	2
现场注水试验	件/孔	9/3
土腐蚀试验	件	3
标准贯入试验	次	58
重型圆锥动力触探试验	次	15
工程地质调查	km²	2

4.1.2　混凝土质量检测

1. 环境条件

根据《水工混凝土结构设计规范》(SL 191—2008)，水工混凝土结构所处的环境可分为下列五个类别：

一类：室内正常环境；

二类：露天环境；室内潮湿环境；长期处于地下或淡水水下环境；

三类:淡水水位变动区;弱腐蚀环境;海水水下环境;

四类:海上大气区;海水水位变动区;轻度盐雾作用区;中等腐蚀环境;

五类:海水浪溅区及干重度盐雾作用区;使用除冰盐环境;强腐蚀环境。

根据上述水工混凝土结构所处环境分类方法,本工程围堤、水闸的水上部分和水下部分属二类环境条件,水位变动区结构属三类环境条件。

2. 混凝土抗压强度检测

1) 检测与计算方法

根据《回弹法检测混凝土抗压强度技术规程》(JGJ/T 23—2011),采用无损检测法——回弹法检测混凝土现有抗压强度。回弹法是根据回弹仪中运动的重锤以一定冲击动能撞击顶在混凝土表面的冲击杆后,重锤回弹并带动一指针滑块,从而得到反映重锤回弹高度的回弹值,以回弹值推算混凝土强度。

在被测结构混凝土浇筑侧面上,选取没有疏松层、浮浆、油垢和蜂窝麻面的原状混凝土面,抽样布置回弹测区(面积 200 mm×200 mm)若干。在每一个测区内用回弹仪弹击 16 个测点并读取回弹测值(N),剔除其中 3 个最大值和 3 个最小值,将剩余的 10 个测值的平均值作为该测区的回弹值,同时测量碳化深度值(H)。根据回弹值(N)、碳化深度值(H)与混凝土强度(f)的关系曲线计算得到测区混凝土强度值。

2) 评价标准

根据《水工混凝土结构设计规范》规定,混凝土强度等级应根据计算或耐久性要求确定。

对于永久性建筑物,除需满足强度要求外,同时应满足结构的耐久性要求。处于二、三类环境的钢筋混凝土结构,混凝土强度等级不宜低于C25。桥梁上部结构和处于露天的梁、柱结构的混凝土强度等级不宜低于C25。

3) 混凝土碳化深度检测

(1) 检测方法

混凝土碳化是由于空气中的 CO_2 与混凝土中的 $Ca(OH)_2$ 作用,在混凝土表面生成 $CaCO_3$ 层,即碳化层。混凝土未碳化时呈碱性,碳化后为弱碱性,当遇酒精酚酞溶液后,前者显红色,后者为无色。在结构混凝土上用电锤或钢凿打一小孔,滴入 1% 的酒精酚酞溶液,测量未变红色的混凝土厚度即碳化深度。

(2) 评价标准

根据《水工混凝土建筑物缺陷检测和评估技术规程》(DL/T 5251—2010)规定,水工混凝土碳化分为三类:

A 类碳化:轻微碳化,大体积混凝土的碳化;

B 类碳化:一般碳化,钢筋混凝土碳化深度小于钢筋保护层的厚度;

C 类碳化:严重碳化,钢筋混凝土碳化深度达到或超过钢筋保护层的厚度。

4) 钢筋保护层厚度检测

(1) 检测方法

采用混凝土雷达超高频电磁波方法测量混凝土内部钢筋分布与保护层厚度。

① 基本原理

雷达发出的脉冲电磁信号,在混凝土中遇到钢筋时产生一个反射,反射信号被接收、放大后显示在仪器示波器上,根据仪器示波器上有无反射信号,可以判断混凝土内有无钢筋,根据反射信号到达滞后时间及电磁波在混凝土中的传播速度,可以计算出被测钢筋距混凝土表面的距离。

本次检测采用的手持式雷达集主机、探头和定位系统为一体,电磁波频率为1 600 MHz,探测深度40 cm,自动采集信号并成像于彩色显示屏上,自带测量轮编码器。

② 测量方法

在被检测区域,采用雷达对混凝土结构扫描,在雷达显示屏上可以看到扫描采集得到的反射波列阵图像与扫描区域的XY坐标,读出显示屏上具有钢筋特征的反射波所在的坐标位置:X坐标为钢筋位置,相邻两钢筋的X坐标即为钢筋间距;Y坐标为钢筋保护层厚度。

由于电磁波的传播速度与介质的介电常数有关,因此雷达测量得到的钢筋保护层厚度随混凝土的材质差异而变化,确定被测混凝土介质的介电常数关系到测量的精度。

本次结构混凝土的介电常数通过以下方法测定:

通过雷达测量得到钢筋位置Gs、保护层厚度Gt;在钢筋位置处用电锤钻一至钢筋的小孔,用游标卡尺测量保护层厚度值Gz,得到一组Gt、Gz数据;按以上方法测量数组Gt、Gz数据,对比Gt、Gz数据的差异,通过调整雷达仪器中的介电常数设置,使得Gt、Gz值基本一致为止。

(2) 评价标准

根据《水工混凝土结构设计规范》,处于二类环境的梁、柱、墩混凝土保护层最小厚度为35 mm,墙、板混凝土保护层最小厚度为25 mm。处于三类环境下的梁、柱、墩混凝土保护层最小厚度为45 mm,墙、板混凝土保护层最小厚度为30 mm。有抗冲耐磨要求的结构面层钢筋,保护层厚度应适当加大。

5) 钢筋锈蚀评价

钢筋的锈蚀总体可分为未锈蚀阶段和锈蚀阶段。锈蚀阶段的钢筋按其对建筑物的危害程度的大小可分类如下:

A类锈蚀:轻微锈蚀,混凝土保护层完好,但钢筋局部存在锈迹;

B类锈蚀:中度锈蚀,混凝土未出现顺筋开裂剥落,钢筋锈蚀范围较广,截面损失小于10%;

C类锈蚀:严重锈蚀,钢筋表面大部分或全部锈蚀,截面积损失大于10%或承载力失效,或混凝土出现顺筋开裂剥落;

根据结构的混凝土强度、碳化深度、钢筋保护层厚度、钢筋锈蚀检测结果,综合分析、判断结构混凝土钢筋锈蚀现状及发展趋势。

4.1.3 施工资料

依据滞洪水库中堤、右堤、进水闸、连通闸、退水闸的分部工程验收资料、单位工程验收资料、建设管理报告、监理报告、施工报告等施工过程资料,对滞洪水库工程质量进行了安全评价。

4.2 工程地质条件评价

4.2.1 区域地质概况

1. 地形地貌

永定河滞洪水库库区地貌属山前沉降型平原河谷地貌。永定河左堤外卢沟桥至卢城东为卢沟河古道，地表平坦，地面高程 45.00～53.00 m。稻田—马厂为永定河冲积平原，地势由北向南逐渐降低，地面高程 42.00～49.00 m。

永定河右堤以西至高佃、稻田、高陵、小马厂一带为永定河与小清河间之河间地块，地势北高南低，地面高程 43.00～56.00 m。

永定河大堤内为永定河漫滩及河床。滞洪水库即建在永定河右侧河漫滩上，漫滩由河床向西侧逐渐升高，地势总体平缓，地面高程 46.60～57.04 m，地表有风成砂垄、沙丘。主河床原地貌已被人工开采破坏，地面高程相差较大，局部残留弧丘。

2. 地层岩性

工程区所在北京地区属华北地层分区。区域地质资料、地质测绘及地质勘探成果显示，库区内均被第四系冲洪积层所覆盖，下伏早第三系黏土岩及碎屑岩。库区钻孔揭露的地层主要为第四系全新统冲洪积物。由老至新分述如下：

1）第三系始新统长新庄组（E_{2c}）

紫红色砂质泥岩、褐红色含砾泥岩、褐黄～褐红色砾岩，夹棕灰～褐色含砾砂岩、褐红色泥质砂岩薄层，呈互层状。岩层近水平，在北天堂水库西侧高佃—稻田一带出露于地表，表层风化严重。岩性、岩相变化较大，岩质较软弱，向东、向南被第四系冲洪积物所覆盖。在大宁水库主坝处基岩埋深 14.47 m。稻田水库右岸连通闸附近基岩隆起，埋深 21.10 m。马厂水库右岸杨庄子东南，距库区 300 m 处基岩埋深 110 m，在稻田水库左岸永合庄基岩埋深 34.0 m，马厂水库左岸鹅房村南砂质页岩埋深 66.1 m。

2）第四系全新统冲洪积层（Q_4^{al-pl}）

第四系全新系冲洪积层由细砂层、中砂层、壤土层和卵砾石层组成。各层分布情况如下：

（1）细砂层。黄色，稍密～中密，分布于现永定河两岸漫滩顶部，厚度 1～8 m。

（2）中砂层。黄色，中密～密度，该层在马厂库区厚度较大，分布于细砂层下部，一般厚度 5～14 m。

（3）壤土层。黄褐色，可塑，分布于库区中砂层下部，局部不连续，最大厚度 20.10 m，向上游逐渐变薄，至稻田水库终端左岸处尖灭。

（4）卵砾石层。杂色，圆磨较好，分选一般，成分以辉绿岩为主，灰岩等为辅。粒径 2～5 cm，充填有中细砂，局部夹粗砂，砂壤土薄层。该层向下游埋深逐渐增大，且在稻田水库左侧永定河主河床处被人工开采大面积出露。

3. 地质构造与地震

工程区位于中朝准地台、华北迭断陷、坨里—丰台迭凹陷内（根据北疆地质志之区域地质资料），区域构造呈现为早期（古生代及其以前）的近东西向隆坳或褶皱、断裂被后期（中生代以来)北东、北北东近南北及北西向的褶皱、断裂、断坳所交切复合的格局。近场区域存在的黄庄—高丽营断裂、八宝山断裂为区域性主要断裂,在平原区隐伏于第四系冲洪积物之下。

25 km 范围近场区断裂的最新活动主要在新第三纪。第四纪特别是晚更新世以来没有活动现象。近场区虽存六条区域性断裂和三条局部性断裂,但第四纪以来上述断裂活动强度很低,活动时代较早,多为早、中更新世。仅 F1 黄庄—高丽营断裂的芦井—晓幼营段(长达 15 km)在晚更新世时期仍有明显活动,其最晚活动时代为晚更新世末—全新世初。该断裂是工程活断层,其产状走向为北东 45°～55°,倾向南东,倾角 70°～80°,具走滑正断活动性。晚更新世以来平均垂直活动速率为 0.01 mm/a,它与库区的最近距离为 8 km。

根据 1:400 万《中国地震烈度区划图》(1990)及《永定河滞洪水库可研报告审查意见》,工程区地震基本烈度为Ⅷ度,地震动峰值加速度为 0.20 gal,地震动加速度反应谱特征周期为 0.40 s。

4. 水文地质条件

永定河滞洪水库库区属暖温带半湿润大陆性季风气候,夏季炎热多雨,冬季寒冷干燥。多年平均气温 12 ℃,多年平均降雨量 600 mm,其中 7、8、9 三个月的降雨量占全年降雨量的 60%～80%。水面年平均蒸发量 1 800 mm,最大冻土深度约 1 m,该河段上游有官厅水库和三家店闸等工程控制,经常断流。库区地下水补给主要来源于大气降水和侧向径流补给。近几年官厅水库放水,对沿河两岸补给也十分明显。

1) 水文地质单元划分

根据该区地层沉积特点,可将库区大宁—稻田一带划分为基岩区、永定河和小清河三个水文地质单元。

永定河与小清河河间地段大宁—稻田一带第三系(E_{2c})基岩隆起,大宁村北可见基岩出露地表。第三系基岩隆起东侧为永定河水文地质单元,沉积地层为第四系冲积层(Q_4^{al-pl}),表层为中细砂层,厚度 7.4～15.6 m,主要分布在稻田—马厂一带。基岩隆起西侧为小清河水文地质单元,沉积地层为第四系冲洪积层(Q_4^{al-pl}),表层为砂壤土层,厚度 2.0 m。

从稻田村向南,第三系基岩沿滞洪水库右堤方向呈不连续分布,且向南基岩埋深增大。该区沉积地层分别为永定河、小清河第四系冲洪积层,河间地段沉积地层为两河交错沉积层。

从水文地质等水位线图也可看出,该区为环绕基岩隆起带,地下水水位随地势升高而增高,等水位线呈封闭型。小清河与永定河之间无补给现象。两河在大宁—稻田一带无水力联系,第三系隆起的基岩成为该地区两河的分水岭。但到了稻田以南地区,由于河床的冲刷和沉积,两河河间地段无连续的分水岭,地下水等水位线连成一体,两河间水力联系密切。总体流向由西北向东南。

2) 含水层与隔水层分布及特征

库区含水层主要由第四系全新统冲洪积(Q_4^{al-pl})中细砂、砾石、卵石组成;相对隔水层主要为第三系(E_{2c})基岩及第四系全新统冲洪积(Q_4^{al-pl})黏性土。两河流域沉积颗粒粒径有所不同,从地层剖面分析,小清河沉积颗粒粒径较永定河大;库区由北向南、由西向东沉积粒径由大变小。

3) 地下水埋藏及径流特征

地下水类型以孔隙水为主,局部基岩出露地区为孔隙裂隙水。

由水文地质等水位线图分析,基岩区地下水高程46.00 m左右,向南地下水位逐渐降低为45.00 m左右,地下水总体流动趋势为由北向南,至库区下游,地下水高程降至35.00 m左右。

大宁—稻田地区小清河与永定河间存在分水岭,两河无补给关系。小清河地下水流动方向为由北向南,水力坡度为2‰。永定河地下水流动方向由西北向东南,水力坡度为1.5‰。

稻田向南,两河间无连续的分水岭。该段小清河流域地下水水位高于永定河流域地下水水位,由此可见,小清河地下水补给永定河地下水,且总体流动方向为由西北向东南,其水力坡度为1‰。

由水文地质勘探资料,库区地下水分为两层。第一层地下水赋存于中部砾石层中,库内及左堤外地下水埋深大,水位高程36.00~37.00 m,普遍低于上覆隔水层顶板,不具承压性。右堤—小清河一带,除连通闸以西马厂村—西营村一带中层含水层顶板较高,该层地下水不具承压性外,含水层上普遍覆盖一层相对隔水层。该层地下水在此区具承压性,承压水头1.5~3.5 m,最高可达6.7 m。承压水头总体上西高东低。

第二层地下水赋存于下部卵石层中,为承压水,在滞洪水库上部中游埋深在20.0 m左右,在退水闸一带,埋深加大,为24.00 m左右。承压水头6.0~12.0 m,局部地段高达16.0 m。承压水头高程:稻田水库区平均约为36.00 m,马厂水库区平均约为34.00 m。该层承压水补给方向亦为小清河至永定河,承压水流动方向由西北向东南。

4) 地下水动态

根据库区地下水观测资料,稻田水库区1998年最高地下水水位为43.39 m,最低地下水位为41.14 m,年变幅为2.25 m;马厂水库区1998年最高地下水位为32.47 m,最低地下水位为31.26 m,年变幅为1.21 m。滞洪水库区1998年地下水水位年变幅为2.0~3.0 m。

5) 水化学特征

区内地下水无色、无味、透明。pH为8.14,为弱碱性水,水质较好,水化学特征为HCO_3^- — Ca^{2+} — Mg^{2+}型水,矿化度0.65 g/L。

5. 库区渗漏

库区渗漏有暂时性渗漏和永久性渗漏两种,暂时性渗漏是指水库蓄水初期,为了饱和库水位以下土体的孔隙而出现的库水损失,永久性渗漏是指库水向周边低洼排水区渗漏。

滞洪水库用于滞洪而不长期蓄水,库水滞留时间最长不超过10 d,洪峰过后,库水即刻下泄,因此水库渗漏为暂时性渗漏。

6. 库岸稳定

水库两岸均为人工堤防,堤高6~8 m,边坡比1∶4.5,不存在塌岸问题。

4.2.2 进水闸工程地质条件

1. 地层岩性

进水闸位于大宁水库副坝左端,共6孔,孔口尺寸6 m×12.2 m,闸底板高程49.00 m。地层岩性自上而下如下:

(1) 壤土:褐黄色,稍湿,可塑,含云母碎片、锈斑,层底高程53.05~55.26 m,厚度0.80~3.50 m,表层有0.40~1.20 m耕土。

(2) 细砂：褐黄色，稍湿，可塑，含云母碎片、锈斑及少量砾石。局部含黏土团块。地层高程 50.71～53.62 m，厚度 1.30～4.30 m。

(3) 粗砂：褐黄色，稍湿，中密，含云母、锈斑及少量卵砾。局部含黏土团块。地层高程 48.75～51.46 m，厚度 1.20～1.60 m。

(4) 砾石：杂色，稍湿，密实，粒径一般为 2～5 cm，最大粒径 8 cm。充填物以中粗砂为主，含量 20%左右，且局部呈透镜体状分布于砾石层中，钻孔厚度 10.50 m。

(5) 卵石：杂色，湿，密实，粒径一般为 2～6 cm，最大粒径 12 cm。充填物以粗砂、砾石为主，含量约 30%，钻孔揭露厚度 7.10 m。

2. 土的物理力学性质

(1) 壤土：可塑，含水率 ω=14.9%～29.58%，重度 γ=16.0～18.7 kN/m³，孔隙比 e=0.71～0.89，黏聚力 c=0.02～0.04 MPa，内摩擦角 φ=18°～23.9°。

(2) 细砂：中密，标准贯入击数 $N_{63.5}$=6～17（击）。

(3) 粗砂：中密，标准贯入击数 $N_{63.5}$=13～29（击）。

(4) 砾石：密实，重型动力触探击数 $N_{63.5}$=19（击）。

(5) 卵石：密实。

各层土的物理力学指标见表 4.2-1。

表 4.2-1　进水闸土的物理力学指标

地层代号	岩性	含水率 ω (%)	重度 γ (kN/m³)	干重度 γ_d (kN/m³)	孔隙比 e	饱和度 Sr	直剪 c (MPa)	直剪 φ (°)	承载力 f (kPa)
①	壤土	15.98～23.88	16.0～17.0	14.22～14.7	0.82～0.87	51.6	0.03	21	160
②	细砂							26～28	130
③	粗砂							30～32	250
④	砾石			19.5				32～34	350
⑤	卵石								400

4.2.3　连通闸工程地质条件

1. 地层岩性

连通闸位于京良公路永立大桥之下，共 5 孔，孔口尺寸 5.5 m×12 m，闸底板高程 48.00 m。闸两侧为横堤，长 507 m。根据钻探及物探成果，将闸址区地层自上而下分述如下：

(1) 细砂：褐黄～褐色，稍湿，可塑，含云母、锈斑。层底高程 42.38～46.76 m，层厚 4.00～8.40 m。

(2) 中砂：黄色，稍湿，中密，含云母、锈斑及少量砾石、黏土团块。该砂层在闸室及以东处厚度较大，层底高程 35.56～43.68 m，层厚 4.20～9.60 m。

(3) 壤土：褐黄色，湿～饱和，可塑，含云母、锈斑，该层分布于闸室以西中砂层下部，层底高程 34.56～25.98 m。向西逐渐变薄至尖灭。

(4) 砾石:杂色,饱和,密实,以粗砾为主,充填物为中粗砂,级配较差。在连通闸及以西层底高程 30.80～32.58 m,厚度 2.70～4.70 m,向东厚度逐渐加大。

(5) 壤土:黄色,饱和,可塑,含云母、锈斑及姜石,层底高程 27.56～28.92 m,层厚 2.70～3.30 m。

(6) 卵石:杂色,密实,饱和,粒径一般为 3～6 cm,最大粒径 11 cm。充填物以中粗砂为主,分布于高程 27.20～27.50 m 以下,钻孔揭露厚度 4.80 m。

(7) 泥岩:强风化。呈硬塑～坚硬状态,层顶高程 32.30～32.50 m,钻孔揭露厚度 2.40 m。

2. 土的物理力学性质

各层土体的物理、力学指标统如下。

(1) 细砂:稍密,含水率 $\omega=2.51\%\sim9.72\%$,重度 $\gamma=14.5\sim17.0$ kN/m³,孔隙比 $e=0.60\sim0.93$,黏聚力 $c=0.002$ MPa,内摩擦角 $\varphi=26°\sim28°$。

(2) 中砂:中密,标准贯入击数 $N_{63.5}=9\sim33$(击)。

(3) 壤土:可塑,含水率 $\omega=19.52\%\sim36.90\%$,重度 $\gamma=18.5\sim20.80$ kN/m³,孔隙比 $e=0.55\sim0.99$,黏聚力 $c=0.01\sim0.019$ MPa,内摩擦角 $\varphi=19.6°\sim24.7°$。

(4) 砾石:密实,重型动力触探击数 $N_{63.5}=12.6\sim18.0$(击)。

(5) 卵石:密实。

各层土的物理力学指标见表 4.2-2。

表 4.2-2 连通闸土的物理力学指标

地层代号	岩性	含水率 ω (%)	重度 γ (kN/m³)	干重度 γ_d (kN/m³)	孔隙比 e	饱和度 Sr	直剪 c (MPa)	直剪 φ (°)	承载力 f (kPa)
①	细砂	4.42～7.48	14.6～15.5	13.8～14.8	0.80～0.93	14.2	0.002	26～28	140
②	中砂							28～30	250
③	壤土	23.64～27.13	19.2～19.7	15.1～15.9	0.69～0.78	91.7	0.012～0.015	21.4～23.1	160
④	砾石			19.5				30～32	400

3. 水文地质条件

地下水以孔隙潜水型式存在于第四系冲洪积砾石层及壤土层中,根据室内试验及野外试验,各层渗透系数见表 4.2-3。

表 4.2-3 土体渗透系数表

地层代号	含水层岩性	试验方法	渗透系数(cm/s)	渗透性评价
①	细砂	室内试验	4.28×10^{-4}	中等～强透水
①	细砂	野外渗透试验	2.8×10^{-2}	中等～强透水
②	中砂	渗水试验	5.0×10^{-2}	强透水

续表

地层代号	含水层岩性	试验方法	渗透系数(cm/s)	渗透性评价
③	壤土	室内试验	4.67×10^{-6}	微透水
④	砾石	野外抽水试验	4.9×10^{-2}	强透水

4.2.4 退水闸工程地质条件

1. 地层岩性

退水闸位于黄良铁路桥上游 500 m 处，共 8 孔，每孔净宽 7.0 m，闸底板高程 47.00 m。根据钻探及物理成果，地层岩性分别如下：

(1) 细砂：褐黄色，稍湿～湿，中密，含云母、锈斑，局部含砂壤土透镜体，层底高程 38.43～40.38 m，层厚 6.20～7.80 m，表层有 0.40～0.90 m 厚的砂壤土，黄褐色，含植物根须。

(2) 中砂：黄褐色，湿，中密，含云母、锈斑及少量砾石。层底高程 34.02～38.18 m，层厚 1.20～5.50 m。

(3) 壤土：褐黄色，湿～饱和，可塑，含云母、锈斑，局部夹杂砂壤土、中细砂透镜体，该层分布于建筑物区，层底高程 18.45～19.55 m，层厚 19.60～21.10 m。

(4) 砾石：杂色，饱和，密实，以粗砾为主，充填物为中粗砂，分布于壤土层底部，钻孔揭露厚度 2.10 m。

2. 土的物理力学性质

(1) 细砂：中密，含水率 $\omega=2.19\%\sim23.71\%$，重度 $\gamma=14.6\sim17.8$ kN/m³，孔隙比 $e=0.57\sim0.62$，黏聚力 $c=0.02\sim0.05$ MPa，内摩擦角 $\varphi=28.6°\sim32.0°$，标准贯入击数 $N_{63.5}=10\sim33$(击)。

(2) 中砂：中密，含水率 $\omega=5.07\%\sim16.09\%$，重度 $\gamma=16.40\sim20.5$ kN/m³，孔隙比 $e=0.50\sim0.73$，黏聚力 $c=0.001\sim0.004$ MPa，内摩擦角 $\varphi=32.8°\sim34.6°$，标准贯入击数 $N_{63.5}=7\sim21$(击)。

(3) 壤土：可塑，含水率 $\omega=14.83\%\sim31.92\%$，重度 $\gamma=18.8\sim21.80$ kN/m³，孔隙比 $e=0.41\sim0.89$，黏聚力 $c=0.012\sim0.021$ MPa，内摩擦角 $\varphi=18.7°\sim24.8°$。

(4) 砾石：密实，动力触探击数 $N_{63.5}=10.3\sim11.7$(击)。

各土层渗透系数见表 4.2-4。

表 4.2-4　土体渗透系数表

地层代号	含水层岩性	试验方法	渗透系数(cm/s)	渗透性评价
①	细砂	室内试验	1.57×10^{-3}	中等透水
		野外渗透试验	3.1×10^{-3}	
②	中砂	室内试验	2.09×10^{-3}	中等透水
		野外渗透试验	1.3×10^{-2}	
③	壤土	室内试验	1.98×10^{-5}	微透水
④	砾石	野外抽水试验	4.9×10^{-2}	强透水

4.2.5 右堤工程地质条件

1. 地层岩性

滞洪水库右堤是在原永定河右堤上局部加高培厚而成,地基土层分四段,自上而下为:

1) 第一段(桩号K0+000～K3+360)

(1) 细砂:褐黄色,稍湿,稍密,含云母、锈斑。仅分布于堤外,层底高程52.14 m,层厚0.90 m,表层及堤内表层为杂填土,厚1.50 m。

(2) 壤土:褐黄色,稍湿,可塑,含云母、锈斑及姜石。局部含灰色条纹,广泛分布于大宁—高佃一带,层底高程41.94～45.80 m,层厚6.90～8.80 m。

(3) 卵石:杂色,湿～饱和,密实,不良级配。分布于壤土层下部,向大宁水库一带逐渐过渡成砾石、中砂,钻孔揭露厚度7.00 m。

(4) 泥岩:砾岩,强风化,泥质胶结,胶结较差,基岩顶面高程35.85～40.14 m,由堤内向堤外岩面逐渐升高。

2) 第二段(桩号K3+560～K3+820)

(1) 砂壤土:褐黄色,稍湿,可塑,含云母碎片,分布于堤两侧,层底高程47.00～47.48 m,层厚1.90 m。

(2) 细砂:褐黄色,湿,中下密,含云母、少量卵砾,呈透镜体状分布于堤内侧砂壤土层中部,厚1.40 m。

(3) 壤土:褐黄色,稍湿,可塑,含云母、锈斑及姜石。广泛分布于高佃—马厂一带,层底高程35.98～41.32 m,层厚5.40～11.10 m。

(4) 砾石:杂色,饱和,密实,粒径一般为2～4 cm,最大10 cm,级配较差,广泛分布于壤土层底部,钻孔揭露厚度6.80 m。

(5) 卵石:杂色,饱和,密实,粒径3～6 cm,最大10 cm。中粗砂充填,分布于砾石层下部,钻孔揭露厚度9.40 m。

(6) 泥岩:强风化,褐色,坚硬,含少量砾石,层顶高程32.58 m,厚度2.40 m。

3) 第三段(桩号K5+820～K9+520)

(1) 砂壤土:褐黄色,湿,稍密,含云母、锈斑及植物根须。断续分布于中砂层顶部,最大层厚6.00 m。

(2) 中砂:黄色,稍湿～湿,中密～密实,广泛分布于马厂—小马厂一带。层底高程33.34～36.55 m,层厚3.80～10.90 m。局部夹细砂层透镜体,厚3.80 m。

(3) 砂壤土:黄色,饱和,可塑,含云母、锈斑,分布于中砂层下部,层底高程30.90～35.05 m,层厚1.60～7.90 m。

(4) 砾石:杂色,饱和,密实。中粗砂充填,层底高程29.21～29.20 m,层厚1.60～3.40 m。

(5) 壤土:黄色,饱和,可塑～硬塑,含云母、锈斑及姜石。层底高程35.98～41.32 m,层厚5.40～11.10 m。

(6) 砂壤土:黄色,饱和,可塑～硬塑,层厚1.90 m。

(7) 卵石:杂色,饱和,密实,钻孔揭露厚度0.40 m。

4) 第四段(桩号K9+520～K10+260)

(1) 砂壤土:褐黄色,湿,可塑,含云母、锈斑,层底高程40.01～40.43 m,层厚3.60～

4.90 m。

(2) 壤土:褐黄色,湿,可塑,含云母、锈斑。层底高程 35.53 m,层厚 4.90 m。

(3) 细砂:褐黄色,饱和,稍密,含云母、锈斑,该层底部为中砂,向上逐渐过渡为细砂,层底高程 33.31~34.43 m,层厚由 3.85 m 渐变成 1.10 m。

(4) 壤土:褐黄色,饱和,可塑,含云母、锈斑。钻孔揭露厚度 8.30 m。

2. 土的物理力学性质

各段土层物理力学指标如下:

1) 第一段

(1) 细砂:稍密,含水率 $\omega=4.71\%$,重度 $\gamma=15.4\ kN/m^3$,孔隙比 $e=0.81$,标准贯入击数 $N_{63.5}=6$ 击。

(2) 壤土:可塑,含水率 $\omega=5.62\%\sim27.67\%$,重度 $\gamma=16.3\sim21.1\ kN/m^3$,孔隙比 $e=0.44\sim0.83$,黏聚力 $c=0.013\sim0.016\ MPa$,内摩擦角 $\varphi=23.2°\sim24.0°$。

(3) 砾石:密实,重型动力触探击数大于 50 击。

2) 第二段

(1) 砂壤土:可塑,含水率 $\omega=19.52\%\sim36.90\%$。

(2) 壤土:可塑,含水率 $\omega=15.77\%\sim25.59\%$,重度 $\gamma=19.1\sim20.9\ kN/m^3$,孔隙比 $e=0.51\sim0.69$,黏聚力 $c=0.01\sim0.012\ MPa$,内摩擦角 $\varphi=24.1°\sim24.5°$。

(3) 砾石:密实,重型动力触探击数 $N_{63.5}=12.6\sim16.8$ 击。

(4) 卵石:密实,重型动力触探击数大于 50 击。

3) 第三段

(1) 砂壤土:可塑,含水率 $\omega=9.16\%\sim28.82\%$,重度 $\gamma=16.8\sim19.7\ kN/m^3$,孔隙比 $e=0.63\sim0.78$。

(2) 中砂:中密,含水率 $\omega=3.47\%\sim14.43\%$,重度 $\gamma=14.6\sim20.2\ kN/m^3$,孔隙比 $e=0.51\sim0.90$。

(3) 砂壤土:可塑,含水率 $\omega=15.44\%\sim23.64\%$,重度 $\gamma=19.7\sim21.5\ kN/m^3$,孔隙比 $e=0.44\sim0.69$。

(4) 砾石:密实,重型动力触探击数 $N_{63.5}=17.0\sim19.8$ 击。

(5) 壤土:可塑,含水率 $\omega=16.49\%\sim31.12\%$,重度 $\gamma=19.1\sim21.1\ kN/m^3$,孔隙比 $e=0.47\sim0.84$。

4) 第四段

(1) 砂壤土:可塑,含水率 $\omega=4.91\%\sim14.25\%$,重度 $\gamma=16.4\sim16.8\ kN/m^3$,孔隙比 $e=0.71\sim0.82$。

(2) 壤土:可塑,含水率 $\omega=14.62\%\sim29.15\%$,重度 $\gamma=19.4\sim20.5\ kN/m^3$,孔隙比 $e=0.51\sim0.79$。

(3) 细砂:中密,标准贯入击数 $N_{63.5}=15.0\sim17.0$ 击。

(4) 壤土:可塑,含水率 $\omega=16.49\%\sim23.11\%$,重度 $\gamma=20.3\sim21.1\ kN/m^3$,孔隙比 $e=0.47\sim0.63$。

3. 水文地质条件

地下水以潜水型式存在于第四系冲洪积卵砾石层及中细砂层中,钻探期间地下水位为

35.53～38.46 m，由北向南逐渐降低。各土层渗透系数见表4.2-5。

表4.2-5 土体渗透系数试验成果统计表

地层岩性	试验方法	渗透系数	渗透性评价
细砂	室内试验	7.20×10^{-4}	中等透水
细砂	野外渗透试验	3.10×10^{-3}	中等透水
中砂	室内试验	5.80×10^{-3}	中等透水
中砂	野外渗透试验	1.30×10^{-2}	中等透水
壤土	室内试验	1.87×10^{-5}	微透水
砾石	野外抽水试验	4.90×10^{-2}	强透水

4. 右堤填筑土岩性及质量评价

右堤填筑材料以当地土质为主，根据钻探结果，填筑土岩性及质量评价见表4.2-6。

表4.2-6 永定河右堤填筑土岩性特征及质量评价表

起止桩号	堤底高程(m)	埋深(m)	岩性及描述	质量评价
K0～K1+200	53.89～53.96	4.20～5.20	砂壤土：褐黄色，稍密，含云母、锈斑、卵石	较松散
K1+200～K3+000	49.44～54.60	3.90～7.20	细砂：褐黄色，稍密，稍密，含云母、锈斑、砖渣、灰块等	较松散
K3+000～K6+400	44.85～47.97	6.00～8.50	砂壤土：褐黄色，稍湿，稍密，含云母、锈斑、少量砾石	较密实
K6+400～K9+520	42.91～44.85	6.00～8.00	细砂：稍湿，稍密，含云母、锈斑，局部含黏土块，堤顶有1.8～2.0 m厚砂壤土	较密实
K9+520～K10+260	44.03～44.90	5.60～5.90	砂壤土：褐黄色，湿，稍密，含云母、锈斑，顶部含少量砖渣、灰渣及卵砾等	较密实

4.2.6 补充地勘工程地质条件

1. 右堤工程地质评价

1）地层岩性

根据本次勘察结果，滞洪水库右堤（15 m深度内）地基土以人工填筑的粉细砂、粉质黏土和第四系冲积黏性土、卵石层为主。根据成因、岩性、工程特性等，地基土共分为四大层，现将各层岩土特征描述如下：

第一大层（层号①），填土，根据填土成分分为2个亚层：

①$_1$层杂填土，密实，稍湿，以粉土为主，混少量混凝土块、编织袋等。该层在稻田水库右堤桩号K9+300和桩号K5+200断面有揭露，厚度约1.1～1.3 m。

①$_2$层粉土，黄褐色，密实，稍湿。该层在大堤表层分布较多，厚度约0.5 m。

第二大层（层号②），粉细砂，为大坝填筑的主要材料，局部地段为中粗砂。根据密实状态分为2个亚层：

②$_1$层粉细砂，灰褐色，以中密为主，局部为稍密，密实，稍湿。成分以石英为主，含土质，混少量角砾、碎石。在马厂水库右堤桩号K12+800断面的C钻孔，该层上部为松散状态。

②$_2$层粉细砂，灰褐色，以密实为主，局部为中密，稍湿。成分以石英为主，含土质，混少量角砾、碎石。

第三大层（层号③），粉质黏土，灰褐色～黄褐色，可塑，湿，局部含砂颗粒较多，含少量锈斑，局部为粉土层。该层在大堤局部底部及坡面有分布。

第四大层（层号④），卵石，杂色，稍密，稍湿，一般粒径为2～3 cm，最大粒径5～6 cm，卵石约占总质量的50%～60%，中粗砂及圆砾充填，颗粒形状以亚圆为主，颗粒级配不良，颗粒排列无规律。该层在右堤局部底部有揭露。

2）土体物理力学性质指标

根据室内土工试验、标准贯入试验等指标，并结合相关工程经验，滞洪水库右堤主要土层物理力学性质评价如下：

①$_1$层杂填土，密实，稍湿，大堤表层该层土已压密实，工程性质较好，综合评价地基承载力特征值 $f_{ak}=180$ kPa。

①$_2$层粉土，密实，稍湿。该层主要在大堤表层有分布，厚度不大，已压密实，综合评价地基承载力特征值 $f_{ak}=150$ kPa。

②$_1$层粉细砂，以中密为主，局部为稍密，密实，稍湿。标准贯入试验实测击数 $N=13$～28击，平均值为19击，工程性质一般，综合评价地基承载力特征值 $f_{ak}=180$ kPa。

②$_2$层粉细砂，以密实为主，局部为中密，稍湿。标准贯入试验实测击数 $N=30$～38击，平均值为33击，工程性质较好，综合评价地基承载力特征值 $f_{ak}=240$ kPa。

③层粉质黏土，可塑，湿。该层含水率 $w=20.00\%$～27.90%，平均值为23.18%；孔隙比 $e=0.563$～0.772，平均值为0.678；液性指数 $I_L=0.30$～0.74，平均值为0.50。标准贯入试验实测击数 $N=7$～20击，平均值为11击，工程性质一般，综合评价地基承载力特征值 $f_{ak}=170$ kPa。

④层卵石，稍密，稍湿。重型动力触探试验实测击数 $N_{63.5}=9$～25击，平均值为17击，工程性质较好，综合评价地基承载力特征值 $f_{ak}=300$ kPa。

各层地基土主要物理力学性质指标建议值见表4.2-7。

表4.2-7 各层地基土主要物理力学指标建议值

地层编号	地基土名称	重度 (kN/m³)	压缩模量 E_{s1-2} (MPa)	压缩模量 E_{s2-4} (MPa)	黏聚力 c (MPa)	内摩擦角 φ(°)	承载力特征值 f_{ak} (kPa)
①$_1$	杂填土	21.0	15	20	—	—	180
①$_2$	粉土	20.0	10	15	0.01	25	150
②$_1$	粉细砂	18.0	15	20	0.005	28	180
②$_2$	粉细砂	19.0	20	25	0.005	35	240
③	粉质黏土	20.0	7	9.5	0.025	15	170
④	卵石	21.0	25	35	—	35	300

3) 土体相对密度

本次勘察期间,在右堤断面的堤顶和坡面马道上布置了探井,在探井中采用环刀取样进行了现场密度试验(环刀尺寸:内径 79.8 mm,高 20 mm),试验结果见表 4.2-8。

表 4.2-8 探井取样点砂土相对密度

序号	勘探点编号	取样深度(m)	密度 ρ (g/cm³)	含水率 w(%)	干密度 ρ_d (g/cm³)	最大干密度 ρ_{dmax} (g/cm³)	最小干密度 ρ_{dmin} (g/cm³)	相对密度 D_r	备注
1	DY(9+300)-A	1.0~1.2	1.741	5.3	1.653	1.870	1.380	0.63	稻田水库右堤
2	DY(9+300)-A	3.0~3.2	1.633	7.1	1.525	1.870	1.380	0.36	
3	DY(9+300)-A	5.0~5.2	1.606	3.7	1.549	1.870	1.380	0.42	
4	DY(9+300)-B	1.0~1.2	1.696	3.8	1.634	1.840	1.280	0.71	
5	DY(9+300)-B	3.0~3.2	1.734	4.0	1.667	1.840	1.280	0.76	
6	MY(12+800)-A	1.0~1.2	1.825	6.4	1.715	1.850	1.370	0.78	马厂水库右堤
7	MY(12+800)-B	2.0~2.2	1.704	9.3	1.559	1.830	1.280	0.60	
8	MY(12+800)-B	4.0~4.2	1.816	4.4	1.739	1.830	1.280	0.88	

根据《工程地质手册》(第五版)中 Meyerhof 整理得到的公式,结合本次勘察中完成的标准贯入试验结果,计算得到各试验点的砂土相对密度,见表 4.2-9。根据设计要求,堤脚原回填土相对密度 $D_r \geq 0.65$,砂砾料回填土相对密度 $D_r \geq 0.75$。根据表 4.2-8,右堤 4 个探井最深 5 m,K9+300 断面 2 个探井中相对密度 0.36~0.71,平均 0.56;K12+800 断面 2 个探井中,相对密度 0.60~0.88,平均 0.75。这些部位均处于原永定河老堤上。从砂土相对密度检测情况看,右堤的永定河原老堤质量相对较差,特别是 K9+300 断面,不满足滞洪水库和设计填筑标准。

表 4.2-9 标准贯入试验点砂土相对密度

序号	勘探点编号	标准贯入试验点深度(m)	击数 N	相对密度 D_r	备注
1	DY(5+200)-B	4.45	17	0.62	稻田水库右堤
2	DY(5+200)-C	2.55	14	0.64	
3	DY(5+200)-C	4.45	13	0.54	
4	DY(9+300)-B	2.55	33	0.89	
5	DY(9+300)-B	4.55	30	0.82	
6	DY(9+300)-B	6.45	25	0.67	
7	DY(9+300)-B	8.65	17	0.50	
8	DY(9+300)-C	2.55	32	0.87	
9	DY(9+300)-C	4.65	35	0.88	
10	DY(9+300)-C	8.55	23	0.58	

续表

序号	勘探点编号	标准贯入试验点深度(m)	击数 N	相对密度 D_r	备注
11	MY(12+800)-B	3.15	17	0.68	马厂水库右堤
12	MY(12+800)-B	5.25	19	0.62	
13	MY(12+800)-B	9.15	26	0.61	
14	MY(12+800)-B	11.15	31	0.61	
15	MY(12+800)-B	13.25	38	0.64	
16	MY(12+800)-C	2.55	5	0.38	
17	MY(12+800)-C	4.35	6	0.37	
18	MY(12+800)-C	6.15	14	0.51	
19	MY(12+800)-C	8.75	19	0.53	
20	MY(12+800)-C	11.25	28	0.58	

右堤钻孔分别在 K5+200、K9+300、K12+800 三个断面。K5+200 断面相对密度为 0.54~0.64，平均 0.60。K9+300 断面相对密度为 0.50~0.89，平均 0.71。K12+800 断面相对密度为 0.37~0.68，平均 0.51。可以判断右堤的原永定河老堤质量较差，和探井取样的成果基本一致。

根据探井取样和标贯试验推求的相对密度，可以认为右堤新填筑部分质量满足设计要求，右堤原永定河老堤的质量较差，达不到新堤建设质量要求。

4）土体渗透系数

本次勘察期间，对砂性土层，在 1 个钻孔中，进行了 3 段注水试验；对黏性土层，取原状土进行了室内渗透试验。

现场注水孔相关参数及计算结果见表 4.2-10。

表 4.2-10　注水孔相关参数及计算结果

孔号（马厂水库右堤）	试验段长度 l(m)	试段位置 (m)	钻孔半径 r(m)	稳定注入量 Q(mL/s)	渗透系数 k(cm/s)
MY(12+800)-B	1	3	0.044 5	29.82	5.79×10^{-4}
	1	6	0.044 5	33.58	4.38×10^{-4}
	1	9	0.044 5	56.38	3.56×10^{-4}

根据上述试验结果，永定河滞洪水库右堤各主要地层渗透系数见表 4.2-11。

表 4.2-11　主要地层渗透系数建议值

地层编号	地基土名称	渗透系数 k(cm/s)
②$_1$	粉细砂	$3.56 \times 10^{-4} \sim 5.79 \times 10^{-4}$
②$_2$	粉细砂	$1.87 \times 10^{-4} \sim 3.25 \times 10^{-4}$
③	粉质黏土	$5.28 \times 10^{-7} \sim 6.55 \times 10^{-8}$
④	卵石	$3.0 \times 10^{-2} \sim 4.9 \times 10^{-2}$

注：④层卵石为经验参数。

通过计算,细砂层在水库正常蓄水情况下发生流土破坏的允许水力坡降为 0.4。卵砾石层可能发生管涌,其允许水力坡降为 0.1～0.2。

2. 中堤工程地质条件

1) 地层岩性

根据本次勘察结果,滞洪水库中堤堤坝(15 m 深度内)地基土以人工填筑的粉细砂、粉质黏土和第四系冲积粉质黏土、卵石层为主。根据地基土成因、岩性、工程特性等共分为 4 大层,现将各层岩土特征描述如下:

第一大层(层号①$_2$),粉土,黄褐色,密实,稍湿。该层在大堤表层分布较多,厚度约 0.5 m。

第二大层(层号②),粉细砂,为大坝填筑的主要材料,局部地段为中粗砂,在稻田水库中堤 K1+200 断面处为砾砂、角砾。根据密实状态分为 2 个亚层,2 个亚层无上下顺序。

②$_1$ 层粉细砂,灰褐色,以中密为主,局部为稍密,密实,稍湿。成分以石英为主,含土质,混少量角砾、碎石。

②$_2$ 层粉细砂,灰褐色,以密实为主,局部为中密,稍湿。成分以石英为主,含土质,混少量角砾、碎石。

第三大层(层号③),粉质黏土,灰褐色～黄褐色,可塑,湿,局部含砂颗粒较多,含少量锈斑,局部为粉土夹层。该层在大堤局部底部有分布。

第四大层(层号④),卵石,杂色,稍密,稍湿,一般粒径为 2～3 cm,最大粒径 5～6 cm,卵石约占总质量的 50%～60%,中粗砂及圆砾充填,颗粒形状以亚圆为主,颗粒级配不良,颗粒排列无规律。该层在大堤局部底部有揭露。

2) 物理力学性质指标

根据本次勘察完成的室内土工试验、标准贯入试验及重型动力触探试验等指标,并结合相关工程经验,滞洪水库中堤主要土层物理力学性质评价如下:

①$_2$ 层粉土,密实,稍湿。该层主要在大堤表层有分布,厚度不大,已压密实,综合评价地基承载力特征值 $f_{ak}=150$ kPa。

②$_1$ 层粉细砂,以中密为主,局部为稍密,密实,稍湿。标准贯入试验实测击数 $N=20$～32 击,平均值为 24 击,工程性质一般,综合评价地基承载力特征值 $f_{ak}=180$ kPa。

②$_2$ 层粉细砂,以密实为主,局部为中密,稍湿。标准贯入试验实测击数 $N=31$～48 击,平均值为 38 击,重型动力触探试验实测击数 $N=24$～33 击,工程性质较好,综合评价地基承载力特征值 $f_{ak}=240$ kPa。

③层粉质黏土,可塑,湿。该层含水率 $w=19.70\%$～22.10%;孔隙比 $e=0.560$～0.583;液性指数 $I_L=0.16$～0.27。标准贯入试验实测击数 $N=10$～12 击,工程性质一般,综合评价地基承载力特征值 $f_{ak}=170$ kPa。

④层卵石,稍密,稍湿。重型动力触探试验实测击数 $N_{63.5}=25$ 击,工程性质较好,综合评价地基承载力特征值 $f_{ak}=300$ kPa。

各层地基土主要物理力学性质指标建议值见表 4.2-12。

3) 相对密度

本次勘察期间,根据试验结果及《工程地质手册》(第五版)中相关经验参数计算得到中堤各取样点的砂土相对密度,见表 4.2-13。砂土相对密度变化范围为 0.69～0.93,满足设计要求。

表 4.2-12　各层地基土主要物理力学指标建议值

地层编号	地基土名称	重度 (kN/m³)	压缩模量 E_{s1-2} (MPa)	压缩模量 E_{s2-4} (MPa)	抗剪强度(快剪) 黏聚力 c (MPa)	抗剪强度(快剪) 内摩擦角 φ(°)	承载力特征值 f_{ak} (kPa)
①₂	粉土	20.0	10	15	10	25	150
②₁	粉细砂	18.0	15	20	5	28	180
②₂	粉细砂	19.0	20	25	5	35	240
③	粉质黏土	20.0	7	9.5	25	15	170
④	卵石	21.0	25	35	—	35	300

中堤 6 个钻孔布置在 K3+000、K7+200、K8+800 的 3 个断面。K3+000 断面相对密度为 0.54～0.92，平均 0.83。K7+200 断面相对密度为 0.52～0.91，平均 0.74。K8+800 断面相对密度为 0.49～0.89，平均 0.75。总体上看，中堤砂土填筑相对密度的平均状态满足设计要求。尽管利用标准贯入试验的击数和深度推求相对密度是一个经验的方法，个别数据可能误差较大，但和利用探井取样的常规方法仍可以相互印证，数据基本可信。

根据探井取样和标贯试验推求的相对密度，可以认为中堤砂土填筑质量满足设计要求。

表 4.2-13　标准贯入试验点砂土相对密度

序号	勘探点编号	标准贯入试验点深度(m)	击数 N	相对密度 D_r	备注
1	DZ(3+000)-B	2.15	24	0.87	稻田水库中堤
2	DZ(3+000)-B	4.45	46	0.92	
3	DZ(3+000)-B	7.55	48	0.88	
4	DZ(3+000)-B	9.25	38	0.73	
5	DZ(3+000)-B	12.40	34	0.62	
6	DZ(3+000)-C	4.55	21	0.68	
7	DZ(3+000)-C	6.55	25	0.67	
8	DZ(3+000)-C	8.75	28	0.64	
9	DZ(3+000)-C	11.25	24	0.54	
10	MZ(7+200)-B	4.45	45	0.91	马厂水库中堤
11	MZ(7+200)-B	6.55	38	0.82	
12	MZ(7+200)-B	9.15	44	0.79	
13	MZ(7+200)-B	12.45	37	0.64	
14	MZ(7+200)-C	6.65	26	0.68	

续表

序号	勘探点编号	标准贯入试验点深度(m)	击数 N	相对密度 D_r	备注
15	MZ(7+200)−C	11.15	22	0.52	马厂水库中堤
16	MZ(7+200)−C	4.55	32	0.84	
17	MZ(8+800)−B	2.15	25	0.89	
18	MZ(8+800)−B	4.55	32	0.84	
19	MZ(8+800)−B	8.75	26	0.62	
20	MZ(8+800)−B	11.15	20	0.49	
21	MZ(8+800)−C	3.15	32	0.88	
22	MZ(8+800)−C	5.15	33	0.83	
23	MZ(8+800)−C	8.15	31	0.69	
24	MZ(8+800)−C	11.15	48	0.76	

4)渗透系数

本次勘察期间，对砂性土层，在2个钻孔中，每个钻孔进行了3段注水试验；对黏性土层，取原状土进行了室内渗透试验。现场注水孔相关参数及计算结果见表4.2-14。

表4.2-14　注水孔相关参数及计算结果

孔号	试验段长度 l(m)	试段位置 (m)	钻孔半径 r(m)	稳定注入量 Q(mL/s)	渗透系数 k(cm/s)
MZ(8+800)−B	1	3	0.0445	11.03	2.14×10^{-4}
	1	6	0.0445	30.64	3.25×10^{-4}
	1	9	0.0445	34.88	2.52×10^{-4}
MZ(8+800)−C	1	3	0.0445	9.62	1.87×10^{-4}
	1	6	0.0445	29.83	3.00×10^{-4}
	1	9	0.0445	29.67	2.15×10^{-4}

室内渗透试验结果见表4.2-15。

表4.2-15　室内渗透试验结果

钻孔编号	取土深度 h(m)	渗透系数 k(cm/s)
MZ(8+800)−B	13.70~13.90	5.28×10^{-7}
	14.80~15.00	6.55×10^{-8}

根据上述试验结果，永定河滞洪水库大堤各主要地层渗透系数见表4.2-16。

表 4.2-16　主要地层渗透系数建议值

地层编号	地基土名称	渗透系数 k(cm/s)
②$_1$	粉细砂	$3.56\times10^{-4}\sim5.79\times10^{-4}$
②$_2$	粉细砂	$1.87\times10^{-4}\sim3.25\times10^{-4}$
③	粉质黏土	$5.28\times10^{-7}\sim6.55\times10^{-8}$
④	卵石	$3.0\times10^{-2}\sim4.9\times10^{-2}$

注：④层卵石为经验参数。

通过计算，细砂层在水库正常蓄水情况下发生流土破坏的允许水力坡降为 0.4。卵砾石层可能发生管涌，其允许水力坡降为 0.1～0.2。

3. 进水闸工程地质条件

1) 地层岩性

根据本次勘察结果，进水闸区域表层（15 m 深度内）地基土以第四系冲积粉质黏土、卵石层为主。根据成因、岩性、工程特性等，地基土共分为四大层，现将各层岩土特征描述如下：

第一大层（层号①），填土，根据填土成分分为 2 个亚层：

①$_1$ 层杂填土，在进水闸护坦混凝土下方分布有厚度 0.8 m 的杂填土，混有木头、建筑垃圾等。在进水闸闸基和护坦分别有厚度 4.0 m 和 0.5 m 的混凝土。

①$_2$ 层粉土，黄褐色，密实，稍湿。该层在水闸上游表层有分布，厚度约 0.5 m。

第二大层（层号④），卵石，杂色，稍密，稍湿，一般粒径为 2～3 cm，最大粒径 5～6 cm，卵石约占总质量的 50%～60%，中粗砂及圆砾充填，颗粒形状以亚圆为主，颗粒级配不良，颗粒排列无规律。该层在进水闸上游库区上部有分布。

第三大层（层号⑤），粉质黏土，黄褐色，可塑，饱和，含砂质颗粒，混角砾、卵石，可见少量锈斑，土质不均匀。该层在进水闸上游库区有分布。

第四大层（层号⑥），卵石，杂色，密实，饱和，一般粒径为 2～3 cm，最大粒径 5～6 cm，卵石约占总质量的 50%～60%，中粗砂及圆砾充填，颗粒形状以亚圆为主，颗粒级配不良，颗粒排列无规律。该层在进水闸区域均有分布。

2) 物理力学性质指标

根据本次勘察获得的室内土工试验、标准贯入试验及重型动力触探试验等指标，并结合相关工程经验，进水闸区域主要土层物理力学性质评价如下：

①$_1$ 层杂填土，进水闸护坦混凝土下杂填土均匀性和密实性均较差，工程性质差。

①$_2$ 层粉土，密实，稍湿。该层主要在大堤表层有分布，厚度不大，综合评价地基承载力特征值 $f_{ak}=150$ kPa。

④层卵石，稍密，稍湿。重型动力触探试验实测击数 $N_{63.5}=9$ 击，工程性质较好，综合评价地基承载力特征值 $f_{ak}=300$ kPa。

⑤层粉质黏土，可塑，饱和。该层含水率 $w=19.20\%\sim22.50\%$，平均值为 20.37%；孔隙比 $e=0.538\sim0.643$，平均值为 0.574；液性指数 $I_L=0.12\sim0.58$，平均值为 0.32。标准贯入试验实测击数 $N=8\sim13$ 击，平均值为 10 击，工程性质一般，综合评价地基承载力特征值 $f_{ak}=150$ kPa。

⑥层卵石，密实，饱和。重型动力触探试验实测击数 $N_{63.5}=45\sim250$ 击，平均值为 131

击,工程性质较好,综合评价地基承载力特征值 $f_{ak}=400$ kPa。

各层地基土主要物理力学性质指标建议值见表 4.2-17。

表 4.2-17　各层地基土主要物理力学指标建议值

地层编号	地基土名称	重度 (kN/m³)	压缩模量 E_{s1-2} (MPa)	压缩模量 E_{s2-4} (MPa)	抗剪强度(快剪) 黏聚力 c (MPa)	抗剪强度(快剪) 内摩擦角 φ(°)	承载力特征值 f_{ak} (kPa)
①₂	粉土	20.0	10	15	10	25	150
④	卵石	21.0	25	35	—	35	300
⑤	粉质黏土	19.5	5.5	7.5	25	10	150
⑥	卵石	22.0	35	45		40	400

4. 地震参数及地震效应

根据《中国地震动参数区划图》(GB 18306—2015),当建筑场地类别为Ⅱ类时,50 年超越概率10%的地震动峰值加速度为 0.20 gal,相应的地震基本烈度为Ⅷ度,地震动加速度反应谱特征周期为 0.40 s。

本次勘察期间,进水闸区域存在饱和无黏性土:④层和⑥层卵石,根据《水利水电工程地质勘察规范》(GB 50487—2008)附录 P,初判④层和⑥层卵石为不液化土层,该区域不存在地震液化问题。

本次勘察期间,滞洪水库大堤勘探深度 15 m 范围内,未见地下水,根据库区地下水观测资料,稻田水库区 1998 年最高地下水水位标高为 43.39 m,马厂水库区 1998 年最高地下水水位标高为 32.47 m。综合判定,在当前工况下,滞洪水库大堤 15 m 深度范围内无饱和无黏性土和少黏性土,可不考虑地震液化问题。

5. 地下水

根据本次勘察结果,在泄洪水库大堤未见地下水,在进水闸处地下水埋深 1.9~4.9 m,高程 42.05~45.55 m,沿下游方向水面逐渐降低。

6. 地基土和地下水腐蚀性评价

本次勘测期间(2019 年 8—9 月),只有在进水闸处勘探点揭露到地下水,在进水闸处共取水样 2 组进行了腐蚀性测试,在泄洪水库大堤共取 3 件土样进行了土的易溶盐分析试验,水、土腐蚀性主要指标含量表见表 4.2-18、表 4.2-19。

表 4.2-18　地下水腐蚀性主要指标含量表

序号	取样孔号	取样深度(m)	SO_4^{2-} (mg/L)	Mg^{2+} (mg/L)	HCO_3^- (mmol/L)	Cl^- (mg/L)	总矿化度 (mg/L)	pH
1	JSZ-B	5.2	69.84	4.23	2.188	165.87	734.13	10.2
2	JSZ-C	2.2	84.15	3.62	2.872	210.22	863.66	10.1

根据《岩土工程勘察规范》(GB 50021—2001),场地环境地质条件属于湿润区强透水层

中的地下水,场地环境类型为Ⅱ类,判定:按长期浸水情况考虑,进水闸场地内地下水对混凝土结构具有微腐蚀性,对钢筋混凝土结构中的钢筋具有微腐蚀性;按干湿交替情况考虑,进水闸场地内地下水对混凝土结构具有微腐蚀性,对钢筋混凝土结构中的钢筋具有弱腐蚀性;按地层渗透性,进水闸场地内地下水对混凝土结构具有微腐蚀性。

表 4.2-19 地基土腐蚀性主要指标含量表

序号	取样孔号	取样深度(m)	SO_4^{2-} (mg/kg)	Mg^{2+} (mg/kg)	Cl^- (mg/kg)	易溶盐总量 (mg/kg)	pH
1	DZ(3+000)-B	2.00~2.20	49.76	10.50	39.92	509.74	8.9
2	DY(9+300)-A	2.00~2.20	31.89	9.16	31.87	498.48	9.0
3	MZ(12+800)-B	2.20~2.40	26.03	19.76	26.52	352.08	8.9

根据《岩土工程勘察规范》,场地环境地质条件为属于地下水位以上强透水层(砂性土)为主,场地环境类型为Ⅲ类。

根据试验结果,判定:场地内地基土对混凝土结构具有微腐蚀性,对钢筋混凝土结构中的钢筋具有微腐蚀性。

4.2.7 工程地质条件评价结论

(1) 根据《中国地震动参数区划图》,当建筑场地类别为Ⅱ类时,50年超越概率10%的地震动峰值加速度为0.20 gal,相应的地震基本烈度为Ⅷ度,地震动加速度反应谱特征周期为0.40 s。原设计地震动峰值加速度为0.20 gal,相应的地震基本烈度为Ⅷ度,地震动加速度反应谱特征周期为0.40 s,原抗震设计标准是合适的。

(2) 根据探井取样和标贯试验推求的相对密度,认为右堤新填筑部分质量满足规范要求,右堤原永定河老堤的质量较差,达不到新堤建设质量要求。

(3) 根据探井取样和标贯试验推求的相对密度,认为中堤砂土填筑质量满足规范要求。

(4) 水对混凝土结构具有微腐蚀性,对钢筋混凝土结构中的钢筋具有弱腐蚀性。

4.3 工程质量评价

4.3.1 工程建设参建单位

项目法人:北京市永定河滞洪水库工程建设管理处
设计单位:北京市水利规划设计研究院
　　　　　水利部天津水利水电勘测设计研究院
运行管理单位:北京市永定河滞洪水库管理处
质量监督单位:北京市水利基本建设工程质量监督中心站
监理单位:北京市燕波水利建设监理有限责任公司
　　　　　水利部天津水利水电勘测设计研究院

施工单位：中国水利水电第十一工程局
中国水利水电第六工程局
北京市公路桥梁建设公司
北京首钢第一建设有限公司
铁道部第四工程局
北京铁路建设集团有限公司
北京城建八道桥工程有限公司
中国铁路建筑总公司
天津华北水电开发总公司
中国水利水电第二工程局
呼和浩特铁路局工程处
江苏省水利建设工程总公司
天津市水利工程有限公司
北京市房山水利工程公司
福建省水利水电工程局
河南黄河水利工程局
中国水利水电第七工程局
北京市第一水利工程处
北京市大兴县水利工程公司
中国水利水电第十三工程局
江苏省盐都县水利建筑工程公司
北京市水利工程基础处理总队
北京市市政第二建设工程有限责任公司
北京鑫实路桥建设有限公司

滞洪水库中堤、右堤、进水闸、连通闸及退水闸施工共划分为15个标段，具体见表4.3-1。

表 4.3-1 标段划分情况

序号	标段	桩号	备注
1	进水闸	进水闸	进水闸
2	连通闸	连通闸	连通闸
3	退水闸	退水闸	退水闸
4	一标段	中堤 K0+000～K1+071.37,右堤 K4+640～K4+975.1	稻田水库
5	十四标段	右堤 K4+957.1～K6+335.84	稻田水库
6	十五标段	右堤 K6+335.84～K9+490	稻田水库
7	十六标段	中堤 K1+071～K2+484	稻田水库
8	十七标段	中堤 K2+483.95～K4+144	稻田水库
9	十八标段	中堤 K4+144～K5+962.355	稻田水库

续表

序号	标段	桩号	备注
10	十九标段	中堤 K5+961~K6+781.654	
11	二十二标段	右堤 K10+315.088~K11+685.000	
12	二十三标段	中堤 K7+421~K8+123.46、右堤 K11+685~K13+727.279	马厂水库
13	二十标段	中堤 K6+781.654~K7+432.966	
14	二十一标段	中堤 K7+432.966~K8+123.462	
15	二十四标段	中堤 K8+123.46~K10+154.00	

4.3.2 一标段施工质量评价

1. 工程概况

永定河滞洪水库一标段包括稻田水库中堤桩号 K0+000~K1+071.37 的约 1 071 m，右堤桩号 K4+640~K4+975.1 之间的约 335 m，总长约 1 406 m。中堤是在永定河原右岸河滩填筑而成，右堤是在原永定河右堤基础上加高而成。该标段的主要施工内容包括土方开挖、土方填筑、混凝土连锁板和六角砖护坡、浆砌石齿墙、黏土包封以及排水沟和台阶施工。工程于 2001 年 3 月 1 日开工，2002 年 11 月 15 日完工，2003 年 10 月 27 日进行单位工程验收。

施工单位为中国水利水电第十一工程局联合体项目部，监理单位为北京燕波水利建设监理有限责任公司，质量监督单位为北京市水利基本建设工程质量监督中心站。

2. 一标段单位工程验收情况

2003 年 10 月 27 日，一标段进行了单位工程验收。工程质量评定认为一标段的 7 个分部工程全部合格，其中优良 6 个，优良率 85.1%，外观检测得分 86.2 分。经北京市水利基本建设工程质量监督中心站核定，工程质量等级为优良。

3. 一标段施工质量总体评价

（1）一标段基础处理施工方法合适，处理质量满足设计要求。

（2）中堤和右堤堤防填筑施工方法合适，施工参数由现场碾压试验确定，填筑质量由干密度控制合适，施工质量满足设计和规范要求。

（3）中堤和右堤的内外坡护坡包括多种形式，反滤土工布和混凝土防护板施工方法合适，水泥、骨料等混凝土原材料经检测均满足规范要求，护坡板混凝土配合比在经验范围内，强度、抗冻、抗渗指标经检测满足设计要求。内外侧护坡施工质量满足设计要求。

（4）浆砌石施工方法合适，原材料经检测满足规范要求，砂浆配合比在经验范围内，砂浆强度经检测满足规范要求。浆砌石齿墙、岸肩坡、浆砌石护坡施工质量满足设计要求。

4.3.3 十四标段施工质量评价

1. 工程概况

十四标段位于永定河右岸侧，稻田水库段，右堤桩号 K4+957~K6+335.84，总长 1 378.84 m。施工内容包括土方开挖、土方填筑、连锁板护坡、六角砖护坡、浆砌石齿墙、黏土包封、排水槽和台阶施工。工程于 2001 年 3 月 1 日开工，2003 年 6 月 10 日完工，共完成堤基清理 79 969 m³，堤身填筑 800 548 m³，连锁板护坡 48 575 m²，六角砖护坡 11 537 m²，浆砌石 1 079 m³，黏土包边盖顶 50 904 m³，土工反滤布铺设 69 634 m²。施工单位为中国水利水电第十一工程局联合体，监理单位为北京燕波水利建设监理有限责任公司，质量安全监督机构为北京市水利基本建设工程质量监督中心站。

该标段工程于 2003 年 10 月 27 日通过单位工程验收，工程质量评定认为：该单位工程共划分 4 个分部工程，全部合格，其中优良 3 个，优良率 75%。中间产品、混凝土拌和质量合格，原材料质量全部合格。外观检测得分 82 分，经北京市水利质监中心站核定，该单位工程质量等级为合格。

施工单位提供堤身填筑干密度试验取样 2 157 个，检测结果为 1.60～1.66 g/cm³，浆砌石水泥砂浆 M7.5，勾缝水泥砂浆 M10，对其稠度检测，取样 135 次，全部合格。M7.5 水泥砂浆取样 24 组，试验检测抗压强度 7.9～18.5 MPa，平均 13.8 MPa；M10 水泥砂浆取样 12 组，试验检测抗压强度 14.0～21.8 MPa，平均 18.9 MPa；C20 混凝土取样 28 组，试验检测抗压强度 22.8～39.9 MPa，平均 34.7 MPa；C20F100 混凝土抗冻试验 2 组，全部合格；原材料试验水泥现场取样试验报告 12 份（北京双山水泥 2 份，北京兴发水泥 10 份），北京兴发水泥出厂合格证 1 份，出厂检验报告 4 份，混凝土用砂取样试验报告 14 份，混凝土用石子取样 27 组，混凝土外加剂 WDN-9 减水剂检测报告 6 份，RH-11 减水剂检测报告 3 份，掺合料粉煤灰检测报告 10 份。无纺布常州土工合成材料有限公司质保书 1 份，出厂试验检测报告 2 份，现场取样试验检测报告 1 份，试验检测各项指标合格；块石取样试验报告 1 份，经试验检测，各项满足设计要求。M7.5 水泥砂浆配合比试验报告 1 份，M10 水泥砂浆配合比试验报告 1 份；连锁板混凝土构件出厂合格证 2 份，出厂混凝土抗压强度试验报告 2 份，检测强度等级满足设计；六角砖混凝土构件出厂合格证 2 份，出厂混凝土抗压强度试验报告 2 份，检测强度等级满足设计；方砖混凝土构件出厂合格证 2 份，出厂混凝土抗压强度试验报告 2 份，检测强度等级满足设计。

北京燕波水利建设监理有限责任公司堤身填筑干密度试验抽检取样 511 组，水泥砂浆强度试验取样 3 组，C20 混凝土强度试验取样 2 组，全部合格。

2. 十四标段施工质量总体评价

（1）堤基开挖与处理满足设计要求。

（2）堤身填筑施工方法合适，施工机械配置合理，满足施工要求；施工质量经检测，填筑干密度 1.60～1.66 g/cm³，满足设计要求；浆砌石基础、堤基、混凝土构件基础、包边盖顶、齿槽回填土等施工质量经检测满足设计要求；堤身填筑断面尺寸经测量检测满足设计要求。

（3）马道、台阶和排水槽等混凝土工程，施工方法合适，施工机械配置合理，满足施工要求；工程所用的水泥、砂、石子、粉煤灰等原材料及中间产品经过检验和试验，材料合格；混凝土外观质量较好，经检测混凝土强度指标满足 C20F100 质量标准。混凝土施工质量满足设计要求。

（4）砌护工程所用的水泥、砂、石子、土工布等原材料及构配件均经过检验和试验，为合格材料；采用连锁板铺设和六角砖等护坡，施工方法合适，施工质量经检测满足设计要求。

4.3.4 十五标段施工质量评价

十五标段施工范围为右堤桩号 K6+335.84～K9+490，未见十五标段施工、监理、单位工程验收等资料。

4.3.5 十六标段施工质量评价

1. 工程概况

永定河滞洪水库十六标段位于永定河中堤稻田水库段,主要工作内容为中堤土方填筑及堤坡护砌,筑堤桩号为K1+071～K2+484,全长1 413 m。本标段工程施工单位为福建省水利水电工程局(联合体),监理单位为北京市燕波水利建设监理有限责任公司,质量监督部门为北京市水利基本建设工程质量监督中心站。

该标段工程于2002年4月通过单元工程验收,工程质量评定认为:该单位工程共划分为6个分部工程,全部合格,其中优良6个,优良率100%。中间产品、混凝土拌和质量合格,原材料质量全部合格。外观检测得分88.5分,经北京市水利质监中心站核定,该单位工程质量等级为优良。

施工单位提供施工试验检测报告包括:细颗粒土相对密度试验报告1份,碾压试验报告1份,砂砾料试验报告1份,出厂水泥检验报告1份,水泥试验报告6份,混凝土外加剂检验报告1份,砂、碎(卵)石试验报告7份,岩石物理力学性能试验报告1份,土工合成材料性能试验报告5份,混凝土构件出厂合格证9份,混凝土构件抗压强度试验报告6份,混凝土抗压强度试验报告26份,混凝土抗冻试验报告7份,砂浆抗压强度试验报告41份等。

2. 十六标段施工质量总体评价

(1) 十六标段堤基处理满足设计要求。堤身填筑施工方法合适,施工质量经检测,填筑干密度不小于1.605 g/cm³,满足设计要求。

(2) 护砌工程所用的水泥、砂、石子、土工布等原材料及构配件均经过检验和试验,为合格材料;河侧与库侧护坡采用连锁板铺设和六角砖护坡,施工方法合适,施工质量经检测满足设计要求。

4.3.6 十七标段施工质量评价

1. 工程概况

永定河滞洪水库工程十七标段位于稻田水库中堤中部,桩号起于K2+483.95,止于K4+144,总长约1 660 km;中堤为碾压式细砂均质堤,堤顶宽度75 m,两侧边坡1:4.5。施工单位为河南黄河水利工程局,监理单位为北京燕波水利建设监理有限公司,质量安全监督机构为北京市水利基本建设工程质量监督中心站。

施工单位提供的自检和委托检测试验报告包括:细砂相对密度试验报告1份,筑堤砂料现场碾压试验报告1份,砂浆试块抗压试验报告72份,混凝土抗压强度试验报告52份,砂子试验报告4份,碎石试验报告3份,水泥试验报告3份,钢筋试验报告1份,块石试验报告1份,土工布试验报告2份,连锁板、六角砖等构件试验报告7份等。

十七标段中堤施工按照桩号K2+484～K2+900、K2+900～K3+300、K3+300～K3+700、K3+700～K4+144四个作业区同时进行施工,共分为8个分部工程、1 369个单元工程。该标段工程于2002年4月通过单元工程验收,工程质量评定为:分部工程全部合格,优良率100%;单元工程合格率为100%,优良率89.1%;外观检测得分92.9分,经北京市水利质监中心站核定,该单位工程质量等级为优良。

2. 十七标段施工质量总体评价

（1）十七标段的堤基处理及堤身填筑施工方法合适,施工质量经检测,填筑干密度均在 1.60～1.669 g/cm³ 之间,大于 1.60 g/cm³,满足设计要求。

（2）堤身护坡工程混凝土连锁板、混凝土六角砖、土工布等产品质量合格；堤脚齿墙和堤肩墙砌筑工程中,水泥、砂子、粗骨料等原材料质量合格,现浇混凝土、砌筑砂浆和勾缝砂浆强度检测结果满足设计要求,但未查到有关混凝土抗冻试验相关记录及结果；中堤防护工程施工方法合适,施工质量经检测满足设计要求。

4.3.7 十八标段施工质量评价

1. 工程概况

十八标段位于永定河右岸侧,稻田水库段,施工内容包括中堤新建、库区滩地处理、右堤整修,桩号 K4+144～K5+962.355,总长 1 818.355 m。施工主要项目包括土方开挖、土方回填及堤坡防护。工程从 2001 年 3 月 2 日开工,11 月 15 日完工,共完成土方开挖 2 297 887 m³,土方回填 1 186 611 m³,连锁板安装 157 493 m²,空格砖护坡 36 194 m²,浆砌石 7 206 m³,混凝土浇筑 1 805 m³。施工单位为中国水利水电第七工程局,监理单位为北京燕波水利建设监理有限责任公司,质量安全监督机构为北京市水利基本建设工程质量监督中心站。

该标段工程于 2002 年 4 月通过单位工程验收,工程质量评定认为：该单位工程共划分 9 个分部工程,全部合格,其中优良 9 个,优良率 100%。中间产品、混凝土拌和质量合格,原材料质量全部合格。外观检测得分 91.7 分,经北京市水利质监中心站核定,该单位工程质量等级为优良。

施工单位提供砂相对密度试验报告 1 份,中堤填筑干密度试验取样 2 748 个,检测结果为 1.60～1.93 g/cm³,浆砌石基础、堤基、连锁板基础、空格砖基础、临时永久道路、齿槽回填土等干密度试验取样 430 个；M7.5 水泥砂浆取样 79 组,试验检测抗压强度 7.60～19.60 MPa,M10 水泥砂浆取样 23 组,试验检测抗压强度 10.10～24.00 MPa,C20 混凝土取样 71 组,平均强度 24.69 MPa；水泥出厂报告和合格证 15 份,水泥抽检试验报告 5 份,混凝土用砂取样 2 组、混凝土用石子取样 2 组,混凝土外加剂 UNF-5 高效减水剂检测报告 3 份,出厂合格证 1 份,DH-9 引气剂检测报告 1 份,产品质量检验证明 1 份；C20F100 混凝土抗冻试验报告 1 份,配合比试验报告 1 份；M7.5 水泥砂浆配合比试验报告 1 份,M10 水泥砂浆配合比试验报告 1 份；钢筋产品质量证明书 1 份,Q235B φ6.5 钢筋取样 1 组,检测合格；连锁板混凝土构件出厂合格证 7 份,出厂混凝土抗压强度试验报告 6 份,检测强度等级满足设计；六角空格砖混凝土构件出厂合格证 3 份,出厂混凝土抗压强度试验报告 3 份,检测强度等级满足设计；土工布出厂产品检验结果报告单 2 份,现场取样试验报告 1 份,经试验检测各项指标合格；块石取样试验报告 1 份,经试验检测,各项满足设计要求。

北京燕波水利建设监理有限责任公司堤身填筑干密度试验现场取样 133 组,旁站施工单位取样 389 组,水泥砂浆强度试验取样 3 组,C20 混凝土强度试验取样 3 组,全部合格。

2. 十八标段施工质量总体评价

（1）堤基开挖与处理满足设计要求。

（2）堤身填筑施工方法合适,施工机械配置合理,满足施工要求；施工质量经检测,填筑干密度不小于 1.6 g/cm³,满足设计要求；浆砌石基础、堤基、连锁板基础、空格砖基础、临时永久道路、齿槽回填土等施工质量经检测,满足设计要求;堤身填筑断面尺寸经检测满足设计要求。

(3) 混凝土工程施工方法合适,施工机械配置合理,满足施工要求;工程所用的水泥、砂、石子、钢筋等原材料及中间产品经过检验和试验,为合格材料;混凝土外观质量较好,经检测混凝土强度指标满足C20F100质量标准,施工质量满足设计要求。

(4) 砌护工程所用的水泥、砂、石子、土工布等原材料及构配件经过检验和试验,均为合格材料;河侧与库侧采用连锁板和六角砖等护坡,施工方法合适,施工质量经检测满足设计要求。

4.3.8 十九标段施工质量评价

1. 工程概况

十九标段位于稻田水库和马厂水库分界区,工程范围主要包括:连通闸中心线向西210 m至中堤相对应库区内的土方开挖工程;中堤堤防填筑及防护工程(桩号起于K5+961,止于K6+781.654),总长820.654 m;横堤连通闸两侧的2#、3#平台防护工程;过水通道防护工程和穿乙烯管架桥基础防护工程。

十九标段施工单位为北京市第一水利工程处,监理单位为水利部天津水利水电勘测设计研究院和北京燕波水利建设监理有限责任公司,质量安全监督机构为北京市水利基本建设工程质量监督中心站。

十九标段施工单位提供的自检和委托检测试验报告包括:填筑砂料相对密度试验报告1份,填筑砂料干密度检测记录309份,砂浆试块抗压试验报告168份,混凝土试块抗压强度试验报告82份,混凝土试块抗冻试验报告4份,砂子特性试验报告22份,卵石特性试验报告15份,水泥试验报告22份,防冻剂、减水剂检测报告3份,钢筋试验报告22份,块石试验报告1份,土工布试验报告2份,连锁板、六角砖等构件试验报告共9份等。

十九标段主要施工内容为:土方开挖、填筑工程、砌石工程、混凝土浇筑工程和混凝土预制板护坡工程等,共分为13个分部工程、702个单元工程。该标段工程于2001年12月通过单元工程验收,工程质量评定为:分部工程全部合格,优良率100%;单元工程合格率为100%,优良率81.9%;外观检测得分89.2分,经北京市水利质监中心站核定,该单位工程质量等级为优良。

2. 十九标段施工质量总体评价

(1) 十九标段中堤,横堤2#、3#号平台的堤基处理及堤身填筑施工方法合适,施工质量经检测,填筑干密度均在1.54~1.85 g/cm³之间,满足设计干密度1.54 g/cm³的要求。

(2) 十九标段尾工遗漏路口的地基处理及堤身填筑施工方法合适,施工质量经检测,填筑干密度均在1.58~1.71 g/cm³之间,平均值为1.62 g/cm³,满足设计干密度1.60 g/cm³的要求。

(3) 十九标段中堤堤身护坡工程混凝土连锁板、混凝土六角砖、土工布等产品构件质量合格;堤脚齿墙和堤肩墙砌筑工程中,水泥、砂子、粗骨料等原材料质量合格,现浇混凝土、砌筑砂浆和勾缝砂浆强度检测结果满足设计要求;中堤防护工程施工方法合适,施工质量经检测满足设计要求。

(4) 十九标段横堤2#、3#平台及过水通道防护工程中混凝土连锁板、土工布等产品构件质量合格;浆砌石岸肩墙、排水槽等工程中水泥、砂子、粗骨料等原材料质量合格,现浇混凝土、砌筑砂浆和勾缝砂浆强度检测结果满足设计要求;横堤 2#、3# 平台及过水通道防护工程施工方法合适,施工质量经检测满足设计要求。

(5) 穿乙烯管架桥基础防护中浆砌石、现浇混凝土、预制混凝土构件中的水泥、砂子、粗骨料、钢筋等原材料质量合格,现浇混凝土和盖梁、砌筑砂浆和勾缝砂浆强度、预制 T 梁强度检测结果满足设计要求;但基础桩基、桥面和搭板等现浇混凝土结构物相关施工方法和检测资料未找到。

(6) 根据马厂水库工程分标布置图,十九标段应包括桩号 K9+490～K10+315.088 范围内的右堤填筑工程。但所提供分部工程验收、施工方案以及施工质量检测资料中均未见到此部分堤防工程的施工相关内容。

(7) 十九标段施工方案中提到,永立桥轴线正处于稻田水库和马厂水库分界,中堤和一部分横堤的填筑正好位于永立桥桥下。现状永立桥桥面高程 56.10 m,河底高层 50.5 m。设计中堤堤顶 56.1 m,无法使用机械回填,本区共计 23 万 m³ 填筑采用水力吹填法施工。但该标段档案资料中未见该部分吹填施工内容的相关资料。

(8) 十九标段标横堤 2#、3# 平台及过水通道防护工程中,防护结构与永立桥桥墩之间的衔接处理等细节未找到相关施工方案和检测资料,橡胶支座等配件的检测报告也未见。

4.3.9 二十一标段施工质量评价

1. 工程概况

二十一标段位于马厂水库中堤中部,桩号起于 K7+432.966,止于 K8+123.462,总长 690.496 m。该标段中堤为碾压式细砂均质堤,堤顶宽度 75 m,两侧边坡 1∶4.5。施工单位为北京市大兴县水利工程公司,监理单位为水利部天津水利水电勘测设计研究院,质量安全监督机构为北京市水利基本建设工程质量监督中心站。

施工单位提供的自检和委托检测试验报告包括:细砂相对密度试验报告 1 份,筑堤砂料现场碾压试验报告 1 份,砂浆试块抗压试验报告 45 份,混凝土抗压强度试验报告 25 份,混凝土抗冻试验报告 17 份,砂子试验报告 3 份,卵石试验报告 1 份,水泥试验报告 2 份,减水剂检测报告 1 份,钢筋试验报告 1 份,块石试验报告 1 份,土工布试验报告 1 份,连锁板、六角砖等构件试验报告 7 份等。

二十一标段主要施工内容为库区开挖、堤身填筑、河侧防护、库侧防护等,共分为 5 个分部工程、328 个单元工程。该标段工程于 2001 年 12 月通过单元工程验收,工程质量评定为:分部工程全部合格,优良率 100%;单元工程合格率为 100%,优良率 93.6%;外观检测得分 91 分,经市水利质监中心站核定,该单位工程质量等级为优良。

2. 二十一标段施工质量总体评价

(1) 二十一标段的堤基处理及堤身填筑施工方法合适,施工质量经检测,填筑干密度均在 1.55～1.65 g/cm³ 之间,大于 1.55 g/cm³,满足设计要求。

(2) 堤身护坡工程中混凝土连锁板、混凝土六角砖、土工布等产品构件质量合格;堤脚齿墙和堤肩墙砌筑工程中,水泥、砂子、粗骨料等原材料质量合格,现浇混凝土、砌筑砂浆和勾缝砂浆强度检测结果满足设计要求;中堤防护工程施工方法合适,施工质量经检测满足设计要求。

4.3.10 二十二标段施工质量评价

1. 工程概况

二十二标段工程包括马厂水库右堤 K10+315.088 至 K11+685.000 的 1 370 m 堤防填筑,以及库底一部分整修。由于库底整修对水库挡水安全没有影响,二十二标段的施工质量评价主要评价右堤 K10+315.088 至 K11+685.000 的 1 370 m 堤防填筑质量。该标段的主要施工内容包括土方开挖、土方填筑、混凝土连锁板和六角空格砖护坡、浆砌石齿墙、黏土包封以及排水沟和台阶施工。工程于 2002 年 4 月 17 日开工,2003 年 11 月 14 日分部工程验收,2003 年 11 月 18 日单位工程验收。

施工单位为中国水利水电第十三工程局,监理单位为水利部天津水利水电勘察设计研究院项目监理部,质量监督单位为北京市水利基本建设工程质量监督中心站。

2. 二十二标段施工质量总体评价

(1) 二十二标段清基处理施工方法合适,处理质量满足设计要求。

(2) 右堤堤身填筑施工方法合适,施工参数由现场碾压试验确定,填筑质量由干密度控制合适,施工质量满足设计和规范要求。

(3) 二十二标段右堤内测护坡有滩地段内坡的无纺土工布+混凝土空格砖和滩地段以上的混凝土连锁板等多种形式,护坡施工方法合适,水泥、骨料等混凝土原材料,空格砖以及连锁板质量经检测均满足规范要求,护坡板混凝土配合比在经验范围内,强度、抗冻指标经检测满足设计要求。内侧护坡施工质量满足设计要求。

(4) 浆砌石施工方法合适,原材料经检测满足规范要求,砂浆配合比在经验范围内,砂浆强度经检测满足规范要求。浆砌石齿墙、岸肩坡施工质量满足设计要求。

4.3.11 二十三标段施工质量评价

1. 工程概况

二十三标位于滞洪水库马厂库内,库区北侧东侧南侧分别与二十二标段、二十一标段、二十四标段交界。施工范围为中堤上游桩号 K7+421.00 至下游桩号 K8+123.46、二十一标段右边线至马厂水库右侧开挖线内的库区土方开挖和护砌工程;右堤桩号 K11+685~K13+727.279 之间的堤身填筑和护砌工程,主要分为库区土方开挖、右堤填筑、右堤库侧防护和滩地防护四个部分。工程于 2002 年 4 月 28 日开工,2003 年 8 月 27 日完工。

本工程建设单位为北京市永定河滞洪水库工程建设管理处,设计单位为水利部天津水利水电勘测设计研究院,监理单位为水利部天津水利水电勘测设计研究院,施工单位为江苏盐都县水利建筑工程公司,质量监督单位为北京市水利基本建设工程质量监督中心站。

2. 二十三标段施工质量总体评价

(1) 堤基清理和库区、堤脚基槽开挖施工方法合适。经检测,堤基清理、堤脚基槽和库区开挖质量满足设计要求。

(2) 右堤堤身填筑施工方法和施工工序合适,施工参数由现场碾压试验确定,填筑土料性能满足设计要求,采取施工工序和现场取样检测相结合的填筑质量控制符合规范规定。经检测,堤身填筑干密度和形体尺寸满足设计要求。

(3) 右堤库侧防护工程浆砌石砌筑、土工布铺设、黏土包边盖顶、混凝土冒石及混凝土六角空格砖护砌等施工方法和工艺合适,砌筑石料、混凝土六角空格砖、土工布及混凝土(含砂浆)原材料性能满足设计和规范要求,砂浆和混凝土配合比经试验确定,满足设计和施工要求。经检测,砂浆强度和混凝土抗压强度及抗冻性能满足设计要求,浆砌石、混凝土六角空格砖和混凝土护坡断面尺寸、平整度和顺直度满足设计要求。右堤库侧护坡施工质量满足设计要求。

(4)滩地防护工程浆砌石砌筑、土工布铺设、连锁板护砌及现浇混凝土施工方法和施工工艺合适,砌筑石料、混凝土连锁板、土工布和混凝土(含砂浆)原材料性能满足设计和规范要求,砂浆和混凝土配合比经试验确定,满足设计和施工要求。经检测,砂浆强度和混凝土抗压强度满足设计要求,浆砌石、连锁板和混凝土护坡断面尺寸、平整度、顺直度满足设计要求,滩地防护工程施工质量满足设计要求。

4.3.12 二十四标段施工质量评价

1. 工程概况

二十四标段位于永定河右岸侧,马厂水库段,施工内容包括中堤填筑(桩号K8+123.46~K10+154.00,总长2 030.54 m),库区土方开挖,退水闸处的横堤、右堤、尾堤及尾堤平台土方填筑。施工主要项目包括土方开挖、土方填筑、混凝土工程、土工反滤布铺设、连锁板、六方砖、混凝土空格砖、现浇混凝土护坡,台阶、马道方砖及黏土包封盖顶等。工程从2000年12月20日开工,2003年9月2日完工,历时32个月,共完成清基109 530 m³,库区土方开挖1 435 056 m³,堤脚开挖402 718 m³,堤身填筑1 398 946 m³,堤脚回填316 686 m³,浆砌石挡墙6 352 m³,岸肩墙2 508 m³,土工布铺设238 916 m²,连锁板安装197 566 m²,六角砖护坡21 130 m²,空格砖护坡7 301 m²,排水槽708 m³,马道方砖铺设5 246 m²,混凝土浇筑6 210 m³。施工单位为北京市水利工程基础处理总队,监理单位为水利部天津水利水电勘测设计研究院北京滞洪水库项目监理部,质量监督机构为北京市水利基本建设工程质量监督中心站。

该标段工程于2003年11月18日通过单位工程验收,工程质量评定认为:该单位工程共划分为14个分部工程,全部优良,优良率100%。筑堤土样全部合格,外观检测得分85.2分,经北京市水利基本建设工程质量监督中心站核验,该单位工程质量等级为优良。

施工单位提供料场砂试验报告1份,中堤、横堤、尾堤和右堤填筑干密度试验取样2 973个,检测结果干密度为1.576~1.717 g/cm³;浆砌石挡墙和岸肩墙,砌筑水泥砂浆M7.5取样113组,试验检测抗压强度最小值8.30 MPa,平均值23.39 MPa,勾缝水泥砂浆M10取样25组,试验检测抗压强度最小值12.10 MPa,平均值24.91 MPa;C20F100混凝土取样90组,试验检测抗压强度最小值20.00 MPa,平均值29.98 MPa,抗冻试验取样9组,检测结果合格;C20F50混凝土取样37组,试验检测抗压强度最小值18.80 MPa,平均值34.14 MPa,抗冻试验取样7组,检测结果合格;水泥出厂检验报告和合格证10份,水泥抽检试验报告13份,混凝土用砂取样19组、混凝土用石子取样9组,混凝土外加剂FX-128高效减水剂出厂合格证1份,质量检测报告1份,BD引气剂出厂合格证1份,产品使用说明书1份;C20F100混凝土配合比试验报告2份;M7.5水泥砂浆配合比试验报告1份,M10水泥砂浆配合比试验报告2份;Q215BF ϕ6.5钢筋产品质量证明书1份;六角砖(429 mm×100 mm)混凝土构件出厂合格证2份,混凝土六角砖抗压强度试验报告7份,C20混凝土抗压强度检测合格,方砖(495 mm×495 mm×95 mm)混凝土构件出厂合格证1份,混凝土方砖抗压强度试验报告2份,C20混凝土抗压强度检测合格,连锁板(500 mm×500 mm×145 mm)混凝土构件出厂合格证7份;土工布出厂产品质量检验报告12份,质量保证书12份,取样送检试验报告2份,经试验检测各项指标合格;块石(花岗岩)取样试验报告1份,经检测各项指标满足设计要求。库区开挖库底高程检测2560点,合格率95.1%。

水利部天津水利水电勘测设计研究院北京滞洪水库项目监理部,中堤、横堤、尾堤和右堤堤身填筑干密度试验现场取样965个,检测结果全部合格;砌筑水泥砂浆M7.5取样45组,试验检测抗压强度最小值8.30 MPa,平均值35.03 MPa,勾缝水泥砂浆M10取样9组,试验检测抗压强度最小值13.40 MPa,平均值30.61 MPa;C20F100混凝土取样33组,试验检测抗压强度最小值20.50 MPa,平均值32.55 MPa,C20F50混凝土监理取样13组,试验检测抗压强度最小值28.80 MPa,平均值35.14 MPa。检测结果全部合格。

2. 二十四标段施工质量总体评价

(1) 堤基、库区开挖与处理满足设计要求。

(2) 堤身填筑施工方法合适,施工机械配置合理,满足施工要求;施工质量经检测,填筑干密度不小于1.576 g/cm³,满足设计要求;堤基、堤脚开挖回填、坡面护坡基础回填、堤顶回填等土料干密度试验取样检测结果全部合格;堤身填筑断面尺寸测量检测满足设计要求。

(3) 混凝土工程使用的水泥、砂、石子、钢筋等原材料及中间产品经过检验和试验,全部为合格材料;混凝土外观质量较好,经检测混凝土强度指标满足C20F100设计要求。混凝土施工质量满足设计要求。

(4) 砌护工程所用的水泥、砂、石子、土工布、块石等原材料及构配件均经过检验和试验,全部为合格材料;河侧与库侧护坡采用连锁板铺设和六角砖护坡,施工方法合适,施工质量经检测满足设计要求。

4.3.13 二十标段施工质量评价

1. 工程概况

二十标段包括马厂水库中堤桩号K6+781.654～K7+432.966的651.312 m。中堤是在永定河原右岸河滩填筑而成。该标段的主要施工内容包括土方开挖、土方填筑、混凝土连锁板和六角块护坡、浆砌石齿墙、马道方砖铺设、黏土包封以及排水沟和台阶施工。工程于2001年4月5日开工,2001年9月20日完工,2001年12月10日单位工程验收。

施工单位为北京市第二水利工程处,监理单位为水利部天津水利水电勘测设计研究院,质量监督单位为北京市水利基本建设工程质量监督中心站。

2. 二十标段施工质量总体评价

(1) 二十标段基础处理施工方法合适,处理质量满足设计要求。

(2) 中堤堤防填筑施工方法合适,施工参数由现场碾压试验确定,填筑质量由干密度控制合适,施工质量满足设计和规范要求。

(3) 中堤的内外坡护坡包括多种形式,反滤土工布和混凝土防护板施工方法合适,水泥、骨料等混凝土原材料经检测均满足规范要求,护坡板混凝土配合比在经验范围内,强度、抗冻指标,经检测满足设计要求。内外侧护坡施工质量满足设计要求。

（4）浆砌石施工方法合适，原材料经检测满足规范要求，砂浆配合比在经验范围内，砂浆强度经检测满足规范要求。浆砌石齿墙、岸肩坡、浆砌石护坡施工质量满足设计要求。

4.3.14 进水闸工程质量评价

1. 工程概况

永定河滞洪水库进水闸位于大宁水库副坝左端，大宁水库与稻田水库连接处。施工内容包括进水闸水工建筑物、闸上下游部分、水库堤防工程及稻田水库部分土方开挖。进水闸轴线方位角为北偏东 $59°9'53''$，闸中心线方位角为北偏西 $30°50'7''$。施工范围为：左侧与中堤分界线为（294 514.686，489 099.524）、（294 541.449，489 200.222）、（294 173.149，489 420.378）、（294 148.525，489 379.186）四点连接（该连接为 1∶4.5 的筑堤临时坡脚线），右侧与右堤分界线为右堤桩号 K4+330 与点（294 081.000，489 163.000）的连接。闸室为带胸墙平底板闸室，共 6 孔，每孔净高 6.0 m，净宽 10.0 m，闸室总宽 85.6 m，顺水流向总长 291.0 m，闸室底高程 49.00 m，胸墙底高程 55.00 m，闸顶高程 63.00 m。

进水闸工程由北京市水利规划设计研究院设计，水利部天津水利水电勘测设计研究院监理；北京第二水利工程处承建土建部分（地基工程由天津市冀水岩土工程处施工）并负责协同金属结构、启闭机安装，钢屋架、电控系统等作业；质量监督部门为北京市水利基本建设工程质量监督中心站。工程于 2001 年 8 月 31 日开工，2003 年 10 月 25 日完工。

2. 进水闸总体质量评价

（1）进水闸所用砂、混凝土、无纺布、石块等材料均经过检验和试验，为合格材料。钢筋均有合格证，同时进行钢筋焊接现场取样，全部合格。

（2）基础清理与回填施工方法合适，施工质量经检测，砂砾料填筑干密度、控制相对密度满足设计要求；防渗墙、防冲墙为地基处理分部，防渗墙位于桩号 K0-19.00 位置，防冲墙位于 K0+151.00 位置，墙厚度为 0.6 m，实际施工中，防渗墙成墙深度为 5.67 m，大于设计深度；防冲墙深度为 7.08 m，满足设计要求。

（3）进水闸工程分为上游连接段、闸室段、下游消能防冲段、下游护坡护底、地基处理、金属结构及启闭机安装、管理房工七个部分，施工程序符合规范；混凝土为商品混凝土，施工质量满足设计要求，混凝土强度、抗渗、抗冻检测结果满足设计要求。

（4）进水闸上游护坡、上游翼墙、铺盖、闸底板、闸墩、胸墙、检修桥、消力池斜坡、护坦、下游翼墙、下游中堤护坡的回弹法混凝土强度推定值均大于原设计强度。

（5）进水闸上游护坡、上游翼墙、铺盖、闸底板、闸墩、胸墙、工作桥梁、工作桥柱、检修桥、消力池斜坡、护坦、下游翼墙、下游中堤护坡的混凝土碳化深度小于钢筋保护层厚度。其中铺盖斜坡段、工作桥柱的碳化深度平均值已接近或超过钢筋保护层平均值，碳化深度均评为 C 类（严重碳化）。

（6）进水闸上游翼墙、铺盖、闸底板、闸墩、胸墙、工作桥梁、工作桥柱、检修桥、消力池斜坡、护坦、下游翼墙、下游中堤护坡的钢筋保护层厚度平均值满足设计要求。

（7）进水闸铺盖斜坡段碳化深度均评为 C 类（严重碳化），已有大面积钢筋锈蚀外露，钢筋评为 B 类中度锈蚀；工作桥柱碳化深度均评为 C 类（严重碳化），部分圆弧面箍筋锈蚀外露，主筋也开始锈蚀，钢筋评为 B 类中度锈蚀；进水闸其他所测构件的钢筋处于未锈蚀阶段。

4.3.15 连通闸施工质量评价

1. 工程概况

永定河滞洪水库连通闸工程位于京良公路永立大桥右侧约270 m,闸轴线为正东西向,闸中心线为正南北向。施工范围为(289 370,489 925)、(288 986.35,489 925)、(288 986.35,489 925)、(289 370,490 225)四点闭合连线。东西长300 m,南北长386.35 m。连通闸为平面开敞式,共5孔,每孔净宽12 m,中墩厚2.0 m,闸室总宽68.0 m。施工单位为中国水利水电第二工程局,监理单位为水利部天津水利水电勘测设计研究院,质量监督部门为北京市水利基本建设工程质量监督中心站。

2. 连通闸施工质量总体评价

(1) 连通闸所用水泥、粗细骨料、混凝土、无纺布、石块、钢筋等材料均经过检验,全部合格。

(2) 基础清理与回填施工方法合适,施工质量经检测,砂砾料填筑相对密度满足设计要求;防渗墙和防冲墙的抗压强度、抗渗、抗冻、强度保证率均满足设计要求。

(3) 连通闸工程分为上游连接段、闸室段、下游消能防冲段、下游护坡护底、地基处理、金属结构及启闭机安装、管理房工七个部分工程,施工程序合适;混凝土为商品混凝土,混凝土强度、抗渗、抗冻检测结果满足设计要求。

(4) 连通闸上游翼墙、铺盖、闸底板、闸墩、胸墙、检修桥、交通桥、消力池底板、护坦、下游翼墙的回弹法混凝土强度推定值均大于原设计强度。连通闸上游翼墙、闸墩、下游翼墙的超声回弹综合法混凝土强度推定值均大于原设计强度。

(5) 连通闸上游翼墙、铺盖、闸底板、闸墩、胸墙、工作桥柱、检修桥、交通桥、消力池底板、护坦、下游翼墙的混凝土碳化深度平均值远小于或小于钢筋保护层平均值,碳化深度均评为A类(轻微碳化)或B类(一般碳化)。

(6) 连通闸上游翼墙、铺盖、闸底板、闸墩、胸墙、工作桥柱、检修桥、交通桥、消力池底板、护坦、下游翼墙的钢筋保护层厚度均满足设计要求。

(7) 连通闸所测构件的钢筋处于未锈蚀阶段。

4.3.16 退水闸施工质量评价

1. 工程概况

退水闸工程位于老三坝处,标段范围在二十四标段的填筑坡脚线内。工程地基处理包括防渗墙、防冲墙、闸底板及翼墙下砂砾料置换,防渗墙厚0.3 m,防冲墙厚0.6 m,换填厚度2 m。上游连接段包括左右翼墙、铺盖、浆砌石护底、干砌石护底、堤防填筑和模袋混凝土护坡等。闸室段包括底板、闸墩、二期牛腿门槽、交通桥和检修桥等。下游连接段包括左右岸翼墙、消力池、护坦、浆砌石海漫及抛石和左右岸护坡。金属结构及启闭机安装包括门槽安装、闸门吊装等。控制楼及启闭机房建筑面积1 290 m²。施工单位为江苏省水利建设工程总公司,监理单位为水利部天津水利水电勘测设计研究院,质量监督部门为北京市水利基本建设工程质量监督中心站。

该工程于2003年12月通过单位工程验收,工程质量评定认为:该单位工程共划分6个分部工程,全部合格,其中优良2个,优良率33.3%。经市水利质监中心站核定,该单位工程质量等级为合格。

2. 工程质量评价

（1）退水闸所用水泥、粗细骨料、混凝土、无纺布、石块、钢筋等材料均经过检验,全部合格。

（2）基础清理与回填施工方法合适,施工质量经检测,砂砾料填筑相对密度满足设计要求;防渗墙和防冲墙的抗压强度、抗渗、抗冻、强度保证率均满足设计要求。

（3）退水闸工程分为上游连接段、闸室段、下游消能防冲段、下游护坡护底、地基处理、金属结构及启闭机安装、管理房工七个部分工程,施工程序合适;混凝土为商品混凝土,混凝土强度、抗渗、抗冻检测结果满足设计要求。

（4）退水闸上游翼墙、铺盖、闸底板、闸墩、牛腿、检修桥梁、交通桥板梁、消力池底板、护坦、下游翼墙、尾堤护坡的回弹法混凝土强度推定值均大于原设计强度。退水闸闸墩、下游翼墙的超声回弹综合法混凝土强度推定值均大于原设计强度。

（5）退水闸交通桥板梁侧面钢筋保护层很小,碳化深度平均值已超过钢筋保护层平均值,碳化深度评为 C 类(严重碳化)。其他所测混凝土构件的碳化深度平均值远小于或小于钢筋保护层平均值,碳化深度均评为 A 类(轻微碳化)或 B 类(一般碳化)。

（6）退水闸上游翼墙、铺盖、闸底板、闸墩、牛腿、工作桥柱、检修桥梁、交通桥板梁、消力池底板、护坦、下游翼墙的钢筋保护层厚度平均值均满足设计要求。

（7）退水闸交通桥板梁侧面碳化深度为 C 类(严重碳化),部分主筋锈蚀外露,钢筋评为 B 类中度锈蚀。退水闸交通桥板底面及其他所测构件的钢筋处于未锈蚀阶段。

4.4 小结

4.4.1 结论

1. 工程地质条件

根据《中国地震动参数区划图》,当建筑场地类别为Ⅱ类时,50 年超越概率 10% 的地震动峰值加速度为 0.20 gal,相应的地震基本烈度为Ⅷ度,地震动加速度反应谱特征周期为 0.40 s。原设计地震动峰值加速度为 0.20 gal,相应的地震基本烈度为Ⅷ度,地震动加速度反应谱特征周期为 0.40 s,原抗震设计标准是合适的。

2. 中堤和右堤

（1）中堤、右堤填筑料主要以砂料为主,相对密度总体满足规范要求。

（2）根据探井取样和标贯试验推求的相对密度,中堤砂土填筑质量满足规范要求。

（3）根据探井取样和标贯试验推求的相对密度,右堤新填筑部分质量满足规范要求,右堤原永定河老堤的质量较差,达不到新堤建设质量要求。

（4）滞洪水库中堤、右堤基础处理施工方法合适,处理质量满足设计要求。

（5）中堤、右堤堤防填筑施工方法合适,施工参数由现场碾压试验确定,填筑质量由干密度控制合适,施工质量满足设计和规范要求。

（6）中堤的内外坡护坡包括多种形式,反滤土工布和混凝土防护板施工方法合适,水泥、骨料等混凝土原材料经检测均满足规范要求,护坡板混凝土配合比在经验范围内,强度、抗冻指标经检测满足设计要求。内外侧护坡施工质量满足设计要求。

(7) 浆砌石施工方法合适,原材料经检测满足规范要求,砂浆配合比在经验范围内,砂浆强度经检测满足规范要求。浆砌石齿墙、岸肩坡、浆砌石护坡施工质量满足设计要求。

3. 进水闸

(1) 进水闸所用砂、混凝土、无纺布、石块等材料均经过检验和试验,为合格材料。钢筋均有合格证,同时进行钢筋焊接现场取样,全部合格。

(2) 基础清理与回填施工方法合适,施工质量经检测,砂砾料填筑干密度、控制相对密度满足设计要求;防渗墙、防冲墙为地基处理分部,防渗墙位于桩号 K0-19.00 位置,防冲墙位于 K0+151.00 位置,墙厚度为 0.6 m,实际施工中,防渗墙成墙深度为 5.67 m,大于设计深度;防冲墙深度为 7.08 m,满足设计要求。

(3) 进水闸工程分为上游连接段、闸室段、下游消能防冲段、下游护坡护底、地基处理、金属结构及启闭机安装、管理房工七个部分工程,施工程序合适;混凝土为商品混凝土,混凝土强度、抗渗、抗冻检测结果满足设计要求。

(4) 进水闸上游护坡、上游翼墙、铺盖、闸底板、闸墩、胸墙、检修桥、消力池斜坡、护坦、下游翼墙、下游中堤护坡的回弹法混凝土强度推定值均大于原设计强度。

(5) 进水闸上游护坡、上游翼墙、铺盖、闸底板、闸墩、胸墙、工作桥梁、工作桥柱、检修桥、消力池斜坡、护坦、下游翼墙、下游中堤护坡的混凝土碳化深度小于钢筋保护层厚度。其中铺盖斜坡段、工作桥柱的碳化深度平均值已接近或超过钢筋保护层平均值,碳化深度均评为 C 类(严重碳化)。

(6) 进水闸上游翼墙、铺盖、闸底板、闸墩、胸墙、工作桥梁、工作桥柱、检修桥、消力池斜坡、护坦、下游翼墙、下游中堤护坡的钢筋保护层厚度平均值满足设计要求。

(7) 进水闸铺盖斜坡段碳化深度均评为 C 类(严重碳化),已有大面积钢筋锈蚀外露,钢筋评为 B 类中度锈蚀;工作桥柱碳化深度均评为 C 类(严重碳化),部分圆弧面箍筋锈蚀外露,主筋也开始锈蚀,钢筋评为 B 类中度锈蚀;进水闸其他所测构件的钢筋处于未锈蚀阶段。

4. 连通闸

(1) 连通闸所用水泥、粗细骨料、混凝土、无纺布、石块、钢筋等材料均经过检验,全部合格。

(2) 基础清理与回填施工方法合适,施工质量经检测,砂砾料填筑相对密度满足设计要求;防渗墙和防冲墙的抗压强度、抗渗、抗冻、强度保证率均满足设计要求。

(3) 连通闸工程分为上游连接段、闸室段、下游消能防冲段、下游护坡护底、地基处理、金属结构及启闭机安装、管理房工七个部分工程,施工程序合适;混凝土为商品混凝土,混凝土强度、抗渗、抗冻检测结果满足设计要求。

(4) 连通闸上游翼墙、铺盖、闸底板、闸墩、胸墙、检修桥、交通桥、消力池底板、护坦、下游翼墙的回弹法混凝土强度推定值均大于原设计强度。连通闸上游翼墙、闸墩、下游翼墙的超声回弹综合法混凝土强度推定值均大于原设计强度。

(5) 连通闸上游翼墙、铺盖、闸底板、闸墩、胸墙、工作桥柱、检修桥、交通桥、消力池底板、护坦、下游翼墙的混凝土碳化深度平均值远小于或小于钢筋保护层平均值,碳化深度均评为 A 类(轻微碳化)或 B 类(一般碳化)。

（6）连通闸上游翼墙、铺盖、闸底板、闸墩、胸墙、工作桥柱、检修桥、交通桥、消力池底板、护坦、下游翼墙的钢筋保护层厚度均满足设计要求。

（7）连通闸所测构件的钢筋处于未锈蚀阶段。

5. 退水闸

（1）退水闸所用水泥、粗细骨料、混凝土、无纺布、石块、钢筋等材料均经过检验,全部合格。

（2）基础清理与回填施工方法合适,施工质量经检测,砂砾料填筑相对密度强度设计要求;防渗墙和防冲墙的抗压强度、抗渗、抗冻、强度保证率均满足设计要求。

（3）退水闸工程分为上游连接段、闸室段、下游消能防冲段、下游护坡护底、地基处理、金属结构及启闭机安装、管理房工七个部分工程,施工程序合适;混凝土为商品混凝土,混凝土强度、抗渗、抗冻检测结果满足设计要求。

（4）退水闸上游翼墙、铺盖、闸底板、闸墩、牛腿、检修桥梁、交通桥板梁、消力池底板、护坦、下游翼墙、尾堤护坡的回弹法混凝土强度推定值均大于原设计强度。退水闸闸墩、下游翼墙的超声回弹综合法混凝土强度推定值均大于原设计强度。

（5）退水闸交通桥板梁侧面钢筋保护层很小,碳化深度平均值已超过钢筋保护层平均值,碳化深度评为C类（严重碳化）。其他所测混凝土构件的碳化深度平均值远小于或小于钢筋保护层平均值,碳化深度均评为A类（轻微碳化）或B类（一般碳化）。

（6）退水闸上游翼墙、铺盖、闸底板、闸墩、牛腿、工作桥柱、检修桥梁、交通桥板梁、消力池底板、护坦、下游翼墙的钢筋保护层厚度平均值均满足设计要求。

（7）退水闸交通桥板梁侧面碳化深度为C类（严重碳化）,部分主筋锈蚀外露,钢筋评类B类中度锈蚀。退水闸交通桥板底面及其他所测构件的钢筋处于未锈蚀阶段。

根据《水库大坝安全评价导则》,运行中暴露出局部质量缺陷,评定滞洪水库工程质量为"合格"。

4.4.2 建议

建议对中堤、右堤、进水闸、连通闸和退水闸存在的局部缺陷及时进行处理。

5

运行管理评价

大坝运行管理评价主要结合现场工作期间收集到的水库运行管理资料、运行管理单位提交的水库运行管理报告进行，评价内容包括水库运行管理能力、调度运用、维修养护以及安全监测等。

5.1 水库运行管理能力评价

5.1.1 水库管理机构

滞洪水库管理单位是永定河滞洪水库管理所。永定河滞洪水库管理所的主管部门为北京市永定河管理处，属全额拨款事业单位，目前共有40人，其中书记1名，所长1名，副所长2名，人员分为工程组、综合组、闸站组等班组。

水库管理单位的大坝安全管理责任人为永定河管理处主任，当地水务部门的大坝安全管理责任人为北京市水务局局长，地方政府的大坝安全管理责任人为北京市人民政府副市长，人员名单均在北京市水务局网站等媒体公告。

滞洪水库管理机构健全，管理人员职责明晰。

5.1.2 水库管理体制机制

滞洪水库管理体制为全额拨款事业单位负责管理，人员基本支出和工程维修养护经费主要由政府财政经费支出。

5.1.3 水库管理制度

滞洪水库先后建立完善了岗位责任制、工程管理制度、工程岁修维修制度、大坝安全监测制度、工程巡视检查办法、防汛工作制度、值班制度、闸门管理制度、操作规程等规章制度。关键的规章制度进行了上墙、制作工作牌进行明示。水库管理制度健全。

5.1.4 工程管理与保护范围

1. 管理范围

1989年北京市政府批准了永定河的管理范围,一般为自永定河堤防中心线向两侧水坡外延60.0 m。

根据永定河历史形成的"里外十丈护堤"的习惯,原永定河右堤的护堤以内作为滞洪水库西侧管理范围边线,新建滞洪水库左堤脚水平外延30 m作为滞洪水库东侧管理范围边线。

马厂水库退水闸以下150 m为建筑物管理范围的南边界,北侧边线以大宁水库东堤管理范围为准。

按照以上范围确定土地使用权,领取土地使用证。

2. 保护范围

永定河滞洪水库的保护范围在上述管理范围的外边线各水平外延40.0 m,其以内为水库的保护范围。保护范围内禁止乱砍滥伐、开荒、取土等危害工程安全的活动。

大部分由永定河滞洪水库管理所进行管理,并办理了国有土地使用证;对枢纽工程建筑物划分了管理范围。其中,稻田水库1 308亩,马厂水库1 557亩,按北京市政府相关规定,应属水库管理范围,但修建水库时未征用。

5.1.5 管理设施情况

1. 水文观测设施

滞洪库水情测报采用人工观测方式,在进水闸、连通闸和退水闸设有基本水尺观测点观测水位,在水库管理所设有雨量点观测降水,在进水闸进口段设有水情观测点观测大宁水库来水量。

2. 安全监测设施

对滞洪水库大坝进行了安全监测,监测项目包括:水位、闸基渗压、闸墩开度、变形、中堤沉降观测。

(1) 进水闸设有雷达式水位计及右岸下游翼墙水尺。进水闸、连通闸和退水闸右岸翼墙设有水尺进行人工水位观测。

(2) 渗压计、测压管、测缝计及等监测设施于2002年安装,采用人工观测。2011年进行了滞洪水库安全监测自动化改造,更新了仪器设备,将渗压计和测缝计接入自动化系统。目前,进水闸设有12支渗压计、4支测缝计、6个水平位移测点及多组沉降观测点;连通闸设置有10支渗压计、6个测缝计、4个水平位移测点及多组沉降观测点;退水闸设有12支渗压计、3组三向测缝、8个水平位移测点及多组沉降观测点;原测压管等观测项目废弃。

(3) 进水闸、连通闸、退水闸水平位移采用GPS观测,进水闸、连通闸、退水闸及中堤沉降采用水准仪每年汛期前后人工观测,汛前观测时段为4—5月份,汛后为10月份。

(4) 进水闸、连通闸、退水闸各安装数据采集器一套,采集器位于闸室内部,每天定时自动采集渗压计和测缝计数据,通过移动GPRS网路,将数据包传送至数据中心。大坝安全监测系统功能不完善。

3. 防汛公路及交通工具

防汛公路包括中堤、右堤至永定河滞洪水库管理所的专用道路,全长约 20 km,该道路现为沥青混凝土路面。中堤北接大宁水库中堤,中堤(桩号 K6+147)接京良公路;右堤北接大宁水库中堤,右堤(桩号 K9+880)接京良公路。防汛公路路况良好。

永定河滞洪水库中堤专用道路工程位于永定河滞洪水库中堤堤顶,北起大宁水库中堤已建混凝土路南端(桩号 K0+000),向南过京良公路至退水闸(桩号 K10+551.955),西经尾堤平台与右堤新建混凝土路面相接,全长 10 km。

布置于中堤堤顶两侧,道路宽度 4 m,部分单线段 7～8 m,每 500 m 设联络线路一道,路面宽为 5 m。

4. 通信设施

滞洪水库通信设施包括:①职工普遍使用的手机主要采用中国移动网络,部分采用中国电信、中国联通。②办公室座机全部使用中国联通通信。③大坝安全监控系统通过 GPRS 与中堤、进水闸、连通闸、退水闸等大坝上下各监控点相联,在进水闸、连通闸、退水闸值班室设置监控视频,专人 24 h 值班值守。

5. 工程维修和防汛物资

水库配备了必要的工程维修和防汛物资,满足运行要求。

5.2 水库调度运行评价

5.2.1 调度规程编制情况

为保障水库大坝安全、促进水库效益发挥、规范水库调度工作,管理处依据相关规范编制了洪水调度方案、防洪抢险预案,规程中对调度的条件与依据、防洪调度方式和权限以及水库调度管理均作了明确规定。2019 年 6 月 10 日,北京市水务局以"京水务防〔2019〕26 号"文对北京市永定河 2019 年度防洪抢险预案和 2019 年北京市永定河洪水调度方案进行了批复。

5.2.2 防洪调度

永定河流域汛期为 6 月 1 日—9 月 15 日。永定河防洪调度方案如下。

1. 卢沟桥拦河闸

50 年一遇洪水(卢沟桥分洪枢纽上游洪峰流量为 4 380 m³/s),控制泄量 2 500 m³/s;100 年一遇洪水(卢沟桥分洪枢纽上游洪峰流量为 6 230 m³/s),控制泄量 2 500 m³/s;200 年一遇洪水(卢沟桥分洪枢纽上游洪峰流量为 7 500 m³/s),控制泄量 3 000 m³/s。

控制运用指标:

当永定河卢沟桥分洪枢纽上游洪峰流量不超过 2 500 m³/s 时,视情况兼顾洪水资料利用。

当永定河卢沟桥分洪枢纽上游洪峰流量为 2 500～6 230 m³/s 时,拦河闸控制泄量 2 500 m³/s。

当永定河卢沟桥分洪枢纽上游洪峰流量为 6 230～7 500 m³/s 时,拦河闸控制泄量 3 000 m³/s。

当永定河卢沟桥分洪枢纽上游洪峰流量大于 7 500 m³/s 时,拦河闸敞泄,最大泄量 6 890 m³/s。

2. 小清河分洪闸

50 年一遇洪水(卢沟桥分洪枢纽上游洪峰流量为 4 380 m³/s),控制泄量 1 830 m³/s;100 年一遇洪水(卢沟桥分洪枢纽上游洪峰流量为 6 230 m³/s),控制泄量 3 730 m³/s;200 年一遇洪水(卢沟桥分洪枢纽上游洪峰流量为 7 500 m³/s),控制泄量为 3 730 m³/s。

控制运用指标:

当永定河卢沟桥分洪枢纽上游洪峰流量不超过 2 500 m³/s 时,视情况兼顾洪水资料利用。

当永定河卢沟桥分洪枢纽上游洪峰流量大于 2 500 m³/s 时,分洪闸启用分洪;100 年一遇以内洪水,最大控制泄量 3 730 m³/s。

当永定河卢沟桥分洪枢纽上游洪峰流量大于 7 500 m³/s 时,分洪闸敞泄。

3. 刘庄子口门

当永定河发生 100 年一遇以上洪水时启用分洪。

4. 水库

大宁水库:50 年一遇洪水设计,100 年一遇洪水校核。总库容 3 600 万 m³,设计洪水位 61.01 m,校核洪水位 61.21 m,设计库底高程 48.00 m,大宁水库泄洪闸最大泄量为 3 143 m³/s。

稻田水库:设计库容 3 008 万 m³,设计库底高程 46.00 m,设计洪水位 53.50 m;100 年一遇洪水,进水闸向稻田水库控制泄量 1 900 m³/s,连通闸向马厂水库控制泄量 1 176 m³/s。

马厂水库:设计库容 1 381 万 m³,设计库底高程 45.80 m,设计洪水位 50.50 m;100 年一遇洪水,退水闸向永定河河道控制泄量 400 m³/s。

5.2.3 洪水调度

北京市承运河洪水调度方案见表 5.2-1,具体如下:

(1)永定河大宁水库汛期按照《永定河洪水调度方案》(国汛〔2004〕7 号)实施洪水调度,汛前,水库水位降至汛限水位 48.00 m(即原库底高程)。《大宁水库汛期调度运用协调会会议纪要》要求,2019 年汛期大宁水库不再承接南水北调调水,水位严格控制在汛限水位 48.00 m 以下。

(2)当启用大宁水库和永定河滞洪水库蓄滞洪水,大宁水库水位达到 49.00 m 时,开启永定河滞洪水库进水闸,同时开启稻田水库和马厂水库连通闸。当马厂水库达到设计水位 50.50 m 时,关闭连通闸。当稻田水库水位达到设计水位 53.50 m 时,关闭永定河滞洪水库进水闸。

当大宁水库水位达到 60.01 m 且继续上涨时,开启大宁水库泄洪闸向小清河分洪区泄洪,泄洪流量不超过 214 m³/s。

当大宁水库水位达到 61.21 m 且继续上涨时,大宁水库泄洪闸加大泄量直至敞泄。

表 5.2-1　北京市永定河洪水调度分解表

	卢沟桥分洪枢纽上游流量(m³/s)	洪水调度(m³/s) 永定河	洪水调度(m³/s) 小清河	备注
标准洪水	<2 500	原则上洪水全部由卢沟桥拦河闸下泄		
标准洪水	2 500~6 200	卢沟桥拦河闸下泄流量不超过2 500	其余洪水通过小清河入大宁、稻田和马厂水库;当大宁水库库水位达到60.01 m且继续上涨时,泄洪闸控泄214	
超标准洪水	6 200~7 500	卢沟桥拦河闸控泄流量不超过3 000	其余洪水通过小清河入大宁、稻田和马厂水库;当大宁水库水位达到61.21 m且继续上涨时,泄洪闸敞泄	运用刘庄子分洪口门分洪,确保滞洪水库安全
超标准洪水	>7 500	敞泄	敞泄	弃守卢沟桥以上右堤

5.2.4　调度权限

卢沟桥洪峰流量小于 500 m³/s 时,卢沟桥拦河闸、小清河分洪闸的调度权限为北京市永定河管理处,北京市水务局报水利部海河水利委员会批准,并报水利部备案,批准后由北京市永定河管理处负责实施。

卢沟桥洪峰流量大于 500 m³/s 时,卢沟桥拦河闸、小清河分洪闸、刘庄子分洪口门、大宁水库泄洪闸的调度权限为北京市永定河管理处,北京市水务局商水利部海河委员会报水利部批准。

永定河滞洪水库的洪水调度及工程运用由北京市永定河管理处提出调度意见,报北京市水务局批准,批准后由北京市永定河管理处负责组织实施,其中退水调度需由北京市水务局商水利部海河水利委员会同意后实施。

永定河右堤的弃守,由水利部提出意见,报国务院决定。

5.2.5　大坝安全监测工作开展情况

1. 巡视检查

水库制定了《滞洪水库大坝安全巡视检查办法》,对水库枢纽工程进行巡视检查,日常检查每周一次,年度检查每年两次。每次巡视检查都做详细记录,发现问题进行处理、报告,年底对巡视检查资料整理归档。巡视检查工作完善。

2. 安全监测

水库进水闸、连通闸、退水闸按照《水闸安全监测技术规范》(SL 768—2018)进行水闸安全监测,监测主要有三类项目,一是变形监测,进水闸、连通闸、退水闸有表面变形监测和测缝计监测;二是渗流监测,进水闸、连通闸、退水闸有渗压计监测;三是相关环境量监测,有库水位、降雨等;安全监测精度、频次不满足《水闸安全监测技术规范》规定。中堤有沉降观测,中堤安全监测频次、项目不满足《堤防工程设计规范》(GB 50286—2013)和《水利水电工程安全监测设计规范》(SL 725—2016)规定。水库原设计监测项目较完善,但经过十余年的运行,部分监测仪器故障失效,监测软件老旧,监测数据缺失;现有自动化监测系统和采集软件不能满足工程运行需要。

5.2.6　应急预案

北京市永定河管理处编制了《北京市永定河 2019 年度防洪抢险预案》,北京市水务局以"京水务防〔2019〕26 号"文进行了批复。

5.2.7　运行大事记

滞洪水库运行以来的重大事件和出现的各类异常情况做了专门记录,并认真采取措施掌握水库大坝的运行状况。滞洪水库运行以来发生的重大事件记录如下。

(1) 2000 年 4 月 3 日,国家计委批准永定河滞洪水库工程开工。市重点工程水利建设管理委员会批准成立滞洪水库建设管理处;

(2) 2000 年 6 月 29 日,滞洪水库工程举行开工;

(3) 2002 年 11 月,滞洪水库建成;

(4) 2003 年,滞洪水库完成了单位工程验收;

(5) 2004 年 12 月,滞洪水库进行了竣工初步验收;

(6) 滞洪水库管理所每年对闸门、启闭机等进行维修养护。

5.2.8　技术档案管理

水库工程建设技术档案由永定河滞洪水库管理所档案室保管,水库管理所设有档案室,保存全部技术档案。水库工程基本情况、建设与改造、运行与维护、检查与检测、管理制度等技术资料保存完整,满足水库运行管理需要。

5.3　工程养护修理评价

水库管理单位每年针对水工建筑物、闸门及启闭设备、防汛交通和通信设施进行养护修理。水库养护修理工作能正常开展,维修养护经费能得到落实,大坝和相关设施总体处于完整和安全的工作状态。

5.4　小结

(1)水库管理机构已经完成水管体制改革,管理机构和管理制度健全,管理人员职责明晰。

(2)水库防汛交通及通信设施完整,使用正常。

(3)水库调度规程、防汛抢险应急预案按照规定编制完成,并报上级主管部门批准。

(4)按照批准的调度规程合理开展水库调度工作,水库安全监测基本符合《水闸安全监测技术规范》和《水利水电工程安全监测设计规范》规定,能够较为及时地掌握大坝安全性态。

（5）水库维修资金落实，大坝养护维修及时，工程工作状态完整、安全。

综上，根据《水库大坝安全评价导则》，水库能按照设计条件和功能安全运行，评价大坝运行管理为"较规范"。

建议：

（1）编制滞洪水库大坝安全管理应急预案。

（2）按工程需求对各堤设置渗流监测项目和监测设施，提高进水闸、连通闸、退水闸变形观测精度和频次，复核变形基点。

（3）现有监测系统设备和软件功能不全，建议对自动化系统进行全面升级改造，提高水库信息化水平。

（4）建议定期整理、分析监测数据，编制监测资料分析报告，分析工程安全状况。

6 防洪能力复核

6.1 设计标准

永定河滞洪水库主要任务是防洪,用以控制永定河官厅山峡的洪水,解决100年一遇洪水情况下,永定河不向右岸分洪,减免右岸长辛店地区及北京市境内小清河分洪区人员的防洪避险问题,减少小清河分洪区及永定河下游泛区重要基础设施、工矿企业、军事仓库及交通干线的洪灾损失。

永定河官厅水库以下至三家店称官厅山峡,流域面积1 600 km²,为多发性暴雨区,易产生较大洪水,永定河历史上发生的几次大洪水中,约90%的洪水产生于官厅山峡,滞洪水库对滞蓄官厅山峡洪水,缓解永定河洪水威胁,保护北京市防洪安全有重要意义。

当官厅山峡出现50年一遇洪水,洪峰流量为4 330 m³/s时,2 500 m³/s流量由卢沟桥拦河闸入永定河,其余1 830 m³/s洪水由小清河分洪闸入大宁水库、稻田水库、马厂水库,大宁水库泄洪闸不下泄,刘庄子分洪口门不分洪。当官厅山峡出现100年一遇洪水,洪峰流量为6 230 m³/s时,2 500 m³/s流量由卢沟桥拦河闸入永定河,小清河分洪闸下泄3 730 m³/s,经大宁水库、稻田水库、马厂水库联调后,大宁水库泄洪闸控制下泄214 m³/s入小清河分洪区,刘庄子分洪口门不分洪。

鉴于永定河滞洪水库在永定河防洪体系中的重要作用,滞洪水库工程等别确定为Ⅱ等,进水闸、连通闸、退水闸等建筑物级别为2级,堤防为1级,根据批准的流域、区域防洪规划要求确定设计洪水标准为100年一遇,对照《防洪标准》(GB 50201—2014)、《水利水电工程等级划分及洪水标准》(SL 252—2017),工程等别、建筑物级别及洪水标准满足规范要求,本次安全评价仍采用上述标准。

6.2 流域概况

6.2.1 流域地理位置

永定河流域位于东经115°42′19.22″~116°28′0.47″,北纬40°7′32.12″~39°27′17.89″,

是海河流域北系最大的河流,东临潮白河、北运河水系,西邻黄河流域,南为大清河水系。永定河从北京市门头沟区斋堂镇向阳口村(北京市与河北省交界处,怀来县幽州村)入境,经门头沟、石景山、丰台、大兴和房山5个区,于大兴区榆垡镇崔指挥营出境,北京境内主河道长172 km,流域面积3 152 km²,占总流域面积的6.7%。

6.2.2 地形地貌

按照河道不同特征和洪灾防御特点,北京市境内永定河划分为官厅山峡段和平原河道段(卢三段和卢梁段)。

官厅山峡段:自官厅水库至三家店间的峡谷,称官厅山峡段,该段河道地处太行山余脉西山,山峡两岸峭壁陡峻,高山连亘,水流随山弯曲,干流长约91 km,落差340 m,平均河道纵坡3.1‰,河宽70~300 m不等。山峡两岸有十几条支流汇入,大都是山溪。其中较大支流有三条:右岸的沿河城沟和清水河、左岸的湫河。

自三家店出山后,永定河进入华北平原。流向南偏东,形成具有河床、滩地、阶地第四系冲洪积。地势为西南、东北两端高,中部低,地形起伏不大。

卢三段:自卢沟桥至三家店闸,河道长度约17 km。此段河道较为顺直,河槽宽度300~500 m,河道纵坡3‰左右。

卢梁段:自卢沟桥至市界梁各庄,河道长度约61 km。此段河道为游荡型地上河,河道河槽宽度变幅较大,为220~1 770 m,河道纵坡为1‰~0.38‰,河道为地上悬河,河床底较堤外地面高出3~5 m,土质多为中细砂,主流左右迁回,两岸险工较多。

6.2.3 河流水系

永定河上源有北支洋河和南支桑干河,两条支流在河北省怀来县朱官屯汇流,始称永定河。永定河东流至官厅,纳源于延庆县的妫水河,沿官厅水库下游峡谷下行,出河北省幽州市,进入北京市境内,继续沿峡谷下行至三家店出山进入华北平原,至梁各庄出北京市界。

北京市境内永定河流域河流共分为5级,其中0级河流(永定河)1条,1级河流21条,2级河流39条,3级河流11条,4级河流3条,共有75条河流。

6.2.4 流域水文气象

1. 水文气象

永定河流域位于欧亚大陆东部中纬度地带,大陆性气候明显,冬季长,干燥寒冷,盛行西北风,春秋多风沙。气温日变化及年内变化都很大。据统计,门头沟多年平均气温为11.7 ℃,冬季的1月份平均气温为零下4.3 ℃,夏季7月份的平均气温为25.8 ℃。绝对最低气温为零下22.9 ℃。

永定河处在西北干冷气团向东南移动的通道上,10月到翌年5月,几乎完全受来自西伯利亚的干冷气团控制,流域内降雨稀少;6月至9月受海洋暖湿气团的影响,降水集中在7月至8月。主汛期,降雨多以暴雨形式出现,官厅以上多年平均降水量在400 mm左右。官厅山峡地区,地处迎风山区,多年平均降水量为513 mm。

流域多年平均降雨量在360~650 mm之间,流域内降雨年际变化较大,时空分布不均匀,多雨年与少雨年降雨量相差2~3倍。

2. 暴雨特性

永定河流域为季风气候区,夏季东南季风从海上吹来大量的暖湿空气,极峰位置稳定在北纬40°附近,致使降水量主要集中在夏季,而且常以暴雨形式出现。

据资料统计,永定河流域的暴雨中心位于北京市雁翅一带,其笼罩范围为官厅山峡地区。

6.2.5 径流

滞洪水库主要拦蓄官厅山峡区间的径流。故只做官厅山峡区间的径流分析计算工作。对于逐月径流的统计,1925—1979年是采用已有水资源成果汇总中的三家店天然月径流量减去官厅天然月径流量而得;1980—1985年是采用三家店的实测月径流量减去官厅出库的实测月径流量再加上区间的还原水量而得。

其中区间还原水量包括城子自来水厂用水量,灌溉用水量,永引渠、城龙渠、三家店渠的引水量及斋堂水库的蓄变量,成果见表6.2-1。

表6.2-1 官厅山峡天然年径流成果表

均值(亿 m³)	C_V	C_S/C_V	各种频率设计值(亿 m³)			
			20%	50%	75%	95%
1.2	1.3	2.0	1.978	0.625	0.169	0.011

注:C_V表示变差系数;C_S表示偏差系数。

6.3 洪水流量

6.3.1 三家店站设计洪水

1. 基本资料

三家店站于1920年开始观测,至今有100多年的水文资料;官厅、夹河站分别于1925年、1924年开始水文观测,1953年官厅水库蓄水后,官厅站改为出库站,夹河站于1956年撤销。

1955年修建了三家店拦河闸及永引渠、城龙渠、三家店渠三条引水渠道,改变了原天然河道的泄流状况。此后,三家店站只观测拦河闸的下泄流量,如果采用以上三渠一库一闸资料来还原计算三家店的天然洪水,其计算的环节多、误差大,且资料不连续,成果欠合理。永定河引水管理处于1959年在三家店以上11 km处设置陇驾庄专用水文站,根据永定河流域官厅山峡水文分析工作时的分析论证,认为陇驾庄的流量资料虽未经刊印,但资料保存较好,且在计算方法、测流条件、资料精度等方面都优于三家店,故1959年以后均采用陇驾庄资料代替三家店。各站资料采用情况详见表6.3-1。

表6.3-1 资料采用情况表

站名	采用年份
三家店	1920年、1921年、1924—1939年、1941—2018年
城龙渠	1957年、1958年
永引渠	
三家店渠	

续表

站名	采用年份
夹河	1953年、1954年、1955年
官厅	1953—2018年
陇驾庄	1959—2018年

2. 洪水特性

永定河的洪水有暴雨洪水、山洪和泥石流，其中以暴雨洪水为主。暴雨洪水主要来自汛期的暴雨，官厅山峡是洪水的主要产流区之一，山峡地区不仅降雨集中在汛期，且多以暴雨形式出现。区间内支流多，沟短坡陡，峰高流急，下泄快。官厅以上，由于集水面积广阔，常形成峰高量大的洪水。永定河一次洪水历时一般是3 d左右，但长时间连续降雨后又降大暴雨时，其洪峰往往形成复峰，则洪水持续时间长达10 d左右或更长。

永定河洪水年际变化大，从实测资料看，三家店站最大洪水年洪峰流量为5 280 m³/s，是最小洪水年洪峰流量120 m³/s的44倍，5 d洪量最大为10.24亿 m³，是最小洪量0.135 4亿 m³ 的76倍；山峡区间洪峰流量最大与最小比值达78，3 d洪量比值达173。

3. 系列统计

以年最大独立取样方法，对降雨造成的天然洪水进行统计。

中华人民共和国成立以来，永定河流域的不断开发和治理，改变了洪水的天然情势，增加了资料统计的复杂性。本次计算对官厅、友谊、册田三座大型水库进行了库蓄变量的还原。洪水期短历时农业灌溉用水不多，又无定量资料，故未作还原计算。

经统计计算得到三家店各种统计时段（1920年、1921年、1924—1939年、1941—2018年）共96年实测资料。

4. 历史洪水

1964年对永定河历史洪水进行了调查，同时收集大量的历史文献，并根据其雨情、水情、灾情大小，综合分析比较，定出了Ⅰ级、Ⅱ级洪水，详见表6.3-2。

表6.3-2　三家店历史洪水分级表

序号	洪峰流量(m³/s)				5 d洪量(亿 m³)			
	Ⅰ级		Ⅱ级		Ⅰ级		Ⅱ级	
	年份	Q_m	年份	Q_m	年份	W_5	年份	W_5
1	1737	>8 500	1780	5 600	1801	23.1	1780	7.79
2	1801	10 400	1819	5 600	1871	17.7	1823	8.36
3	1893	9 000	1868	6 110	1893	15.4	1834	9.76
4	1871	8 000	1872	5 600	1737	>11.7	1868	10.30
5	1834	6 980	1892	6 260	1819	12.3	1872	7.79
6	1890	6 890	1896	6 000			1890	7.43
7	1888	6 580	1900	4 840			1896	8.40

续表

序号	洪峰流量 Ⅰ级 年份	Q_m	洪峰流量 Ⅱ级 年份	Q_m	5天洪量 Ⅰ级 年份	W_5	5天洪量 Ⅱ级 年份	W_5
8			1917	5 200			1904	8.15
9			1924	5 280			1912	8.53
10			1939	4 665			1913	9.30
11							1917	7.90
12							1939	10.20

20世纪80年代初,全国开展了历史洪水资料汇编工作,永定河的官厅、三家店等河段资料由有关单位整编,并由北京市负责汇编刊印,其成果能比较全面地反映以往洪水调查成果。其中刊印的三家店附近龙泉务及龙泉务—卢沟桥河段的调查洪水成果见表6.3-3。

表6.3-3 三家店附近河段调查洪水成果表

年份	1801	1890	1893	1924	1939	1929
流量(m³/s)	9 600	6 000	7 360	5 400	4 560	3 700
可靠程度	供参考	供参考	较可靠	供参考	较可靠	供参考
另外调查到的还有1888、1892、1907、1917等年份						

本次依据以上资料,确定在洪峰系列中加入1801年、1893年两年历史洪水,其洪峰流量采用汇编中的成果,其中1801年为9 600 m³/s,1893年为7 360 m³/s,1939、1929、1924年等采用年鉴刊印的实测值,其他历史洪水均未定量考虑,而是在系列的排位中以空位来处理。

以1451年和1801年作为较远年考证期,以1893年作为较近考证期,对历史洪水及实测大洪水年份进行重现期考证,对实测中的1939年、1924年、1929年等大水年份的重现期做了处理,在洪量的排位中还考虑了峰量不一致性。

5. 频率计算

对历史洪水及实测大水年份重现期做了处理以后,实测洪水中的一般洪水的经验频率按不连续系列公式计算。采用P-Ⅲ型曲线,按目估适线确定统计参数,并与上游各站区做综合平衡,以此完成设计洪峰及各种时段洪量的频率计算。

6.3.2 官厅山峡设计洪水

官厅山峡洪水系列的统计,是将官厅、三家店断面同时段的洪水流量相减而得,其中洪峰及24 h洪量的推求考虑了传播历时;3 d及3 d以上时段的洪量不考虑传播历时,用上、下游断面同日流量相减而得。

对于洪峰的频率分析,考虑1801、1893年的历史洪水,对1939年洪水的重现期做了处理;洪量的频率分析未考虑历史洪水,也未做特大值处理。

经计算分析,洪峰流量的频率成果,未因增加6年枯水年份而有大的变化,因此,将系列延长至2018年的官厅山峡区间洪水设计值见表6.3-4。

表6.3-4　官厅山峡历史洪水洪峰流量重现期估算表

年份	Q_m (m³/s)	考证期(568年) (1451—2018) 排位	$P\%$	调查期(218年) (1801—2018) 排位	$P\%$	实测期(99年) (1920—2018) 排位	$P\%$	采用 $P\%$
1801	8 970	1	0.176					0.176
1893	6 380	3	0.528	2	0.917			0.528～0.917
1939	4 090			5	2.294	1	1.01	1.01～2.294

根据目估适线法原理,计算官厅山峡区间的设计洪水各相关参数,系列数据插补延长后,得洪峰流量均值为693 m³/s,$C_V=1.46$,$C_S/C_V=3.5$,$C_S=5.12$,由此计算出各频率下官厅山峡区间的设计洪峰流量,并采用区间实测值最大的1939年7月份的洪水过程作为典型,进行同频率控制放大,求得官厅山峡区间各频率的设计洪水过程线。

6.3.3　滞洪水库设计洪水

1. 洪水地区组成

由于官厅山峡地处太行山和燕山迎风山区交界处,官厅以上处于背风山区,受天气系统及下垫面条件的影响,其暴雨洪水特性有较大差异。山峡区间发生洪水机会要比官厅以上多,加上官厅山峡流域面积小,汇流快,因此官厅以上与山峡的洪峰遭遇机会较少。从洪量看,1925—1949年的25年资料中,官厅以上最大3 d洪量与官厅山峡最大3 d洪量发生有2 d以上相同时间的有5年,说明遭遇机会还是有的。另外,从三家店最大3 d洪量的组成情况看,在54年资料中,官厅以上占70%的有39年,官厅以上虽处于背风山区,但是三家店洪水的主要组成部分。但官厅以上洪水已有官厅水库控制,因此,滞洪水库的设计洪水按三家店与官厅山峡同频率,官厅以上相应的洪水地区组成方案较符合实际情况。

2. 设计洪水过程线

滞洪水库设计洪水过程系由官厅水库下泄流量和官厅—三家店区间的洪水过程考虑不同传播时间迭加而成。

根据以上洪水地区组成方案,求得官厅以上相应的设计洪水,见表6.3-5。

表6.3-5　官厅相应各时段洪量表　　　　　　　　　　　　　　　单位:亿 m³

$P\%$(三家店)	W_3	W_5	W_7	W_9	W_{15}
0.01	17.299	20.096	22.194	23.598	29.595
0.05	13.490	15.860	17.505	18.600	23.680
0.1	11.964	14.150	15.606	16.716	21.044
0.2	10.382	12.383	13.640	14.705	18.581
0.5	8.363	9.918	11.124	12.050	15.265

续表

P%(三家店)	W_3	W_5	W_7	W_9	W_{15}
1	6.876	8.234	9.261	10.117	12.853
2	5.451	6.583	7.475	8.235	10.533
5	3.669	4.536	5.192	5.753	7.519
10	2.459	3.069	3.627	4.063	5.335

注：W_3、W_5、W_7、W_9、W_{15}分别表示3日、5日、7日、9日、15日洪量。

用官厅1939年7月份实测洪水为典型进行放大，并经官厅水库的调洪演算，求得出库洪水过程。然后，考虑一定的传播时间，与官厅山峡区间过程组合而成滞洪水库的设计洪水过程线，见表6.3-6。

表6.3-6 滞洪水库设计洪水过程线

日	时	$P=1\%$	$P=2\%$	$P=5\%$	$P=10\%$
7.25	0	387	38	26	18
	1	356	13	9	6
	2	456	94	65	43
	3	557	175	120	81
	4	606	254	175	117
	5	706	335	231	155
	6	773	389	268	180
	7	838	442	304	204
	8	954	494	341	228
	9	1 021	548	378	253
	10	1 019	547	377	252
	11	924	470	324	217
	12	955	431	297	199
	13	907	392	270	181
	14	1 010	475	327	219
	15	1 128	570	393	263
	16	1 083	462	293	183
	17	1 165	526	335	209
	18	1 456	759	486	307
	19	2 862	1 841	1 169	729
	20	5 133	3 522	2 237	1 395
	21	6 240	4 350	2 760	1 701
	22	6 225	4 179	2 649	1 631
	23	5 803	4 059	2 582	1 614

续表

日	时	$P=1\%$	$P=2\%$	$P=5\%$	$P=10\%$
7.26	0	5 377	3 729	2 371	1 483
	1	4 955	3 395	2 156	1 345
	2	4 536	3 067	1 948	1 215
	3	3 823	2 512	1 596	995
	4	3 110	1 957	1 243	775
	5	2 399	1 402	891	556
	6	1 687	847	538	336
	7	1 193	462	293	183
	8	1 071	367	233	146
	9	1 050	351	223	139
	10	1 264	518	329	205
	11	1 191	461	293	183
	12	968	287	182	114
	13	1 078	373	237	148
	14	1 214	479	304	190
	15	1 214	479	304	190
	16	1 100	390	247	154
	17	1 131	427	295	197
	18	1 145	439	302	202
	19	1 227	505	348	233
	20	1 310	572	394	264
	21	1 444	680	469	314
	22	1 579	788	543	364
	23	1 892	1 041	717	480
7.27	0	2 206	1 293	891	597
	1	2 076	1 189	819	548
	2	2 026	1 149	792	530
	3	1 979	1 111	765	512
	4	1 701	887	611	409
	5	1 421	661	456	305
	6	1 531	750	517	346
	7	1 642	839	578	387

续表

日	时	$P=1\%$	$P=2\%$	$P=5\%$	$P=10\%$
7.27	8	1 758	933	643	430
	9	1 575	785	541	362
	10	1 332	590	406	272
	11	1 087	392	270	181
	12	847	199	137	92
	13	752	122	84	56
	14	955	286	197	132
	15	1 077	385	265	177
	16	1 014	334	230	154
	17	1 001	323	222	149
	18	987	311	215	144
	19	1 091	396	273	183
	20	1 198	481	332	222
	21	1 302	566	390	261
	22	1 575	785	541	362
	23	1 855	1 011	696	466

经计算，滞洪水库 100 年一遇洪峰流量为 6 240 m³/s，比原初步设计成果 6 230 m³/s 略大。考虑到系列插补延长所采用的实测洪水略大于原初设成果，因此本次的成果略大于原初设（不超过 5%）是合理的。

6.4 泥沙

6.4.1 泥沙来源及输沙特性

永定河属多沙河流，其含沙量之高仅次于黄河。永定河泥沙绝大部分产自官厅水库以上。受流域降水及下垫面因素控制，官厅站输沙量主要来自洪水期，洪水愈大，输沙量愈多，由此造成输沙量年内、年际分配很不均匀。年内，汛期沙量占年沙量的 70%～90%；年际，最大年输沙量与最小年输沙量之比可高达 290。官厅以下山峡区间流域面积 1 600 km²，产沙量较小，且主要集中在汛期 7 月、8 月两月，区间建有珠窝水库、落坡岭水库、三家店引水枢纽等水利工程。这些水利工程在洪水期排沙运行，其余时间蓄水拦沙，从而导致三家店输沙更进一步集中在洪水期。因此，本阶段泥沙工作主要考虑洪水期输沙量。

6.4.2 三家店洪水输沙量

三家店洪水期输沙量借用陈家庄水库入库洪水输沙量成果。100 年一遇洪水考虑同期官厅下泄沙量及山峡区间产沙量两部分,50 年、20 年、10 年一遇洪水只考虑官厅山峡产沙。

1. 官厅水库洪水出库沙量

1) 计算条件及原则

(1) 调节计算使用包括妫女河库容在内的总库容,泥沙计算使用干流库容。

(2) 100 年一遇洪水,官厅水库相应入库泥沙经分析采用下列水沙关系计算:

$$Q_s = 0.017\ 2 \times Q^{1.34}$$

式中:Q_s——输沙率,t/s;

Q——流量,m³/s。

2) 排沙计算方法

官厅水库在洪水期处于壅水排沙状态,采用下列公式计算:

$$\log \eta = -7.73 \times 10^{-4} \left(\log \frac{VQ_\text{入}}{Q_\text{出}^2} \right)^4 + 0.263\ 6$$

式中:η——壅水排沙比;

V——本时段库水位相应干流库容,m³;

$Q_\text{入}$——入库流量,m³/s;

$Q_\text{出}$——出库流量,m³/s。

3) 计算结果

100 年一遇洪水,官厅水库 7 d 排沙量为 4 345 万 t。

2. 官厅山峡洪水输沙量

官厅洪水传播至三家店的时间为 6 h,利用三家店及官厅站洪水期的流量及输沙率资料,考虑传播时间求得官厅山峡区间的流量及输沙率,建立区间水沙流量-输沙率关系,在确定关系式参数时考虑实测资料精度对其进行适当修正。官厅山峡流量-输沙率关系式为:

$$Q_s = 0.001\ 6 \times Q^{1.5}$$

式中:Q_s——输沙率,t/s;

Q——流量,m³/s。

利用各频率 7 d 洪水过程,通过官厅山峡的流量-输沙率关系求得各频率洪水的 7 d 输沙量分别为:100 年一遇洪水,输沙量 2 937 万 t,最大含沙量 120 kg/m³;50 年一遇洪水,输沙量 2 090 万 t,最大含沙量 105 kg/m³;20 年一遇洪水,输沙量 1 110 万 t,最大含沙量 84 kg/m³;10 年一遇洪水,输沙量 580 万 t,最大含沙量 66 kg/m³。

3. 三家店各频率洪水输沙量

三家店 7 d 洪水过程各频率洪水输沙量见表 6.4-1。

表 6.4-1 三家店 7 d 洪水输沙量表

频率	1%	2%	5%	10%
输沙量(万 t)	7 282	2 090	1 110	580

4. 三家店多年平均输沙量

据统计，三家店拦河闸 1956 年建闸以来，总淤积量 63.2 万 m³，多年（1956—1989 年）平均输沙量约 67 万 m³。

6.4.3 三家店洪水期悬移质泥沙颗粒级配

1. 官厅山峡悬移质泥沙颗粒级配

官厅山峡各水文站未开展悬移质泥沙颗粒分析工作。考虑流域内地质、地貌等下垫面因素，借用与其相似的朝阳寺站泥沙级配资料。1957—1959 年三个大水年的悬移质泥沙级配统计值见表 6.4-2。

表 6.4-2 桑干河朝阳寺站悬移质泥沙颗粒级配成果表

粒径(mm)	0.007	0.010	0.020	0.050	0.10	0.20	0.50	d_{50}
小于某粒径的沙重(%)	22.3	27.0	37.0	64.1	92.5	98.4	100	0.034

2. 100 年一遇洪水悬移质泥沙级配

100 年一遇洪水组成除官厅山峡区间洪水外，还考虑了官厅水库下泄流量 600 m³/s，沙量 4 345 万 t，占 7 d 洪水总沙量的 59%。考虑官厅下泄沙量对洪水期间悬移质泥沙级配的影响，100 年一遇洪水悬移质泥沙级配借用陈家庄水库成果，见表 6.4-3。

表 6.4-3 100 年一遇洪水悬移质泥沙颗粒级配成果表

粒径(mm)	0.01	0.025	0.05	0.10	0.25	0.50
小于某粒径的沙重(%)	26.8	42.5	64.0	93.4	99.5	100

6.5 调洪演算

6.5.1 洪水调度依据

1. 入库洪水

入库洪水过程线，采用 6.3 节设计成果，入滞洪水库的洪水过程为超过 2 500 m³/s 的洪峰部分。

2. 库容曲线

入库洪水由大宁水库、滞洪水库（包括稻田水库和马厂水库）等三座水库联合调节，三座水库的水位-库容关系见表 6.5-1 及图 6.5-1～图 6.5-3。

表 6.5-1 水库水位-库容关系表

大宁水库		稻田水库		马厂水库	
水位(m)	库容(万 m³)	水位(m)	库容(万 m³)	水位(m)	库容(万 m³)
48.00	0	47.80	0	46.80	0
49.00	172	48.50	270	47.50	195

续表

| 大宁水库 || 稻田水库 || 马厂水库 ||
水位(m)	库容(万 m³)	水位(m)	库容(万 m³)	水位(m)	库容(万 m³)
50.00	348	49.00	540	48.00	391
51.00	526	49.50	811	48.50	588
52.00	708	50.00	1 082	49.00	785
53.00	940	50.50	1 355	49.50	983
54.00	1 204	51.00	1 629	50.00	1 182
55.00	1 499	51.50	1 903	50.50	1 381
56.00	1 814	52.00	2 178	51.00	1 581
57.00	2 142	52.50	2 454		
58.00	2 478	53.00	2 731		
59.00	2 821	53.50	3 008		
60.00	3 171	54.00	3 285		
61.00	3 531				
61.21	3 611				
62.00	3 910				

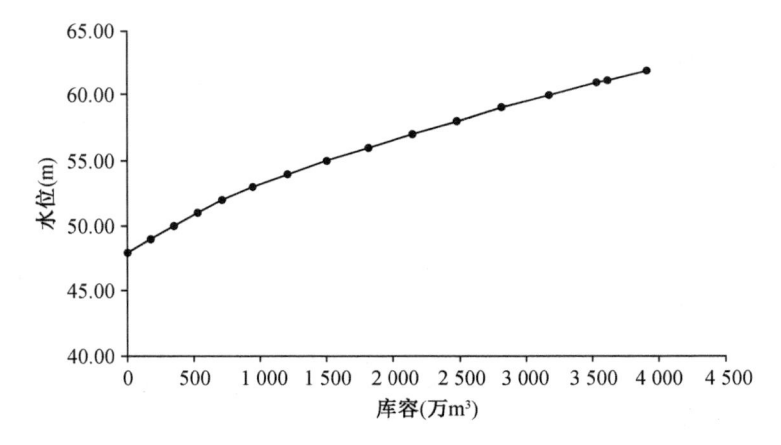

图 6.5-1 大宁水库水位-库容曲线图

3. 水位及下泄流量关系曲线

水库泄洪方式主要是通过水闸溢洪，其过流能力按下式计算：

$$Q = B_0 \sigma \varepsilon m \sqrt{2g} H_0^{\frac{3}{2}}$$

式中：σ——淹没系数，取 1.0；

B_0——闸孔总净宽，m；

m——流量系数，曲线型实用堰取 0.43；

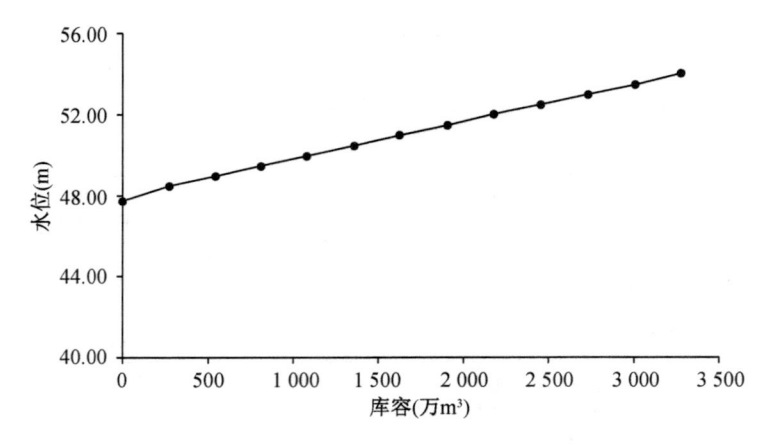

图 6.5-2　稻田水库水位-库容曲线图

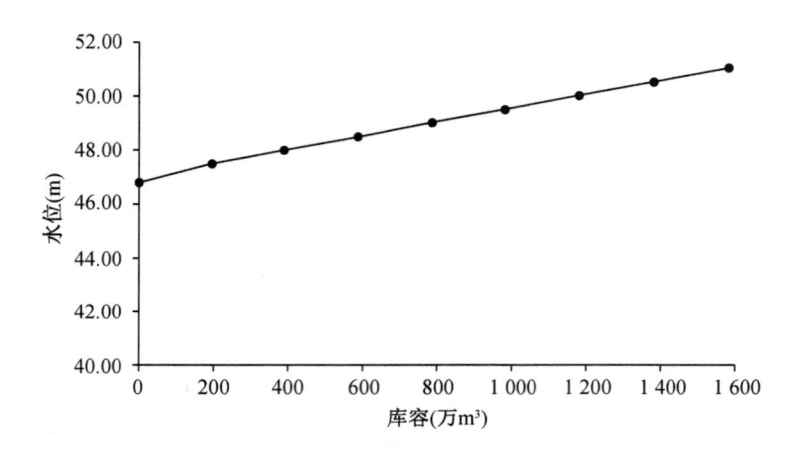

图 6.5-3　马厂水库水位-库容曲线图

H_0——计入行近流速的堰前水头,本次不考虑行近流速水头。

ε——侧收缩系数。

各水闸水位-泄流关系见表 6.5-2。

表 6.5-2　水闸水位-泄量关系表

进水闸		连通闸		退水闸	
水位(m)	泄量(m³/s)	水位(m)	泄量(m³/s)	水位(m)	泄量(m³/s)
49.00	0	47.80	0	45.80	0
50.00	94	48.50	56	46.10	16
51.00	266	49.00	126	46.50	56
52.00	488	49.50	213	47.00	126
53.00	751	50.00	314	47.50	212
54.00	1 050	50.50	426	48.00	312

续表

进水闸		连通闸		退水闸	
水位(m)	泄量(m³/s)	水位(m)	泄量(m³/s)	水位(m)	泄量(m³/s)
55.00	1 380	51.00	550	48.50	424
56.00	1 739	51.50	684	49.00	548
57.00	2 124	52.00	827	49.50	682
58.00	2 350	52.50	980	50.00	824
59.00	2 425	53.00	1 140		
60.00	2 534	53.50	1 308		
61.00	2 647	54.0	1 484		
61.21	2 670				
62.00	2 755				

6.5.2 水库防洪运用方案

1. 滞洪水库防洪运用方案

永定河卢沟桥以上洪水由卢沟桥分洪枢纽控制分洪,2 500 m³/s 以下部分经永定河拦河闸泄往永定河下游,超过 2 500 m³/s 以上的部分经小清河分洪闸泄往大宁水库,永定河 100 年一遇洪水经小清河分洪闸的分洪水量为 8 284 万 m³。大宁水库库底高程 48.00 m,当大宁水库库水位达到 49.00 m 时,滞洪水库进水闸开始泄洪,同时稻田水库与马厂水库间的连通闸打开,当马厂水库蓄满时,关上连通闸;当稻田水库蓄满时,关上进水闸;大宁水库库水位达到 60.01 m 时,大宁水库泄洪闸开启,控制下泄流量不超过 214 m³/s,泄往小清河分洪区。

2. 特征水位的选定

起调水位,根据滞洪水库的调度运用方式,水库只在永定河卢沟桥枢纽上游来水超过 2 500 m³/s 时才启用。在水库的运行管理中,要求水库每次运用后,若产生泥沙淤积必须及时清除。滞洪水库为空库迎汛,不预留堆沙库容,因此确定水库的起调水位即为库底高程,即大宁水库、稻田水库、马厂水库的起调水位分别为 48.00 m、47.80 m、46.80 m。

6.6 调洪计算

6.6.1 调洪计算方法

根据滞洪水库泄流建筑物条件、防洪调度原则和要求、水库调度运行方式等,按本次复核的设计洪水成果,采用静库容法进行调节计算。调节计算的基本原理是联解水库的水量平衡方程和蓄泄方程,求解方法采用试算法。即:

$$\frac{Q_1+Q_2}{2}\Delta t - \frac{q_1+q_2}{2}\Delta t = V_2 - V_1$$

$$q = f(V)$$

式中：Q_1——时段初入库流量；
　　　q_1——时段初出库流量；
　　　Q_2——时段末入库流量；
　　　q_2——时段末出库流量；
　　　V_1——时段初水库需水量；
　　　V_2——时段末水库需水量。

6.6.2 调洪计算成果

根据水库防洪调度方案，大宁水库、稻田水库和马厂水库在联合调洪计算时，计算时长取 1 h，100 年一遇洪水调洪计算成果见表 6.6-1，调洪计算过程见图 6.6-1、图 6.6-2。

表 6.6-1　水库 100 年一遇洪水调洪成果表

项目	大宁水库	稻田水库	马厂水库
库容(万 m³)	3 611	3 010	1 381
H_{max}(m)	61.21	53.55	50.50

由 100 年一遇洪水调洪计算成果可知，上游总入库水量为 8 284 万 m³，大宁水库、稻田水库、马厂水库分别滞蓄 3 611 万 m³、3 010 万 m³、1 381 万 m³，对应的最高洪水位分别为 61.21 m、53.55 m、50.50 m。

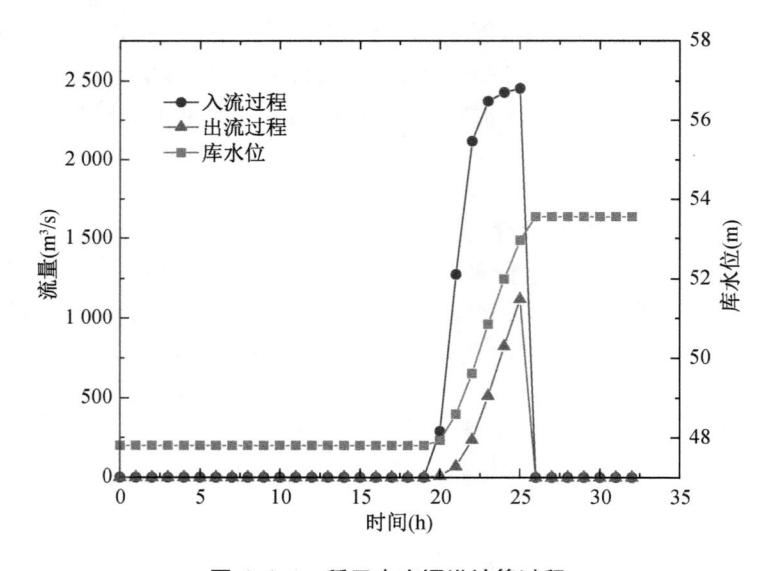

图 6.6-1　稻田水库调洪计算过程

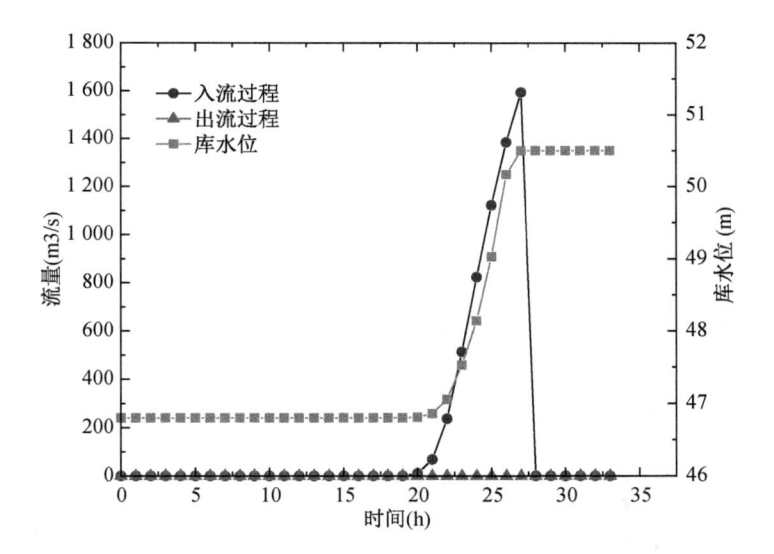

图 6.6-2　马厂水库调洪计算过程

6.7　水库防洪能力复核

6.7.1　波浪爬高计算

根据《碾压式土石坝设计规范》(SL 274—2020)，平均波浪爬高按下式计算：

$$R_m = \frac{K_\Delta K_w}{\sqrt{1+m^2}}\sqrt{h_m L_m}$$

式中：R_m——平均波浪爬高，m；
　　　m——边坡系数；
　　　K_Δ——迎水坡糙率渗透系数；
　　　K_w——经验系数，根据规范附录表 A.1.12-2 查得；
　　　h_m——平均波高，m；
　　　L_m——平均波长，m。

h_m、L_m 采用莆田试验站公式计算，可参见《碾压式土石坝设计规范》。

$$\frac{gh_m}{W^2} = 0.13 th\left[0.7\left(\frac{gH_m}{W^2}\right)^{0.7}\right] th\left\{\frac{0.0018\left(\frac{gD}{W^2}\right)^{0.45}}{0.13 th\left[0.7\left(\frac{gH_m}{W^2}\right)^{0.7}\right]}\right\}$$

$$T_m = 4.438 h_m^{0.5}$$

式中：T_m——平均波周期，s；
　　　W——计算风速，m/s；
　　　D——等效风区长度，m；

H_m——水域平均水深，m；
g——重力加速度，取 9.81 m/s²。

平均波长公式：

$$L_m = \frac{gT_m^2}{2\pi} th \frac{2\pi H}{L_m}$$

6.7.2 风壅水面高计算

根据《碾压式土石坝设计规范》，风壅水面高度在有限分区的情况下，可按下式计算：

$$e = \frac{KW^2 D}{2gH_m}\cos\beta$$

式中：e——计算点的风壅水面高度，m；
K——综合摩阻系数，可取 $K=3.6\times 10^{-6}$；
W——计算风速，m/s；
D——等效风区长度，m；
H_m——水域平均深度，m；
β——风向垂直于堤轴线的法线的夹角，(°)。

6.7.3 坝顶超高计算

滞洪水库大坝为 1 级建筑物，根据《碾压式土石坝设计规范》规定复核大坝坝顶高程。

坝顶超高按下式计算：

$$y = R + e + A$$

式中：y——坝顶超高，m；
R——最大波浪在坝坡上的爬高，m；
e——最大风壅水面高度，m；
A——安全加高，m。

滞洪水库大坝为 1 级挡水建筑物，根据工程状况及规范要求，波浪爬高采用累积频率为 1%的爬高值，由以上各项求得在设计情况下的波浪平均爬高、累积频率为 1%时的波浪爬高和风壅水面高。

根据《碾压式土石坝设计规范》，1 级永久性挡水建筑物安全加高设计工况为 1.5 m。

坝顶超高计算成果见表 6.7-1。

表 6.7-1 坝顶超高计算表

计算工况	稻田水库设计(1%)	马厂水库设计(1%)
多年平均最大风速(m/s)	2.50	2.50
计算风速(m/s)	3.75	3.75
等效风区长度(m)	1 485.0	1 375.0
平均波长(m)	1.78	1.71

续表

计算工况	稻田水库设计(1%)	马厂水库设计(1%)
平均波高(m)	0.047	0.046
平均波浪爬高(m)	0.08	0.08
累积1%波浪爬高 R(m)	0.20	0.15
风雍水面高 e(m)	0.000 8	0.000 9
安全加高 A(m)	1.50	1.50
坝顶超高(m)	1.70	1.65

经计算，稻田水库设计工况下坝顶超高为 1.70 m，马厂水库设计工况下坝顶超高为 1.65 m。

6.7.4 防洪安全

根据《碾压式土石坝设计规范》要求，坝顶（或岸肩墙顶）高程必须满足坝顶的安全超高加上相应频率的静态库水位。

根据滞洪水库调洪计算成果，稻田水库、马厂水库分别滞蓄水量 3 010 万 m³、1 381 万 m³，对应的最高洪水位分别为 53.55 m、50.50 m。经查，稻田水库现状坝顶最低处高程为 55.62 m，马厂水库现状坝顶最低处高程为 52.39 m。

设计洪水频率下所需的坝顶或岸肩墙高程见表 6.7-2。

表 6.7-2 各频率所需坝顶高程计算表

名称	频率	最高洪水位(m)	波浪爬高 R(m)	风雍水面高度 e(m)	安全加高 A(m)	安全超高 Y(m)	计算坝顶高程(m)	现状坝顶高程(m)
稻田水库	$P=1\%$	53.55	0.20	0.000 8	1.0	1.70	55.25	55.62
马厂水库	$P=1\%$	50.50	0.15	0.000 9	1.0	1.65	52.15	52.39

由表 6.7-2 可知，稻田水库正常运用条件下所需的坝顶高程为 55.25 m。目前，实测的坝顶实际高程为 55.62 m，因此，现状坝顶高程满足规范要求。

马厂水库正常运用条件下所需的坝顶高程为 52.15 m。目前，实测的坝顶实际高程为 52.39 m，因此，现状坝顶高程满足规范要求。

6.7.5 闸顶高程计算

滞洪水库进水闸、连通闸、退水闸为 2 级建筑物，根据《水闸设计规范》(SL 265—2016) 4.2.4 条规定复核闸顶高程。

进水闸闸顶高程：上游校核洪水位＋安全加高＝61.21＋1.0＝62.21 m，实测进水闸顶高程为 63.43 m。

连通闸顶高程：设计洪水位＋安全加高＝53.50＋1.0＝54.50 m，实测连通闸顶高程为 55.44 m。

退水闸顶高程：设计洪水位+安全加高=50.50+1.0=51.50 m，实测退水闸顶高程为52.38 m。

经计算，进水闸、连通闸和退水闸闸顶高程满足规范要求。

6.8 小结

(1) 滞洪水库工程等别为Ⅱ等，中堤、右堤等级为1级，进水闸、连通闸、退水闸等级为2级，工程等别和建筑物级别满足规范要求，本次安全评价仍采用上述标准。

(2) 本次设计洪水复核参照滞洪水库工程初步设计成果，由流量资料推求设计洪水。洪水资料系列延长至2018年后设计成果略有增加，相对差在5%以内。从偏安全考虑，设计洪水采用本次复核成果。

(3) 本工程设计洪水系列长度98年，资料系列已具有较好的代表性；通过比较分析，合理确定设计洪水，成果较为可靠。经调洪演算，本次复核的稻田水库100年一遇设计洪水位53.55 m略大于原设计洪水位53.50 m，马厂水库100年一遇设计洪水位50.50 m等于原设计洪水位50.50 m。

(4) 稻田水库和马厂水库坝顶高程满足规范要求。

(5) 进水闸、连通闸和退水闸闸顶高程满足规范要求。

综上，滞洪水库防洪标准满足规范要求，坝顶高程满足规范要求，最大泄流量能安全下泄，滞洪水库防洪安全性为"A"级。

7

渗流安全评价

7.1 大坝运行过程中与渗流有关问题

滞洪水库主要作用是滞洪而不长期蓄水,常年处于空库状态,并且水库建成至今流域未发生大洪水,水库只在2014年6月、2015年10月、2015年12月、2016年1—2月、2016年12月—2017年1月大宁水库向稻田水库进行补水期间有水,补水期间稻田水库最高水位47.02 m,马厂水库无水。2015年12月大宁水库向稻田水库进行补水期间,稻田水库库区水深约1 m,进水闸下游护坦局部区域出现冒气泡现象。2015年12月及2016年1—2月大宁水库向稻田水库补水期间,稻田水库中堤桩号K3+000背水坡下游(永定河一侧)约300 m处出现渗漏水现象。

根据滞洪水库初步设计阶段工程地质勘查报告和本次安全鉴定补充地勘进水闸地质断面图及中堤桩号K1+300 m地质断面图,中堤及进水闸基础以粉细砂和砾石为主,属于中等透水层和强透水层。由于滞洪水库作用是滞洪而不长期蓄水,洪峰过后,库水即刻下泄,滞洪时间不超过10 d,水库渗漏为暂时性渗漏。

7.2 渗流监测资料分析

(1)水位监测:进水闸设有雷达式水位计及水尺。连通闸和退水闸均设置有水尺,可进行人工水位观测。

(2)闸基渗流压力和闸墩接缝监测:渗压计、测压管、测缝计等监测仪器于2002年安装,采用人工观测。2011年进行了滞洪水库安全监测自动化改造,更新了仪器设备,将渗压计和测缝计接入自动化系统,每天定时自动采集渗压计和测缝计数据,通过移动GPRS网络,将数据包传送至数据中心。目前,进水闸设有12支渗压计、4支测缝计;连通闸设有10支渗压计、6个测缝计;退水闸设有12支渗压计、3套三向测缝计组。原测压管等监测仪器年久失修已报废,无监测数据,本次不纳入分析。

7.2.1 进水闸

进水闸共设 12 支闸基渗压测点,其中 4#闸孔断面测点为 P2401、P2402、P2403、P2404、P2405、P2406;6#闸孔断面测点为 P2601、P2602、P2603、P2604、P2605、P2606。测点均自上游向下游布设,分别位于上游防渗墙后、闸墩上游侧、闸墩中部、闸墩下游侧、闸后斜坡段、闸后消力池水平段。4#、6#闸断面渗压水位过程线如图 7.2-1 和图 7.2-2 所示。闸前水位和渗压计测值统计数据见表 7.2-1。

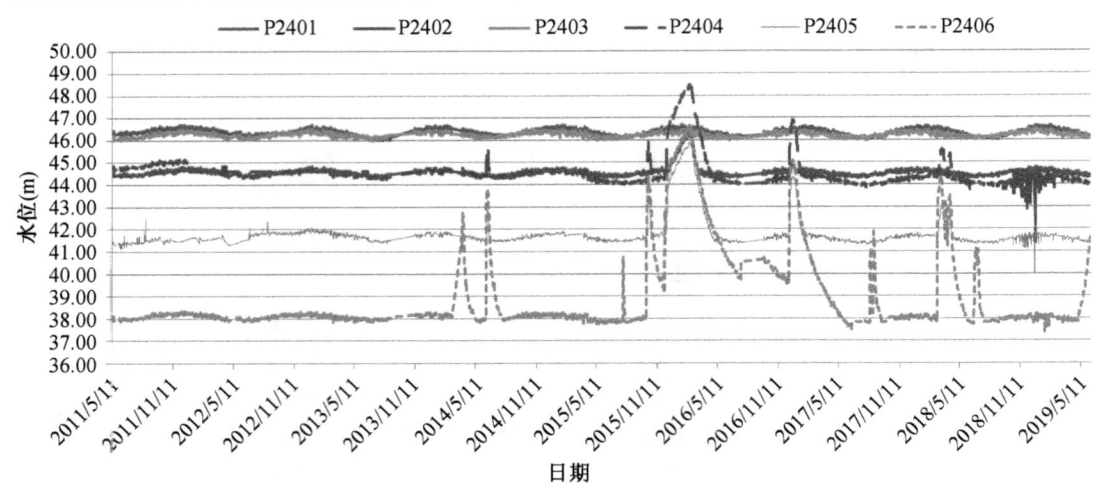

图 7.2-1 4#闸断面渗压水位过程线

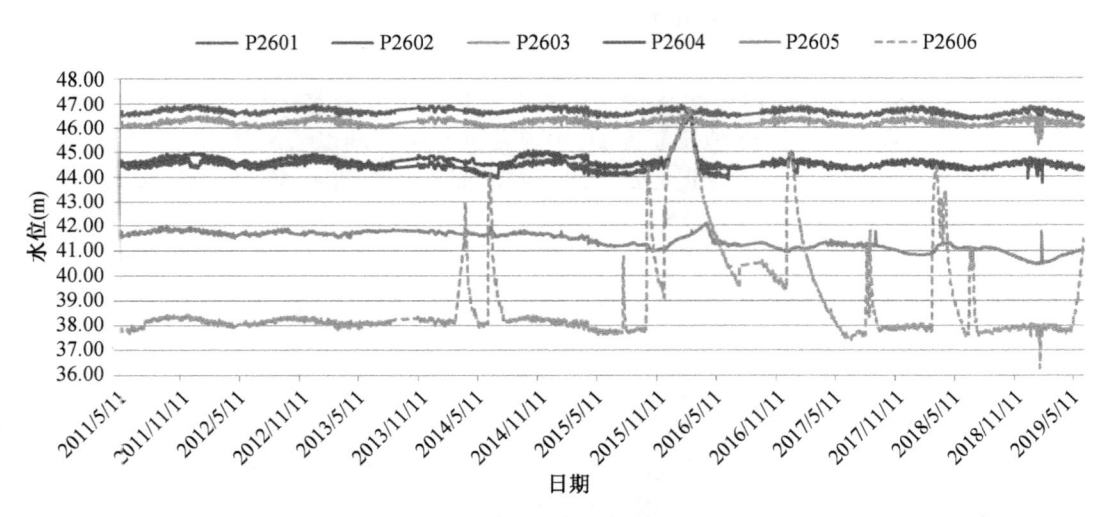

图 7.2-2 6#闸断面渗压水位过程线

通过测点渗压水位过程线可知,渗压测点由于埋设部位和高程不同,在进水闸补水时段(2014 年 6 月、2015 年 10 月、2015 年 12 月、2016 年 1—2 月、2016 年 12 月—2017 年 1 月)渗压水位的变化不同,可分为:

(1)测点 P2401、P2601 位于闸前上游防渗墙后,上部为防渗铺盖。受防渗墙和铺盖防渗作用,测值受上游水位影响小,测值在仪器高程(约 46.62 m)附近变化。测点 P2403、

表 7.2-1　闸前水位及渗压计测值统计表

测点	位置	孔底高程（m）	2016/1/30 上游水位 54.09 m 渗压水位(m)	位势	2016/12/18 上游水位 50.70 m 渗压水位(m)	位势
P2404	K0+023.0	44.20	48.13	54%	46.45	42%
P2406	K0+073.0	37.60	46.14	39%	44.74	29%
P2604	K0+023.0	44.20	46.23	40%	44.60	28%
P2606	K0+073.0	37.60	46.21	40%	44.71	28%

P2603 位于闸墩中部基础，由于仪器安装高程较高，进水闸补水时段水位低于仪器高程，测值在仪器高程（约 46.10 m）以上变化。

（2）测点 P2402、P2602 位于闸墩上游侧，测点 P2404、P2604 位于闸墩下游侧，测点 P2405、P2605 位于闸后斜坡段，测点 P2406、P2606 位于闸后消力池水平段，由于这 8 个测点仪器设置高程较低，在 2014—2018 年滞洪水库补水阶段，地下水位高于仪器高程，渗压计测值均有变化。选取 2016 年 1 月、12 月水位较高时段，下游水位以消力池底板 41.00 m 计算，可知 2# 闸渗流压力断面 P2404、P2406 位势在 54%～42% 和 39%～49% 之间；6# 闸渗流压力断面 P2404、P2406 位势在 40%～28% 之间。

通过上述分析可知：进水闸渗压计运行基本正常，滞洪水库补水阶段，地下水位高于仪器埋设高程，通过对比防渗墙前后渗压数据，闸前的防渗墙和铺盖起到了有效的防渗作用，降低了闸基渗压水位。但由于所有渗压计测点埋设高程较高，非补水阶段闸前水位低，渗压计难以有效获取闸基实际渗压水位值。

7.2.2　连通闸

连通闸共设 10 支闸基渗流压力测点，3# 闸孔中心断面测点为 P3301～P3305，5# 闸孔中断面测点为 P3501～P3505。据渗压水位过程线（图 7.2-3、图 7.2-4）可知：由于地下水位低于仪器埋设高程，渗压计测点测值主要受温度影响，年周期微小波动，常年在渗压计埋设高程附近变化，其中测点 P3305 测值长期为固定值 42.90 m，仪器故障，数据无效。

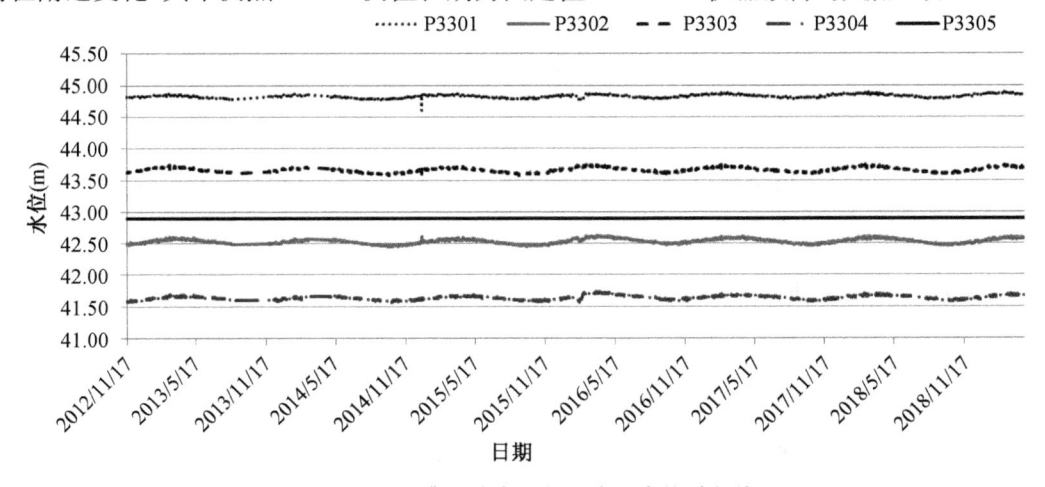

图 7.2-3　4# 闸孔中心剖面渗压水位过程线

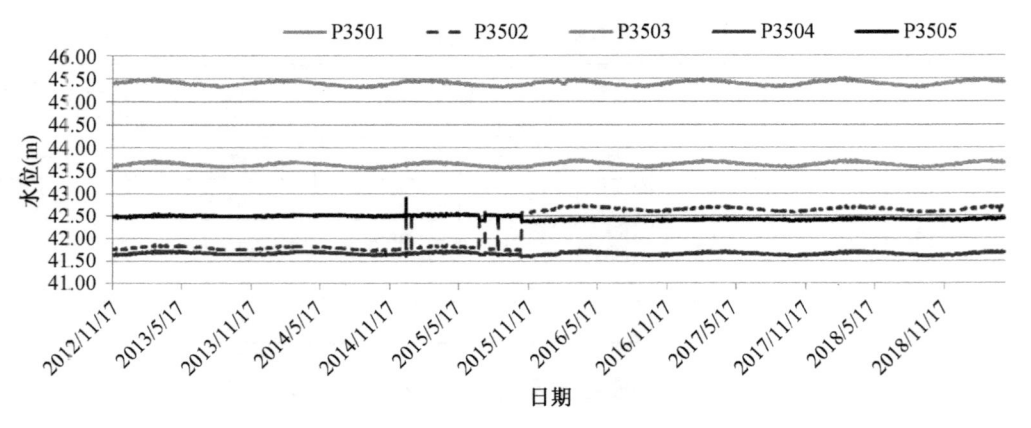

图 7.2-4 5# 闸孔中心剖面渗压水位过程线

7.2.3 退水闸

退水闸共设 12 支闸基渗压测点。5# 闸孔断面测点为 P4501、P4502、P4503、P4504、P4505、P4506；8# 闸孔断面测点为 P4801、P4802、P4803、P4804、P4805、P4806。

通过闸基渗压水位过程线（图 7.2-5、图 7.2-6）可知：闸基水位常年低于仪器埋设高程，渗压计测值受温度影响，呈现周期微小波动，常年在埋设高程附近变化，其中 5# 闸孔断面测点 P4503，8# 闸孔断面测点 P4801、P4802、P4803 自 2017 年之后数据一直未变化，仪器故障，数据无效。

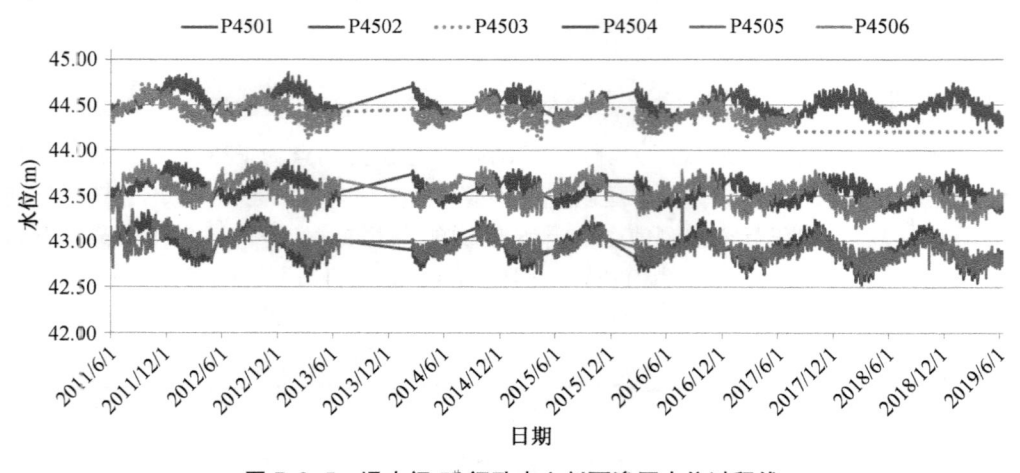

图 7.2-5 退水闸 5# 闸孔中心剖面渗压水位过程线

7.3 渗流计算分析

7.3.1 大坝渗流有限元计算分析

主要基于运行表现和补充地质勘察成果，选取了滞洪水库中堤和右堤典型断面进行了渗流有限元模拟，评价中堤、右堤渗流安全性。

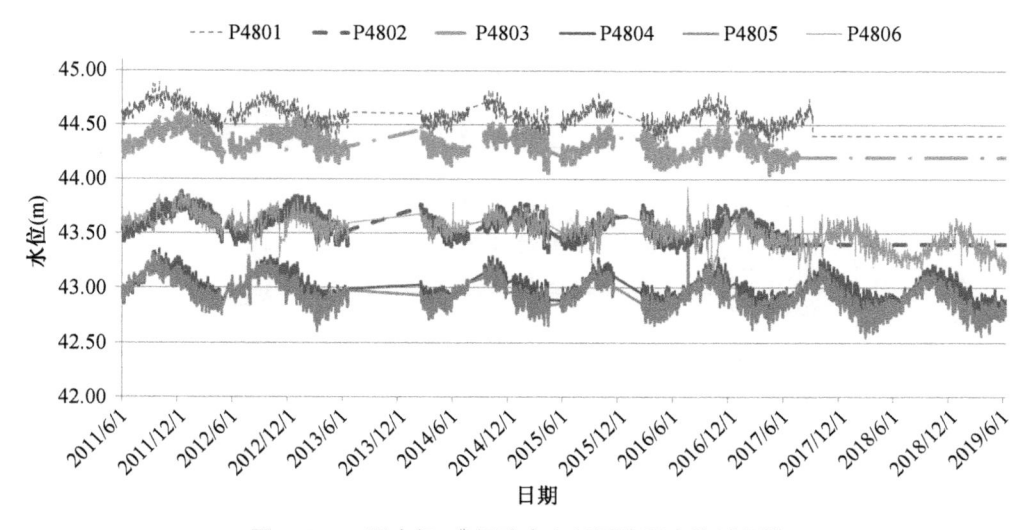

图 7.2-6　退水闸 8# 闸孔中心剖面渗压水位过程线

1. 计算断面及参数

1）计算断面

参考地勘资料，并结合自身布置特点，本次渗流有限元计算分析选取了稻田水库中堤桩号 K1+200、K3+000，马厂水库中堤桩号 K7+200、K8+800 和马厂水库右堤桩号 K12+800（见图 7.3-1）。各断面材料分区见图 7.3-2。

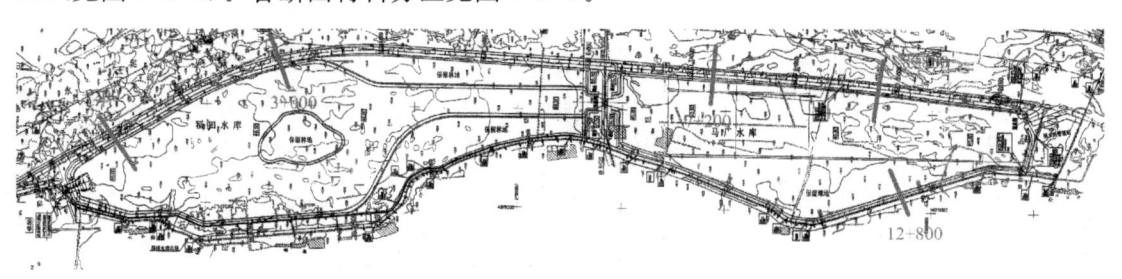

图 7.3-1　计算断面分布图

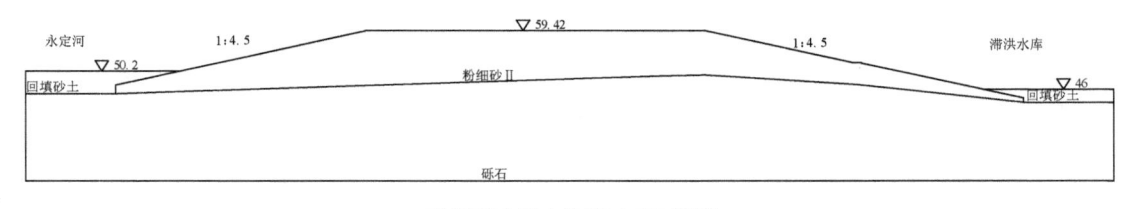

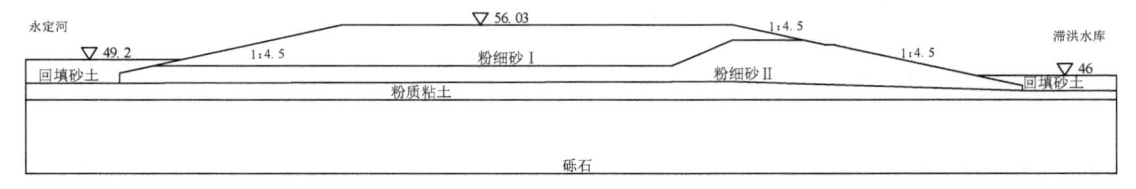

① 稻田水库中堤 K1+200 断面

② 稻田水库中堤 K3+000 断面

③ 马厂水库中堤 K7+200 断面

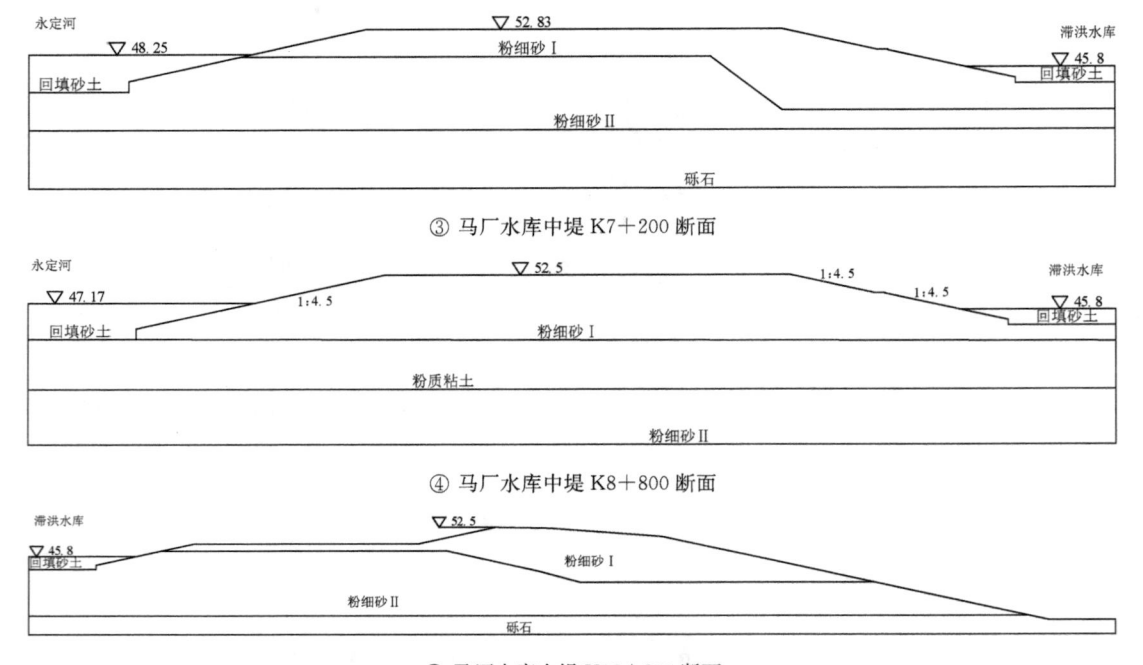

④ 马厂水库中堤 K8+800 断面

⑤ 马厂水库右堤 K12+800 断面

图 7.3-2　各计算断面材料分区图

2）渗透系数

根据滞洪水库工程初步设计阶段工程地质勘查及本次安全鉴定补充地勘对选定断面坝体材料进行分区，主要如下：①中密粉细砂Ⅰ；②密实粉细砂Ⅱ；③粉质黏土；④砾石；⑤回填砂土。上述各区渗透系数取值，①、②区按本次鉴定补充地勘试验成果的建议值选取大值；③、④、⑤区参照原设计地勘及一般工程经验确定，各断面分区渗透系数取值见表 7.3-1。

表 7.3-1　滞洪水库大坝渗透系数取值

断面	材料分区	渗透系数 k_x(cm/s)	k_y(cm/s)
稻田水库中堤 K1+200	② 粉细砂Ⅱ	3.25×10^{-4}	3.25×10^{-4}
	④ 砾石	4.90×10^{-2}	4.90×10^{-2}
	⑤ 回填砂土	3.85×10^{-3}	3.85×10^{-3}
稻田水库中堤 K3+000	① 中密粉细砂Ⅰ	5.79×10^{-4}	5.79×10^{-4}
	② 密实粉细砂Ⅱ	3.25×10^{-4}	3.25×10^{-4}
	③ 粉质黏土	1.87×10^{-5}	1.87×10^{-5}
	④ 砾石	4.90×10^{-2}	4.90×10^{-2}
	⑤ 回填砂土	3.85×10^{-3}	3.85×10^{-3}

续表

断面	材料分区	渗透系数	
		k_x(cm/s)	k_y(cm/s)
马厂水库中堤 K7+200	① 中密粉细砂Ⅰ	5.79×10⁻⁴	5.79×10⁻⁴
	② 密实粉细砂Ⅱ	3.25×10⁻⁴	3.25×10⁻⁴
	④ 砾石	4.90×10⁻²	4.90×10⁻²
	⑤ 回填砂土	3.85×10⁻³	3.85×10⁻³
马厂水库中堤 K8+800	① 中密粉细砂Ⅰ	5.79×10⁻⁴	5.79×10⁻⁴
	② 密实粉细砂Ⅱ	3.25×10⁻⁴	3.25×10⁻⁴
	③ 粉质黏土	1.87×10⁻⁵	1.87×10⁻⁵
	⑤ 回填砂土	3.85×10⁻³	3.85×10⁻³
马厂水库右堤 K12+800	① 中密粉细砂Ⅰ	5.79×10⁻⁴	5.79×10⁻⁴
	② 密实粉细砂Ⅱ	3.25×10⁻⁴	3.25×10⁻⁴
	④ 砾石	4.90×10⁻²	4.90×10⁻²
	⑤ 回填砂土	3.85×10⁻³	3.85×10⁻³

2. 特征水位下渗流计算分析

1）计算工况

永定河滞洪水库中堤渗流计算主要考虑以下工况：

工况①：永定河一侧为 $Q=2500$ m³/s 时的水位，滞洪水库一侧空库的稳定渗流条件；

工况②：永定河一侧为 $Q=2500$ m³/s 时的水位，滞洪水库一侧为满库的稳定渗流条件，此时滞洪水库水位到达设计水位，即稻田水库水位 53.50 m，马厂水库水位 50.50 m。

滞洪水库右堤渗流计算工况：滞洪水库为设计水位，下游为水位平地面的稳定渗流工况。

根据《永定河滞洪水库工程初步设计报告》(2000 年 2 月)，中堤及右堤各断面在计算工况下的水位见表 7.3-2。

表 7.3-2 滞洪水库中堤计算工况表

断面	永定河水位(m)	滞洪水库水位(m)	工况
稻田水库中堤 K1+200	56.57	46.00	工况①：永定河一侧为 $Q=2500$ m³/s 时的水位，滞洪水库一侧空库
稻田水库中堤 K3+000	54.53	46.00	
马厂水库中堤 K7+200	51.33	45.80	
马厂水库中堤 K8+800	50.25	45.80	
稻田水库中堤 K1+200	56.57	53.50	工况②：永定河一侧为 $Q=2500$ m³/s 时的水位，滞洪水库一侧为满库
稻田水库中堤 K3+000	54.53	53.50	
马厂水库中堤 K7+200	51.33	50.50	
马厂水库中堤 K8+800	50.25	50.50	
马厂水库右堤 K12+800	—	50.50	

根据永定河滞洪水库工程初步设计阶段工程地质勘测报告及本次安全鉴定阶段补充地勘报告，主要筑坝材料允许渗透坡降见表7.3-3。

表 7.3-3　各地层允许渗透坡降统计表

材料	允许坡降
粉细砂Ⅰ	0.4
粉细砂Ⅱ	0.4
砾石	0.2

2）渗流有限元计算成果

中堤和右堤各断面渗流计算采用河海大学二维有限元渗流计算软件AutoBank。中堤在各计算工况下的水头分布如图7.3-3和图7.3-4所示，右堤在相应计算工况下水头分布如图7.3-5所示。

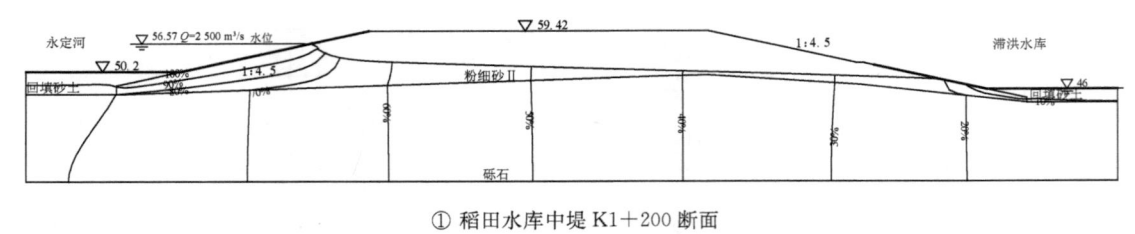

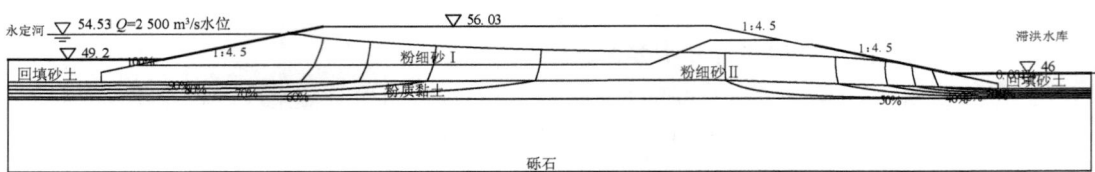

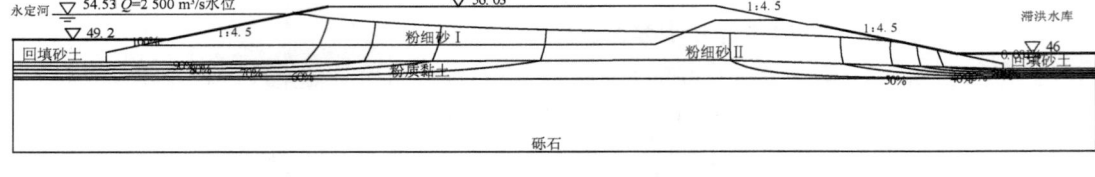

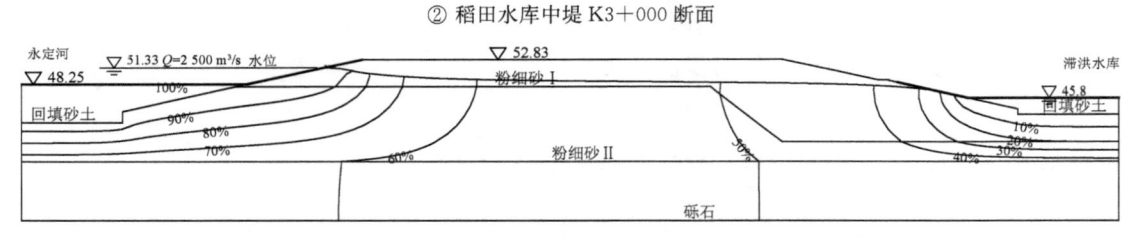

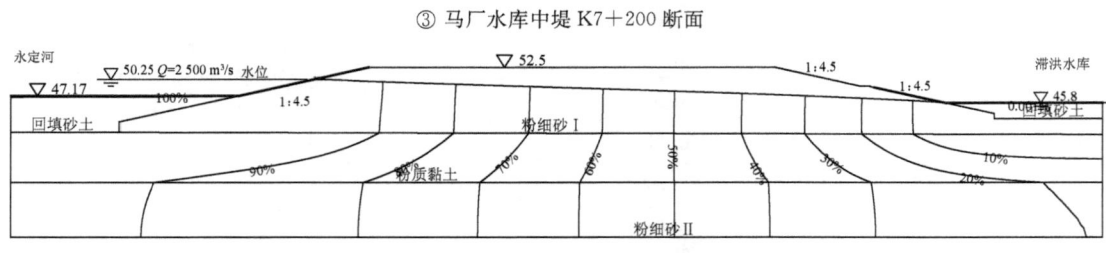

① 稻田水库中堤 K1+200 断面

② 稻田水库中堤 K3+000 断面

③ 马厂水库中堤 K7+200 断面

④ 马厂水库中堤 K8+800 断面

图 7.3-3　滞洪水库中堤工况①各计算断面水头等值线图（单位：m）

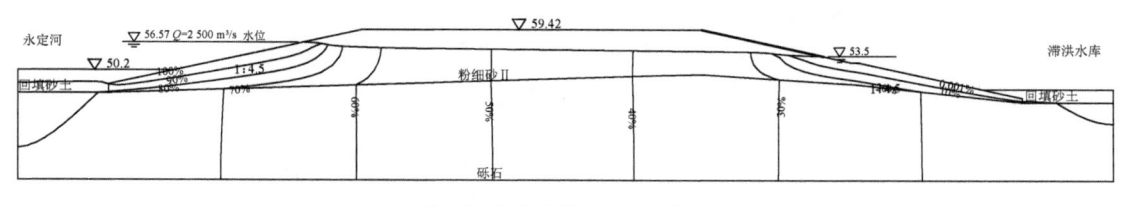

① 稻田水库中堤 K1+200 断面

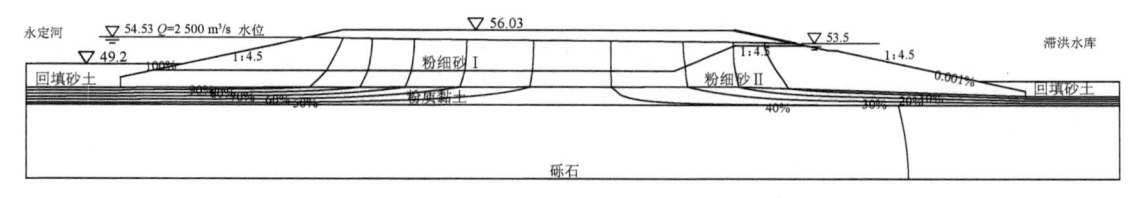

② 稻田水库中堤 K3+000 断面

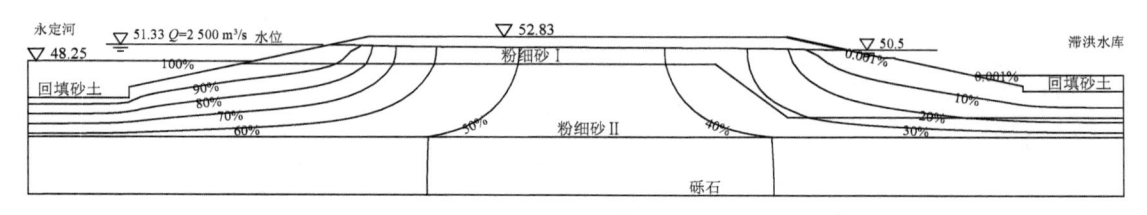

③ 马厂水库中堤 K7+200 断面

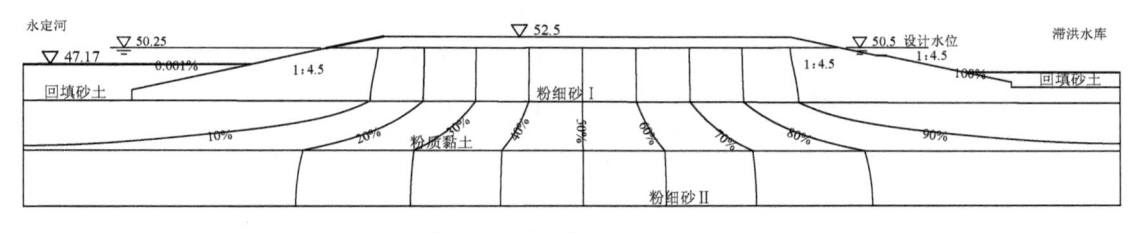

④ 马厂水库中堤 K8+800 断面

图 7.3-4　滞洪水库中堤工况②各计算断面水头等值线图(单位:m)

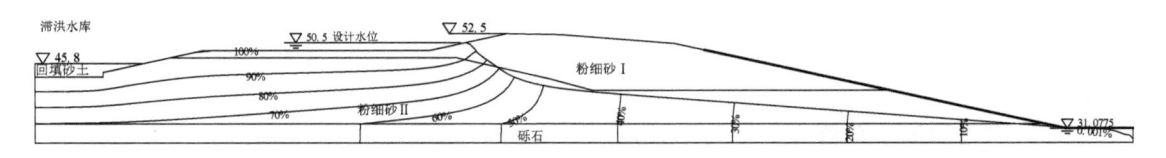

图 7.3-5　马厂水库右堤 K12+800 断面计算断面水头等值线图

3) 计算结果分析

由表 7.3-4 和表 7.3-5 可知,当永定河一侧为 Q=2 500 m³/s 时水位,滞洪水库一侧空库时,稻田水库中堤桩号 K1+200 断面的日单宽渗流量约为 31.67 m³/(d·m),稻田水库中堤桩号 K3+000 断面的日单宽渗流量约为 1.39 m³/(d·m),马厂水库中堤桩号 K7+200 断面的日单宽渗流量约为 3.19 m³/(d·m),马厂水库中堤桩号 K8+800 断面的日单宽渗流量约为 0.12 m³/(d·m)。

当永定河一侧为 Q=2 500 m³/s 时的水位,滞洪水库一侧为满库时,稻田水库中堤桩号

K1+200 断面的日单宽渗流量约为 9.59 m³/(d·m),稻田水库中堤桩号 K3+000 断面的日单宽渗流量约为 0.05 m³/(d·m),马厂水库中堤桩号 K7+200 断面的日单宽渗流量约为 0.569 m³/(d·m),马厂水库中堤桩号 K8+800 断面的日单宽渗流量约为 0.009 m³/(d·m),马厂水库右堤桩号 K12+800 断面的日单宽渗流量约为 13.73 m³/(d·m)。

由表 7.3-3、表 7.3-4 和表 7.3-5 可知,中堤及右堤各断面出逸处渗透坡降均小于允许渗透坡降,渗透稳定性满足要求。

表 7.3-4 中堤各计算断面关键部位渗流要素统计表

断面	渗流量[m³/(d·m)]	出逸处渗透坡降	工况
稻田水库中堤 K1+200	31.67	0.239	工况①:永定河一侧为 $Q=2\,500$ m³/s 时的水位,滞洪水库一侧空库
稻田水库中堤 K3+000	1.39	0.236	
马厂水库中堤 K7+200	3.19	0.258	
马厂水库中堤 K8+800	0.12	0.075	
稻田水库中堤 K1+200	9.59	0.224	工况②:永定河一侧为 $Q=2\,500$ m³/s 时的水位,滞洪水库一侧为满库
稻田水库中堤 K3+000	0.05	0.044	
马厂水库中堤 K7+200	0.569	0.043	
马厂水库中堤 K8+800	0.009	0.003	

表 7.3-5 右堤 12+800 断面关键部位渗流要素统计表

断面	渗流量[m³/(d·m)]	出逸处渗透坡降	工况
马厂水库右堤 K12+800 断面	13.73	0.104	工况②:永定河一侧为 $Q=2\,500$ m³/s 时的水位,滞洪水库一侧为满库

7.3.2 输泄水建筑物渗流安全评价

采用河海大学工程力学研究所研制的 AutoBank7.7 对进水闸、连通闸和退水闸进行二维渗流计算。

1. 进水闸渗流安全评价

1) 防渗长度计算

根据《水闸设计规范》,闸基防渗长度按下式进行计算:

$$L = C\Delta H$$

式中:L——闸基防渗长度,m;

C——渗径系数,结合闸基地层情况取 3;

ΔH——上下游水位差,m。

计算得最大渗径长度 23.13 m,小于设计渗径长度 99 m,满足设计要求。

2) 二维渗流计算

渗流计算涉及的计算参数主要为渗透系数，根据《永定河滞洪水库工程初步设计阶段工程地质勘察报告》(北京市水利规划设计研究院，1999年10月)及本次安全鉴定补充地勘报告，进水闸基础主要地层有砂砾石及卵石，其渗透系数根据本次安全鉴定补充地勘报告建议值选取，混凝土地基、防渗墙、铺盖、闸室、消力池段混凝土渗透系数根据经验选取，具体见表7.3-6。

表7.3-6 进水闸渗流计算主要参数

水闸	地层名称	渗透系数 k(cm/s)
进水闸	混凝土地基	1.0×10^{-7}
	砂砾石	4.9×10^{-2}
	卵石	4.9×10^{-2}
	混凝土防渗墙	1.0×10^{-7}
	铺盖、闸室、消力池段混凝土	1.0×10^{-7}

根据《水闸设计规范》，参考滞洪水库调度运用方案，进水闸渗流稳定计算考虑工况如下：①设计洪水位工况，即滞洪期进水闸上游大宁水库到达最高水位61.21 m，下游稻田水库水位为设计洪水位53.50 m；②滞洪水库退水期最不利工况，即进水闸上游大宁水库到达最高水位61.21 m，下游水位为闸底板高程49.00 m。渗流计算工况见表7.3-7。

表7.3-7 进水闸渗流计算工况

水闸	工况	水位(m) 上游	水位(m) 下游
进水闸	滞洪期	61.21	53.50
	退水期	61.21	49.00

不同工况下进水闸渗流计算等值线图见图7.3-6～图7.3-9所示，渗流计算结果见表7.3-8。从图可知，进水闸混凝土防渗墙消杀了80%水头，防渗效果显著。

表7.3-8 进水闸渗流计算结果

工况	水位(m) 上游	水位(m) 下游	地基水平段渗透坡降 计算值	地基水平段渗透坡降 允许值	出口段渗透坡降 计算值	出口段渗透坡降 允许值
滞洪期	61.21	53.50	0.040	[0.17]	0.135	[0.50]
退水期	61.21	49.00	0.063		0.155	

经计算，进水闸滞洪期地基水平段渗透坡降0.040，出口渗透坡降为0.135；退水期地基水平段渗透坡降0.063，出口渗透坡降为0.155。根据《水闸设计规范》，结合闸基土质情况，水平段允许渗透坡降为0.17，出口段允许渗透坡降为0.50，由计算结果可以看出，水平段和出口段渗透坡降均满足规范要求。

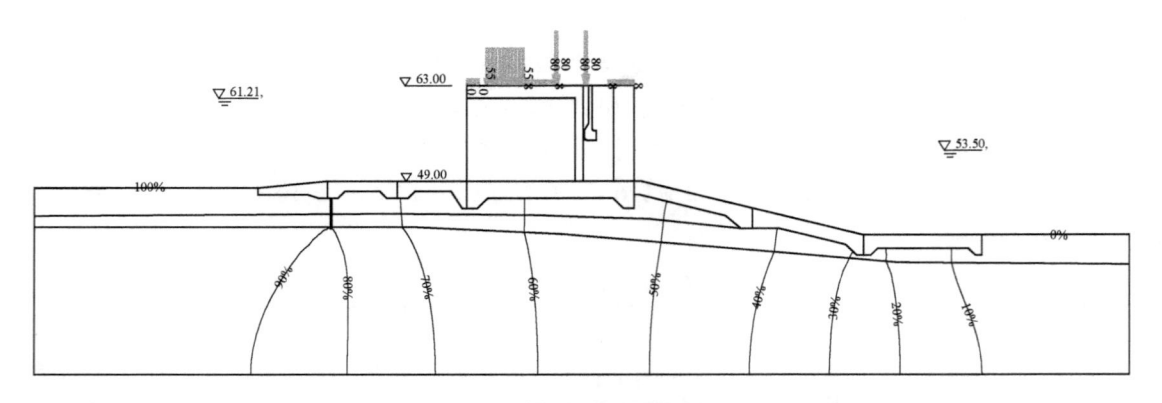

图 7.3-6　进水闸滞洪期渗流等值线图（水位单位：m）

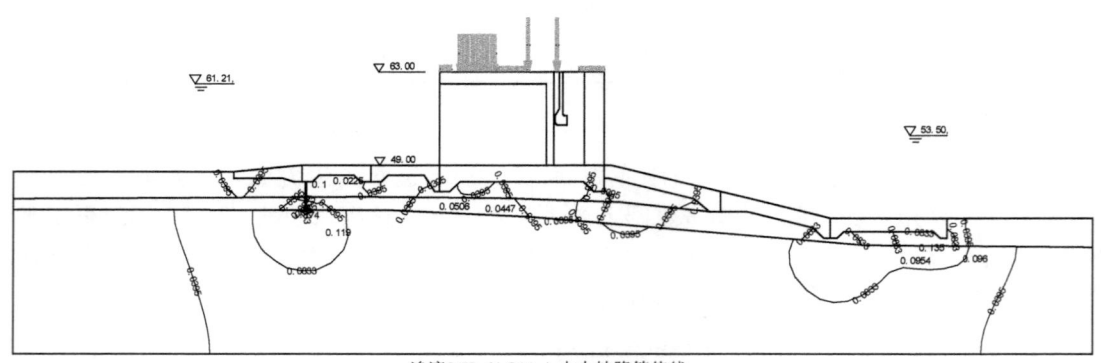

渗流0，H=61.21(m)，水力坡降等值线

图 7.3-7　进水闸滞洪期渗透坡降等值线图（水位单位：m）

渗流0，H=61.21(m)，水头(m)等值线

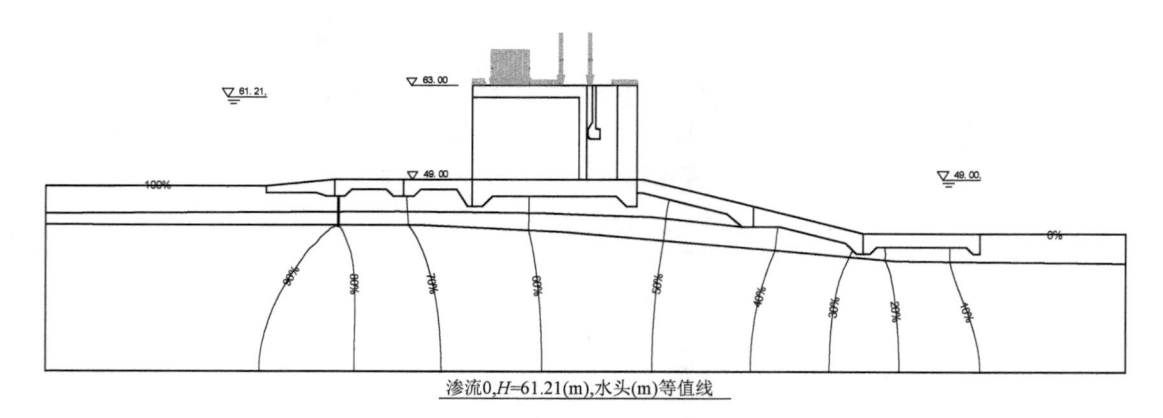

图 7.3-8　进水闸退水期渗流等值线图（水位单位：m）

2. 连通闸渗流安全评价

1）防渗长度计算

根据《水闸设计规范》，闸基最大渗径长度 9.0 m，小于设计渗径长度 60.7 m，满足要求。

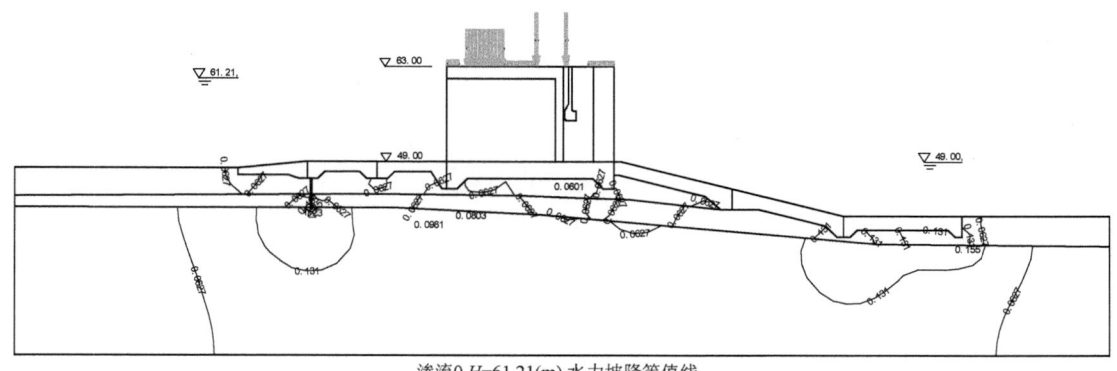

渗流0,H=61.21(m),水力坡降等值线

图 7.3-9　进水闸退水期渗透坡降等值线图(水位单位:m)

2) 二维渗流计算

根据《永定河滞洪水库工程初步设计阶段工程地质勘察报告》,连通闸基础主要地层有中砂层、壤土层及圆砾层,其渗透系数根据滞洪水库初步设计阶段工程地质勘查报告建议值选取,混凝土防渗墙、铺盖、闸室、消力池段混凝土渗透系数根据经验选取,具体见表7.3-9。

表 7.3-9　连通闸渗流计算主要地层参数

水闸	地层名称	渗透系数 k(cm/s)
连通闸	中砂	5.0×10^{-2}
	壤土	4.67×10^{-6}
	圆砾	4.9×10^{-2}
	混凝土防渗墙	1.0×10^{-7}
	铺盖、闸室、消力池段混凝土	1.0×10^{-7}

根据《水闸设计规范》,参考滞洪水库调度运用方案,连通闸渗流稳定计算考虑工况如下:①设计洪水位工况,即滞洪期连通闸上游稻田水库到达最高水位53.50 m,下游马厂水库水位为设计洪水位50.50 m;②滞洪水库退水期最不利工况,即连通闸上游稻田水库水位为53.50 m,下游水位为马厂水库库底高程46.80 m。渗流计算工况见表7.3-10。

表 7.3-10　连通闸渗流计算工况

水闸	工况	水位(m) 上游	水位(m) 下游
连通闸	滞洪期	53.50	50.50
	退水期	53.50	46.80

不同工况下连通闸渗流计算等值线图见图 7.3-10~图 7.3-13 所示,渗流计算结果见表 7.3-11。从图可知,连通闸铺盖、混凝土防渗墙消杀了50%水头,防渗效果显著。

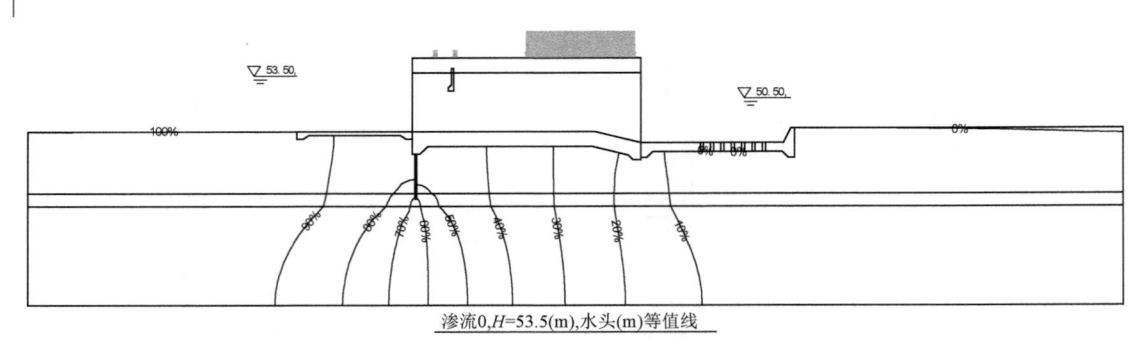

图 7.3-10　连通闸滞洪期渗流等值线图（水位单位：m）

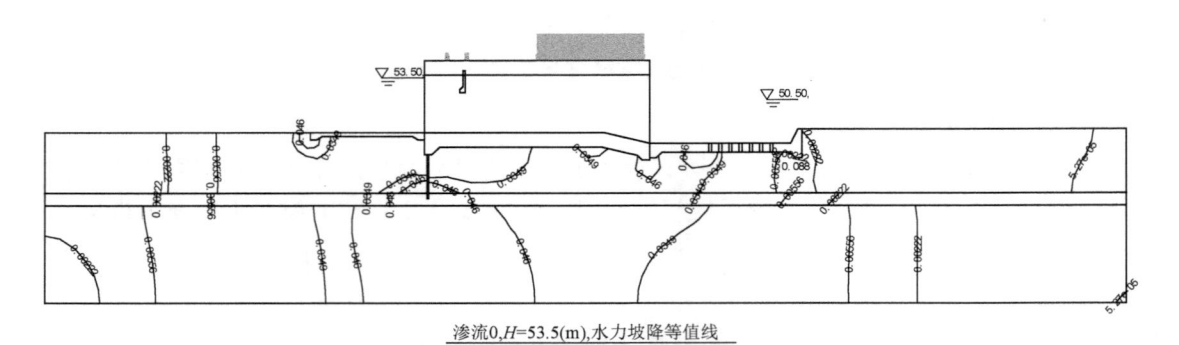

图 7.3-11　连通闸滞洪期渗透坡降等值线图（水位单位：m）

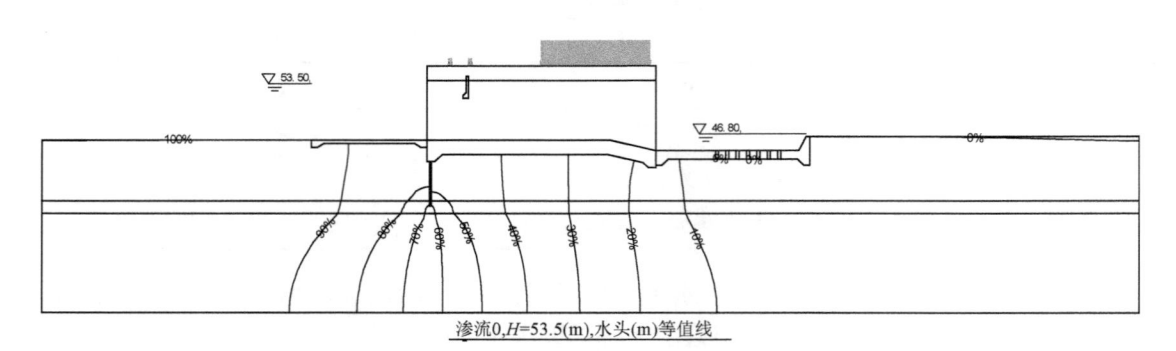

图 7.3-12　连通闸退水期渗流等值线图（水位单位：m）

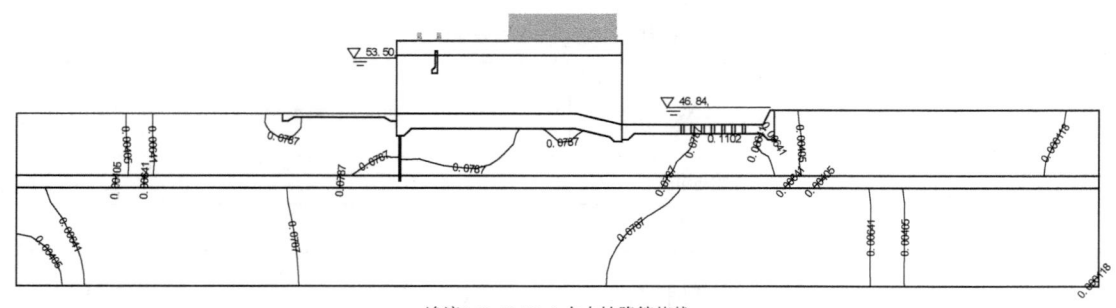

图 7.3-13　连通闸退水期渗透坡降等值线图（水位单位：m）

表 7.3-11　连通闸渗流计算结果表

工况	水位(m) 上游	水位(m) 下游	地基水平段渗透坡降 计算值	地基水平段渗透坡降 允许值	出口段渗透坡降 计算值	出口段渗透坡降 允许值
滞洪期	53.50	50.50	0.035	[0.10～0.13]	0.088	[0.45～0.52]
退水期	53.50	46.80	0.079		0.110	

经计算，连通闸滞洪期地基水平段渗透坡降 0.035，出口渗透坡降为 0.088；退水期地基水平段渗透坡降 0.079，出口渗透坡降为 0.110。根据《水闸设计规范》，结合闸基土质情况，水平段允许渗透坡降为 0.10～0.13，出口段允许渗透坡降为 0.45～0.52，由计算结果可以看出，水平段和出口段渗透坡降均小于允许值，满足规范要求。

3. 退水闸渗流安全评价

1) 防渗长度计算

根据《水闸设计规范》，计算得闸基最大渗径长度 17.7 m，小于设计渗径长度 48.8 m，满足要求。

2) 二维渗流计算

根据《永定河滞洪水库工程初步设计阶段工程地质勘察报告》，退水闸基础主要地层有细砂层及壤土层，其渗透系数根据滞洪水库初步设计阶段工程地质勘查报告建议值选取，防渗墙、铺盖、闸室、消力池段混凝土渗透系数根据经验选取，具体见表 7.3-12。

表 7.3-12　退水闸渗流计算主要地层参数

水闸	地层名称	渗透系数 k(cm/s)
退水闸	细砂	3.1×10^{-3}
	壤土	1.3×10^{-2}
	混凝土防渗墙	1.0×10^{-7}
	铺盖、闸室、消力池段混凝土	1.0×10^{-7}

根据《水闸设计规范》，参考滞洪水库调度运用方案，退水闸渗流稳定计算考虑工况如下：①设计洪水位工况，即滞洪期退水闸上游马厂水库到达设计水位 50.50 m，下游无水；②滞洪水库退水期，即退水闸上游马厂水库最高水位 50.50 m，下游水位为 47.00 m。渗流计算的工况见表 7.3-13。

表 7.3-13　退水闸渗流计算工况

水闸	工况	水位(m) 上游	水位(m) 下游
退水闸	滞洪期	50.50	无水
	退水期	50.50	47.00

不同工况下退水闸渗流计算等值线图见图 7.3-14～图 7.3-17 所示，渗流计算结果见表 7.3-14。从图可知，连通闸铺盖、混凝土防渗墙消杀了 70% 水头，防渗效果显著。

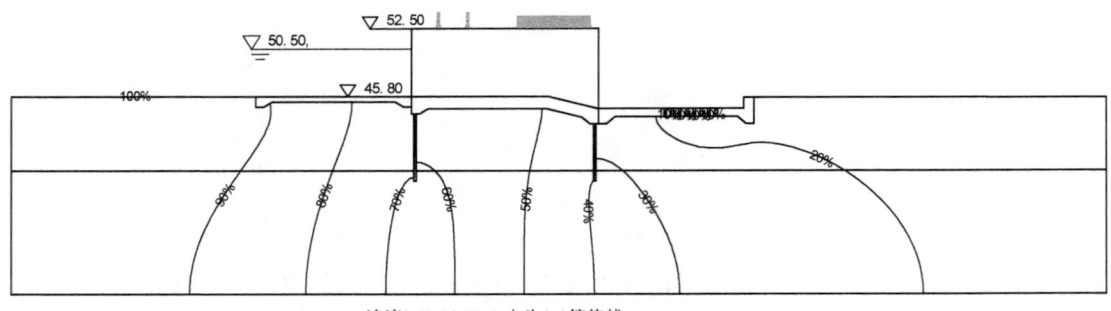

图 7.3-14　退水闸滞洪期渗流等值线图(水位单位:m)

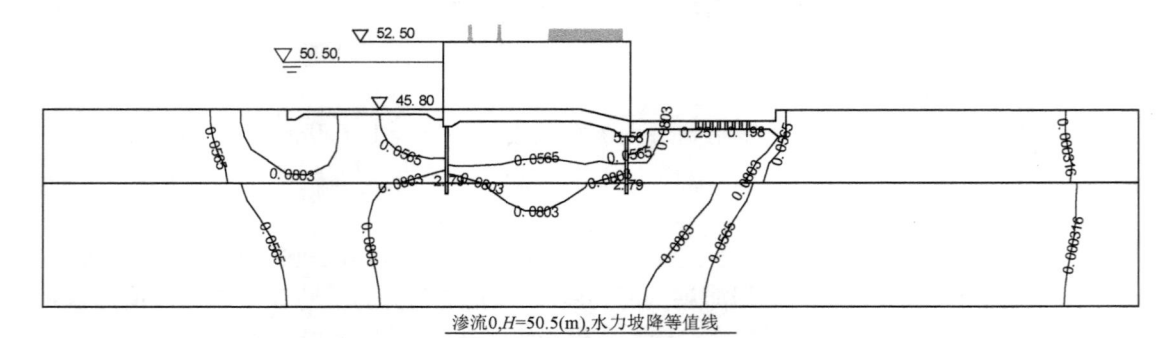

图 7.3-15　退水闸滞洪期渗透坡降等值线图(水位单位:m)

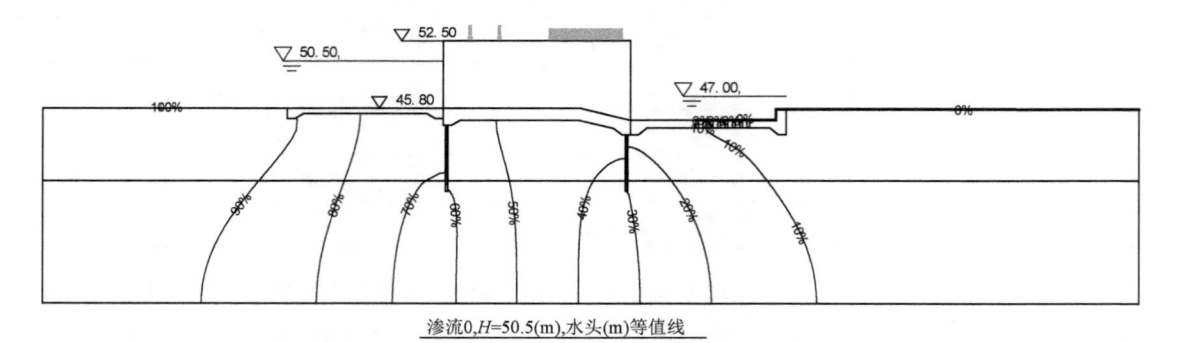

图 7.3-16　退水闸退水期渗流等值线图(水位单位:m)

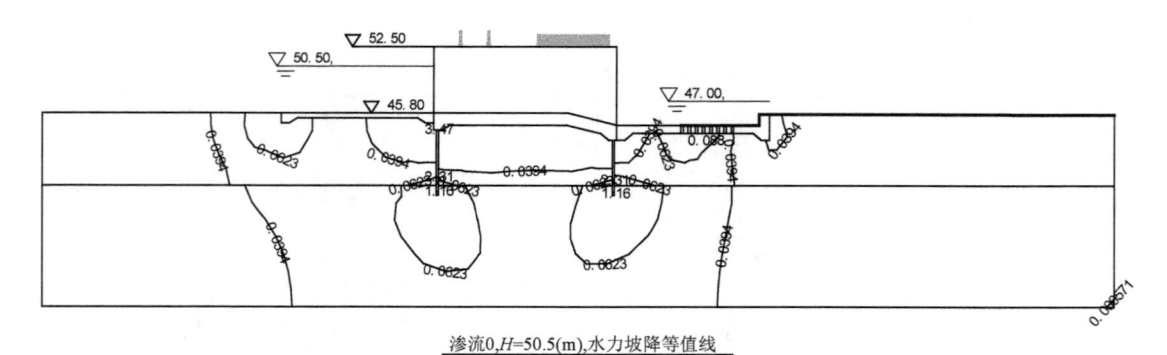

图 7.3-17　退水闸退水期渗透坡降等值线图(水位单位:m)

表 7.3-14　退水闸渗流计算结果表

工况	水位(m) 上游	水位(m) 下游	地基水平段渗透坡降 计算值	地基水平段渗透坡降 允许值	出口段渗透坡降 计算值	出口段渗透坡降 允许值
滞洪期	50.50	无水	0.057	[0.07～0.10]	0.251	[0.3～0.35]
退水期	50.50	47.00	0.039		0.088	

经计算，退水闸滞洪期地基水平段渗透坡降 0.057，出口渗透坡降为 0.251；退水期地基水平段渗透坡降 0.039，出口渗透坡降为 0.088。根据《水闸设计规范》，结合闸基土质情况，水平段允许渗透坡降为 0.07～0.10，出口段允许渗透坡降为 0.3～0.35，由计算结果可以看出，水平段和出口段渗透坡降均小于允许值，满足规范要求。

7.4　小结

结合现场检查、补充地勘、运行资料、监测资料分析以及渗流有限元计算分析，得出如下结论：

（1）根据补水阶段渗流监测资料，进水闸闸基渗压水位和位势变化规律正常。

（2）滞洪水库中堤、右堤渗透坡降小于允许渗透坡降。

（3）进水闸、连通闸和退水闸的防渗效果显著，进水闸、连通闸和退水闸的渗透坡降小于允许渗透坡降，闸基最大渗径长度小于设计渗径长度，满足规范要求。

综上，根据《水库大坝安全评价导则》，滞洪水库大坝渗流安全性为"A"级。

滞洪水库中堤和右堤缺少渗流监测项目和监测设施，建议按照工程需求增设必要的渗流监测设施。

8 结构安全评价

8.1 变形监测资料分析

滞洪水库变形监测项目包括：进水闸、连通闸、退水闸的闸墩接缝开合度、闸墩变形监测；中堤断面沉降观测。右堤无变形监测设施。

（1）闸墩接缝监测：测缝计于 2002 年安装，采用人工观测。2011 年进行自动化改造，更新仪器设备，将测缝计接入自动化系统，每天定时自动采集测缝计数据，通过移动 GPRS 网络，将数据包传送至数据中心。目前，进水闸设有 4 支测缝计；连通闸设置有 6 支测缝计；退水闸设有 3 套三向测缝计组。

（2）水闸表面变形观测：水闸设水平位移和沉降观测点，每年汛期前后各观测一次，汛前观测时间为 4—5 月份，汛后为 10 月份。目前，进水闸闸墩设有 6 个水平位移测点同时兼做沉降测点，此外还在上下游翼墙设多个沉降点；连通闸设 4 个水平位移测点同时兼做沉降测点，此外还在上下游翼墙设多个沉降点；退水闸设 8 个水平位移测点同时兼做沉降测点，此外还在上下游翼墙设多个沉降点。水闸上下游翼墙沉降点只进行了一次观测，本次不纳入分析。

（3）中堤沉降观测：中堤沿堤顶每间隔 500 m 设一沉降点，同时在 4 个主要横断面沿左右岸坡和堤顶设沉降观测点，与水闸变形同时段观测。右堤无变形监测设施。

8.1.1 中堤监测资料分析

1. 概况

中堤沉降观测分为堤顶沉降观测和 4 个主要横断面的沉降观测。

堤顶沉降观测：中堤在桩号 K1+500、K2+000、K2+500、K3+000、K3+500、K4+000、K4+500、K5+000、K5+500、K6+500、K7+000、K8+000、K8+500、K9+000、K9+500、K10+000、10+210 断面设堤顶沉降点，进行堤顶沉降观测。其中，中堤桩号 K0+000～K6+000 属于稻田水库，桩号 K6+000～K10+210 属于马厂水库。

4 个主要横断面沉降观测：在中堤桩号 K1+000、K2+150、K7+500、K9+150 断面左岸、右岸不同部位进行沉降观测。

2. 堤顶沉降量分析

中堤自2007年开始观测,由于测点年久失修、部分测点损毁,2016年、2017年等年份无数据。沉降量以下沉为正、上抬为负进行分析。

1) 中堤高程分布

图8.1-1为中堤不同断面堤顶在2010年、2014年、2018年高程分布图。由图可知,中堤从水库上游至下游高程逐渐降低,靠近进水闸部位高程较高,属稻田水库段的高程在55.00~59.00 m之间,属马厂水库段的高程在52.00~54.00 m之间。

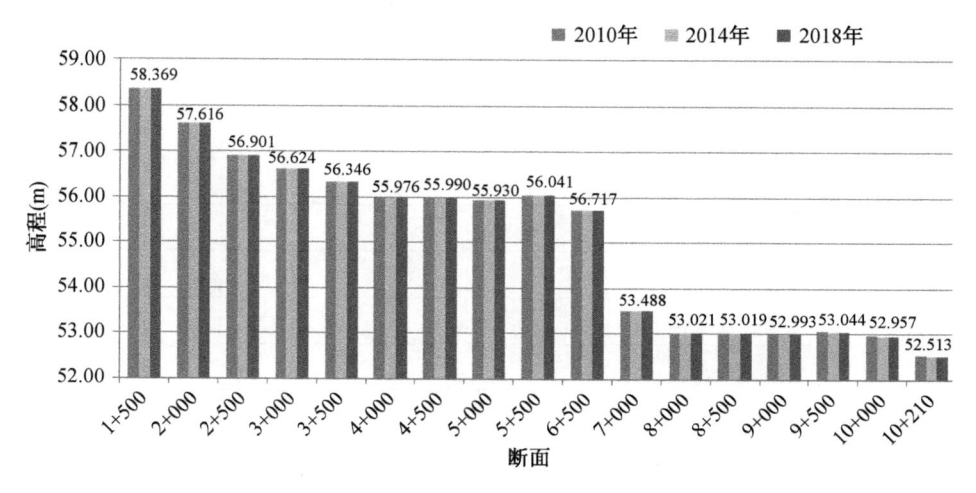

图8.1-1 中堤不同断面高程分布图

2) 堤顶沉降逐年变化量分析

以每年下半年的测值计算中堤逐年沉降量差值(表8.1-1)。因无2016年、2017年部分观测数据,计算2015—2018年3年差值。通过上述图、表可知:

(1) 中堤在2010年之前,桩号K2+000断面上游无沉降趋势;桩号K2+500~K10+210断面均有下沉趋势,但逐年下沉量减小。桩号K2+210沉降相对其他断面大,整体变化规律正常。

(2) 中堤在2011—2015年逐年无沉降变化,整体沉降变形已经基本稳定。

(3) 由于缺少中堤2016年及2017年部分数据,同时2018年观测精度较差,分析2015—2018年数据,桩号K2+000~K3+000断面有微量抬升,桩号K8+500和桩号K10+210断面有下沉趋势,变化量不大。中堤在2018—2019年沉降量值明显偏大,且无规律性。2018年、2019年人工观测误差较大,建议核实观测点、基点、观测仪器和测量方法,提高观测数据的准确性。

表8.1-1 主要断面逐年沉降量统计表　　　　　　　　　　　单位:mm

断面	2007—2008年	2008—2009年	2009—2010年	2010—2011年	2011—2012年	2012—2013年	2013—2014年	2014—2015年	2015—2018年	2018—2019年
K1+500	0	0	0	0	0	0	0	0	0	9
K2+000	0	0	0	0	0	0	0	0	5	206

续表

断面	2007—2008年	2008—2009年	2009—2010年	2010—2011年	2011—2012年	2012—2013年	2013—2014年	2014—2015年	2015—2018年	2018—2019年
K2+500	1	0	1	0	0	0	0	0	4	101
K3+000	3	2	1	1	0	0	0	0	4	23
K3+500	2	0	2	1	0	0	0	0	−1	216
K4+000	2	1	3	1	0	0	0	0	5	−4
K4+500	1	2	2	2	0	0	0	0	3	90
K5+000	1	1	4	1	0	0	0	0	7	−121
K5+500	2	2	1	1	0	0	0	0	0	−319
K6+500	3	2	3	2	0	0	0	0	0	0
K7+000	2	5	1	1	0	0	0	0	0	0
K8+000	2	2	2	2	0	0	0	0	1	0
K8+500	4	4	3	4	0	0	0	0	−9	0
K9+000	7	3	3	2	0	0	0	0	0	0
K9+500	4	4	5	2	0	0	0	0	2	0
K10+000	6	5	6	8	0	0	0	0	0	0
K10+210	11	13	5	9	0	0	0	0	−3	0
变化趋势	沉降趋势				稳定				精度低，无规律	

3）堤顶累积沉降量分析

以2007年中堤高程为基准值，2008—2011年、2012—2015年、2016—2018年中堤各断面累积沉降量分布图如图8.1-2～图8.1-5所示。

2008—2011年，中堤各断面有明显沉降，从上游到下游累积沉降量逐渐增大。桩号K3+000～K8+000段累积沉降量在5～9 mm；桩号K8+500～K9+500段累积沉降量在15 mm；在桩号K10+000段以后断面累积沉降量超过25 mm，其中K10+210断面达到38 mm，累积沉降与堤高比值达到0.39%（表8.1-2）。

2012—2015年、2016年各断面沉降量趋于稳定，变化量微小，累积沉降量规律正常。

表8.1-2　2008—2011年累积沉降占堤高比值统计表

断面	累积沉降量（mm）	沉降占堤高比（%）	断面	累积沉降量（mm）	沉降占堤高比（%）
K1+500	0	0.000	K6+500	9	0.068
K2+000	0	0.000	K7+000	9	0.087
K2+500	2	0.014	K8+000	8	0.080
K3+000	7	0.053	K8+500	15	0.146

续表

断面	累积沉降量(mm)	沉降占堤高比(％)	断面	累积沉降量(mm)	沉降占堤高比(％)
K3+500	5	0.035	K9+000	15	0.145
K4+000	7	0.055	K9+500	15	0.144
K4+500	7	0.052	K10+000	25	0.245
K5+000	7	0.052	K10+210	38	0.391
K5+500	6	0.046			

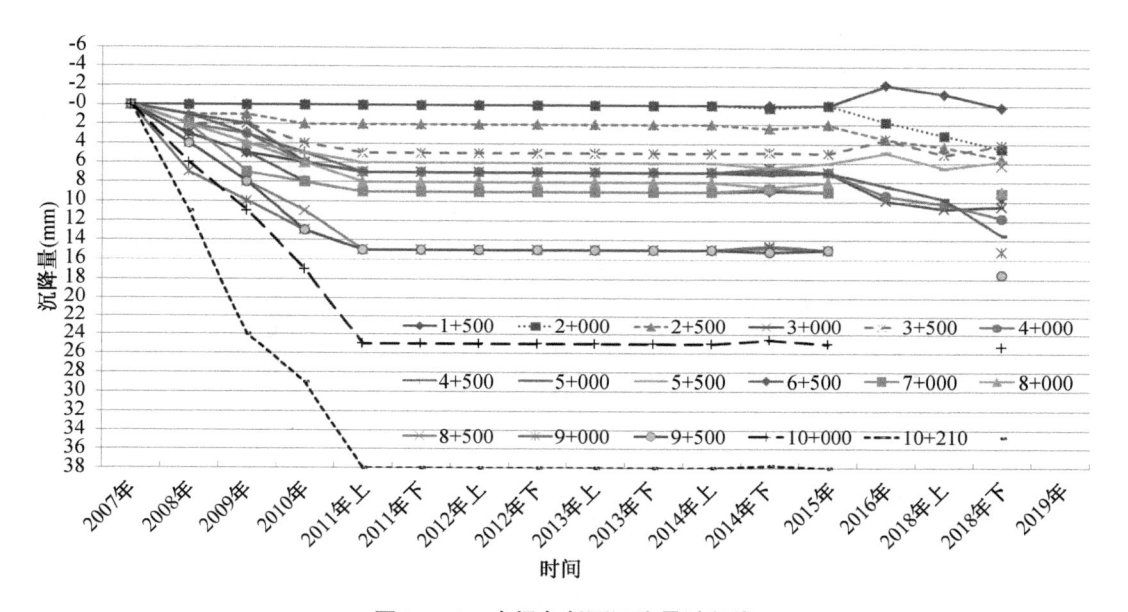

图 8.1-2 中堤各断面沉降量过程线

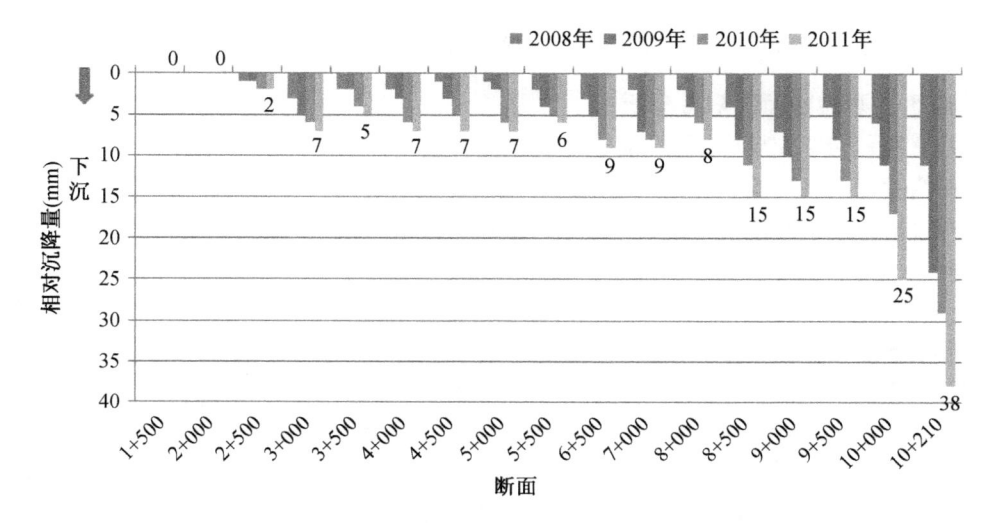

图 8.1-3 中堤各断面 2008—2011 年相对 2007 年累积沉降量柱状图

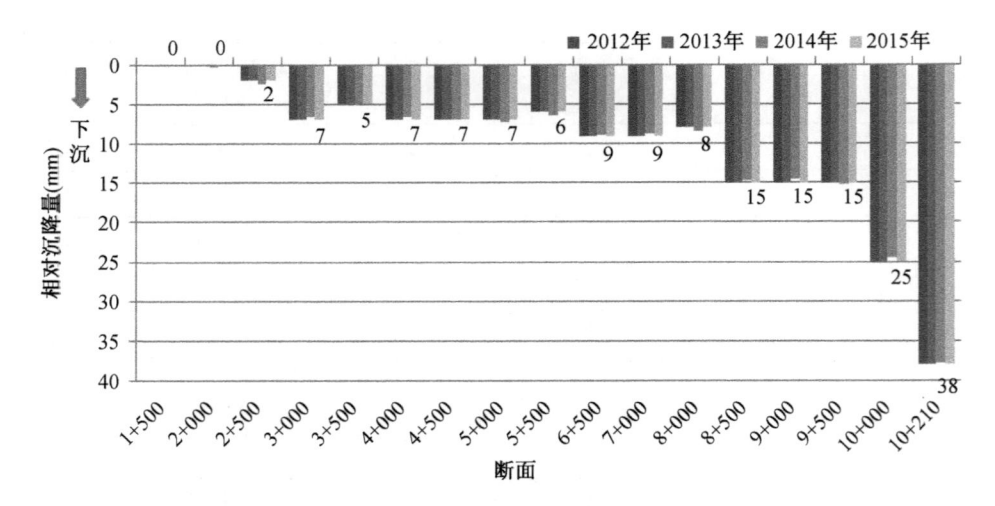

图 8.1-4　中堤各断面 2012—2015 年相对 2007 年累积沉降量柱状图

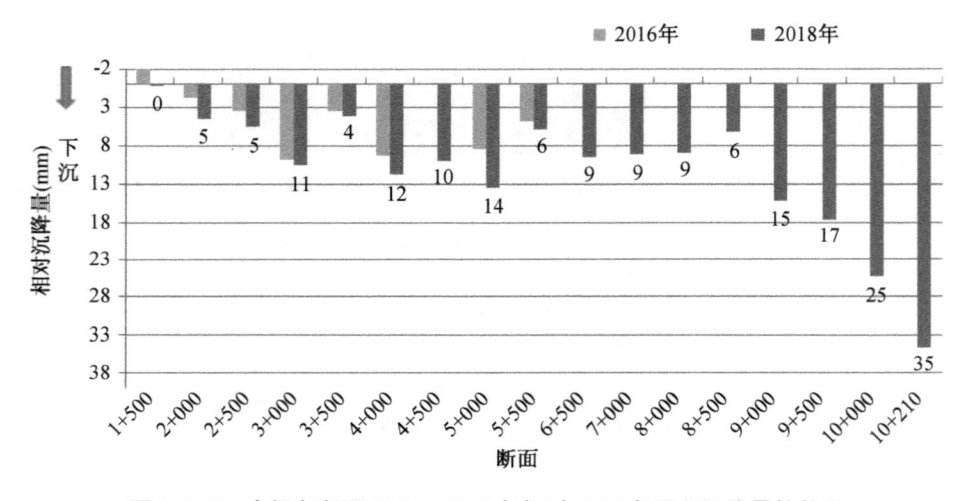

图 8.1-5　中堤各断面 2016—2019 年相对 2007 年累积沉降量柱状图

3. 四个主要横断面沉降量分析

中堤设置了四个主要横断面，桩号为 K1+000、K2+150、K7+500、K9+150，沿堤顶和两岸分别设置 6 个沉降点。本次收集到 2007—2010 年逐年观测数据、2011—2014 年汛期前后观测数据、2015 年观测数据及 2018 年下半年观测数据，按沉降量下沉为正、上抬为负进行分析。

1) 逐年变化量分析

以每年下半年的测值计算逐年沉降量差值，见表 8.1-3。因无 2016—2017 年观测数据，计算 2015—2018 年 3 年累积沉降量。通过图和表可知：

（1）2007—2010 年，桩号 K1+000 断面整体有下沉趋势，桩号 K2+150 断面整体有抬升趋势，但变化量很小；桩号 K7+500 断面和桩号 K9+150 断面有下沉趋势，沉降量相对桩号 K1+000 断面和 K2+150 断面大，但总体沉降量在正常范围。

(2) 2010—2014年各个断面逐年无明显沉降变化;2014—2015年只有桩号K7+500断面有抬升,但变化量很小。此时工程运行多年,沉降变形已经基本稳定。

(3) 2015—2018年,桩号K2+150断面有抬升趋势,桩号K7+500和K9+150断面有下沉趋势,但规律杂乱,2018年观测精度较低,无法代表堤防实际沉降趋势。

表8.1-3 主要断面逐年沉降量统计表　　　　　　　　　单位:mm

断面	2007—2008年差值	2008—2009年差值	2009—2010年差值	2010—2011年差值	2011—2012年差值	2012—2013年差值	2013—2014年差值	2014—2015年差值	2015—2018年差值
K1+000YSS	1	0	1	0	0	0	0	1	1
K1+000YZS	0	1	0	0	0	0	0	0	2
K1+000YXS	0	0	0	0	0	0	0	0	0
K1+000ZSS	1	1	0	0	0	0	0	0	0
K1+000ZZS	1	0	1	0	0	0	0	0	1
K1+000ZXS	0	0	0	0	0	0	0	0	−2
K2+150YSS	0	0	0	0	0	0	0	0	−2
K2+150YZS	0	−1	−1	0	0	0	0	0	10
K2+150YXS	−1	−1	−1	0	0	0	0	0	−10
K2+150ZSS	1	1	0	0	0	0	0	0	2
K2+150ZZS	0	0	0	0	0	0	0	0	2
K7+500YSS	4	3	2	0	0	0	0	−1	0
K7+500YZS	3	3	2	0	0	0	0	−1	11
K7+500YXS	1	1	1	0	0	0	0	−1	1
K7+500ZSS	2	2	3	0	0	0	0	−1	6
K9+150YSS	2	7	4	0	0	0	0	0	10
K9+150YZS	4	2	3	0	0	0	0	0	9
K9+150YXS	1	2	2	0	0	0	0	0	1
K9+150ZSS	3	8	2	0	0	0	0	0	2
K9+150ZZS	2	4	3	0	0	0	0	0	1
K9+150ZXS	3	1	2	0	0	0	0	0	3
	沉降趋势			稳定					观测精度低

2) 累积沉降量分析

以2007年测值为基准值,按照每年汛期后测值计,各断面相对2007年高程的累积沉降量见图8.1-6～图8.1-9和表8.1-4。通过图、表可知:

(1) 桩号K1+000、K7+500、K9+150断面在2008—2010年有一定下沉,其中桩号

K1+000 断面在 3 mm 以内，K7+500 断面在 12 mm 以内，K9+150 断面在 15 mm 以内。桩号 K2+150 断面坝顶测点有一定抬升，在 3 mm 以内，变化量小。所有断面在 2010—2012 年沉降变形趋于稳定，2013—2015 年基本无变化。四个断面累积沉降量均为越靠近坝顶测点沉降量越大，越靠近两岸沉降量越小。

（2）2018 年累积沉降量规律与历年相同，同样为坝顶测点相对岸坡测点沉降量大，变化方向也与历年相同。但测点 K1+000ZXS、K2+150YXS、K2+150YZS 测值明显较大，应属观测精度问题。

表 8.1-4　主要断面累积沉降量统计表　　　　　　　　单位：mm

断面	2008 年	2010 年	2012 年	2013 年	2014 年	2015 年	2018 年
K1+000YSS	1	2	2	2	2	3	4
K1+000YZS	0	1	1	1	1	1	2
K1+000YXS	0	0	0	0	0	0	1
K1+000ZSS	1	3	3	3	3	3	4
K1+000ZZS	1	2	2	2	2	2	3
K1+000ZXS	0	0	0	0	0	0	−2
K2+150YSS	0	0	0	0	0	0	−2
K2+150YZS	0	−2	−3	−3	−3	−3	8
K2+150YXS	−1	−3	−3	−3	−3	−3	−12
K2+150ZSS	1	2	3	3	3	3	4
K2+150ZZS	0	0	0	0	0	0	2
K7+500YSS	4	9	12	12	11	11	11
K7+500YZS	3	7	8	8	8	7	18
K7+500YXS	1	3	3	3	3	2	3
K7+500ZSS	2	7	10	10	10	9	15
K9+150YSS	2	13	14	14	14	14	25
K9+150YZS	4	9	11	11	11	11	20
K9+150YXS	1	5	6	6	6	6	7
K9+150ZSS	3	13	14	14	14	14	17
K9+150ZZS	2	9	13	13	13	13	14
K9+150ZXS	3	6	7	7	7	7	10

4. 中堤沉降监测小结

（1）2010 年之前，中堤桩号 K2+000 断面上游无沉降趋势；桩号 K2+500～K10+210 断面均有下沉趋势，但逐年下沉量减小，整体变化规律正常。2011—2015 年中堤各断面沉降变形基本稳定。2018—2019 年中堤沉降量偏大且无规律性，应属观测精度问题，建议复核观测基点并提高观测精度。

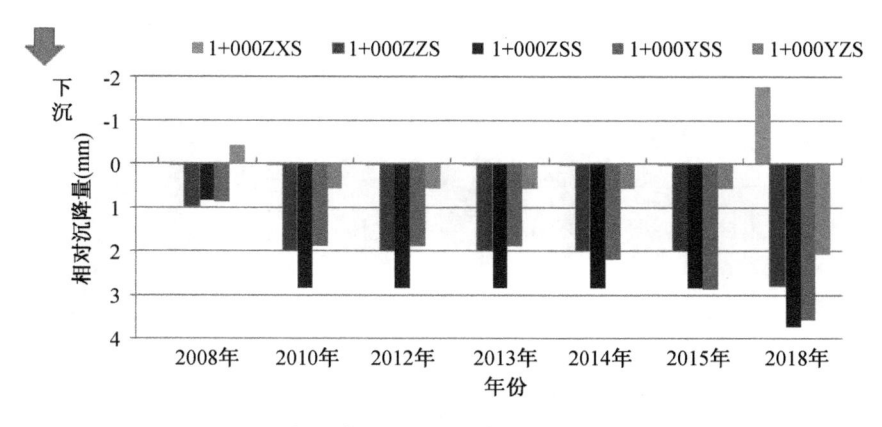

图 8.1-6　中堤桩号 K1+100 断面累积沉降量柱状图

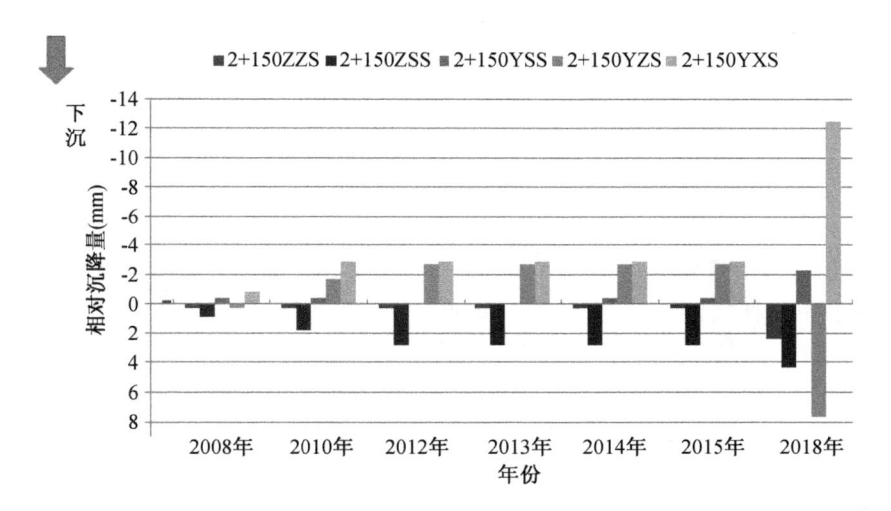

图 8.1-7　中堤桩号 K2+150 断面累积沉降量柱状图

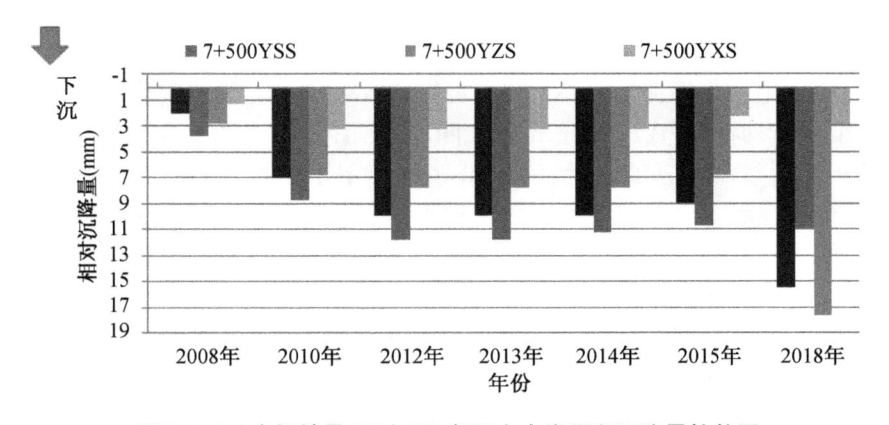

图 8.1-8　中堤桩号 K7+500 断面左右岸累积沉降量柱状图

（2）2010 年之前四个主要观测横断面均有下沉，堤顶部位沉降量大于岸坡部位，靠近下游横断面沉降量大于上游横断面，但整体变化量不大，变形规律正常。2010—2012 年沉

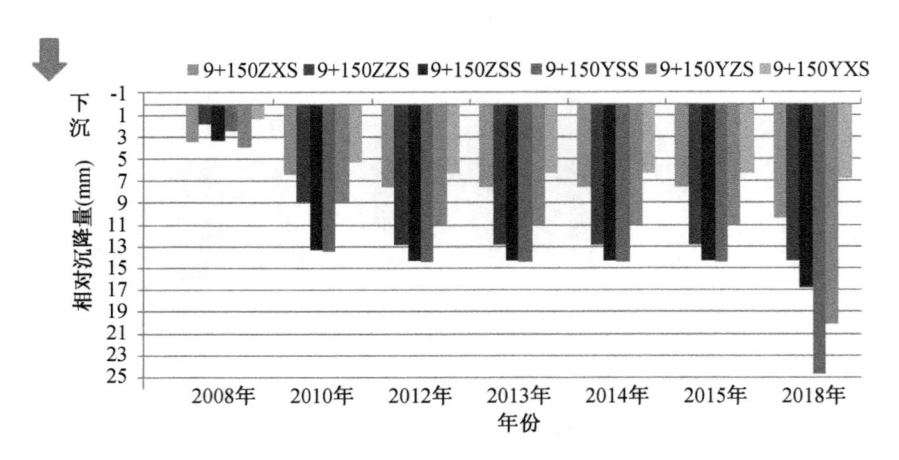

图 8.1-9　中堤桩号 K9+150 断面累积沉降量柱状图

降趋于稳定,2013—2015 年沉降基本无变化;2018 年 4 个断面与历史规律相同,但观测精度较低。

8.1.2　进水闸变形监测资料分析

进水闸设有闸墩表面变形、闸墩接缝开合度监测项目,以下对进水闸监测数据进行分析。

1. 水平位移监测资料分析

进水闸水平位移共计 6 个测点,自左岸向右岸测点编号为 JB39(左边墩)、JB24(2#闸墩)、JB23(2#闸墩)、JB20(4#闸墩)、JB19(4#闸墩)、JB13(右边墩)。本次获得 2015 年、2016 年下半年(12 月)、2018 年上半年和下半年、2019 年上半年和下半年数据,以 2015 年数据为初始值。

对测量得到的正北 x、正东 y 向数据,按照进水闸中心线方位角(北偏西 $\theta=30°50'7''$)转换得到进水闸顺河向 X(指向下游为正)及横河向 Y(指向左岸为正)的水平位移,计算公式如下:

$$X = -x\cos\theta + y\sin\theta = -x0.859 + y0.513$$
$$Y = x\sin\theta + y\cos\theta = x0.513 + y0.859$$

图 8.1-10 为进水闸顺河向水平位移。可知,2018 年之前,进水闸边墩和闸墩顺河向水平位移逐年变化量均不大,在 -2~3 mm 之间,变化稳定。2019 年变化量较大,2019 年上半年的 JB20(4#闸墩)测点变化量为 10 mm,2019 年下半年的 JB13(右边墩)测点变化量为 -6 mm,数值较大,且变化无规律性。由于进水闸多年变形一直较稳定,2018—2019 年未经历极端工况,现场检查也未发现明显异常变形,2019 年数据异常应属监测精度问题,建议继续加强观测,提高观测精度,以核实其变化趋势。

图 8.1-11 为进水闸横河向水平位移。2018 年之前,左边墩测点(JB39)大部分年份在 -2~-6 mm 之间,右边墩测点(JB13)大部分年份在 -2~-4 mm 之间,即相对 2015 年进水闸整体趋向右岸变化,但多年来整体变化量很小,且无趋势性变化,进水闸横河向水平位移变化正常。2018 年下半年左边墩测点(JB39)测值为 -12 mm,2019 年右边墩测点(JB13)测值超过 -12 mm,变形规律与 2018 年之前明显不同,应属观测精度等因素影响,建议续继续加强观测,以核实其变化趋势。

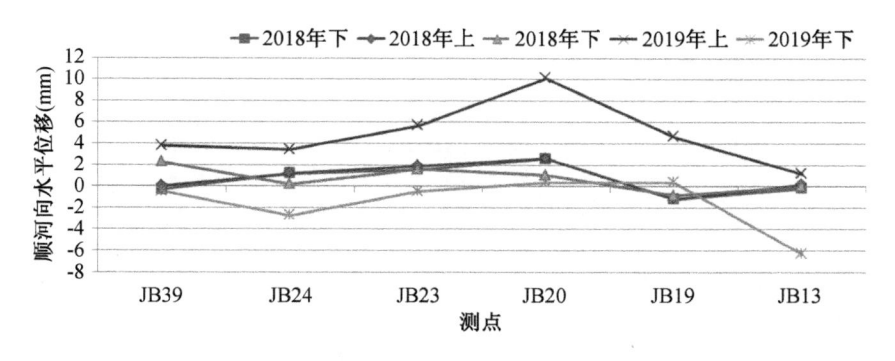

图 8.1-10　进水闸顺河向水平位移

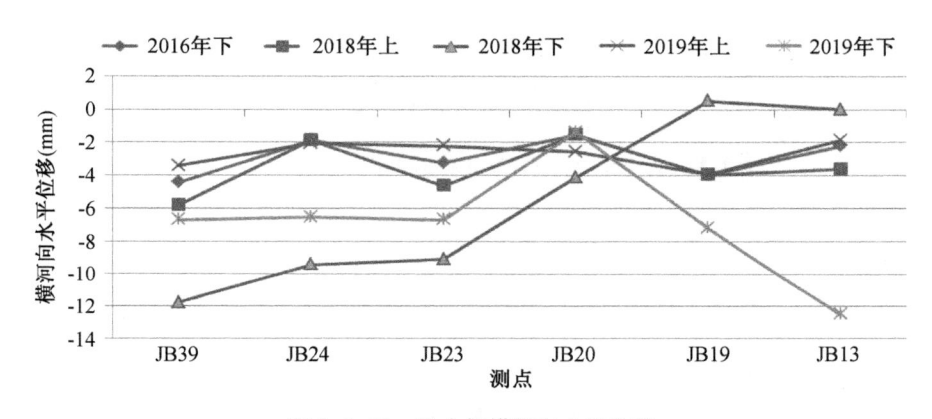

图 8.1-11　进水闸横河向水平位移

2. 沉降监测资料分析

进水闸闸墩 6 个测点同时兼做沉降测点,以 2015 年数据为初始值。图 8.1-12 为相对于 2015 年的沉降量(方向以下沉为正)。可知,2016 年和 2018 年上半年,进水闸左右边墩沉降最大(为 3 mm),中间闸墩为抬升最大(为 1 mm),变化量较小;2018 年下半年和 2019 年观测数据相对历史值规律明显不同,抬升和下沉无明显趋势和规律,分析应属人工观测误差较大、精度低,建议对工作基点、观测仪器进行核定,并加强后续监测。

3. 闸墩混凝土接缝监测资料分析

闸墩测缝计布置在 3[#] 和 5[#] 闸墩中心线断面上,3[#] 闸墩测缝计为 J301、J302,5[#] 闸墩测缝计为 J501、J502,测值过程线见图 8.1-13、图 8.1-14,特征值统计表见表 8.1-5。

通过图可知,3[#]、5[#] 闸墩上游和下游接缝开合度变化规律基本一致,上游开合度值略大于下游。接缝开合度变化主要受气温影响,冬季气温降低,混凝土收缩,接缝开合度测值增大,每年 11 月到次年 1 月达到最大值;反之温度升高,混凝土张开,接缝收缩,接缝测值在 3—8 月达到最小值。2017 年前开合度最大值为 5 mm,之后开合度有增大趋势;2018—2019 年 3[#] 闸墩上游侧开合度最大超过 14 mm,5[#] 闸墩上游侧最大达到 8.87 mm 左右,且测值波动较大,由于历年气温变化较为正常,并无极端气温情况出现,因此需对仪器进行率定,同时需重点关注其后期变化趋势。

此外,在进水闸补水时段(2014 年 6 月、2015 年 10 月、2015 年 12 月、2016 年 1—2 月、

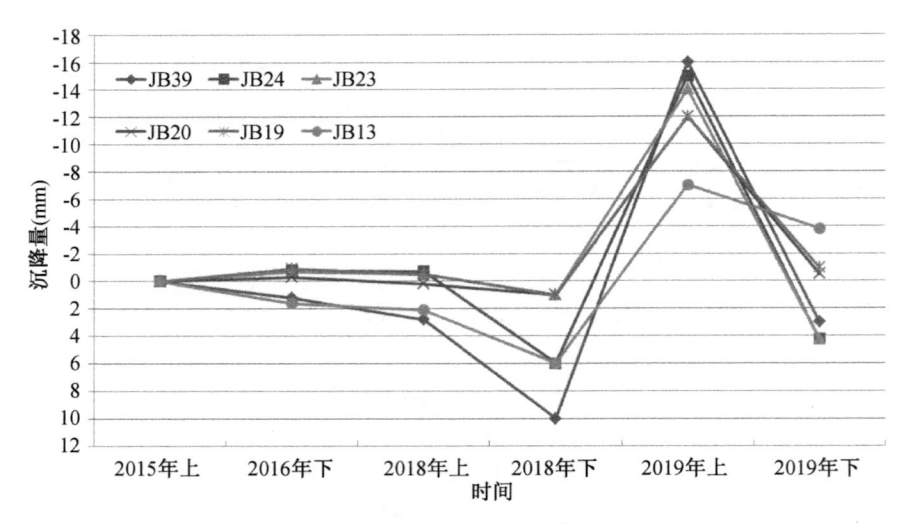

图 8.1-12 闸墩沉降量

2016 年 12 月—2017 年 1 月），闸墩接缝开合度未见明显变化，补水过程对闸墩接缝开合度影响相对温度的影响不明显。

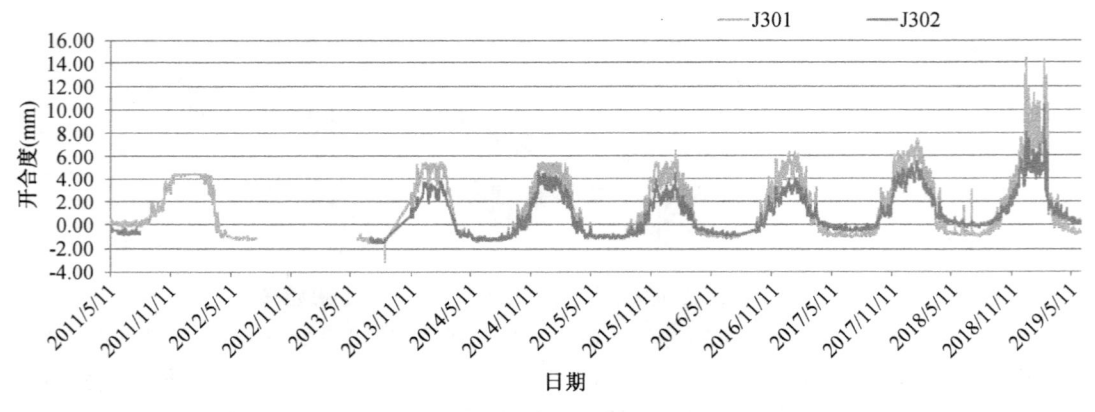

图 8.1-13 进水闸 3# 闸墩接缝开合度过程线

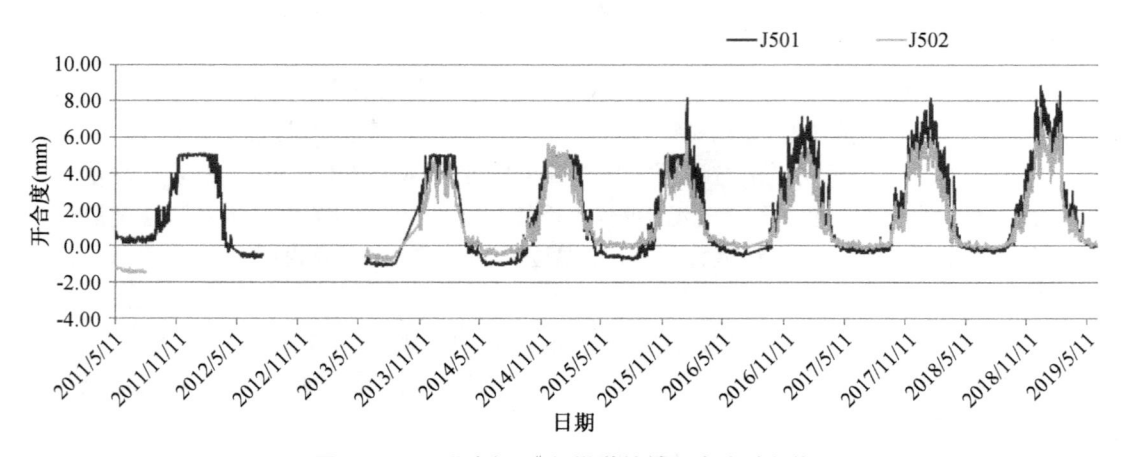

图 8.1-14 进水闸 5# 闸墩游接缝开合度过程线

表 8.1-5　进水闸接缝开合度特征值统计表　　　　　　　　单位：mm

测点编号	年最大值日期	最大值	年最小值日期	最小值	年均值	年变幅
J301	2011/12/16	4.43	2011/7/9	−0.08	1.25	4.51
	2012/1/22	4.45	2012/7/3	−1.29	1.32	5.73
	2013/12/26	5.39	2013/7/4	−1.48	0.50	6.87
	2014/2/9	5.39	2014/5/30	−1.43	1.06	6.82
	2015/11/26	5.41	2015/7/13	−1.20	1.33	6.61
	2016/1/24	6.48	2016/6/26	−1.13	1.44	7.60
	2017/12/17	6.41	2017/7/13	−1.02	1.35	7.43
	2018/12/26	14.40	2018/8/4	−0.93	1.88	15.32
	2019/2/19	14.25	2019/5/26	−0.73	3.19	14.98
J302	2011/5/12	−0.16	2011/7/4	−0.83	−0.59	0.67
	2013/12/20	3.66	2013/8/17	−1.54	0.31	5.20
	2014/12/2	4.55	2014/5/30	−1.30	0.44	5.85
	2015/1/27	4.20	2015/7/14	−1.15	0.62	5.34
	2016/1/24	4.47	2016/7/12	−0.92	0.70	5.39
	2017/12/13	4.85	2017/7/14	−0.54	1.05	5.40
	2018/12/26	8.04	2018/8/5	−0.19	1.65	8.23
	2019/2/19	10.40	2019/5/26	0.05	2.44	10.35
J501	2011/12/17	5.06	2011/7/4	0.15	1.55	4.91
	2012/1/23	5.07	2012/7/3	−0.70	2.05	5.77
	2013/12/26	5.03	2013/7/4	−1.10	0.71	6.12
	2014/2/9	5.03	2014/5/30	−1.07	1.28	6.10
	2015/11/26	5.06	2015/7/13	−0.73	1.70	5.79
	2016/1/24	7.91	2016/7/11	−0.54	2.08	8.45
	2017/1/2	7.14	2017/7/13	−0.41	1.91	7.54
	2018/12/22	8.87	2018/8/4	−0.36	2.23	9.23
	2019/2/19	8.53	2019/5/26	−0.10	2.91	8.63
J502	2011/5/12	−1.20	2011/8/1	−1.51	−1.36	0.32
	2013/12/19	4.73	2013/7/25	−0.82	0.61	5.55
	2014/12/2	5.66	2014/5/30	−0.56	1.24	6.22
	2015/1/27	5.26	2015/7/14	−0.19	1.60	5.46
	2016/1/24	5.77	2016/6/26	−0.11	1.55	5.88

续表

测点编号	年最大值日期	最大值	年最小值日期	最小值	年均值	年变幅
	2017/12/13	5.69	2017/7/14	−0.16	1.53	5.85
J502	2018/12/22	7.62	2018/8/4	−0.16	1.74	7.79
	2019/2/19	6.73	2019/5/26	0.00	2.30	6.73

4. 小结

（1）进水闸多年水平位移和沉降位移整体变化量较小，且无异常趋势性变化，变形性态正常。2018年下半年和2019年的变形与其他年份明显不同且无明显规律性，应属观测精度低导致，需继续加强观测，提高观测精度，以核实其变化趋势。

（2）3#、5#闸墩上、下游测缝计测值变化规律基本一致，上游开合度值略大于下游。接缝开合度主要受气温影响，受水位影响较小，冬季混凝土收缩开合度增大，夏季开合度减小。2017年之前开合度最大值为5mm，之后开合度有增大趋势，2018—2019年3#闸墩接缝开合度最大超过14mm，5#闸墩最大达到8.87mm左右，且测值波动较大。应对仪器进行率定，同时需重点关注其后期变化趋势。

8.1.3 连通闸变形监测资料分析

连通闸布置有闸墩表面变形、闸墩接缝开合度监测项目，以下对连通闸监测数据进行分析。

1. 水平位移监测资料分析

连通闸水平位移监测项目共设4个测点，编号LB1、LB2、LB3、LB4，分别布置在1#、2#、3#、4#闸墩上。对获取的2015—2019年共6组数据，按照连通闸中心线方向（正南北向）转换得到顺河向 X（指向下游为正）及横河向 Y（指向左岸为正）的水平位移，并以2015年数据为基准，计算变形量。

图8.1-15为连通闸顺河向水平位移。相对于2015年，连通闸所有闸墩测点向下游变化，整体变化幅度在0~7mm之间，变化量不大，且无异常趋势性变化。2018年数据与其他年份趋势明显不同且无规律性，分析应属观测精度问题，为无效数据。连通闸的变形是稳定的。

图8.1-16为连通闸横河向水平位移。根据2016年下半年和2018年上半年观测数据，连通闸横河向水平位移变化稳定，相对2015年基本无变化。2018年下半年及2019年上半年数据与其他年份规律明显不同，应属观测等因素影响。

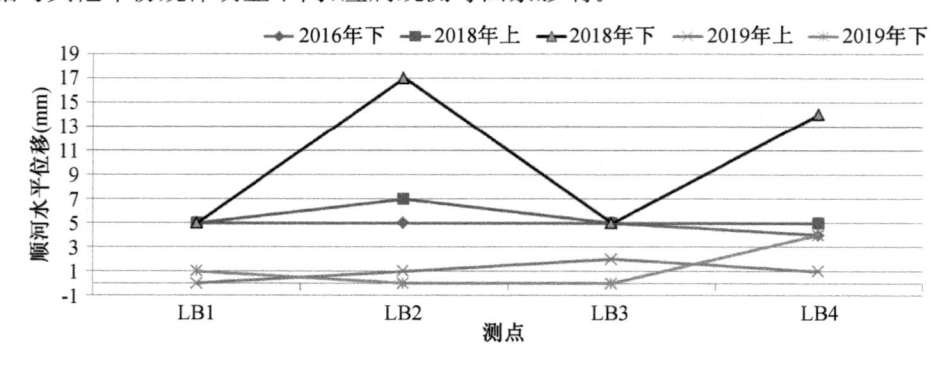

图8.1-15 连通闸顺河向水平位移

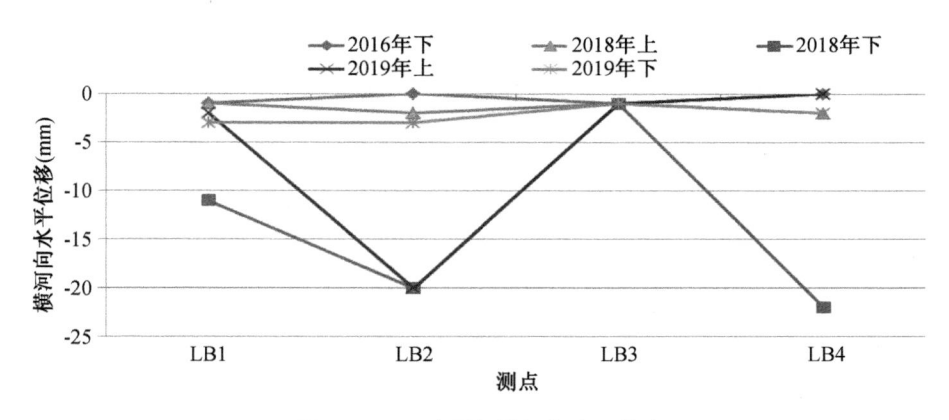

图 8.1-16　连通闸横河向水平位移

2. 沉降监测资料分析

以 2015 年沉降数据为初始值。图 8.1-17 为相对于 2015 年的沉降量。据 2016 年下半年和 2018 年上半年数据可知,连通闸 1# 闸墩(测点 LB1)、2# 闸墩(测点 LB2)有沉降趋势,最大为 4 mm,沉降量不大;3# 闸墩(测点 LB3)、4# 闸墩(测点 LB4)基本无变化。2018 年下半年和 2019 年,4 个测点数据相对历史规律明显不同,从下沉变为抬升,LB2 变幅为抬升 21 mm,LB3 变幅为抬升 23 mm。应属人工观测误差较大导致,需对工作基点、观测仪器进行核定,并加强后续监测。

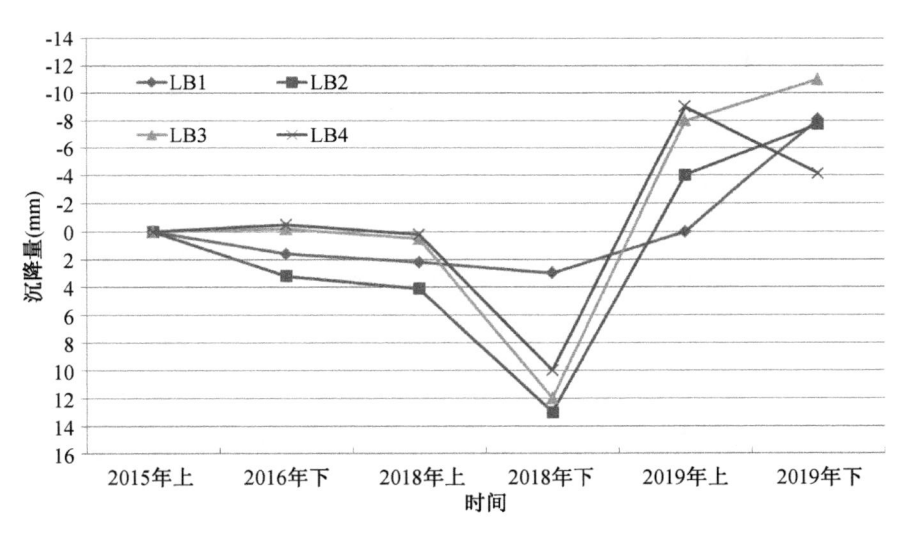

图 8.1-17　闸墩沉降量

3. 闸墩混凝土接缝监测资料分析

连通闸共设 6 支测缝计,测点编号为 J3201、J3202、J3301、J3302、J3401、J3402,位于 2#、3#、4# 闸墩上,每个断面上下游各布置一测点。测值过程线见图 8.1-18～图 8.1-20,特征值统计表见表 8.1-16。

连通闸上游和下游测缝计变化规律基本一致,上游开合度值略大于下游 1 mm。接缝开合度主要受气温影响,冬季气温降低,混凝土收缩开合度增大,每年 1 月达到最大值,8 月份达到最小值。2#闸墩测值在 1～5.5 mm 之间，3#闸墩测值在 0.83～5.3 mm 之间，4#闸墩测值在 1.89～5.62 mm 之间，连通闸 2#、3#、4#闸墩混凝土接缝开合度变化稳定，变化规律正常。

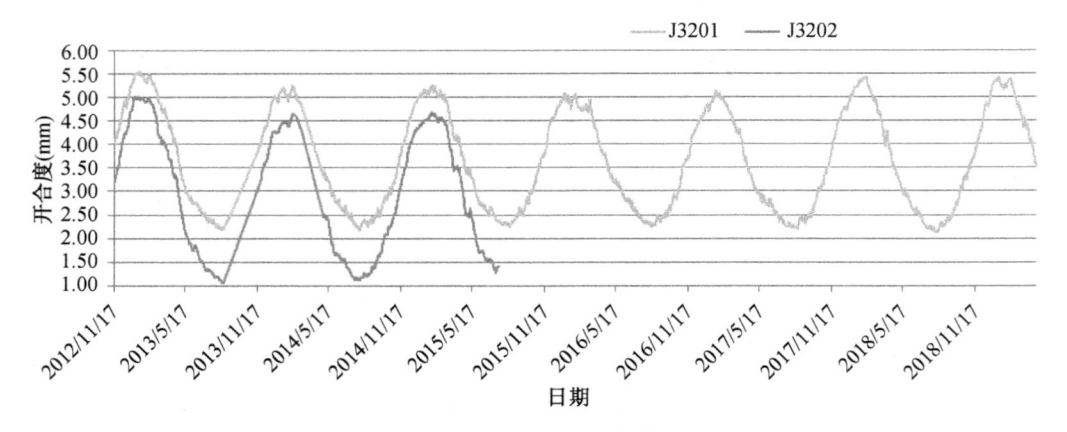

图 8.1-18　连通闸 2# 闸墩上下游接缝开合度过程线

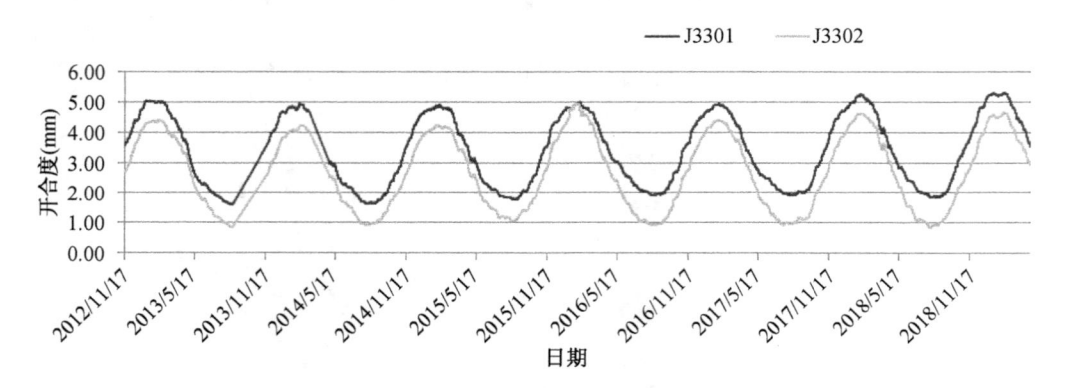

图 8.1-19　连通闸 3# 闸墩上下游接缝开合度过程线

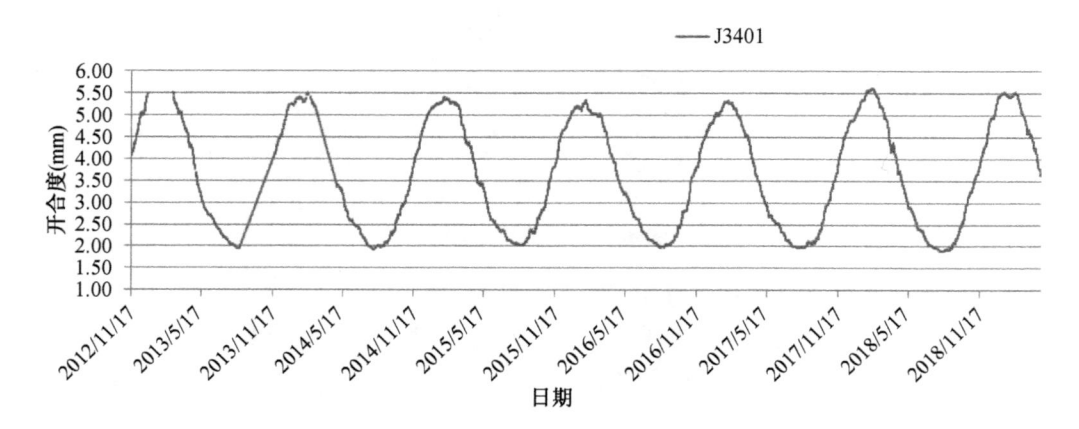

图 8.1-20　连通闸 4# 闸墩上游接缝开合度过程线

表 8.1-6　连通闸接缝开合度特征值统计表　　　　　　单位：mm

测点编号	年最大值日期	最大值	年最小值日期	最小值	年均值	年变幅
J3201	2012/12/31	5.28	2012/11/17	4.01	4.65	1.27
	2013/1/20	5.55	2013/8/16	2.16	3.91	3.39
	2014/2/13	5.24	2014/8/4	2.16	3.48	3.08
	2015/2/2	5.23	2015/8/20	2.25	3.63	2.98
	2016/1/6	5.09	2016/8/14	2.24	3.54	2.85
	2017/1/26	5.13	2017/8/22	2.19	3.49	2.94
	2018/2/12	5.41	2018/8/14	2.13	3.59	3.28
	2019/1/17	5.41	2019/4/24	3.52	4.82	1.89
J3202	2012/12/31	4.76	2012/11/17	3.20	4.00	1.55
	2013/1/18	5.00	2013/8/21	1.07	3.13	3.94
	2014/2/15	4.64	2014/8/4	1.13	2.64	3.51
	2015/2/3	4.67	2015/7/16	1.28	3.19	3.39
J3301	2012/12/31	4.78	2012/11/17	3.58	4.18	1.20
	2013/1/19	5.04	2013/8/22	1.58	3.51	3.46
	2014/2/13	4.92	2014/8/4	1.61	3.06	3.31
	2015/2/10	4.90	2015/8/23	1.76	3.28	3.14
	2016/2/9	5.00	2016/8/25	1.91	3.35	3.10
	2017/2/3	4.94	2017/8/12	1.91	3.32	3.03
	2018/2/8	5.25	2018/8/12	1.83	3.43	3.42
	2019/2/17	5.31	2019/4/24	3.56	4.82	1.74
J3302	2012/12/31	4.10	2012/11/17	2.70	3.40	1.41
	2013/2/10	4.40	2013/8/21	0.83	2.87	3.56
	2014/2/19	4.22	2014/8/4	0.91	2.36	3.31
	2015/2/10	4.23	2015/8/18	1.04	2.63	3.18
	2016/2/5	4.95	2016/8/14	0.90	2.64	4.04
	2017/2/2	4.40	2017/7/21	0.93	2.53	3.47
	2018/2/12	4.63	2018/8/6	0.83	2.64	3.80
	2019/2/16	4.66	2019/4/24	2.95	4.13	1.71

续表

测点编号	年最大值日期	最大值	年最小值日期	最小值	年均值	年变幅
J3401	2012/12/31	5.50	2012/11/17	4.08	4.78	1.42
	2013/3/4	5.51	2013/8/22	1.95	3.52	3.56
	2014/2/16	5.51	2014/8/4	1.93	3.37	3.58
	2015/2/3	5.41	2015/8/19	2.02	3.62	3.38
	2016/2/4	5.35	2016/8/16	1.98	3.54	3.37
	2017/2/5	5.34	2017/8/4	1.98	3.48	3.36
	2018/2/13	5.62	2018/8/8	1.89	3.56	3.73
	2019/1/20	5.55	2019/4/24	3.63	5.02	1.92

4. 小结

（1）连通闸闸墩在2018年之前变形变化量不大，无明显异常趋势，变形稳定；2018年下半年及2019年上半年数据与其他年份不同且无规律性，观测精度较低。连通闸的变形是稳定的。

（2）连通闸上、下游测缝计测值变化规律基本一致，上游开合度值略大于下游。闸墩接缝开合主要受气温影响，冬季增大夏季降低，整体变幅不大，接缝开合度变化稳定，变化规律正常。

8.1.4 退水闸变形监测资料分析

退水闸布置有闸墩表面变形、闸墩接缝开合度监测项目，以下对退水闸监测数据进行分析。

1. 水平位移监测资料分析

退水闸水平位移共设8个测点，位于左边墩（测点TB1）、2#闸墩（测点TB2、TB3）、4#闸墩（测点TB4、TB5）、6#闸墩（测点TB6、TB7）、右边墩（测点TB8）。对2015—2019年数据，按照连通闸中心线方向（北偏西27°35′50″）转换得到顺河向X（指向下游为正）及横河向Y（指向左岸为正）的水平位移，并以2015年数据为初始值，计算变形量。

图8.1-21为退水闸顺河向水平位移分布图。相对于2015年，退水闸所有闸墩测点向下游变化，变化幅度在$-2\sim6$ mm之间，整体变化量不大，且无趋势性变化。2018年下半年TB1达到-14 mm，2019年下半年TB2~TB5测值增大，但无明显规律或趋势，应属观测精度问题。

图8.1-22为退水闸横河向水平位移分布图。据2016年下半年、2018年上半年和2019年的数据分析，退水闸横河向水平位移整体变幅在$-5\sim8$ mm之间，并无明显的趋向于左岸或者右岸的趋势变化，横河向变化稳定。2018年下半年部分测点数据与其他年份规律明显不同，应属观测精度问题。

2. 沉降监测资料分析

对退水闸的8个测点同时进行沉降观测，以2015年数据为初始值。图8.1-23为相对于 2015 年的沉降量。2016 年下半年变幅为－4～3 mm。2018 年整体沉降较为明显,2019 年上半年整体变为抬升趋势,最大变幅接近 30 mm,对比同部位测缝计测值并无明显异常变化。2018—2019 年的沉降和抬升,无规律且无统一趋势变化,应属观测精度较低、观测误差较大导致,应校核工作基点,加强后续监测。

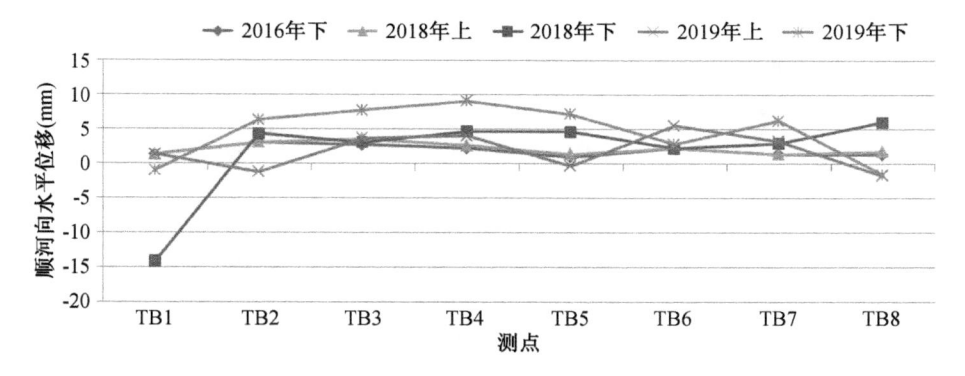

图 8.1-21　退水闸顺河向水平位移

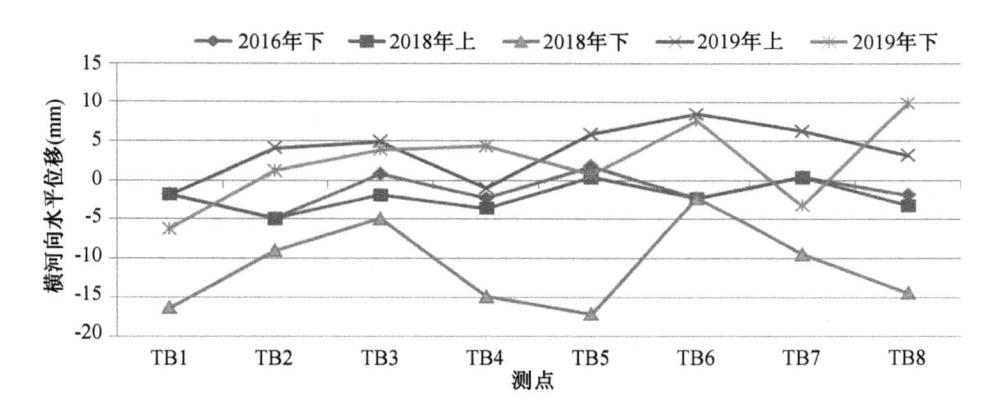

图 8.1-22　退水闸横河向水平位移

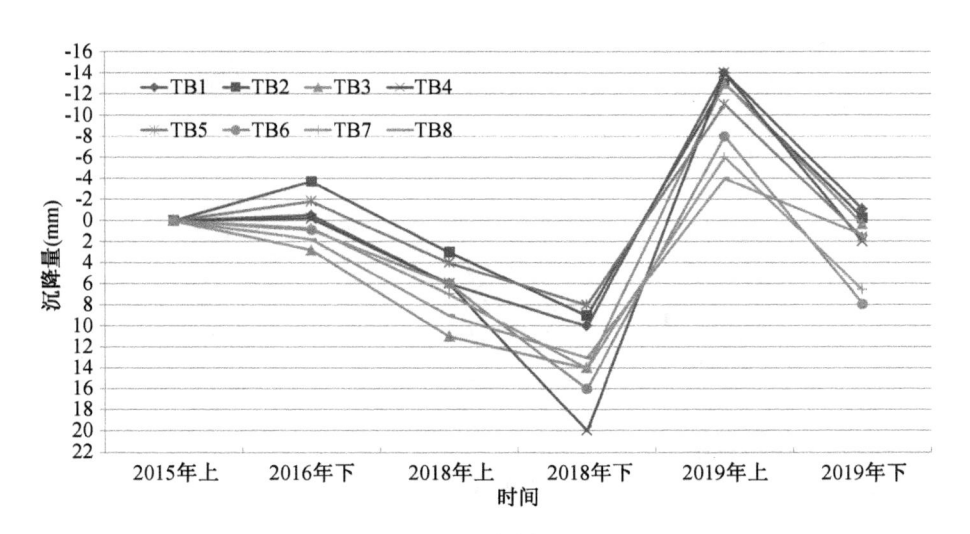

图 8.1-23　闸墩沉降量

3. 闸墩混凝土接缝监测资料分析

退水闸布置三向测缝计组 3 套，2#、4#、6# 闸墩接缝各埋设 1 套，编号为 J1、J2、J3。每套测缝计组采用 3 支位移计传感器（图 8.1-24），这 3 支位移计传感器的一端固定在平行于缝的一个平面上（ABC 平面），3 根刚性拉杆的汇交点（D 点）安装在缝的另一侧，拉杆长度 90 cm，左侧三角形支架高 60 cm。3 支位移计传感器均受到闸墩接缝的张开（水平面垂直接缝方向）、错动（水平面平行接缝方向）和抬升（竖直方向）的影响。

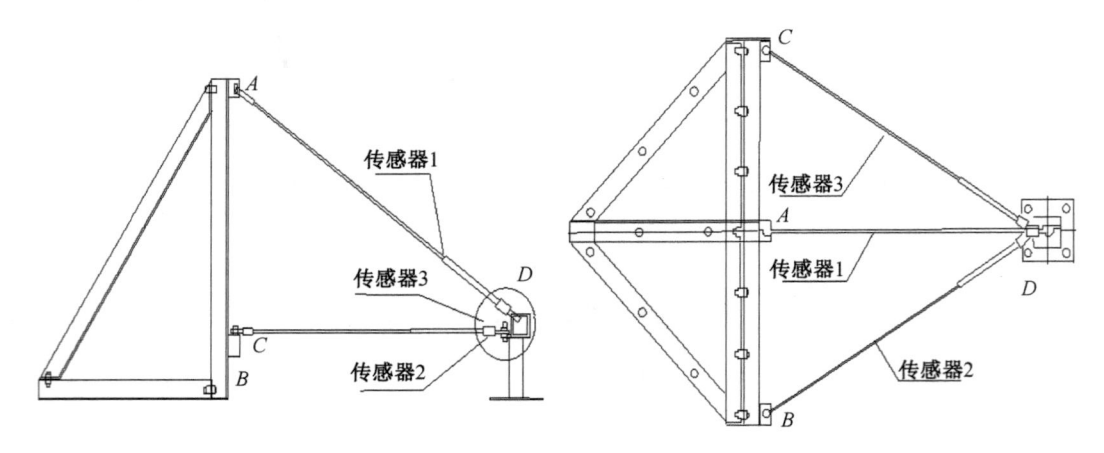

图 8.1-24　三向测缝计原安装原理图

1) 测缝数据可靠性分析

三向测缝计三个方向原始测值过程线见图 8.1-25～图 8.1-27。通过图可知，测缝计于 2011 年开始运行，6# 闸墩三向测缝 J3 的第 2、3 个位移计传感器数据一直异常，通过现场印证，这两支仪器连杆弯曲损坏。另外两套测缝计组 J1、J2 传感器测值规律较为一致，温度降低，闸墩接缝的张开、错动和抬升趋势增大，传感器测值增大。

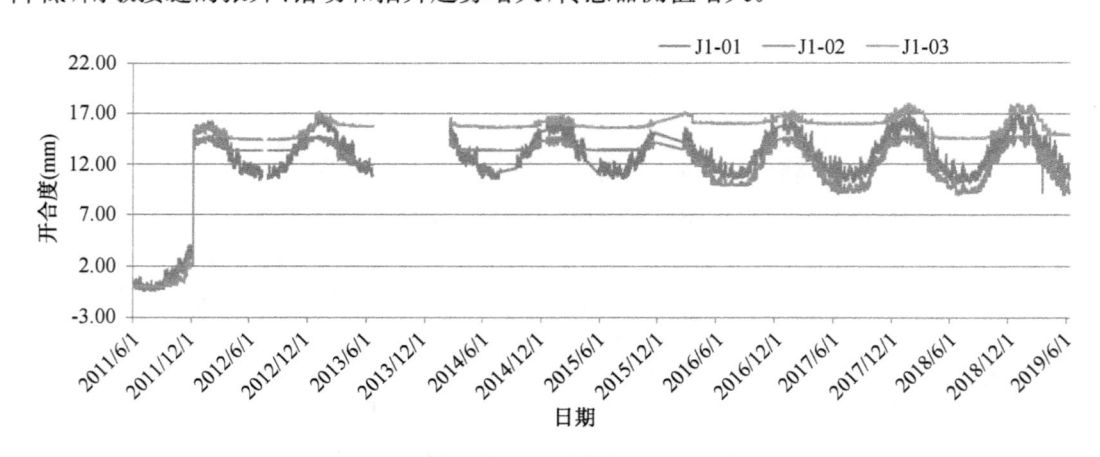

图 8.1-25　退水闸 2# 闸墩三向测缝计原始三个方向测值过程线

2) 三向测缝计数据转换

三向测缝计组的 3 支位移计无法单独测量出接缝三个方向的位移值，需要综合 3 支位移计的测值，通过空间几何公式换算出闸墩接缝三个方向的变化量。将该仪器的具体结构

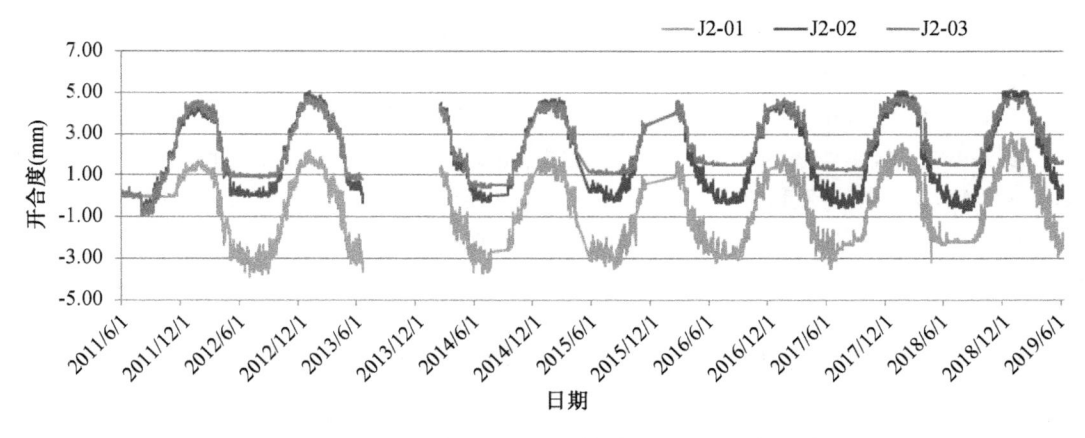

图 8.1-26　退水闸 4# 闸墩三向测缝计测值原始三方向过程线

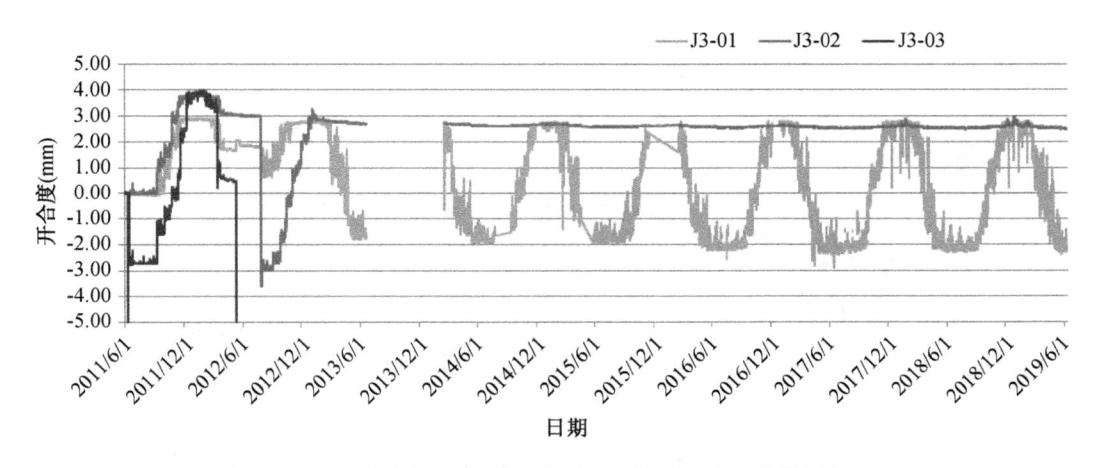

图 8.1-27　退水闸 6# 闸墩三向测缝计原始三方向测值过程线

概化为空间关系坐标,见图 8.1-28。

在图所示的坐标系中,AP、BP、CP 分别安装 1 支刚性拉杆位移计,其中 C 点为坐标原点,x 轴垂直于缝,y 轴平行于缝,P 点为缝另外一侧的动点,P 点在面 YCX 上的投影为 R 点。$AO=h$,$AB=AC$,$BC=s$,$BO=CO=s/2$,$AP=l_1$,$BP=l_2$,$CP=l_3$。以 x、y、z 表示测缝计的张开、错动和抬升。根据空间投影的几何关系,可得:

$$y = \frac{l_3^2 - l_2^2 + s^2}{2s}$$

$$z = \frac{h^2 + l_3^2 - l_1^2 - y^2 - y + s/2}{2h}$$

$$x = \sqrt{l_3^2 - y^2 - z^2}$$

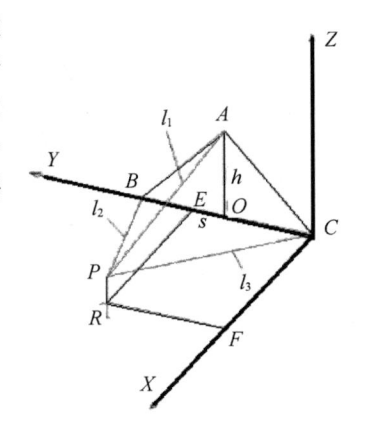

图 8.1-28　空间关系坐标图

3）三向测缝计监测数据分析

按照 $h=600$ mm,$s=1\,200$ mm 对 J1 和 J2 进行换算,得到 x(开合度)、y(错动)、z(抬

升)方向的变化数据过程线(图 8.1-29、图 8.1-30),特征值统计表见表 8.1-7。

通过图、表可知,闸墩接缝三个方向的变形总体上受气温影响,冬季增大、夏季减小。

2#闸墩接缝开合度在 15～22 mm 之间,2017 年后变幅有增大趋势,4#闸墩接缝开合度在 0～6 mm 之间,年变幅约 6 mm。2#闸墩接缝错动变形在 1～5 mm 之间,年变幅在 4 mm 以内;4#闸墩接缝错动变形在－0.2～1.5 m 之间,年变幅较小。2#闸墩接缝相对抬升变形在 2016 年后有所减小在－1～4 mm 之间,4#闸墩接缝错动变形在 3～6 mm 之间,年变幅有增大趋势。

综上所述,2#闸墩接缝开合度的年变幅有增大趋势,4#闸墩接缝错动有增大趋势,但目前变化量较小;2#、4#闸墩其他方向测值受温度影响呈现周期变化,规律正常。

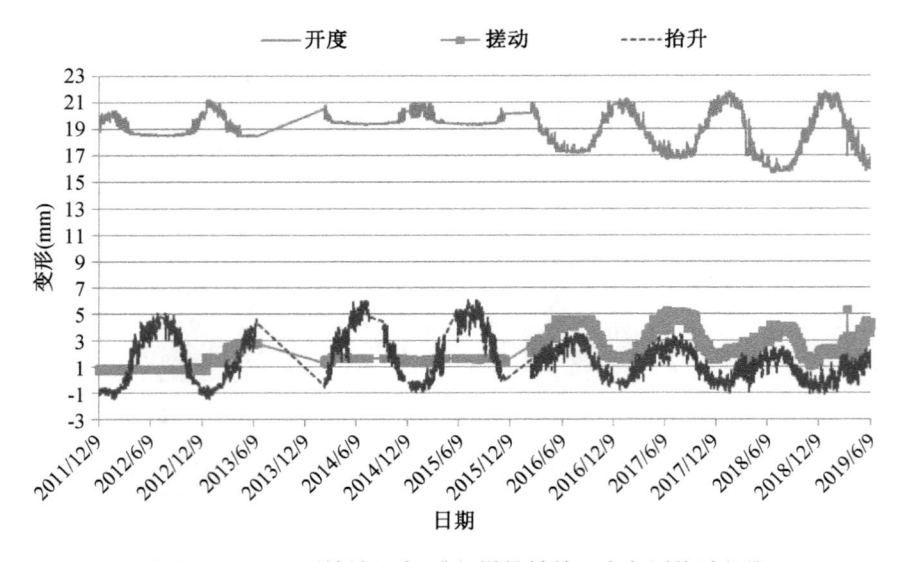

图 8.1-29　J1 测缝计组在 2#闸墩接缝的三方向测值过程线

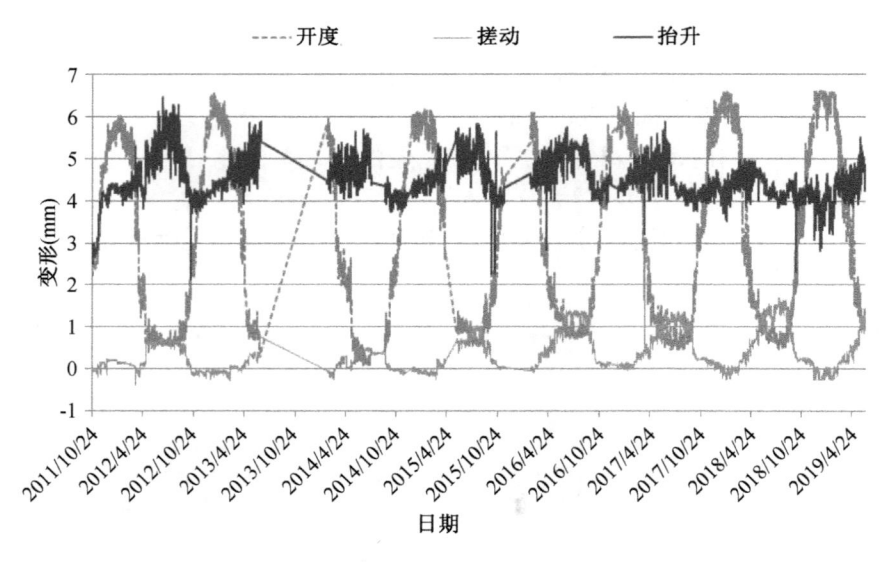

图 8.1-30　J2 测缝计组在 4#闸墩接缝的三方向测值过程线

表 8.1-7　退水闸接缝开合度特征值统计表　　　　　单位：mm

测点编号	年最大值日期	最大值	年最小值日期	最小值	年均值	年变幅
J1-开合度	2011/12/17	20.18	2011/12/12	18.78	19.73	1.40
	2012/12/27	21.18	2012/8/10	18.50	19.10	2.68
	2013/1/5	21.23	2013/6/19	18.43	19.42	2.79
	2014/12/22	20.91	2014/7/14	19.33	19.63	1.58
	2015/2/2	20.97	2015/7/13	19.31	19.73	1.66
	2016/12/31	21.21	2016/8/3	17.25	18.40	3.95
	2017/12/13	21.50	2017/6/16	16.70	18.71	4.80
	2018/1/27	21.81	2018/6/29	15.72	18.27	6.09
	2019/1/1	21.83	2019/5/24	15.89	19.00	5.93
J1-错动	2011/12/21	0.99	2011/12/16	0.78	0.87	0.21
	2012/12/27	1.78	2012/12/2	0.78	0.88	0.99
	2013/4/14	2.89	2013/2/26	1.43	2.24	1.46
	2014/5/4	1.75	2014/2/24	1.31	1.65	0.43
	2015/3/25	1.72	2015/2/17	1.35	1.60	0.37
	2016/6/26	4.65	2016/11/28	1.67	3.62	2.98
	2017/6/16	5.25	2017/11/24	1.59	3.35	3.66
	2018/6/29	4.24	2018/11/7	1.13	2.73	3.11
	2019/5/24	4.53	2019/4/10	1.65	2.76	2.88
J1-抬升	2011/12/11	−0.56	2011/12/10	−1.09	−0.81	0.53
	2012/7/3	5.13	2012/12/24	−1.45	1.63	6.59
	2013/6/19	4.67	2013/1/5	−1.50	1.17	6.18
	2014/6/28	6.05	2014/12/22	−0.74	2.65	6.79
	2015/8/10	6.06	2015/2/2	−0.88	2.47	6.94
	2016/7/27	3.59	2016/12/31	−0.70	1.81	4.29
	2017/5/20	3.49	2017/12/13	−0.68	1.32	4.17
	2018/8/1	2.55	2018/12/28	−1.03	0.71	3.58
	2019/5/24	2.37	2019/1/2	−0.97	0.78	3.34
J2-开合度	2011/12/18	5.85	2011/10/24	2.23	4.22	3.62
	2012/12/27	6.53	2012/7/3	0.55	2.85	5.98
	2013/1/5	6.60	2013/6/19	0.30	3.83	6.31
	2014/12/22	6.03	2014/7/19	0.09	2.49	5.94

续表

测点编号	年最大值日期	最大值	年最小值日期	最小值	年均值	年变幅
J2-开合度	2015/2/2	6.16	2015/8/10	0.54	2.93	5.62
	2016/12/31	6.22	2016/8/3	0.74	2.44	5.48
	2017/12/13	6.37	2017/8/4	0.44	3.02	5.93
	2018/12/29	6.61	2018/8/1	0.46	3.31	6.15
	2019/1/1	6.61	2019/5/24	0.93	4.23	5.67
J2-错动	2011/12/17	0.24	2011/11/14	−0.22	0.07	0.45
	2012/5/5	0.73	2012/3/27	−0.40	0.26	1.13
	2013/6/18	0.57	2013/3/4	−0.30	0.07	0.87
	2014/7/11	0.51	2014/3/14	−0.27	0.11	0.78
	2015/7/13	1.04	2015/3/16	−0.27	0.31	1.31
	2016/8/3	1.41	2016/3/3	−0.09	0.65	1.50
	2017/8/4	1.37	2017/12/13	−0.04	0.53	1.41
	2018/8/1	1.70	2018/12/30	−0.26	0.55	1.97
	2019/5/24	1.28	2019/1/1	−0.26	0.26	1.54
J2-抬升	2011/12/31	4.40	2011/10/24	2.50	3.75	1.90
	2012/7/3	6.46	2012/11/4	3.69	4.66	2.77
	2013/6/20	5.89	2013/4/20	3.92	4.66	1.96
	2014/6/29	5.68	2014/10/2	3.75	4.51	1.93
	2015/8/11	5.83	2015/10/23	3.84	4.65	1.99
	2016/6/27	5.74	2016/10/29	3.89	4.77	1.86
	2017/6/17	5.88	2017/10/11	3.77	4.46	2.11
	2018/3/15	4.98	2018/12/31	2.94	4.28	2.04
	2019/5/24	5.50	2019/1/1	2.89	4.30	2.61

4. 小结

（1）退水闸水平位移整体变化量不大，且无异常趋势性变化，变化规律正常；2018年下半年测点数据与其他年份规律不同，应属观测精度问题。退水闸沉降在2018年之前稳定，2018年明显沉降，2019年明显抬升且变幅接近30mm，对比测缝计并无明显异常变化，2018—2019年沉降观测精度低，应校核工作基点，提高观测精度。

（2）退水闸6#闸墩三向测缝计组J3的第2、3支仪器连杆弯曲，仪器存在故障。2#闸墩接缝开合度的年变幅有增大趋势，4#闸墩接缝错动年变幅有增大趋势，但目前变化量较小；2#、4#闸墩其他方向测值受温度影响呈现周期变化，规律正常。

8.2 中堤、右堤结构安全评价

1. 计算断面

参考地勘资料,并结合滞洪水库特点,本次各堤坡稳定复核选取了稻田水库中堤桩号 K1+200 断面、K3+000 断面,稻田水库右堤桩号 K5+200 断面,马厂水库中堤桩号 K7+200 断面、K8+800 断面和马厂水库右堤桩号 K12+800 断面,各断面位置如图 8.2-1 所示,各断面材料分区如图 8.2-2 所示。

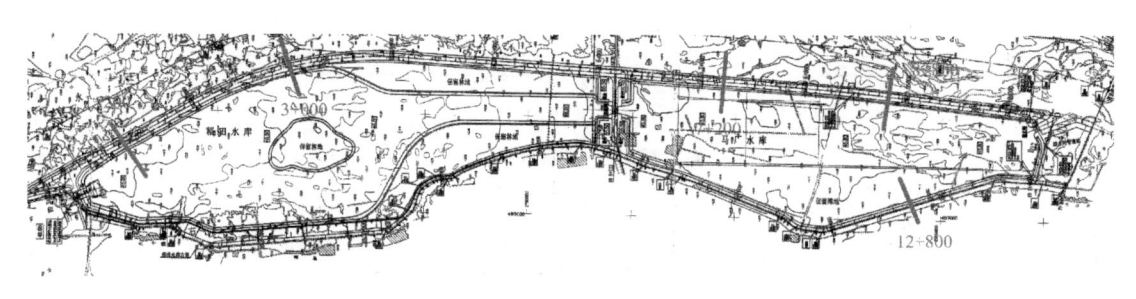

图 8.2-1 计算断面平面布置图

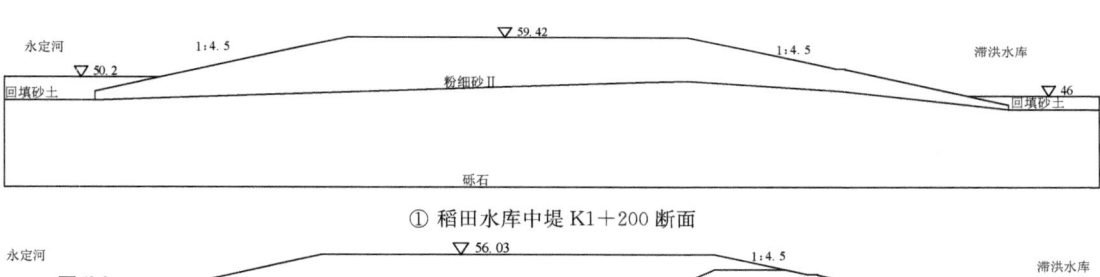

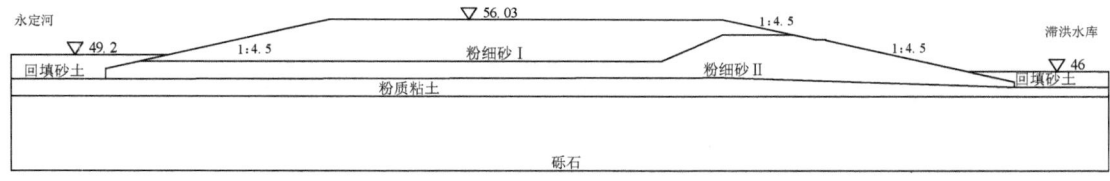

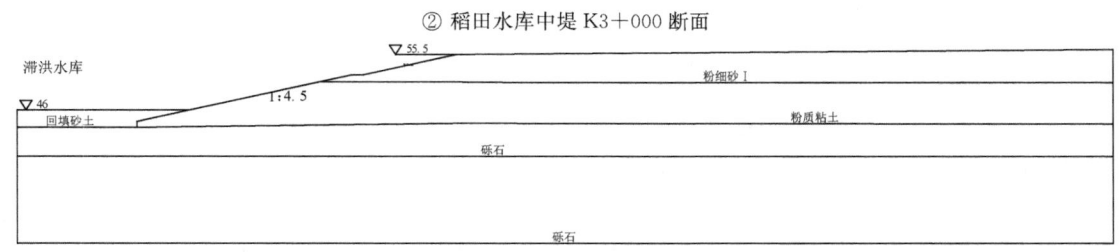

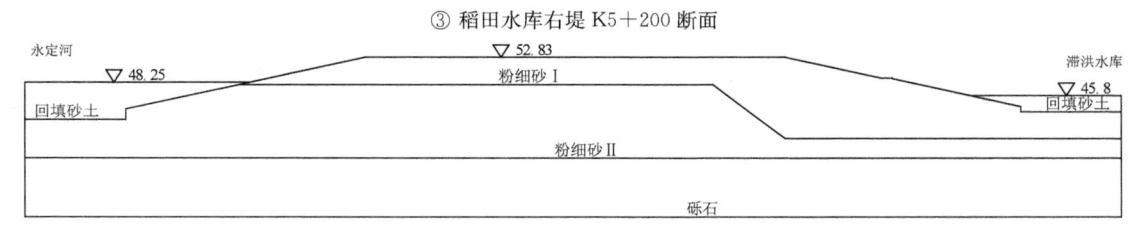

① 稻田水库中堤 K1+200 断面

② 稻田水库中堤 K3+000 断面

③ 稻田水库右堤 K5+200 断面

④ 马厂水库中堤 K7+200 断面

⑤ 马厂水库中堤 K8+800 断面

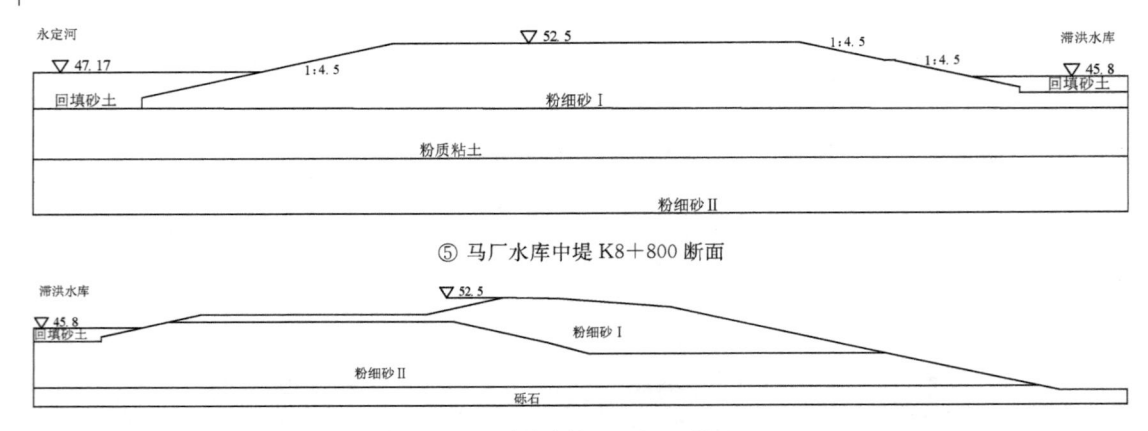

⑥ 马厂水库右堤 K12+800 断面

图 8.2-2　各计算断面材料分区图(水位单位：m)

2. 计算方法

坝坡静力抗滑稳定计算依据规范要求采用计及条块间作用力的简化毕肖普法，简化毕肖普法计算公式如下：

$$K = \frac{\sum[(W\sec\alpha - ub\sec\alpha)\tan\varphi' + c'b\sec\alpha][1/(1+\tan\alpha\tan\varphi'/K)]}{\sum[W\sin\alpha + M_c/R]}$$

式中：W——土条重量；

　　　u——作用于土条底面的孔隙压力；

　　　α——条块重力线与通过此条块底面中点的半径之间的夹角；

　　　b——土条宽度；

　　　c'、φ'——土条底面有效应力抗剪强度指标；

　　　R——圆弧半径。

本节采用河海大学工程力学研究所研制的计算软件 AutoBank7 对中堤及右堤抗滑稳定进行复核计算。

3. 计算工况

根据《堤防工程设计规范》和《碾压式土石坝设计规范》要求，结合《永定河滞洪水库工程初步设计报告》及滞洪水库具体运用情况，分析稳定渗流期以及水位降落期堤坡的抗滑稳定安全，由滞洪水库的调度运用方案可知，卢沟桥以上洪水由卢沟桥分洪枢纽控制分洪，2 500 m³/s 以下部分经永定河拦河闸泄往永定河下游，超过 2 500 m³/s 的部分由大宁水库和滞洪水库共同调蓄。因此稳定渗流期堤防稳定分析主要考虑永定河流量为 2 500 m³/s 时，滞洪水库处于空库状态工况以及永定河流量为 2 500 m³/s 时，滞洪水库为设计水位工况。水位降落期堤防稳定分析根据《永定河滞洪水库工程初步设计报告》中的计算工况进行复核。具体计算工况如下：

工况①：永定河一侧为 Q=2 500 m³/s 时的水位，滞洪水库一侧为空库；

工况②：永定河一侧为 Q=2 500 m³/s 时的水位，滞洪水库一侧为设计水位，即稻田水库水位为 53.50 m，马厂水库水位为 50.50 m；

工况③:永定河一侧水位从 $Q=2\,500\,\mathrm{m}^3/\mathrm{s}$ 时的水位骤降 1 m,滞洪水库一侧为设计水位;

工况④:永定河一侧水位从 $Q=2\,500\,\mathrm{m}^3/\mathrm{s}$ 时的水位、滞洪水库一侧水位从设计水位骤降 1 m。

4. 安全系数标准

根据《堤防工程设计规范》,堤防为 1 级建筑物,采用简化毕肖普法计算时,正常运用条件下堤防抗滑稳定最小安全系数应不小于 1.50。正常运用条件包括"设计洪水位下的稳定渗流期或不稳定渗流期的背水侧堤坡;设计洪水位骤降期的临水侧堤坡",计算工况①②③④均属于正常运用条件。根据《碾压式土石坝设计规范》的规定,大坝为 1 级建筑物,采用计及条块间作用力的计算方法时,正常运用条件情况下坝坡抗滑稳定最小安全系数应不小于 1.50,非常运用条件Ⅰ情况下坝坡抗滑稳定最小安全系数应不小于 1.30,正常运用条件包括"水库水位处于正常蓄水位和设计洪水位与死水位之间的各种水位稳定渗流期",非常运用条件Ⅰ包括"水库水位的非常降落",计算工况①和②属于正常运用条件,工况③和④属于非常运用条件Ⅰ。本次计算采用相关规范中较高的标准,即根据《堤防工程设计规范》对堤防稳定性进行复核,稻田水库及马厂水库各计算工况及抗滑稳定安全系数标准分别见表 8.2-1 及表 8.2-2。

表 8.2-1 稻田水库不同工况边坡抗滑稳定安全系数

计算断面	计算工况	计算条件	永定河侧坝坡	滞洪水库侧坝坡	要求安全系数
稻田水库中堤 K1+200	工况①	永定河一侧水位 56.57 m,滞洪水库一侧水位取地面高程	√	√	1.50
	工况②	永定河一侧水位 56.57 m,滞洪水库一侧水位 53.50 m	√	√	1.50
	工况③	永定河一侧水位 56.57 m 骤降至 55.57 m,滞洪水库一侧水位 53.50 m	√	—	1.50
	工况④	永定河一侧水位 56.57 m,滞洪水库一侧水位 53.50 m 骤降至 52.50 m	—	√	1.50
稻田水库中堤 K3+000	工况①	永定河一侧水位 54.53 m,滞洪水库一侧水位取地面高程	√	√	1.50
	工况②	永定河一侧水位 54.53 m,滞洪水库一侧水位取 53.50 m	√	√	1.50
	工况③	永定河一侧水位 54.53 m 骤降至 53.53 m,滞洪水库一侧水位取 53.50 m	√	—	1.50
	工况④	永定河一侧水位 54.53 m,滞洪水库一侧水位骤降至 52.50 m	—	√	1.50
稻田水库右堤 K5+200	工况②	滞洪水库一侧水位 53.50 m,背水坡取地下水位 38.00 m		√	1.50
	工况④	滞洪水库一侧水位 53.50 m 骤降至 52.50 m,背水坡取地下水位 38.00 m	—	√	1.50

表 8.2-2　马厂水库不同工况边坡抗滑稳定安全系数

计算断面	计算工况	计算条件	永定河侧坝坡	滞洪水库侧坝坡	要求安全系数
马厂水库中堤 K7+200	工况①	永定河一侧水位 51.33 m,滞洪水库一侧水位取地面高程	√	√	1.50
	工况②	永定河一侧水位 51.33 m,滞洪水库一侧水位 50.50 m	√	√	1.50
	工况③	永定河一侧水位 51.33 m 骤降至 50.33 m,滞洪水库一侧水位 50.50 m	√	—	1.50
	工况④	永定河一侧水位 51.33 m,滞洪水库一侧水位 50.50 m 骤降至 49.50 m	—	√	1.50
马厂水库中堤 K8+800	工况①	永定河一侧水位 50.25 m,滞洪水库一侧水位取地面高程	√	√	1.50
	工况②	永定河一侧水位 50.25 m,滞洪水库一侧水位取 50.50 m	√	√	1.50
	工况③	永定河一侧水位 50.25 m 骤降至 49.25 m,滞洪水库一侧水位取 50.50 m	√	—	1.50
	工况④	永定河一侧水位 50.25 m,滞洪水库一侧水位骤降至 49.50 m	—	√	1.50
马厂水库右堤 K12+800	工况②	滞洪水库一侧水位 50.50 m,背水坡取地面高程	—	√	1.50
	工况④	滞洪水库一侧水位 50.50 m 骤降至 49.50 m,背水坡取地面高程	—	√	1.50

5. 计算参数

根据滞洪水库工程初步设计阶段工程地质勘查及本次安全鉴定补充地勘对选定断面材料进行分区,主要如下:①中密粉细砂Ⅰ;②密实粉细砂Ⅱ;③粉质黏土;④砾石;⑤回填砂土。其中中密粉细砂Ⅰ、密实粉细砂Ⅱ及粉质黏土物理力学性质参数根据本次安全鉴定补充地勘报告建议值选取,砾石和回填砂土物理力学性质参数根据初步设计阶段工程地质勘查报告及相关工程经验综合选取,各断面分区计算参数见表 8.2-3。

表 8.2-3　各材料物理性质指标与力学参数表

断面位置	材料分区	物理指标 容重 (kN/m³)	浮容重 (kN/m³)	有效应力指标 黏聚力 c'(kPa)	内摩擦角 φ'(°)	总应力指标 黏聚力 c(kPa)	内摩擦角 φ(°)
稻田水库中堤 K1+200	②密实粉细砂Ⅱ	15.90	10.12	7.0	36.0	9.0	35
	④砾石	21.00	11.30	0	40.0	0	40
	⑤回填砂土	18.90	9.51	4.0	26.5	4.0	26.5

续表

断面位置	材料分区	物理指标 容重 (kN/m³)	物理指标 浮容重 (kN/m³)	有效应力指标 黏聚力 c'(kPa)	有效应力指标 内摩擦角 φ'(°)	总应力指标 黏聚力 c(kPa)	总应力指标 内摩擦角 φ(°)
稻田水库中堤 K3+000	① 中密粉细砂Ⅰ	15.20	9.71	6.0	30.0	8.0	28.0
	② 密实粉细砂Ⅱ	15.90	10.12	7.0	36.0	9.0	35.0
	③ 粉质黏土	20.00	10.49	22.0	18.0	25.0	15.0
	④ 砾石	21.00	11.30	0	40.0	0	40.0
	⑤ 回填砂土	18.90	9.51	4.0	26.5	4.0	26.5
马厂水库中堤 K7+200	① 中密粉细砂Ⅰ	15.20	9.71	6.0	30.0	8.0	28.0
	② 密实粉细砂Ⅱ	15.90	10.12	7.0	36.0	9.0	35.0
	④ 砾石	21.00	11.30	0	40.0	0	40.0
	⑤ 回填砂土	18.90	9.51	4.0	26.5	4.0	26.5
马厂水库中堤 K8+800	① 中密粉细砂Ⅰ	15.20	9.71	6.0	30.0	8.0	28.0
	② 密实粉细砂Ⅱ	15.90	10.12	7.0	36.0	9.0	35.0
	③ 粉质黏土	20.00	10.49	22	18.0	25.0	15.0
	⑤ 回填砂土	18.90	9.51	4.0	26.5	4.0	26.5
稻田水库右堤 K5+200	① 中密粉细砂Ⅰ	15.20	9.71	6.0	30.0	8.0	28.0
	③ 粉质黏土	20.00	10.49	22.0	18.0	25.0	15.0
	④ 砾石	21.00	11.30	0	40.0	0	40.0
	⑤ 回填砂土	18.90	9.51	4.0	26.5	4.0	26.5
马厂水库右堤 K12+800	① 中密粉细砂Ⅰ	15.20	9.71	6.0	30.0	8.0	28.0
	② 密实粉细砂Ⅱ	15.90	10.12	7.0	36.0	9.0	35.0
	④ 砾石	21.00	11.30	0	40.0	0	40.0
	⑤ 回填砂土	18.90	9.51	4.0	26.5	4.0	26.5

6. 计算结果与分析

稻田水库中堤桩号 K1+200 断面边坡抗滑稳定分析计算结果如图 8.2-3 所示，稻田水库中堤桩号 K3+000 断面边坡抗滑稳定分析计算结果如图 8.2-4 所示，马厂水库中堤桩号 K7+200 断面坝边坡抗滑稳定分析计算结果如图 8.2-5 所示，马厂水库中堤桩号 K8+800 断面边坡抗滑稳定分析计算结果如图 8.2-6 所示，稻田水库右堤桩号 K5+200 断面边坡抗滑稳定分析计算结果如图 8.2-7 所示，马厂水库右堤桩号 K12+800 断面边坡抗滑稳定分析计算结果如图 8.2-8 所示，各断面边坡抗滑稳定计算安全系数汇总见表 8.2-4。由稻田水库和马厂水库典型断面计算成果可知，迎、背水坡边坡的抗滑稳定安全系数均大于规范要求值。因此，迎、背水坡边坡抗滑稳定性满足规范要求。

表 8.2-4　不同工况下抗滑稳定安全系数计算结果

工况	计算断面	计算安全系数 永定河侧边坡	计算安全系数 滞洪水库侧边坡	要求安全系数
工况①：永定河一侧为 $Q=2\,500\ \mathrm{m^3/s}$ 时的水位，滞洪水库一侧为空库	稻田水库中堤 K1+200	4.74	2.98	1.50
	稻田水库中堤 K3+000	3.93	2.58	1.50
	马厂水库中堤 K7+200	4.31	2.78	1.50
	马厂水库中堤 K8+800	3.74	3.16	1.50
工况②：永定河一侧为 $Q=2\,500\ \mathrm{m^3/s}$ 时的水位，滞洪水库一侧为满库	稻田水库中堤 K1+200	4.32	3.62	1.50
	稻田水库中堤 K3+000	3.76	3.63	1.50
	马厂水库中堤 K7+200	4.16	3.65	1.50
	马厂水库中堤 K8+800	3.62	3.80	1.50
	稻田水库右堤 K5+200	—	4.09	1.50
	马厂水库右堤 K12+800	—	4.90	1.50
工况③：永定河一侧水位从 $Q=2\,500\ \mathrm{m^3/s}$ 时的水位骤降1 m，滞洪水库一侧为设计水位	稻田水库中堤 K1+200	3.91	—	1.50
	稻田水库中堤 K3+000	3.39	—	1.50
	马厂水库中堤 K7+200	3.24	—	1.50
	马厂水库中堤 K8+800	3.19	—	1.50
工况④：永定河一侧水位从 $Q=2\,500\ \mathrm{m^3/s}$ 时的水位、滞洪水库一侧水位从设计水位骤降1 m	稻田水库中堤 K1+200	—	3.29	1.50
	稻田水库中堤 K3+000	—	3.33	1.50
	马厂水库中堤 K7+200	—	3.24	1.50
	马厂水库中堤 K8+800	—	3.34	1.50
	稻田水库右堤 K5+200	—	3.66	1.50
	马厂水库右堤 K12+800	—	4.12	1.50

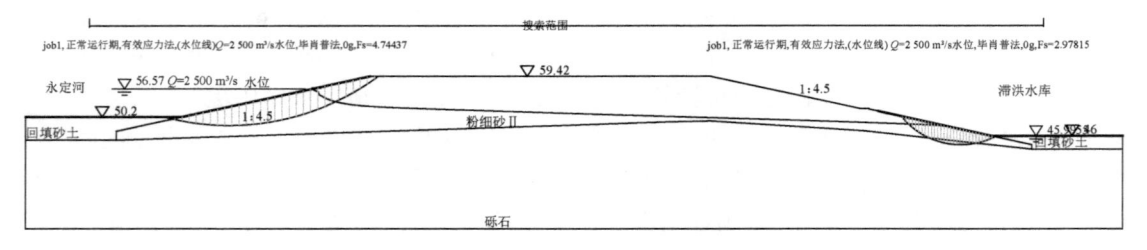

① 空库

② 满库

③ 永定河一侧水位骤降

④ 滞洪水库一侧水位骤降

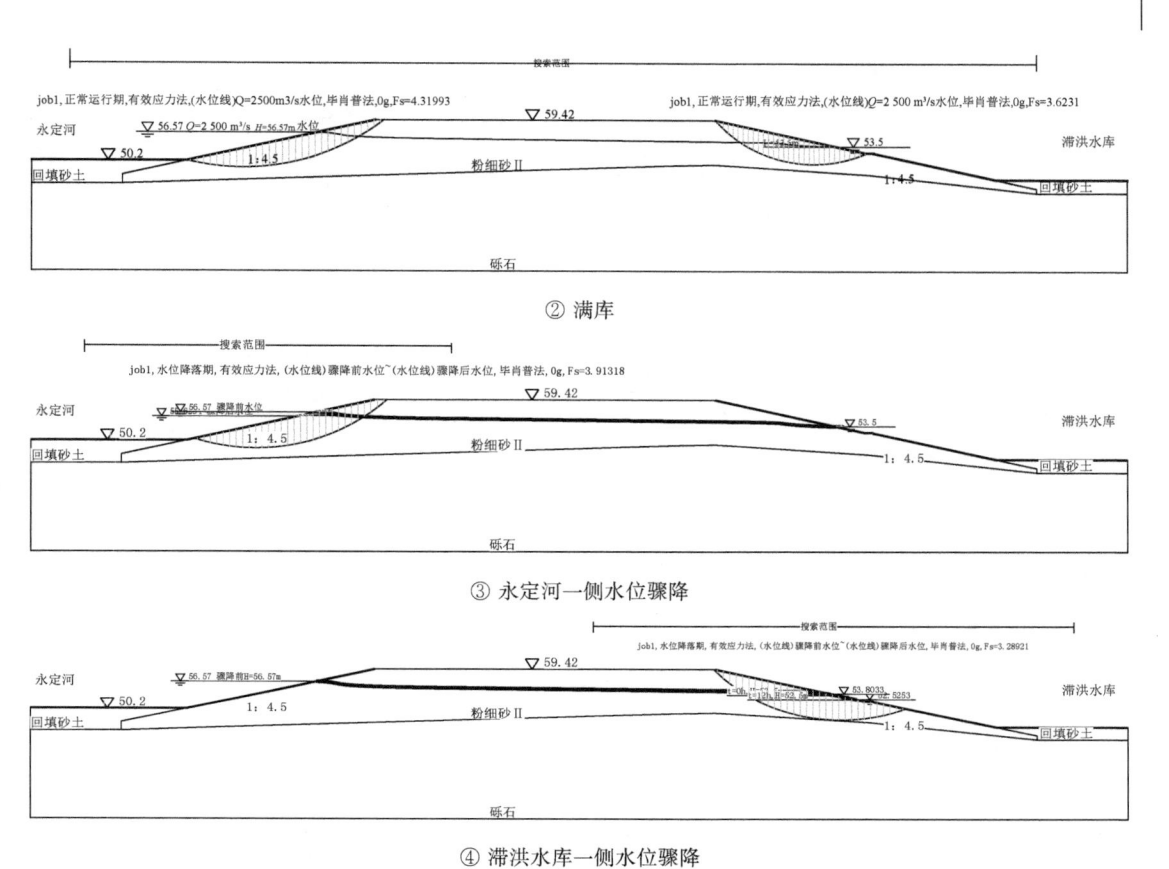

图 8.2-3　稻田水库中堤 K1+200 断面边坡稳定计算滑弧示意图(水位单位:m)

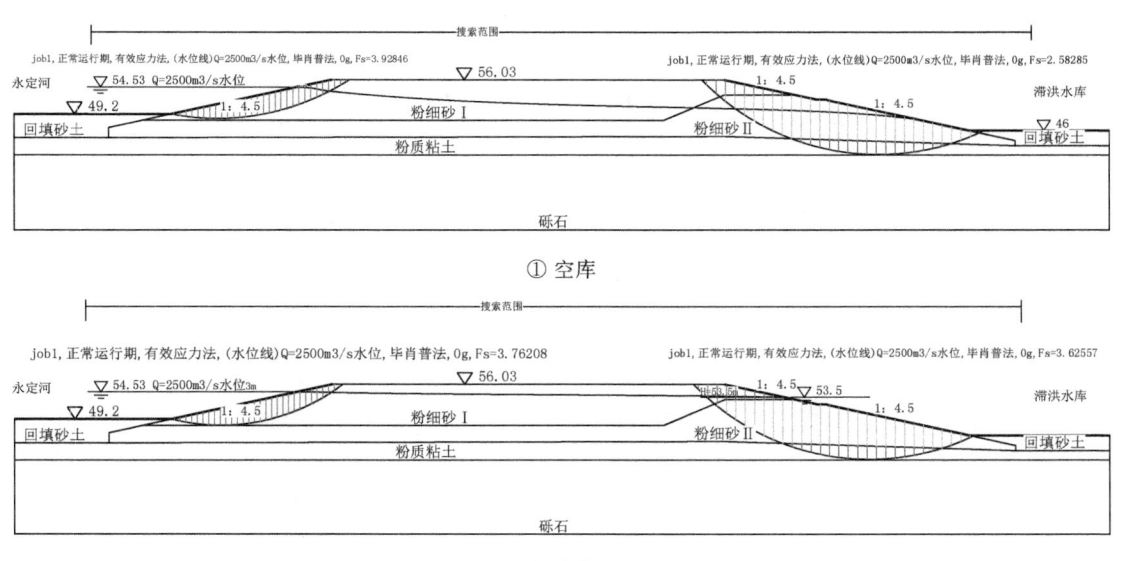

① 空库

② 满库

③ 永定河一侧水位骤降

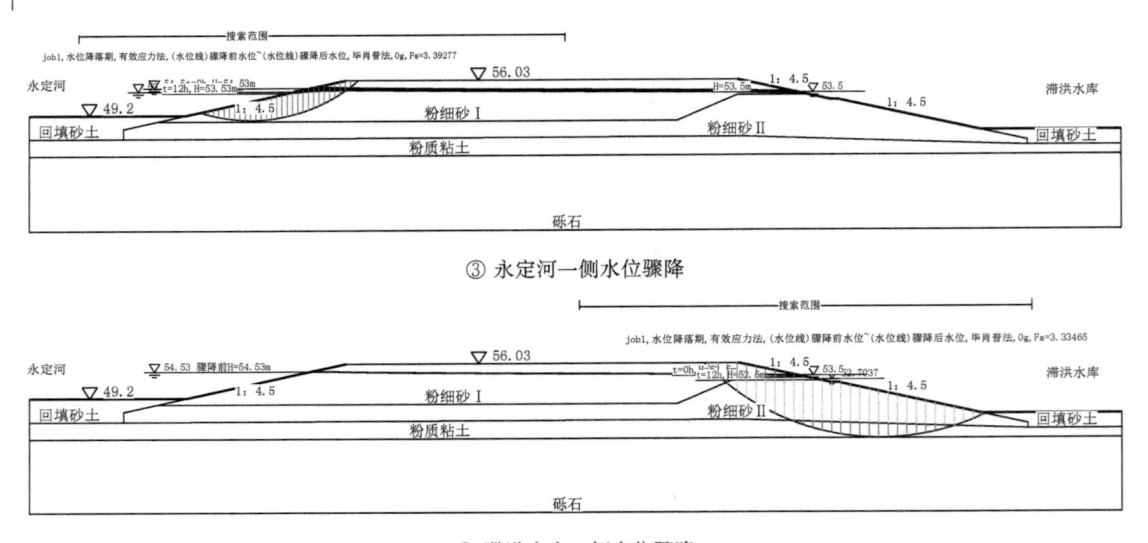

④ 滞洪水库一侧水位骤降

图 8.2-4 稻田水库中堤 K3+000 断面边坡稳定计算滑弧示意图（水位单位：m）

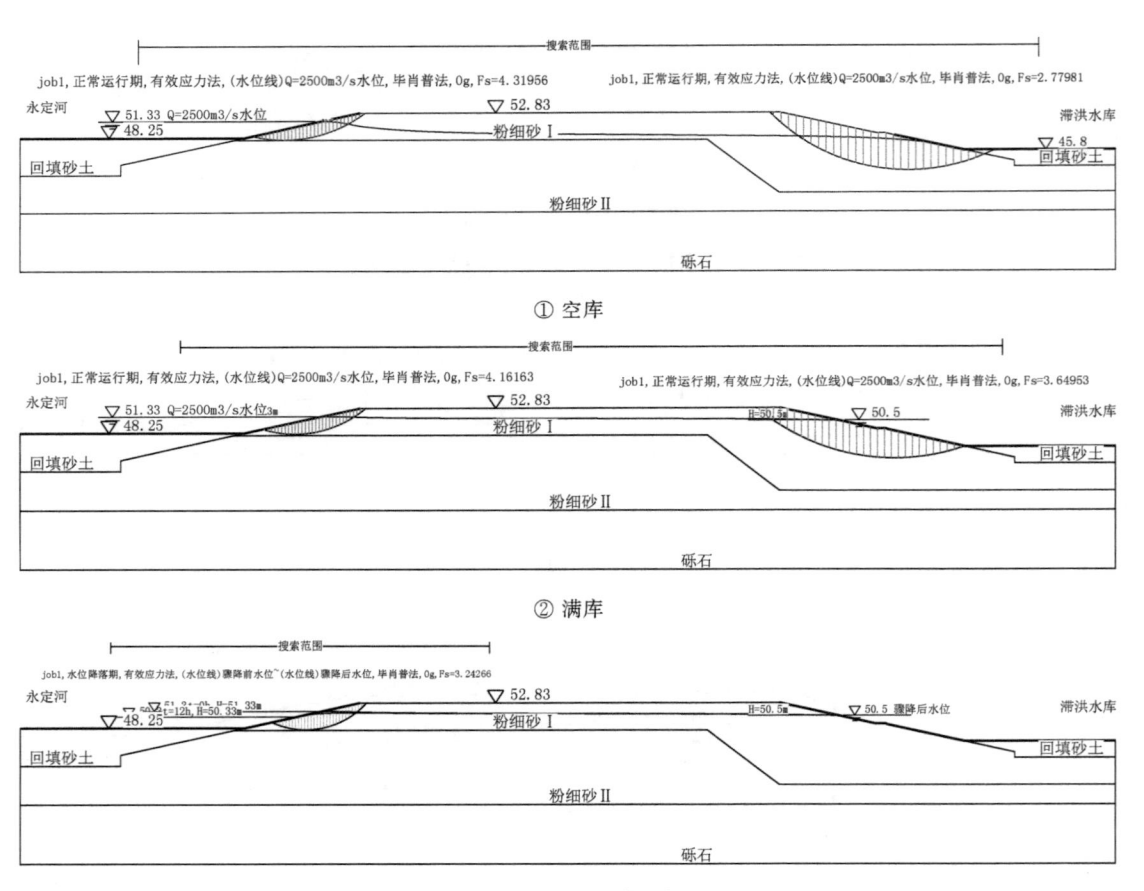

① 空库

② 满库

③ 永定河一侧水位骤降

④ 滞洪水库一侧水位骤降

图 8.2-5　马厂水库中堤 K7+200 断面边坡稳定计算滑弧示意图（水位单位：m）

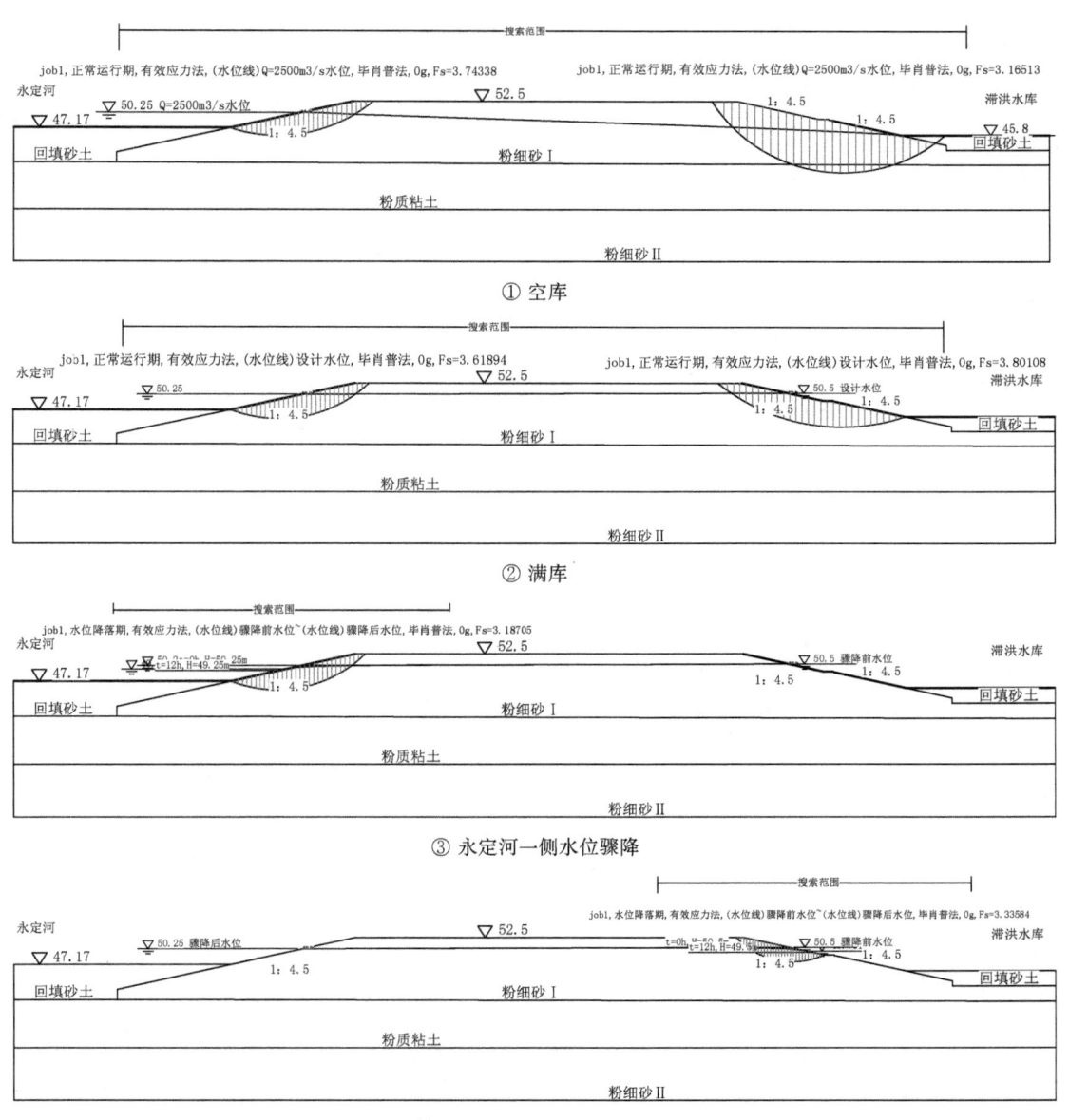

① 空库

② 满库

③ 永定河一侧水位骤降

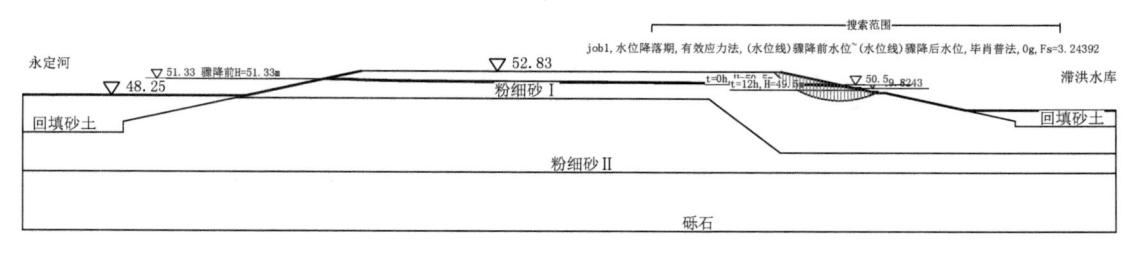

④ 滞洪水库一侧水位骤降

图 8.2-6　马厂水库中堤 K8+800 断面边坡稳定计算滑弧示意图（水位单位：m）

① 滞洪水库水库设计水位

② 滞洪水库一侧水位骤降

图 8.2-7　稻田水库右堤 K5＋200 断面边坡稳定计算滑弧示意图(水位单位:m)

① 滞洪水库水库设计水位

② 滞洪水库一侧水位骤降

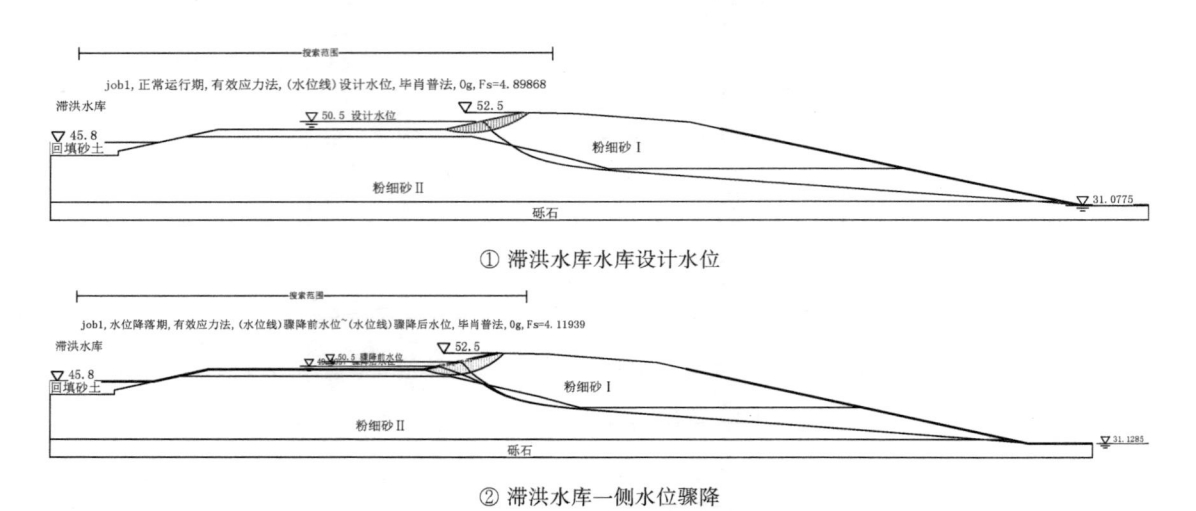

图 8.2-8　马厂水库右堤 K12＋800 断面边坡稳定计算滑弧示意图(水位单位:m)

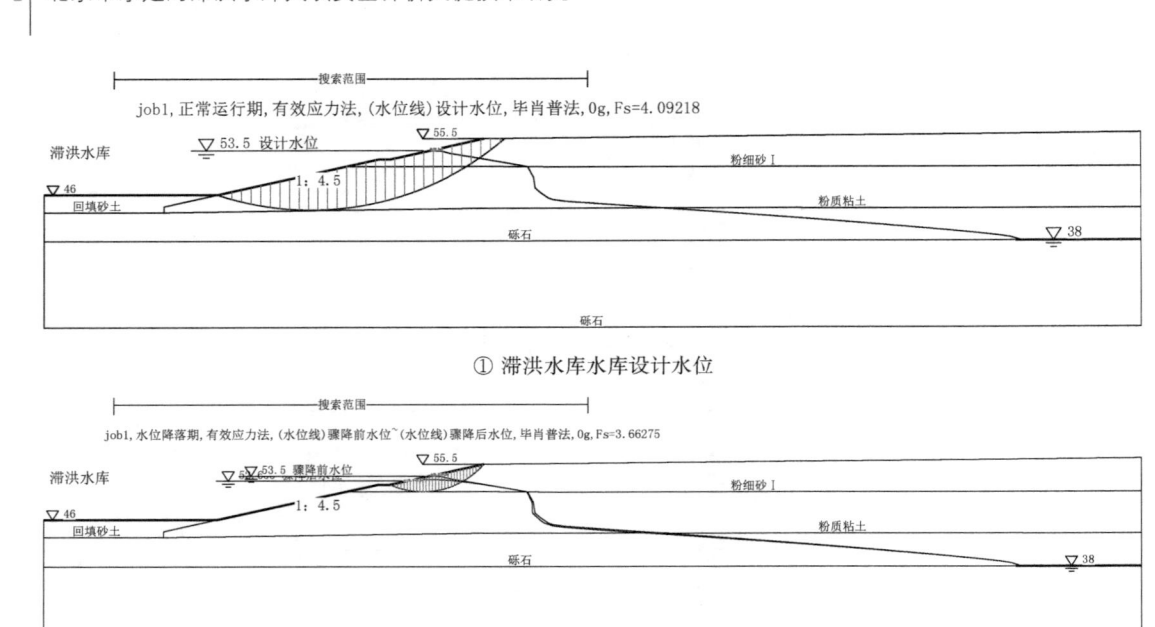

8.3　堤防护坡复核

为防止水流对细砂堤岸的冲刷,滞洪水库中堤沿永定河一侧采用混凝土连锁板下铺无纺反滤布护坡。顶部护至设计堤顶高程,底部护至河侧护底挡墙。库内侧采用混凝土连锁板块和混凝土六角砖,混凝土连锁板及混凝土六角砖下面铺土工布反滤层。混凝土连锁板规格为 500 mm×500 mm×150 mm,采用 C20F100 混凝土,连锁板深入混凝土内长度不小于 100 mm，连锁板的孔隙用砂砾料填充，砂砾料最大粒径不大于 20 mm。

根据《堤防工程设计规范》，混凝土护面板的整体稳定计算采用了向金公式，与现行行业标准《碾压式土石坝设计规范》一致。根据《碾压式土石坝设计规范》规定，对具有明缝的混凝土板护坡，当坝坡坡度 $m=2\sim5$ 时，板在浮力作用下稳定的面板厚度可由下式计算：

$$t = 0.07\eta h_p \sqrt[3]{\frac{L_m}{b}} \frac{\rho_w}{\rho_c - \rho_w} \frac{\sqrt{m^2+1}}{m}$$

式中：η——系数，对装配式护面板取 1.1；

h_p——累积频率为 1% 的波高，m；

b——沿坝坡向板长；

L_m——平均波长，m；

ρ_w——水的密度，取 1.0 g/cm³；

ρ_c——板的密度，混凝土板取 2.4 g/cm³；

m——坝坡坡度，为 4.5。

根据计算结果，稻田水库中堤迎水面混凝土板厚度计算最大值为 9.78 cm，马厂水库中堤迎水面混凝土板厚度计算值为 9.77 cm，小于现状板厚 15 cm，中堤护坡满足规范要求。

8.4 泄输水建筑物结构安全评价

8.4.1 进水闸结构安全复核

进水闸位于大宁水库副坝左端，按 100 年一遇洪水设计，对应流量为 1 900 m³/s。进水闸为潜孔平板门，闸室为带胸墙平底板闸室，闸底板高程 49.00 m，共 6 孔，每孔净高 6 m，净宽 12.2 m，闸室总宽 85.6 m，顺水流方向总长 291 m，闸室长 24 m。每孔设平板工作闸门，高 6.4 m，采用卷扬启闭机。胸墙底高程 55.00 m，闸顶高程 63.00 m，上游最高水位 61.21 m，闸下游库底高程 46.00 m。进水闸采用底流式消能方式，消力池长 34 m，池深 3 m，池底板厚 1.6 m，池底高程 41.00 m。消力池上游设 1∶4 斜坡段与闸室相接，斜坡段长 33 m，消力池后接钢筋混凝土护坦及柔性海漫，护坦长 60 m、厚 0.5 m，护坦下游设 10 m 深垂直防冲墙，海漫为长 20 m、厚 1 m 的铅丝石笼，以 1∶20 斜坡与抛石防冲槽相连，抛石底高程 37.00 m、长 30 m。

1. 水力复核

1）泄流能力复核

进水闸为潜孔平板门形式，根据堰上水头的不同分别采用堰流及孔流计算，堰流计算公式为：

$$Q = B_0 \sigma \varepsilon m \sqrt{2g} H_0^{3/2}$$

式中：B_0——闸孔总净宽，m；

Q——过闸流量，m³/s；

H_0——计入行近流速水头的堰上水深，对于闸前水面较宽的水闸，不应计入行近流速，m；

g——重力加速度,取 9.81 m/s^2;
m——堰流流量系数,可采用 0.385;
ε——堰流侧收缩系数。

孔流计算公式为:

$$Q = B_0 \sigma' \mu h_e \sqrt{2gH_0}$$

式中:h_e——孔口高度,m;
μ——孔流流量系数;
σ'——孔流淹没系数。

采用平顶堰,孔流的的判别标准为:

$$e/H \leqslant 0.65$$

式中:e——闸门开启高度,为 6 m;
H——堰顶以上的上游水深,m。

由此可以得出,水位 9.23 m 以上为孔流,9.23 m 水位以下为堰流。闸前上游水位分别为 58.23 m 及 61.21 m 时,进水闸泄流能力分别为 $3\,288.75 \text{ m}^3/\text{s}$ 及 $4\,416.585 \text{ m}^3/\text{s}$,大于设计流量 $1\,900 \text{ m}^3/\text{s}$,泄流能力满足要求。

2) 消能防冲计算

计算工况:闸上游水位为 61.21 m,过闸流量为 $2\,429 \text{ m}^3/\text{s}$,单宽流量为 $32.17 \text{ m}^3/\text{s/m}$。

按照以下公式计算消能防冲:

$$d = \sigma_0 h''_c - h'_s - \Delta z$$

$$h''_c = \frac{h_c}{2}\left(\sqrt{1+\frac{8\alpha q^2}{gh_c^3}}\right)\left(\frac{b_1}{b_2}\right)^{0.25}$$

$$h_c^3 - T_0 h_c^2 + \frac{\alpha q^2}{2g\varphi^2} = 0$$

式中:d——消力池深度,m;
T_0——由消力池地板顶面起算的总势能,m;
h''_c——跃后水深,m;
h_c——收缩水深,m;
α——水流动能校正系数,取 1.05;
q——单宽流量,m^2/s;
φ——流速系数,取 0.95;
σ_0——水跃淹没系数,取 1.05;
h'_s——出池河床水深,m;
ΔZ——出池落差,m。

$$L_{sj} = L_s + \beta L_j$$
$$L_j = 6.9(h''_c - h_c)$$

式中:L_{sj}——消力池长度,m;

L_j——水跃长度,m;

L_s——消力池斜坡段水平投影长度,m;

β——水跃长度矫正系数,取 0.8。

经计算,消力池深度为 0.528 m,实际消力池深度为 3.0 m,满足要求;消力池长度为 52.85 m,实际消力池长 67 m,满足要求。

2. 结构复核

1) 计算依据

根据规范要求,土基上闸室的结构稳定计算内容包括闸室平均基底应力、基底应力不均匀系数、闸基抗滑稳定安全系数等。

基底应力计算公式如下,基底应力最大值与最小值之比的允许值见表 8.4-1。

$$P_{\min}^{\max} = \frac{\sum G}{A} \pm \frac{\sum M}{W}$$

式中:$P_{\min}^{\max}$——闸室基底应力的最大值或最小值,kPa;

$\sum G$——作用在闸室上的全部竖向荷载(包括闸室基础底面上的扬压力在内),kN;

$\sum M$——作用在闸室上的全部竖向和水平向荷载对于基底面垂直水流向的形心轴的力矩之和,kN·m;

A——底板底面面积,m²;

W——闸室基底面对于该底面垂直水流方向的形心轴的截面矩,m³。

表 8.4-1 土基上闸室基底应力最大值与最小值之比的允许值

地基土质	荷载组合	
	基本组合	特殊组合
松软	1.50	2.00
中等坚硬	2.00	2.50
坚实	2.50	3.00

土基上闸基底面抗滑稳定安全系数计算公式如下,允许值见表 8.4-2。

$$K_c = \frac{f \sum G}{\sum H}$$

式中:K_c——沿闸室基底面的抗滑稳定安全系数;

f——闸室基底面与地基之间的摩擦系数;

$\sum H$——作用在闸室上的全部水平向荷载,kN。

根据水闸运行情况,闸室所受的主要荷载有:自重、水重、水平水压力、扬压力(浮托压力和渗透压力)和地震惯性力等。

(1) 结构及上部填料自重

水闸及上部填料自重按其几何尺寸及材料容重计算。

表 8.4-2　土基上闸室基底应力最大值与最小值之比的允许值

荷载组合		水闸级别			
		1	2	3	4、5
基本组合		1.35	1.30	1.25	1.20
特殊组合	Ⅰ	1.20	1.15	1.10	1.05
	Ⅱ	1.10	1.05	1.05	1.00

(2) 静水压力

闸前为混凝土铺盖，水压力计算公式：

$$P_1 = \frac{1}{2}\gamma H^2$$

$$P_2 = (p_a + p_b)\gamma h$$

式中：P_1、P_2——单位长度闸底板止水以上及止水以下静水压力，kN；

　　H——底板止水以上上游水深，m；

　　p_a、p_b——止水及底板底部扬压力水头，m；

　　h——止水与底板底部距离，m。

(3) 扬压力

坝基地面扬压力等于浮托力和渗透压力之和，本书计算直接使用有限元渗流计算结果得到的基底扬压力，其值更为准确。

(4) 地震惯性力

采用拟静力法计算，只考虑水平向地震荷载。水平地震惯性力计算如下：

$$F_i = K_h \xi G_E \alpha_i$$

式中：F_i——作用在质点 i 的水平地震惯性力，kN；

　　ξ——地震作用效应折减系数，取 0.25；

　　G_E——集中在质点 i 的重力作用标准值，kN；

　　K_h——水平向地震加速度代表值；

　　α_i——质点 i 的动态分布系数。

单位宽度水闸面的总地震动水压力作用在水面以下 $0.54H_0$ 处，代表值按下式计算：

$$F_0 = 0.65 K_h \xi \gamma H_0^2$$

式中：F_0——地震动水压力代表值，kN；

　　H_0——作用水深，m。

本节使用河海大学工程力学研究所研制的 AutoBank7.7 中的 AutoStable1.2 对进水闸、连通闸和退水闸进行闸室的整体稳定计算。

2) 计算工况

根据《水闸设计规范》，参考滞洪水库调度运用方案，进水闸闸室整体稳定计算考虑工况如下：①枯水期，进水闸闸前和闸后均无水；②设计洪水位工况，即滞洪期进水闸上游大宁水库到达最高水位 61.21 m，下游稻田水库水位为设计洪水位 53.50 m；③滞洪水库退水期最不利工况,即进水闸上游大宁水库最高水位为 61.21 m,下游水位为闸底板高程。进水闸稳定计算工况见表 8.4-3,计算中扬压力由渗流计算得到。

表 8.4-3 进水闸计算工况

水闸	工况	水位(m) 上游	水位(m) 下游
进水闸	枯水期	无水	无水
	滞洪期	61.21	53.50
	退水期	61.21	49.00

根据《永定河滞洪水库大坝安全鉴定补充地勘报告》(明达海洋工程有限公司,2019 年 10 月),结合《永定河滞洪水库工程初步设计阶段工程地质勘察报告》,进水闸基础主要地层有砾石层、圆砾及卵石层,相应土层计算参数根据初步设计地勘报告及补充地勘报告相关土层参数建议值选取,闸室混凝土参数根据经验选取,具体见表 8.4-4。

表 8.4-4 材料力学参数取值

地层名称	容重(kN/m³)	弹性模量(kPa)	泊松比
闸身混凝土	24.0	2.25e7	0.167
砾石层	19.5	2.8e5	0.20
圆砾	19.5	3.2e5	0.20
卵石	21.0	3.5e5	0.18

进水闸不同工况下计算简图见图 8.4-1、图 8.4-2。

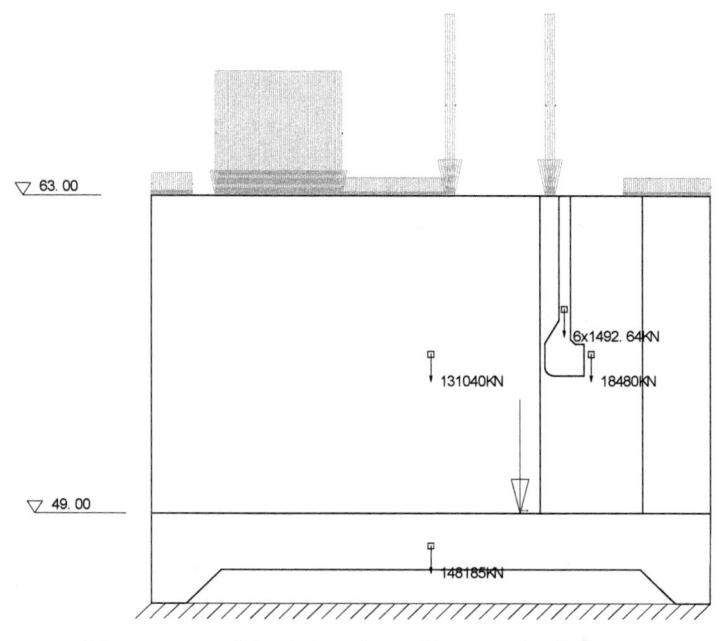

图 8.4-1 进水闸枯水期稳定计算简图(水位单位:m)

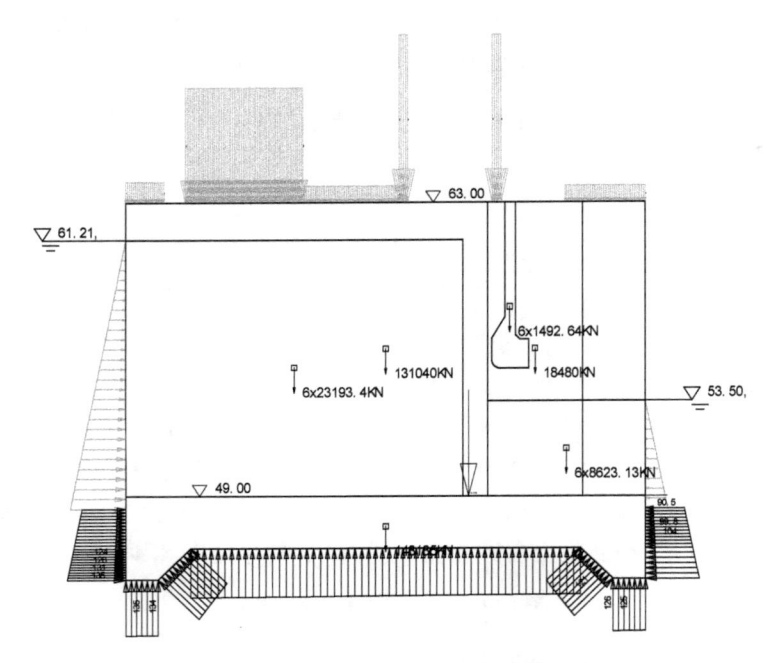

图 8.4-2 进水闸滞洪期稳定计算简图(水位单位:m)

3) 计算结果

进水闸枯水期及滞洪期的闸室稳定计算结果见表 8.4-5。

表 8.4-5 进水闸稳定计算结果表

工况	闸室基底应力(kPa)			不均匀系数	抗滑安全系数
	P_{max}	P_{min}	P	计算值	计算值
枯水期	169.39	159.41	164.40	1.06	无
滞洪期	190.15	82.54	136.34	2.30	1.74
退水期	140.70	121.13	130.91	1.16	1.68

进水闸为 2 级建筑物,进水闸滞洪期和退水期的抗滑稳定系数容许值为 1.30,滞洪期和退水期的不均匀系数容许值为 2.50。闸室底板下持力层为砾石层,承载力标准值 f_{ak}=350 kPa。由计算结果,闸室抗滑稳定系数和不均匀系数小于规范容许值,均能满足规范要求。进水闸闸室的基底平均应力在枯水期达到最大,为 164.4 kPa,小于地基承载力,满足规范要求。

3. 进水闸三维有限元计算分析

1) 有限元基本原理

有限单元法是随着电子计算机的发展而迅速发展起来的一种现代计算方法,是 20 世纪 50 年代首先在连续力学领域——飞机的结构静、动态特性分析中应用的一种有效的数值分析方法,随后很快就广泛地用于求解热传导、电磁场、流体力学等连续性问题。有限单元法是经典数学物理方法与计算机结合的重要内容之一。它推导严谨、逻辑性强,而且有较强的工程应用背景,是现代计算力学、实验力学和工程结构等学科的理论基础。

对于有限元方法,其基本思路和解题步骤可归纳为:

① 用虚拟的线把原介质分割成有限个单元,这些线是单元的边界,几条直线的交点称为节点。

② 假定各单元在节点上互相铰接,节点位移是基本的未知量$\{\delta\}$。

③ 选择适当位移函数 Ni。

④ 通过位移函数,用节点位移唯一地表示单元区域内任意一点的位移,即$\{f\}=[N]\{\delta\}$;再利用弹性力学的几何方程求出每点的应变$\{\varepsilon\}=[B]\{\delta\}^T$,然后由广义虎克定律$\{\sigma\}=[D]\{\varepsilon\}$,即可以用节点位移唯一地表示单元内任一点的应力$\{\sigma\}=[S]\{\delta\}=[D][B]\{\delta\}$。其中称$[B]$、$[S]$为应变矩阵,$[D]$为应力矩阵,由材料的参数构成。

⑤ 利用虚功原理,虚设位移状态,得虚节点位移$\{\delta^*\}$和与之对应的虚应变状态$\{\varepsilon^*\}$,由节点力在虚节点位移上做的功等于应力在虚应变状态上做的功化简得单元的劲度矩阵 $[k]=\iiint[B]^T[D][B]dV$。

⑥ 利用能量原理,算出与单元内部应力状态等效的节点力。再利用单元应力与节点位移的关系,建立等效节点力与节点位移的关系,$\{R\}=[N]\{P\}$。将每一单元所承受的荷载,按静力等效原则移置到节点上。

⑦ 按照原结构的单元节点编号将单元劲度矩阵和荷载列阵组装成整体劲度矩阵和整体荷载列阵,即形成$[K]$、$\{R\}$。

⑧ 在每一自由度建立用节点位移表示的静力平衡方程,得到一个线性方程组$[K]\{\delta\}=\{R\}$;解出这个方程组,求出节点位移$\{\delta\}^T$,然后可求得每个单元的应力$\{\sigma\}^T$。

有限元法其实是一种位移解法,通过各单元内部的位移插值函数将单元内部的位移用节点位移表示出来,那么其位移插值函数的性质关系到有限元解答的精度。如果每个单元的位移插值函数给出的位移场是精确的,那么求解出的位移场就是真实的位移场;如果单元的位移差值函数给出的位移场是近似的,那么求解而得的位移场也将是近似的位移场。随着网格的加密,位移插值函数、应变及应力将逼近与精确解。

本章有限元计算中,土层、闸室采用线弹性模型,静力计算采用河海大学工程力学研究所研制的 AutoBank3d 软件进行建模分析,分析的应力结果云图中正值为压、负值为拉。

2) 接触面单元

由于混凝土结构与周围材料的刚度差异较大,在荷载作用下,两者接触面因变形不协调会发生相对位移。为了反映两者之间的相互作用,进行有限元分析时,必须考虑其接触特性。

本书采用 Goodman 单元进行计算,接触面上的应力和相对位移关系为:

$$[\sigma]=[K_0][w]$$

三维分析中,$[\sigma]=[\tau_{yx}\ \sigma_{yy}\ \tau_{yz}]^T$为接触面三个方向的应力,$[w]=[\Delta u\ \Delta v\ \Delta w]^T$为接触面相对位移,$[K_0]$为接触面的本构算子:

$$[K_0]=\begin{bmatrix}k_{yx} & 0 & 0\\ 0 & k_{yy} & 0\\ 0 & 0 & k_{yz}\end{bmatrix}$$

克拉夫和邓肯应用直剪仪对土与其他材料接触面上的摩擦特性进行了试验研究,结果表明,接触面剪应力 τ 与接触面相对位移 w_s 呈非线性关系,可近似表示成双曲线形式:

$$\tau = \frac{w_s}{a + bw_s}$$

通过试验确定相应参数后,得到切线剪切劲度系数表达式:

$$K_{st} = \frac{\partial \tau}{\partial w_s} = K_1 \gamma_w \left(\frac{\sigma_n}{P_a}\right)^n \left(1 - \frac{R'_f \tau}{\sigma_n}\right)^2$$

三维分析中无厚度接触面单元的两个切线方向劲度为:

$$\left. \begin{aligned} K_{yx} &= K_1 \gamma_w \left(\frac{\sigma_{yy}}{P_a}\right)^n \left(1 - \frac{R'_f \tau_{yx}}{\sigma_{yy} tg\delta}\right)^2 \\ K_{yz} &= K_1 \gamma_w \left(\frac{\sigma_{yy}}{P_a}\right)^n \left(1 - \frac{R'_f \tau_{yz}}{\sigma_{yy} tg\delta}\right)^2 \end{aligned} \right\}$$

式中:K_1、n、R'_f——试验确定指标;

δ——接触面上材料的外摩擦角;

γ_w——水的容重;

P_a——大气压力。

至于法向劲度系数 K_{yy},当接触面受压时,取较大值(如 $K_{yy} = 10^8 \text{ kN/m}^3$);当接触面受拉时,取较小值(如 $K_{yy} = 10 \text{ kN/m}^3$)。

3)进水闸计算模型

闸室地基为半无限大,在计算时,上下游方向及垂直水流方向以及取水闸底板宽度(单联)的一倍进行建模。根据进水闸竣工图,建立计算模型,并进行有限元网格划分,如图 8.4-3 所示。本次计算节点数目为 57 047,单元数目为 246 776,接触面单元数目为 6 895。

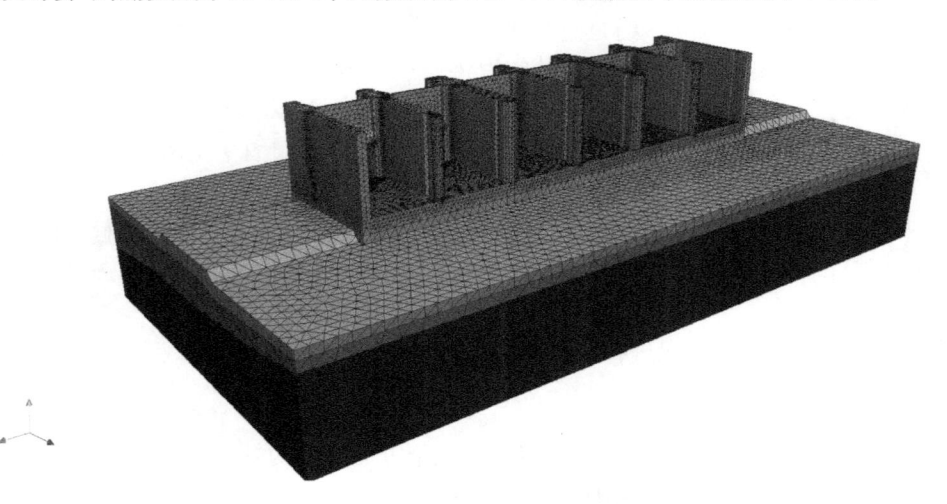

图 8.4-3 进水闸有限元模型

计算模型中,x 方向为顺水流方向指向上游,y 方向为竖向指向上方,z 方向为垂直水流方向左岸,并选取三个剖面上的四个角点列出位移值,如图 8.4-4 所示。

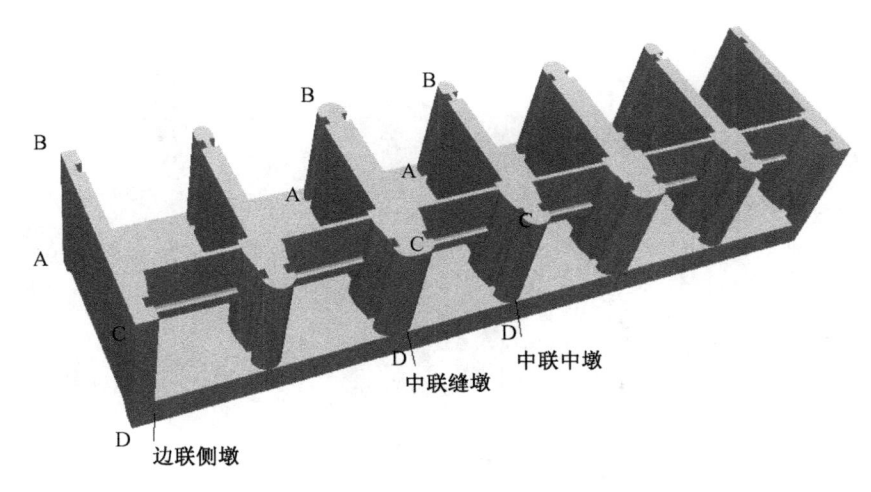

图 8.4-4　进水闸位移控制点位置

进水闸三维静力计算主要考虑的荷载为结构自重、水压力、基底扬压力、土压力等，进水闸主要考虑以下三种工况，见表8.4-6。

表 8.4-6　进水闸三维静力计算工况

工况	水位(m)	
	上游	下游
枯水期	无水	无水
滞洪期	61.21	53.50
退水期	61.21	49.90

2）枯水期应力变形计算结果

进水闸枯水期位移计算云图如图 8.4-5～图 8.4-9 所示，应力计算云图如图 8.4-10～图 8.4-13 所示。从计算结果可知，闸室顺水流方向应力整体不大，临土侧边墙受土压力作用，拉应力最大值 0.820 MPa。闸室竖向主要为受压，胸墙底部有应力集中，最大拉应力约为 1.098 MPa。闸墩底部压应力较大，最大值约 3.910 MPa。垂直水流方向底板跨中顶面、中墩处底面受拉。胸墙上压应力较大。底板顶面拉应力主要分布在跨中，最大值出现在下游侧，为 1.660 MPa。最大压应力出现在闸墩底部附近，最大值约为 1.840 MPa。底板底面拉应力区主要分布在中墩处，最大值出现在下游边侧，为 1.686 MPa。压应力出现在底板跨中底面靠近上游边侧，最大值约 1.650 MPa。底板顺河向底部受拉，最大值约 0.798 MPa。

3）滞洪期应力变形计算结果

进水闸滞洪期位移计算云图如图 8.4-14～图 8.4-18 所示，应力计算云图如图 8.4-19～图 8.4-23 所示。从计算结果可知，闸室顺水流方向应力整体不大，最大拉、压应力为 0.933 MPa 和 1.259 MPa。闸室竖向主要为受压，胸墙底部有应力集中现象，最大拉应力约为 1.152 MPa。闸墩底部压应力较大，最大值约 4.057 MPa。垂直水流方向底板跨

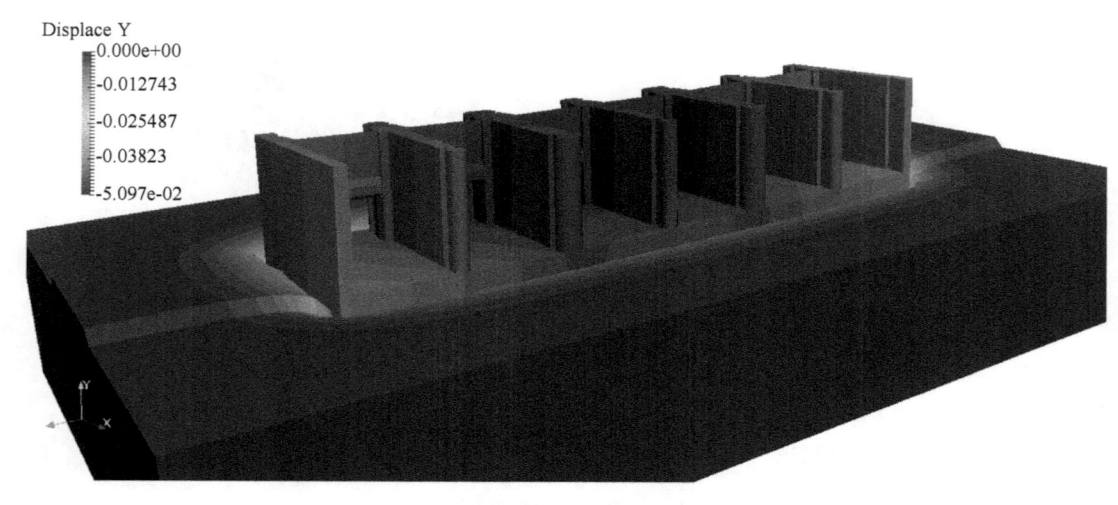

(a) 进水闸整体模型(放大100倍)

(b) 进水闸闸室(放大200倍)

图 8.4-5　枯水期进水闸变形图(y向位移着色,单位:m)

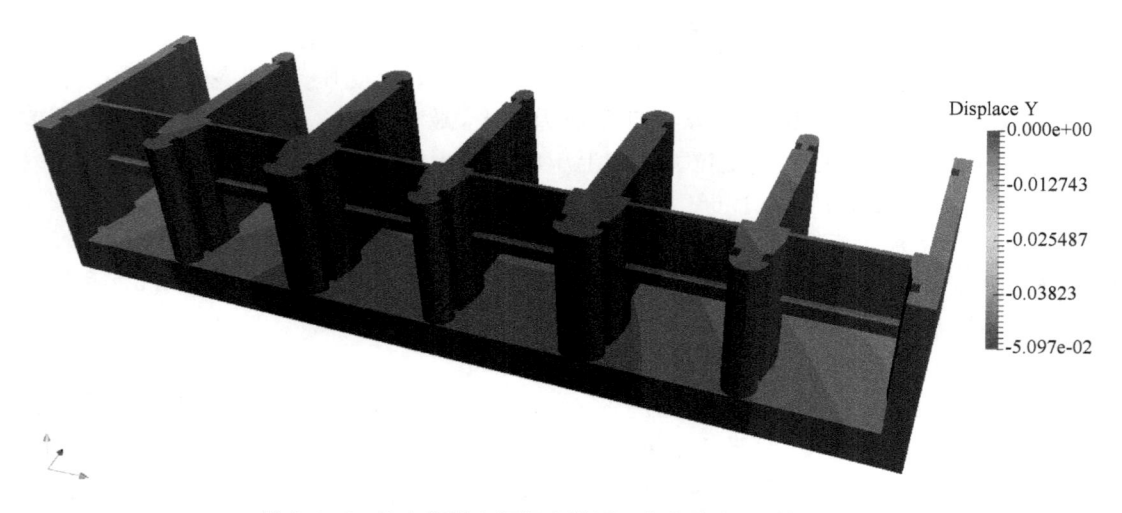

图 8.4-6　枯水期进水闸闸室模型 y 向位移云图(单位:m)

图 8.4-7　枯水期进水闸闸室 x 向位移云图(单位:m)

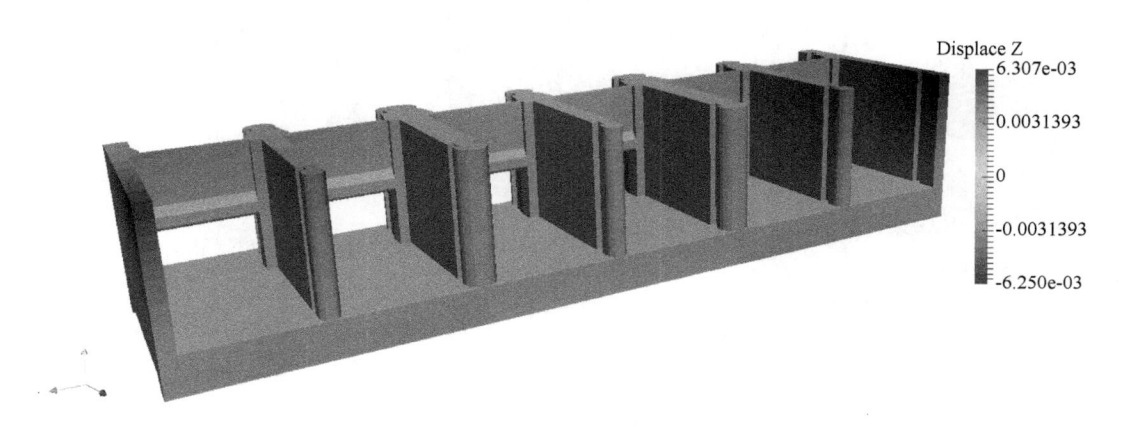

图 8.4-8　枯水期进水闸闸室 z 向位移云图(单位:m)

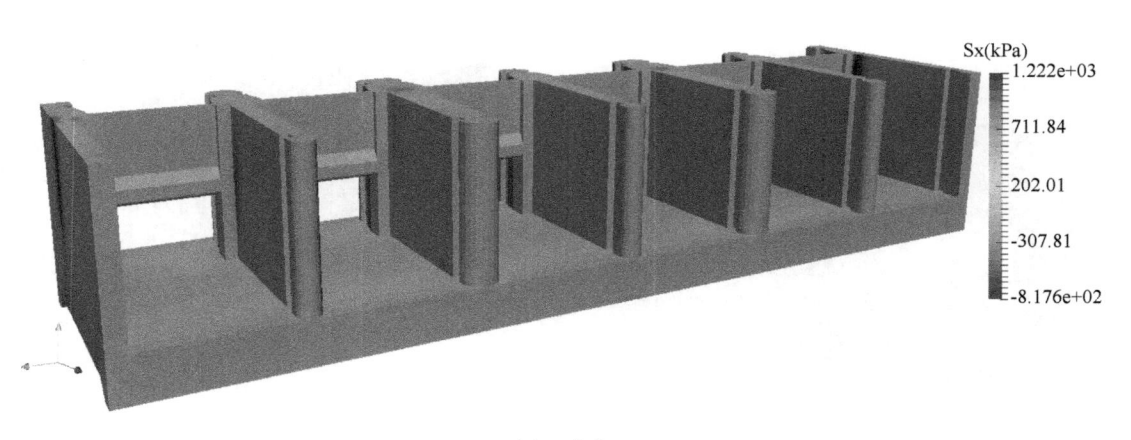

(a) x 方向

(b) y 方向

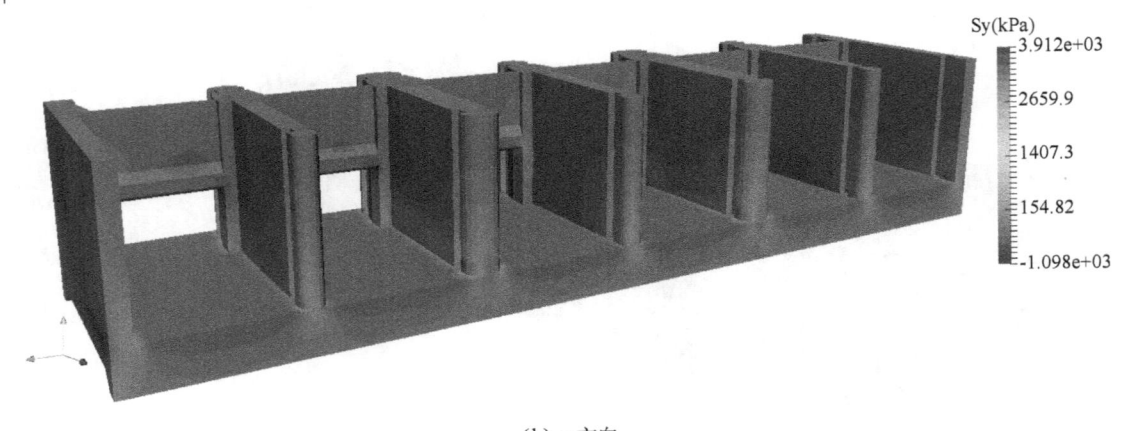

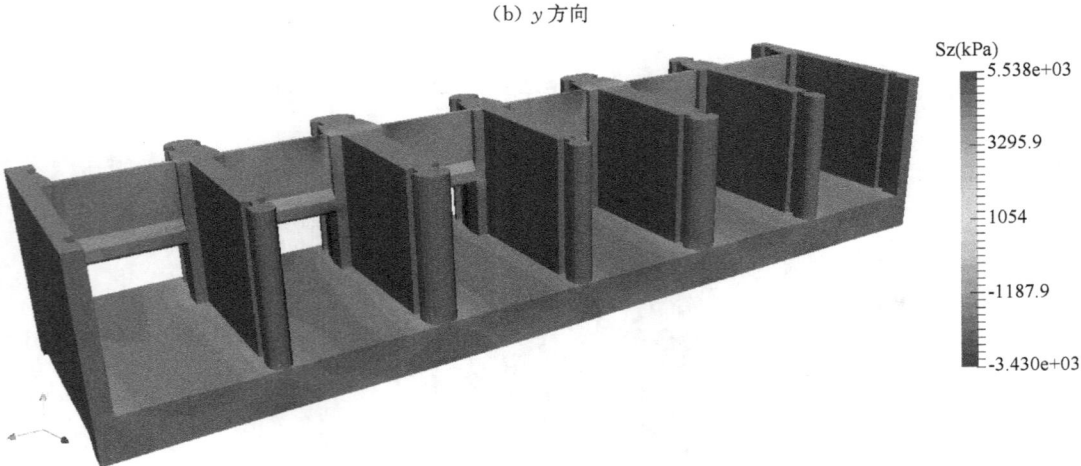

(c) z 方向

图 8.4-9 闸室三个方向应力云图(单位:kPa)

(a) 第一主应力

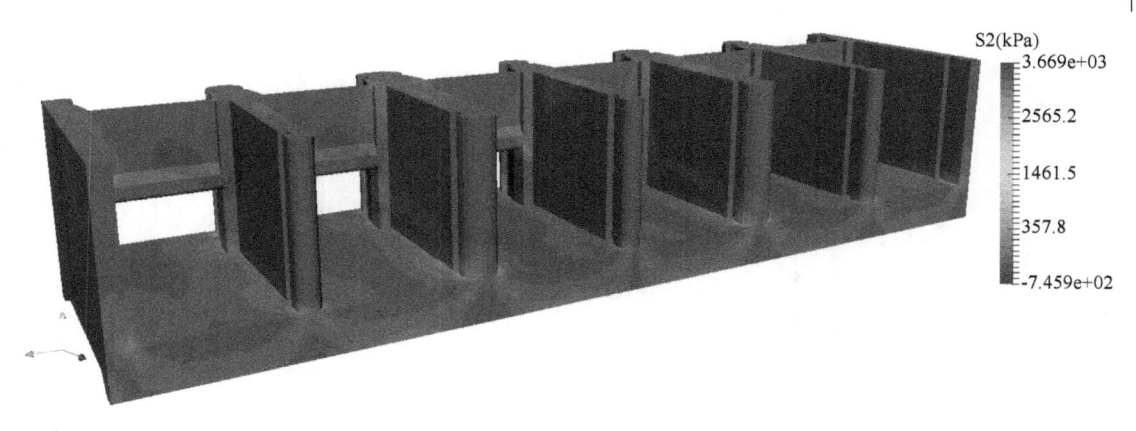

(b) 第二主应力

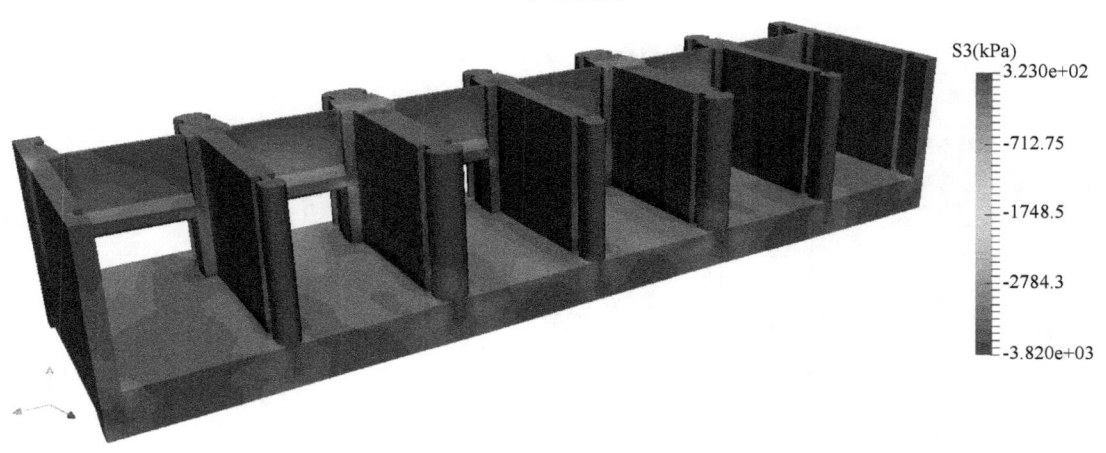

(c) 第三主应力

图 8.4-10　闸室主应力云图(单位:kPa)

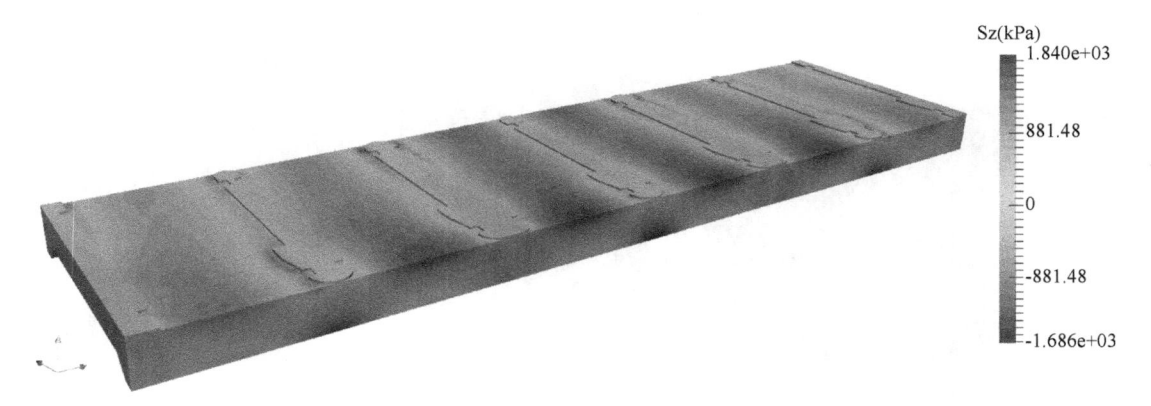

(a) 闸底板顶面

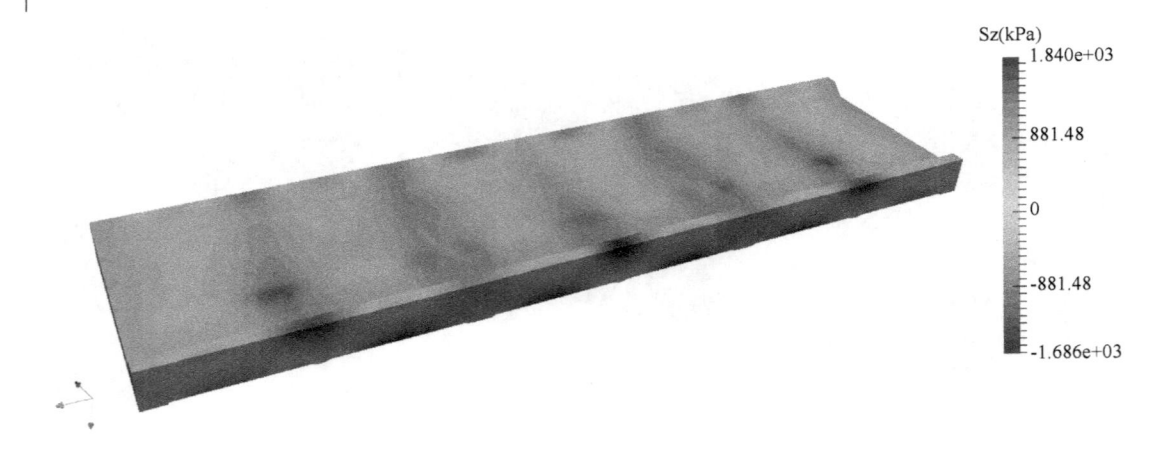

(b) 闸底板底面

图 8.4-11　闸底板垂直水流方向应力云图(单位:kPa)

图 8.4-12　闸底板顺水流方向剖面应力云图(单位:kPa)

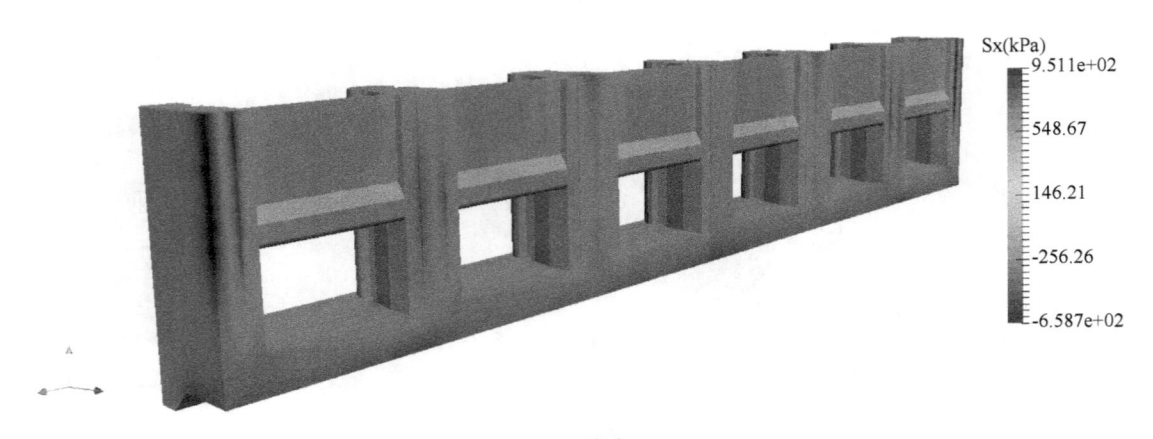

(a) x 方向

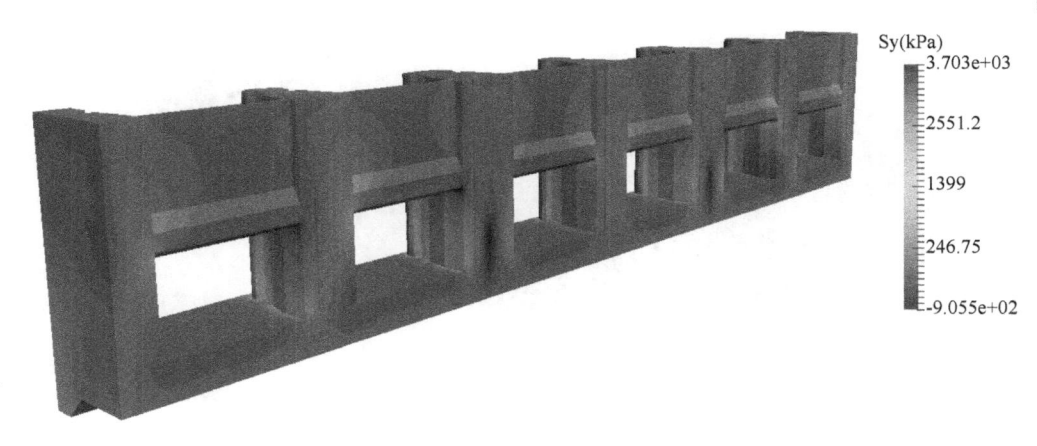

(b) y 方向

(c) z 方向

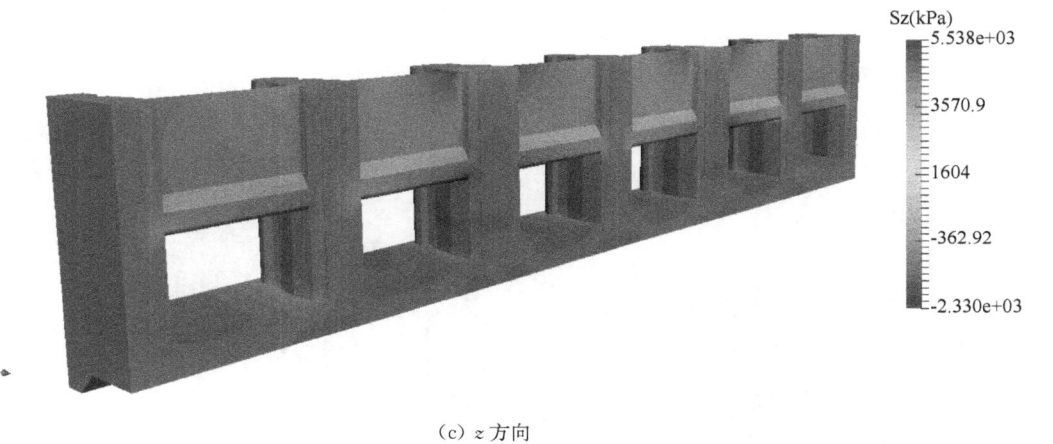

图 8.4-13 闸室剖面应力云图(单位:kPa)

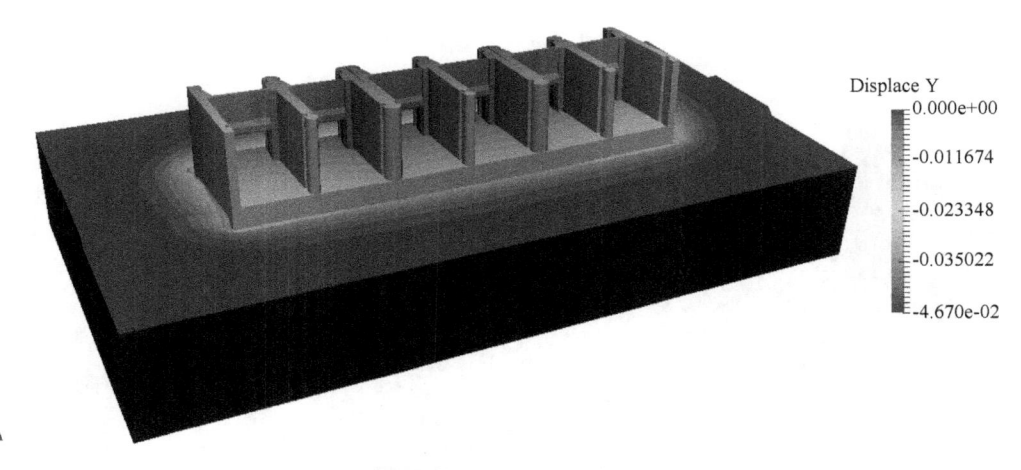

(a) 进水闸整体水闸(放大 100 倍)

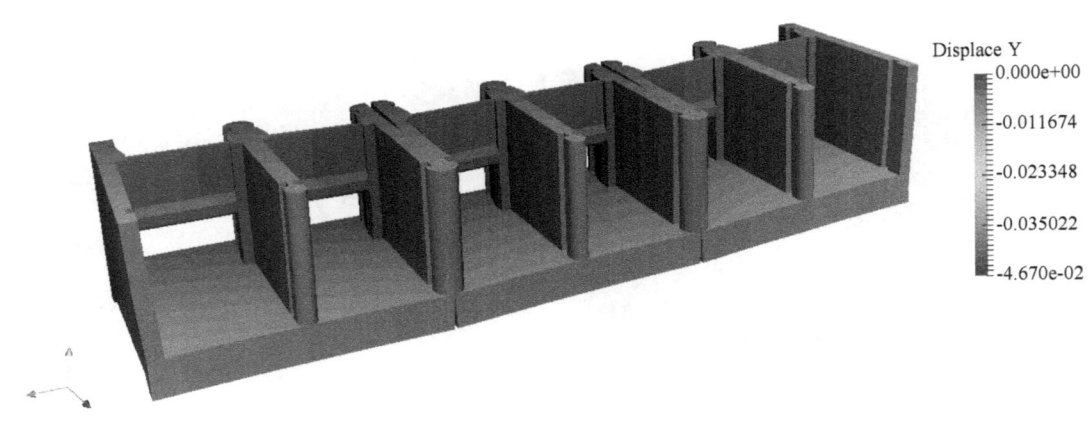

(b) 闸室(放大 200 倍)

图 8.4-14　滞洪期进水闸变形图(y 向位移着色,单位 m)

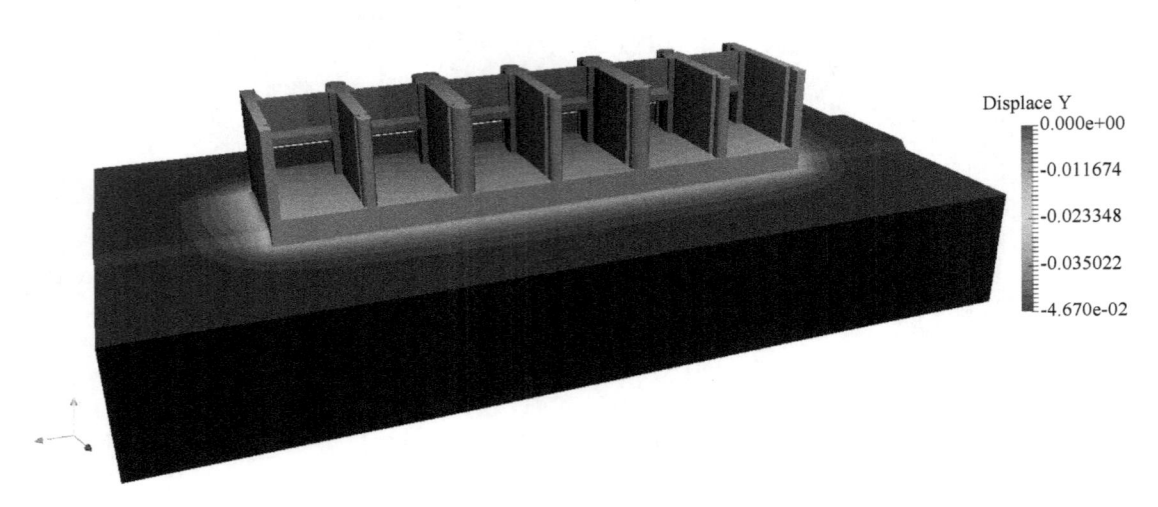

图 8.4-15　滞洪期进水闸模型 y 向位移云图(单位:m)

图 8.4-16　滞洪期进水闸闸室 y 向位移云图(单位:m)

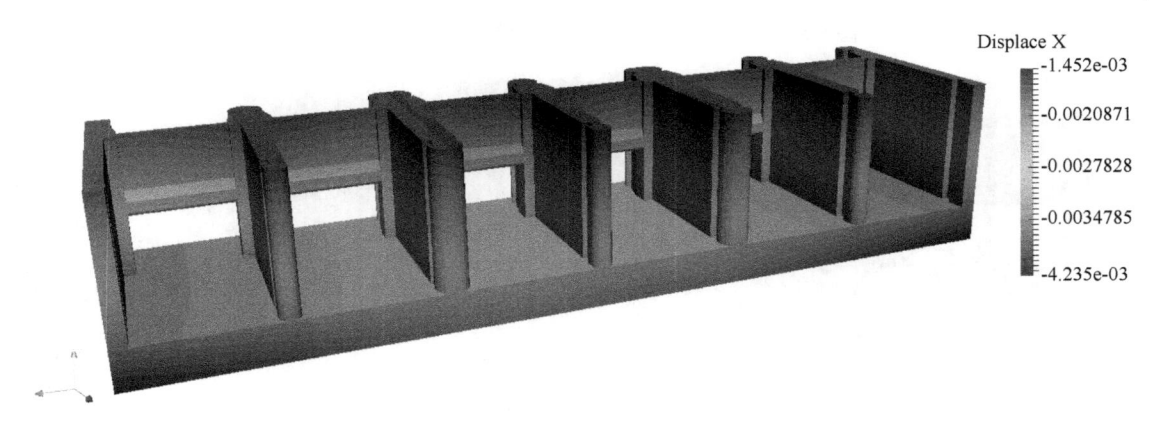

图 8.4-17 滞洪期进水闸闸室 x 向位移云图(单位:m)

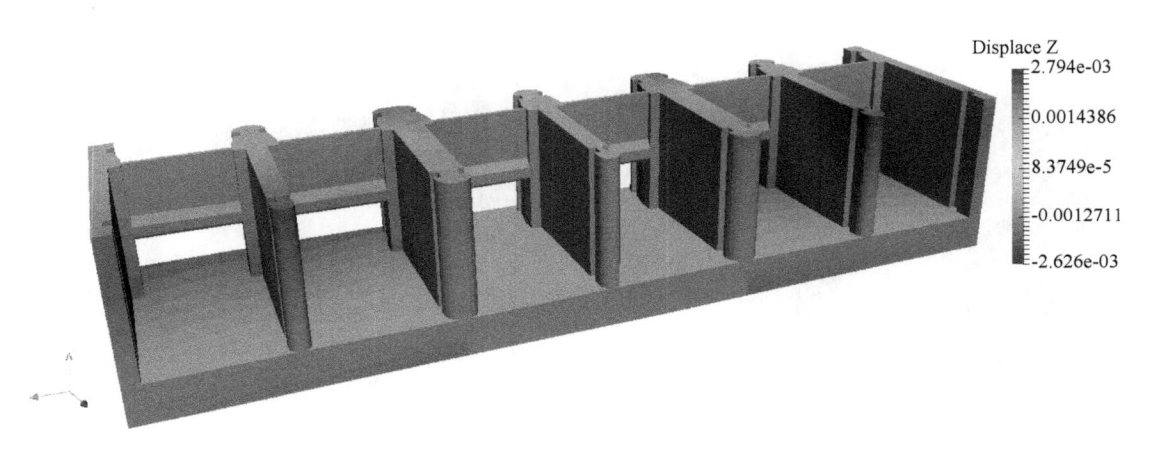

图 8.4-18 滞洪期进水闸闸室 z 向位移云图(单位:m)

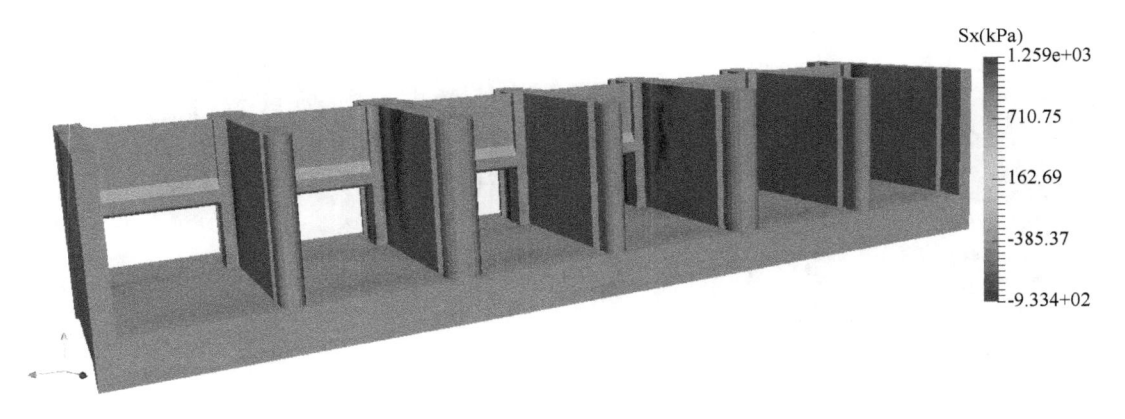

(a) x 方向

149

(b) y 方向

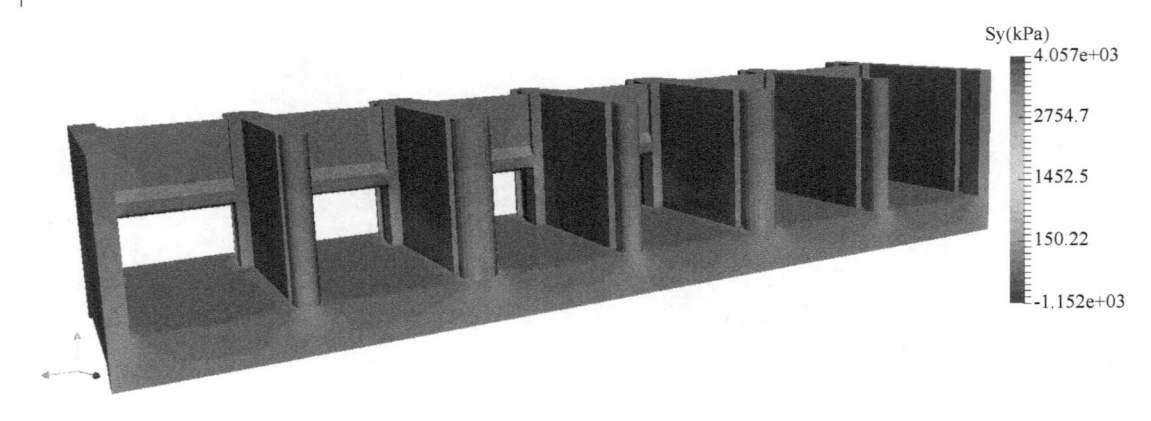

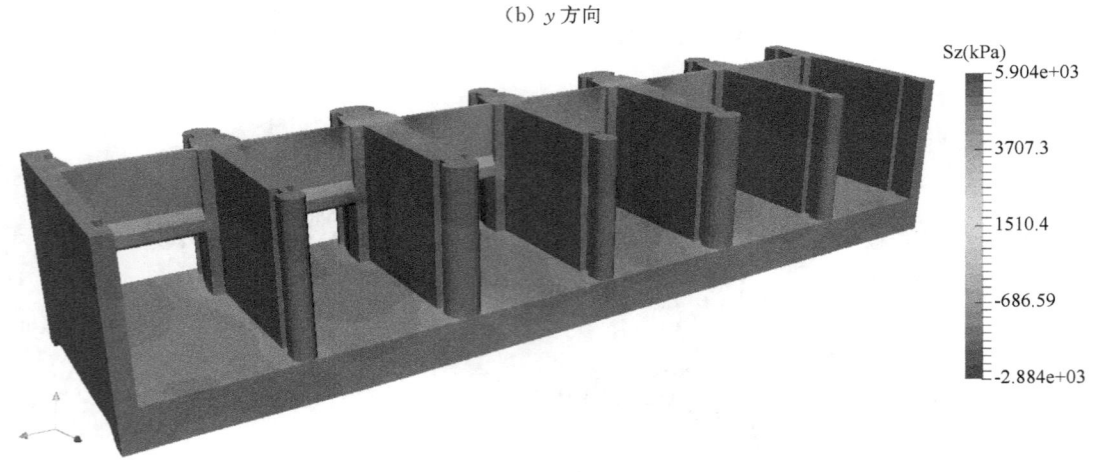

(c) z 方向

图 8.4-19 进水闸闸室三个方向应力云图(单位:kPa)

(a) 第一主应力

(b) 第二主应力

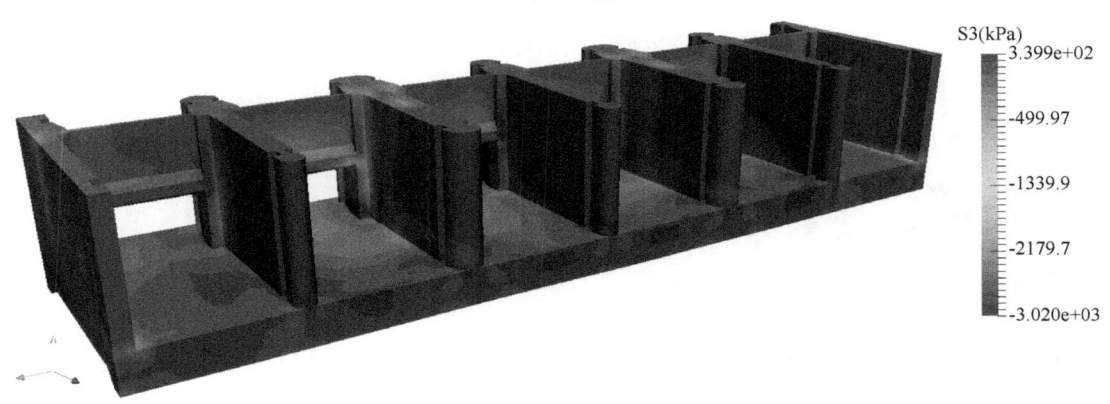

(c) 第三主应力

图 8.4-20　进水闸闸室主应力云图(单位:kPa)

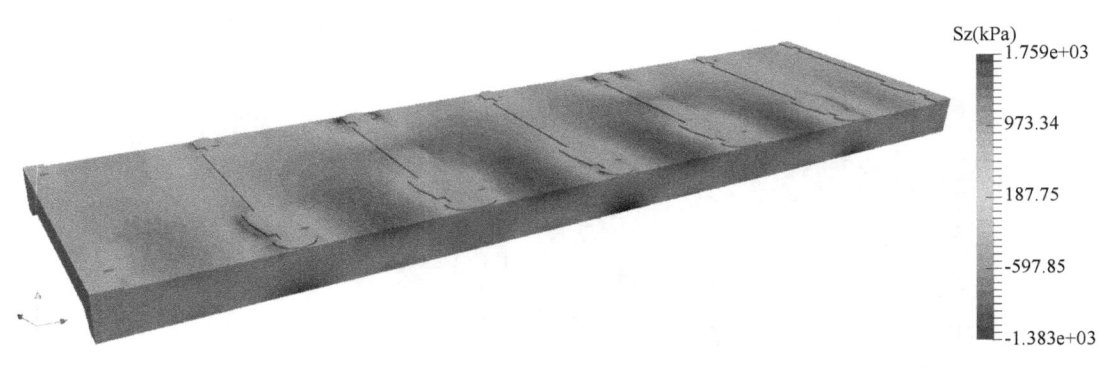

(a) 闸底板上部

(b) 闸底板底部

图 8.4-21　闸底板垂直水流方向应力云图(单位：kPa)

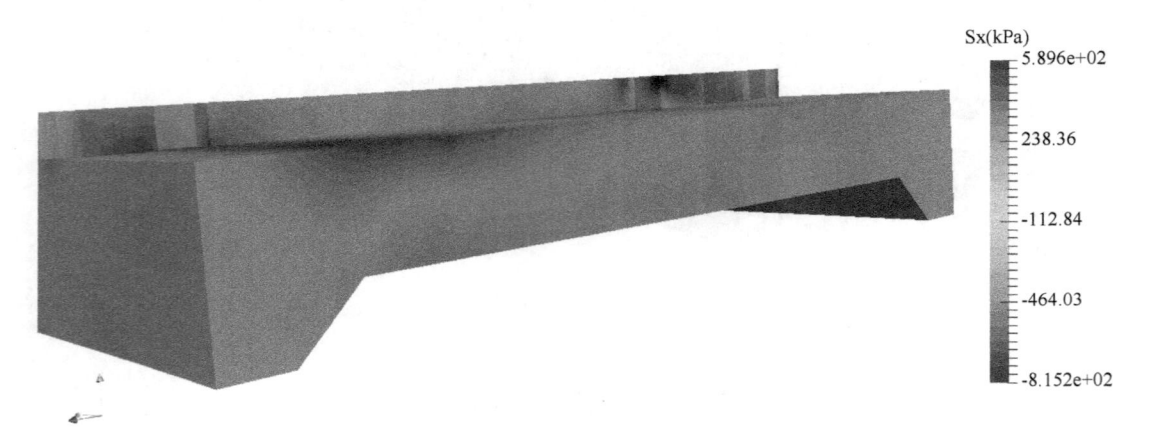

图 8.4-22　闸底板顺水流方向剖面应力云图(单位：kPa)

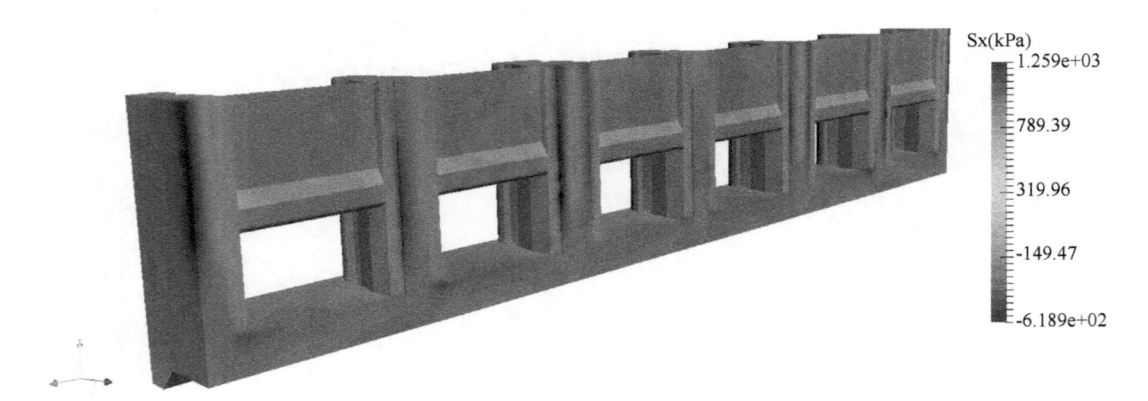

(a) x 方向

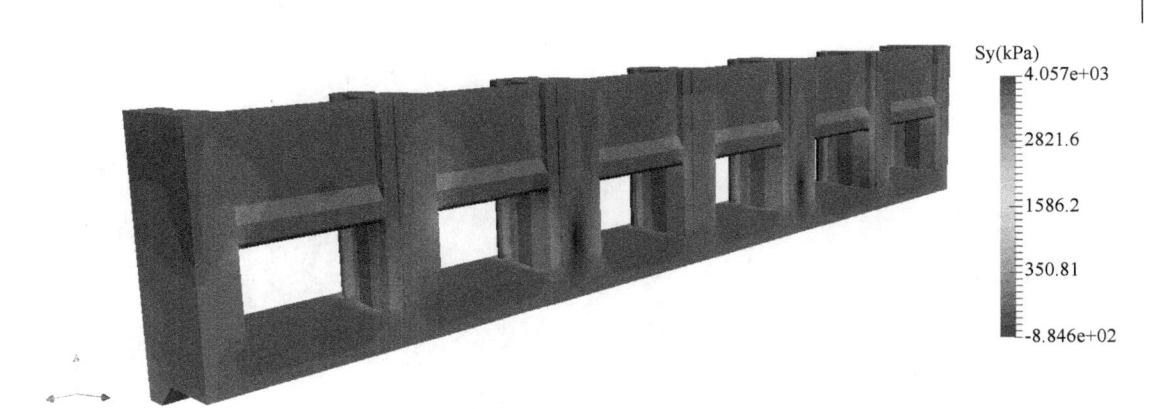

(b) y方向

(c) z方向

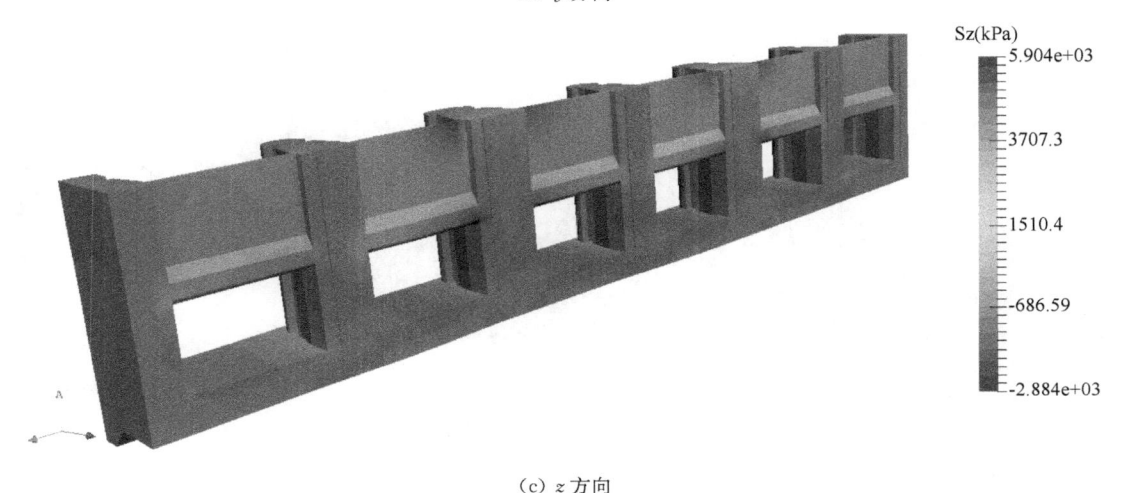

图 8.4-23 进水闸闸室剖面应力云图(单位:kPa)

中顶面、闸墩处底面受拉。胸墙上压应力较大。底板顶面拉应力主要分布在跨中,最大值出现在下游侧,为 1.300 MPa。最大压应力出现在闸墩底部附近,最大值约为 1.759 MPa。底板底面拉应力主要分布中墩下方,最大值出现在上游侧,为 1.383 MPa。最大压应力出现在上游侧中墩下方,最大值约为 1.702 MPa。底板顺河向底部受拉,最大值约 0.815 MPa。

4) 退水期应力变形计算结果

进水闸退水期位移计算云图如图 8.4-24～图 8.4-27 所示,应力计算云图如图 8.4-28～图 8.4-32 所示。从计算结果可知,闸室顺水流方向应力整体不大,临土侧边墙受土压力作用,产生一定拉应力。闸室竖向主要为受压,胸墙底部有应力集中现象,拉应力最大值为 1.225 MPa。闸墩底部压应力较大,最大值约 4.077 MPa。垂直水流方向底板跨中顶面、闸墩处底面受拉。胸墙上压应力较大。底板顶面拉应力主要分布在跨中,下游侧达到最大,约为 1.480 MPa。最大压应力出现在闸墩底部附近,最大值约为 1.554 MPa。底板底面拉应力主要分布在中墩底部,下游侧达到最大,为 1.563 MPa。最大压应力出现在跨中底面附近,最大值约为 1.450 MPa。底板顺河向底部受拉,最大值约 0.927 MPa。

(a) 进水闸模型(放大 100 倍)

(b) 闸室(放大 200 倍)

图 8.4-24　退水期进水闸变形图(y 向位移着色,单位:m)

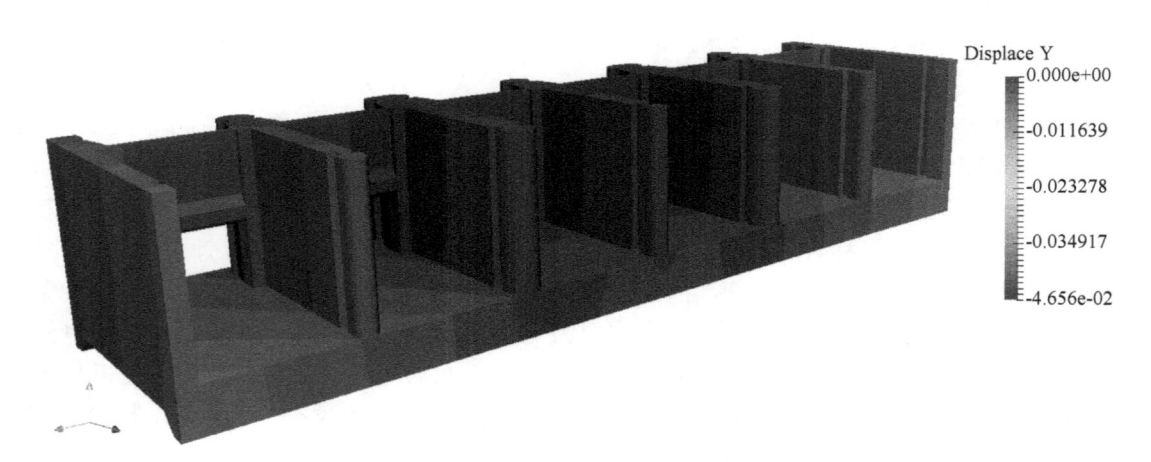

图 8.4-25　退水期进水闸闸室 y 向位移云图(单位:m)

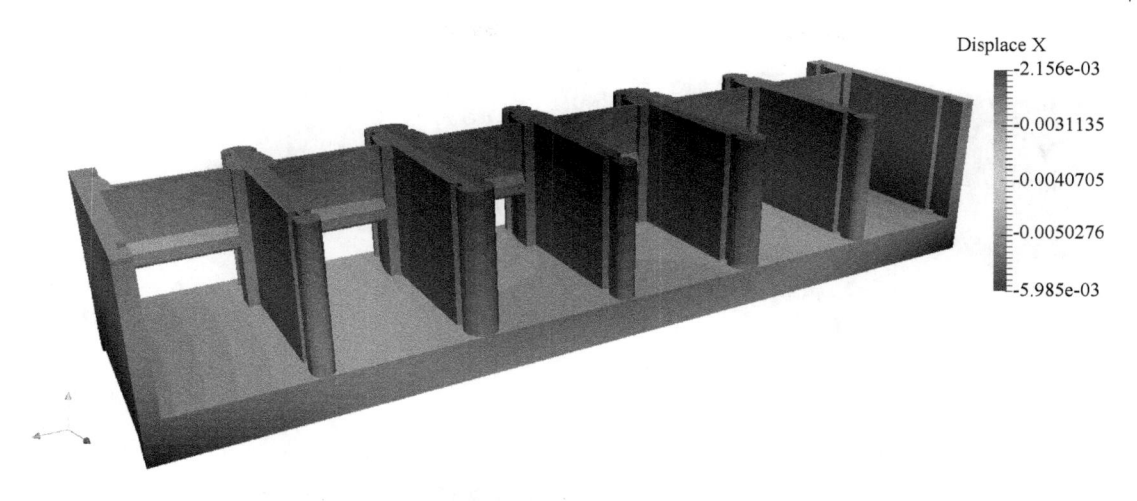

图 8.4-26 退水期进水闸闸室 x 向位移云图(单位:m)

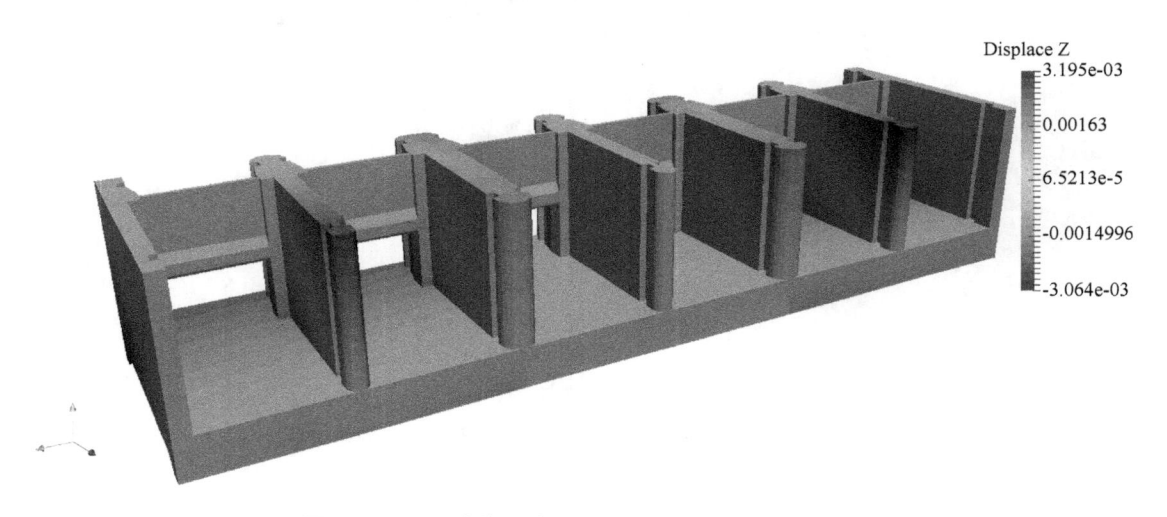

图 8.4-27 退水期进水闸闸室 z 向位移云图(单位:m)

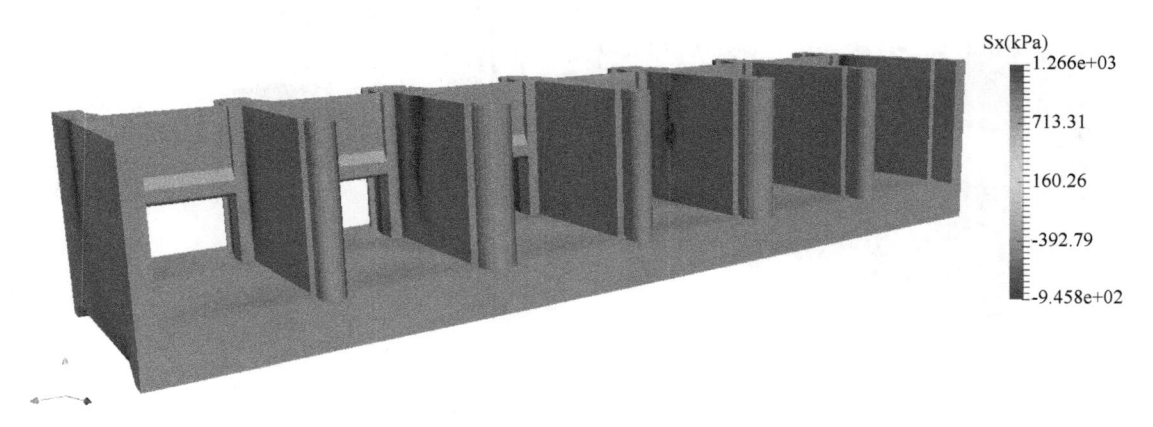

(a) x 方向

(b) y 方向

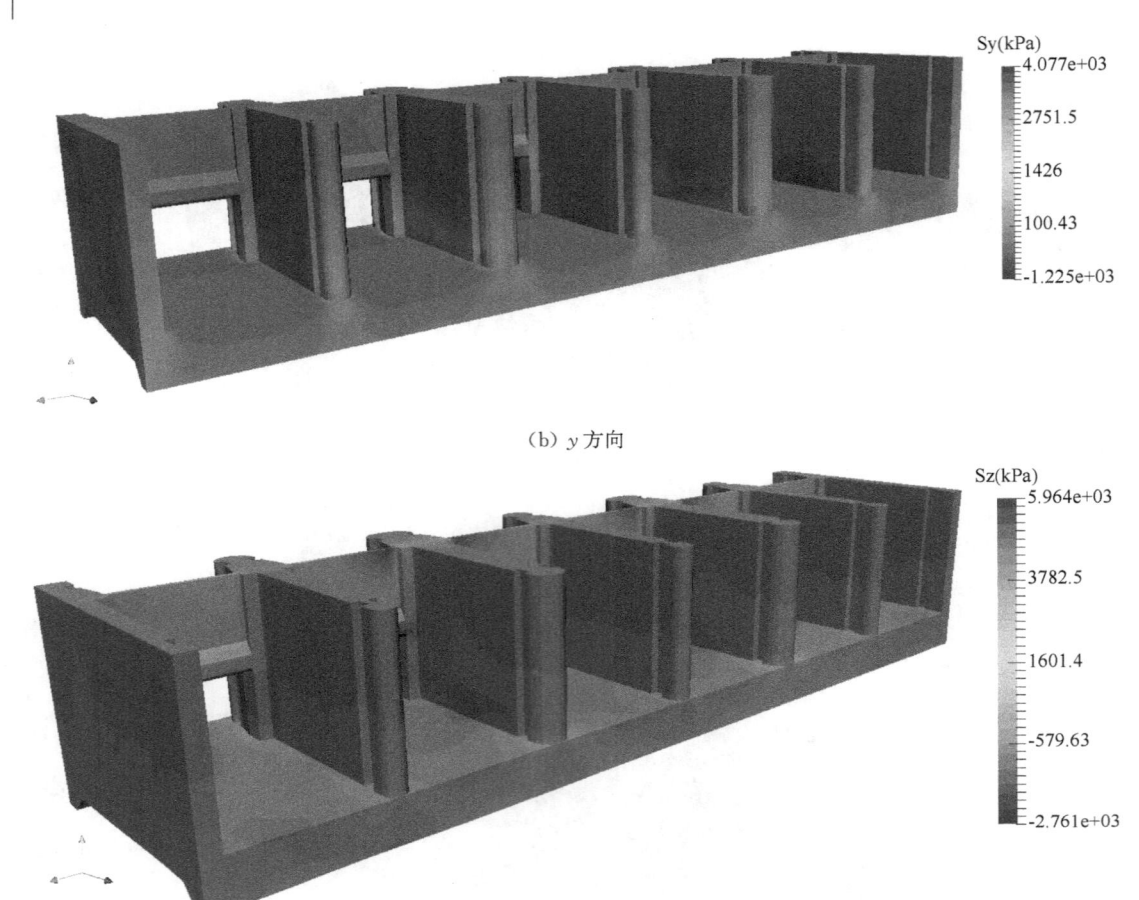

(c) z 方向

图 8.4-28　进水闸闸室三个方向应力云图（单位：kPa）

(a) 第一主应力

(b) 第二主应力

(c) 第三主应力

图 8.4-29 进水闸闸室主应力云图(单位:kPa)

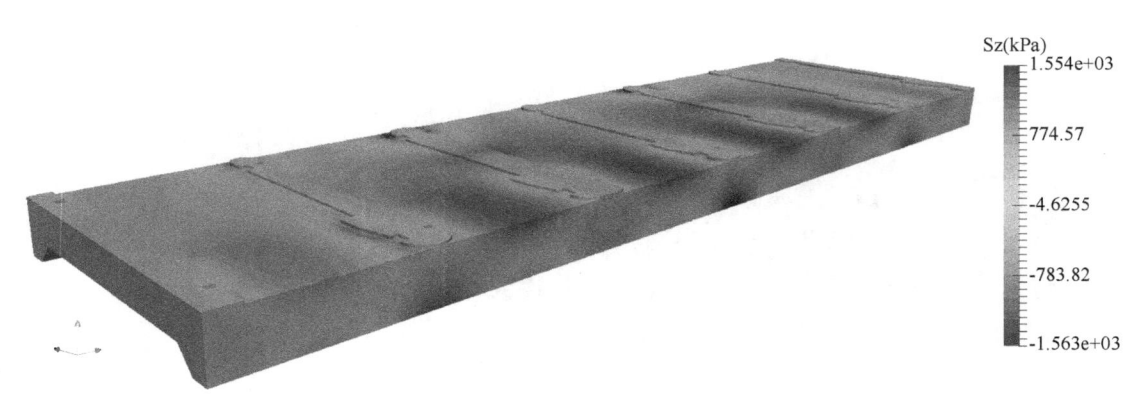

(a) 闸底板顶部

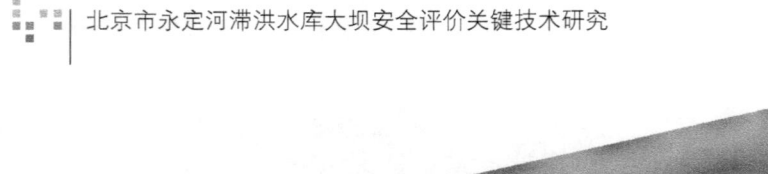

(b) 闸底板底部

图 8.4-30　闸底板垂直水流方向应力云图(单位:kPa)

图 8.4-31　闸底板顺水流方向剖面应力云图(单位:kPa)

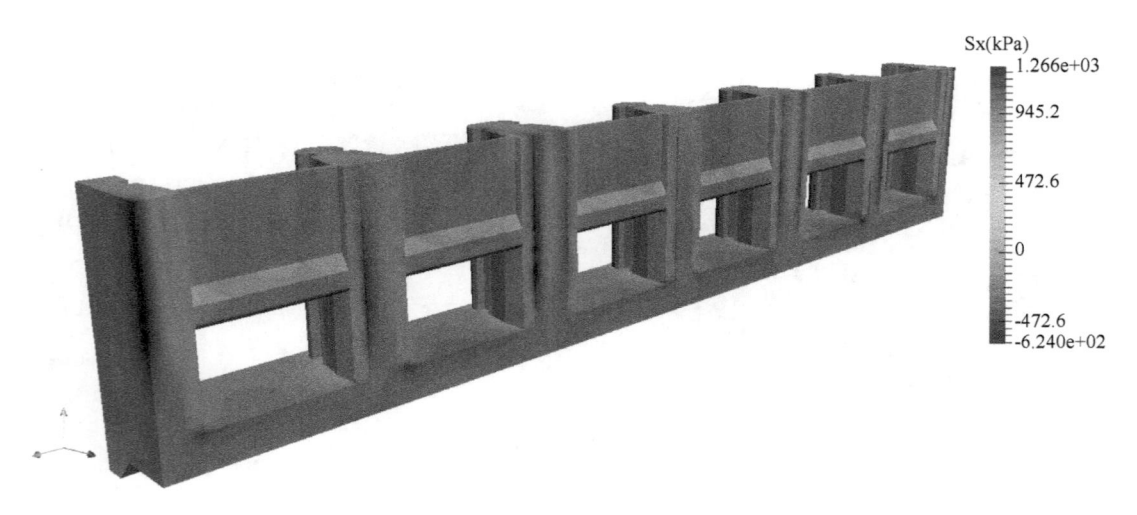

(a) x 方向

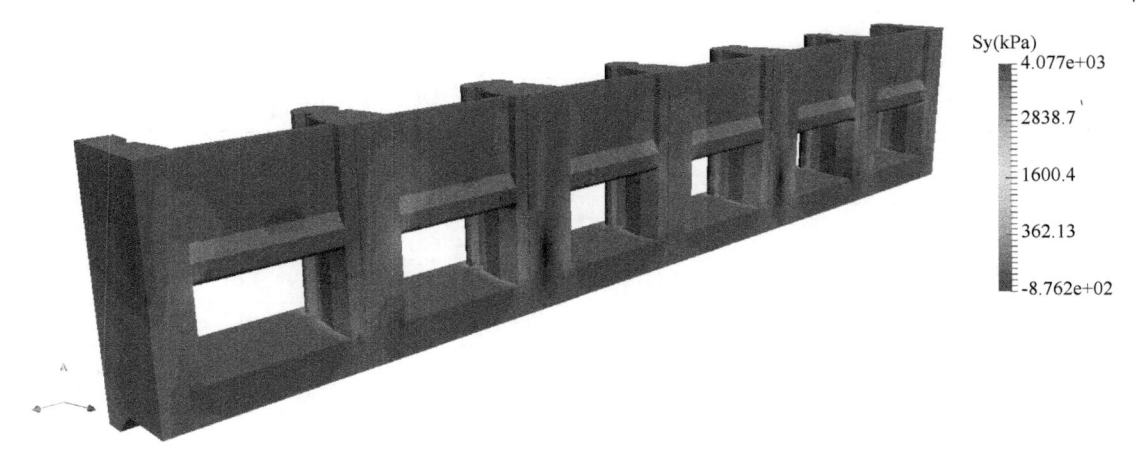

(b) y 方向

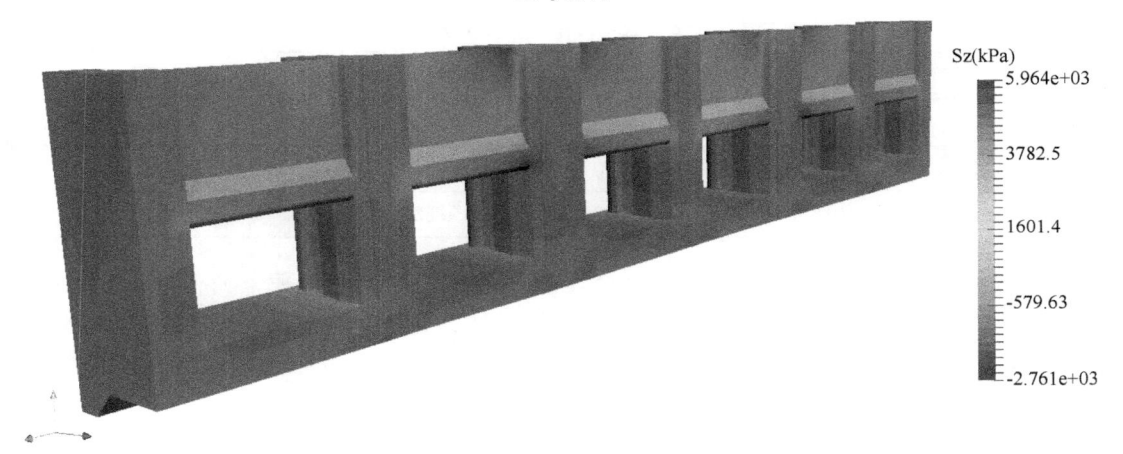

(c) z 方向

图 8.4-32　进水闸闸室剖面应力云图(单位：kPa)

5) 小结

进水闸各工况下各控制点位移统计见表 8.4-7,其中 x 为顺水流方向,y 为竖向,z 为垂直水流方向。闸室位移计算最大值统计见表 8.4-8。

表 8.4-7　进水闸工况下控制点位移计算值　　　　　　　　　　　　　　单位：cm

工况	控制点	边联侧墩 U_x	边联侧墩 U_y	边联侧墩 U_z	中联缝墩 U_x	中联缝墩 U_y	中联缝墩 U_z	中联中墩 U_x	中联中墩 U_y	中联中墩 U_z
枯水期	A	0.06	−3.79	0.02	0.04	−4.01	0.01	0.02	−4.01	0
	B	−0.10	−3.80	0.63	−0.09	−4.02	0.02	−0.10	−4.02	0
	C	−0.10	−4.01	0.28	−0.09	−5.00	0.02	−0.10	−5.00	0
	D	0.06	−4.05	0.02	0.04	−5.09	0.01	0.02	−5.09	0

续表

工况	控制点	边联侧墩			中联缝墩			中联中墩		
		U_x	U_y	U_z	U_x	U_y	U_z	U_x	U_y	U_z
滞洪期	A	−0.14	−2.05	−0.20	−0.13	−2.42	0.13	−0.10	−2.43	0
	B	−0.41	−2.08	−0.12	−0.42	−2.49	0.08	−0.42	−2.50	0
	C	−0.38	−4.05	−0.02	−0.39	−4.42	0.14	−0.42	−4.43	0
	D	−0.14	−4.38	−0.15	−0.13	−4.67	0.06	−0.13	−4.67	0
退水期	A	−0.22	−2.12	−0.15	−0.49	−4.02	−0.13	−0.50	−3.96	0
	B	−0.49	−2.12	−0.15	−0.56	−3.64	−0.28	−0.59	−4.00	0
	C	−0.48	−2.62	−0.13	−0.55	−4.21	−0.28	−0.58	−4.35	0
	D	−0.23	−3.01	−0.28	−0.48	−4.65	−0.20	−0.50	−4.65	0

表 8.4-8　进水闸闸室位移计算最大值　　　　　　　　　　　　　　单位：cm

工况	U_x	U_y	U_z	基底最大沉降差
枯水期	0.101	5.097	0.631	1.30
滞洪期	0.423	4.670	0.279	2.62
退水期	0.599	4.882	0.320	2.71

计算结果显示，枯水期结构最大沉降发生在闸室中联闸墩处偏下游侧，最大值达到 5.097 cm，该工况下基底沉降较为均匀，最大沉降差约为 1.310 cm。顺河向位移较小，可以忽略，最大为 0.101 cm。横河方向上由于闸室边联直接挡土，边联临土侧边墙有一定位移，最大值达到 0.631 cm，发生在墙顶上游侧。

滞洪期由于扬压力的作用，闸室沉降较枯水期减小，最大沉降发生在中联偏下游侧，最大沉降差增至 2.620 cm，在水压力作用下，顺河向的位移最大值为 0.423 cm，发生在中联闸墩顶部。横河方向上最大位移为 0.279 cm。退水工况下下游水位降低，闸室的最大沉降量增大，为 4.882 cm，最大沉降差为 2.53 cm。由于水头差增大，顺河向位移进一步增大至 0.599 cm，横河位移则为 0.320 cm。

在上述工况下，闸室的沉降缝均发生了一定量的张开错动，枯水期由于竖向力的作用，主要为闸墩底部张开，最大值约为 0.230 cm，发生在下游侧。滞洪期和退水期在受压力作用下张开最大值则发生在下游侧闸墩顶部，约为 0.280 cm，下游侧闸墩底部张开量约为 0.210 cm。

进水闸不同工况下闸室正应力及第一、第三主应力统计结果见表 8.4-9。

表 8.4-9　不同工况下闸室正应力及主应力统计结果　　　　　　　　　单位：MPa

应力			正应力			主应力	
			σ_x	σ_y	σ_z	σ_1	σ_3
枯水期		max	1.222	3.912	5.538	6.523	0.3230
		min	−0.818	−1.098	−3.430	−1.948	−3.820

续表

应力		正应力			主应力	
		σ_x	σ_y	σ_z	σ_1	σ_3
滞洪期	max	1.259	4.057	5.904	6.977	0.340
	min	−0.933	−1.152	−2.884	−0.422	−3.020
退水期	max	1.266	4.077	5.964	7.060	0.382
	min	−0.946	−1.225	−2.761	−0.472	−3.136

枯水期，闸室主要荷载为结构自重，竖向主要为受压，闸墩底部压应力较大，最大值约 3.910 MPa，在胸墙底部有应力集中现象，最大拉应力约为 1.098 MPa；闸室顺水流方向应力整体不大，边墙受土压力作用，胸墙附近临土侧产生一定拉应力，最大值为 0.818 MPa，底板底部也出现拉应力，最大值为 0.798 MPa；垂直水流方向底板跨中顶面、闸墩处底面受拉，最大值出现在下游侧底面，为 1.686 MPa。胸墙上压应力较大。主应力结果显示，闸墩主要受压，底部主压应力较大，最大约为 3.121 MPa，底板最大主拉应力为 1.890 MPa。胸墙闸墩结合处有应力集中现象，最大主拉、压应力达到 3.820 MPa 和 6.523 MPa。

滞洪期，受上下水头差的作用，顺水流方向应力增大，底板底部最大拉应力达到 0.815 MPa，出现在闸门处底部附近。竖直方向上主要为受压，闸墩底部压应力较大，最大值约 4.057 MPa。垂直水流方向底板跨中顶面、中墩处底面附近受拉，最大值出现在下游侧，为 1.383 MPa，底板跨中底面及闸墩底部附近受压，最大值约为 1.759 MPa。主应力结果显示，闸墩主要受压，底部主压应力较大，最大约为 3.28 MPa，底板最大主拉应力为 1.425 MPa。胸墙闸墩结合处有应力集中现象，最大主拉、压应力达到 3.020 MPa 和 6.997 MPa。退水工况下，顺水流方向底板底部最大拉应力达到 0.927 MPa。竖直方向上主要为受压，闸墩底部压应力较大，最大值约 4.077 MPa。垂直水流方向底板跨中顶面、中墩处底面附近受拉，最大值出现在下游侧，为 1.563 MPa，底板跨中底面及闸墩底部附近受压，最大值约为 1.544 MPa。

8.4.2 连通闸结构安全复核

滞洪水库由横堤平台相隔为上下两座水库，连通闸用以连通上下库，连通闸位于京良公路永立桥右侧约 350 m 处，100 年一遇洪水设计条件下泄流量为 1 176 m³/s。闸室为平底板开敞式，共 5 孔，每孔净宽 12 m，中墩厚 1.5 m，闸室总宽 66 m。闸门为平板钢闸门，固定式卷扬启闭机。闸室上部设检修工作桥、闸门导向排架柱及公路桥。闸室上缘设 7.2 m 深垂直防渗墙；闸室上游接 15 m 长钢筋混凝土铺盖，厚 0.5 m，其上游再接 28 m 长浆砌块石护底至横堤平台上游坡脚。两侧翼墙为混凝土扶臂式挡土墙，与两岸横堤平台相连。闸室下游采用底流式消能方式，消力池深 1.3 m，池长 20 m，然后接长 30 m、厚 1 m 的钢筋混凝土护坦，再接长 54 m、厚 0.5 m，坡度 1∶18 的浆砌块石海漫，海漫尾部设混凝土防冲墙，下接长 17 m、深 2 m 的抛石防冲槽以及 1∶5 的反坡段，反坡段与库底相连。

1. 水力复核

1) 泄流能力复核

连通闸采用平底板开敞式平板门,采用平底宽顶堰公式进行计算:

$$Q = B_0 \sigma \varepsilon m \sqrt{2g} H_0^{3/2}$$

式中:B_0——闸孔总净宽,m;

Q——过闸流量,m^3/s;

H_0——计入行近流速水头的堰上水深,对于闸前水面较宽的水闸,不应计入行近流速,m;

g——重力加速度,取 9.81 m/s^2;

m——堰流流量系数,可采用 0.385;

σ——堰流淹没系数;

ε——堰流侧收缩系数。

闸前上游水位为 53.50 m 时,连通闸泄流能力为 1 974.51 m^3/s,大于设计流量 1 176 m^3/s,泄流能力满足要求。

2) 消能防冲计算

计算工况:闸上游水位为 53.50 m,过闸流量为 1 308 m^3/s,单宽流量为 21.8 $m^3/(s \cdot m)$。

按照以下公式计算消能防冲:

$$d = \sigma_0 h''_c - h'_s - \Delta z$$

$$h''_c = \frac{h_c}{2}\left(\sqrt{1 + \frac{8\alpha q^2}{g h_c^3}}\right)\left(\frac{b_1}{b_2}\right)^{0.25}$$

$$h_c^3 - T_0 h_c^2 + \frac{\alpha q^2}{2g\varphi^2} = 0$$

式中:d——消力池深度,m;

T_0——由消力池地板顶面起算的总势能,m;

h''_c——跃后水深,m;

h_c——收缩水深,m;

α——水流动能校正系数,取 1.05;

q——单宽流量,$m^3/(s \cdot m)$;

φ——流速系数,取 0.95;

σ_0——水跃淹没系数,取 1.05;

h'_s——出池河床水深,m;

Δz——出池落差,m。

$$L_{sj} = L_s + \beta L_j$$
$$L_j = 6.9(h'_c - h_c)$$

式中:L_{sj}——消力池长度,m;

L_j——水跃长度,m;

L_s——消力池斜坡段水平投影长度,m;

β——水跃长度矫正系数,取 0.8。

经计算,消力池深度为 1.243 m,实际消力池深度为 1.3 m,满足要求;消力池长度为 29.66 m,实际消力池长 45.5 m,满足要求。

2. 结构复核

1）计算原理

见 8.4 节。

2）计算工况

根据《水闸设计规范》,参考滞洪水库调度运用方案,连通闸闸室整体稳定计算考虑工况如下:①枯水期,连通闸闸前和闸后均无水;②设计洪水位工况,即滞洪期连通闸上游稻田水库为设计洪水位 53.50 m,下游马厂水库为设计洪水位 50.50 m;③滞洪水库退水期最不利工况,即连通闸上游稻田水库为最高水位 53.50 m,下游水位为马厂水库设计库底高程 46.80 m。连通闸稳定计算工况见表 8.4-10,计算中扬压力由渗流计算得到。

表 8.4-10 连通闸计算工况　　　　　　　　　　　　　单位:m

水闸	工况	水位	
		上游	下游
连通闸	枯水期	无水	无水
	滞洪期	53.50	50.50
	退水期	53.50	46.80
	低水位＋Ⅷ度地震	53.50	50.50

连通闸不同工况下计算简图见图 8.4-33、图 8.4-34。

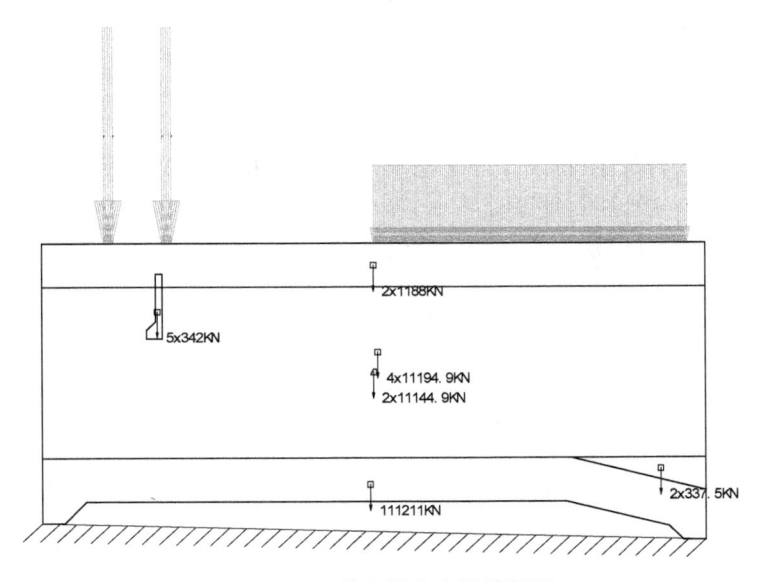

图 8.4-33 枯水期稳定计算简图

3）计算结果

进水闸枯水期及滞洪期的闸室稳定计算结果见表 8.4-11。

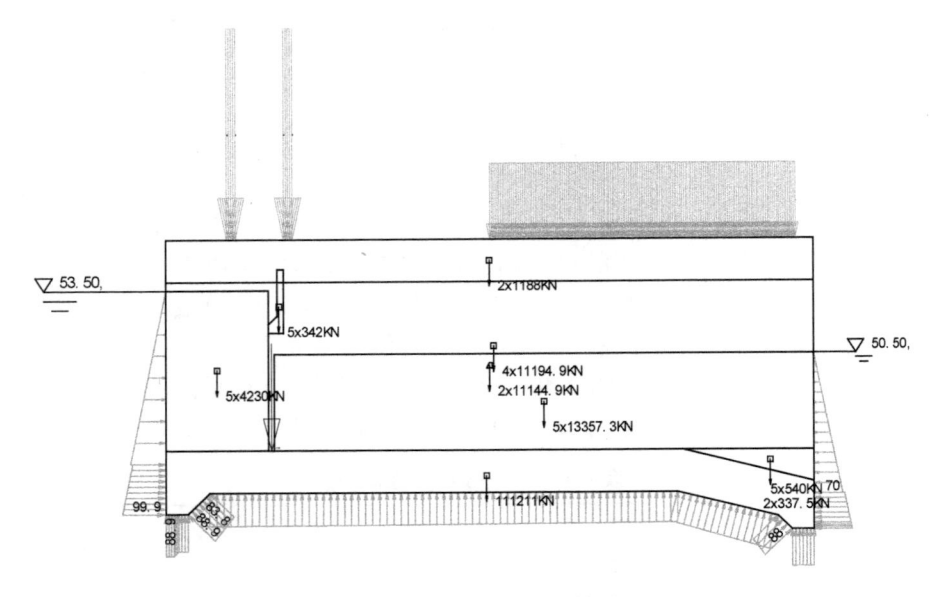

图 8.4-34　滞洪期稳定计算简图

表 8.4-11　连通闸稳定计算结果表

工况	闸室基底应力(kPa) P_{max}	P_{min}	P	不均匀系数	抗滑安全系数
枯水期	94.70	93.20	93.94	1.02	无
滞洪期	64.50	53.08	58.79	1.22	1.90
退水期	61.02	53.98	57.50	1.13	1.36

连通闸为 2 级建筑物，连通闸滞洪期和退水期的抗滑稳定系数容许值为 1.30，滞洪期和退水期不均匀系数容许值为 2.50。连通闸地基处理方法为挖除闸室底部 43.00 m 高程以上细砂，置换为中粗砂地基，地基处理后，闸室基础承载力标准值 $f_{ak}=250$ kPa。在各计算工况下，连通闸的抗滑稳定系数和不均匀系数均小于规范容许值，满足规范要求。连通闸闸室的基底平均应力在枯水期达到最大，为 93.9 kPa，小于地基承载力，满足要求。

3. 连通闸三维有限元计算分析

1）计算模型

根据连通闸竣工图，建立计算模型，并进行有限元网格划分，如图 8.4-35 所示，节点数目为 69 666，单元数目为 311 320。

计算模型中，x 方向为垂直水流方向右岸，y 方向为竖向指向上方，z 方向为顺水流方向指向上游。选取两个剖面上的四个角点列出位移值，如图 8.4-36 所示。

连通闸三维静力计算主要考虑的荷载为结构自重，水压力，基底扬压力、土压力等。连通闸计算主要考虑以下工况，见表 8.4-12。

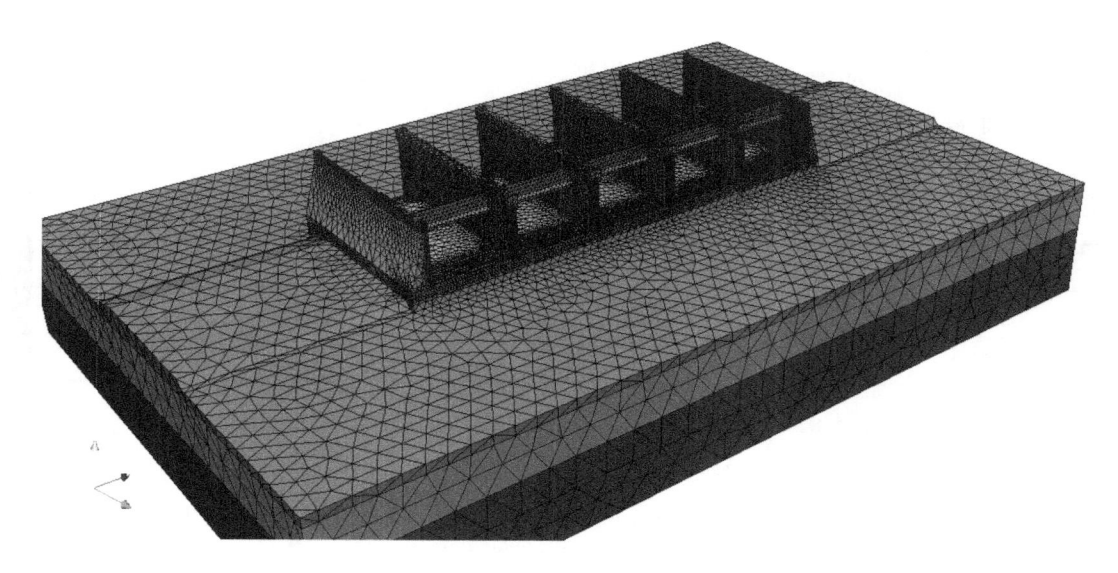

图 8.4-35　连通闸有限元模型

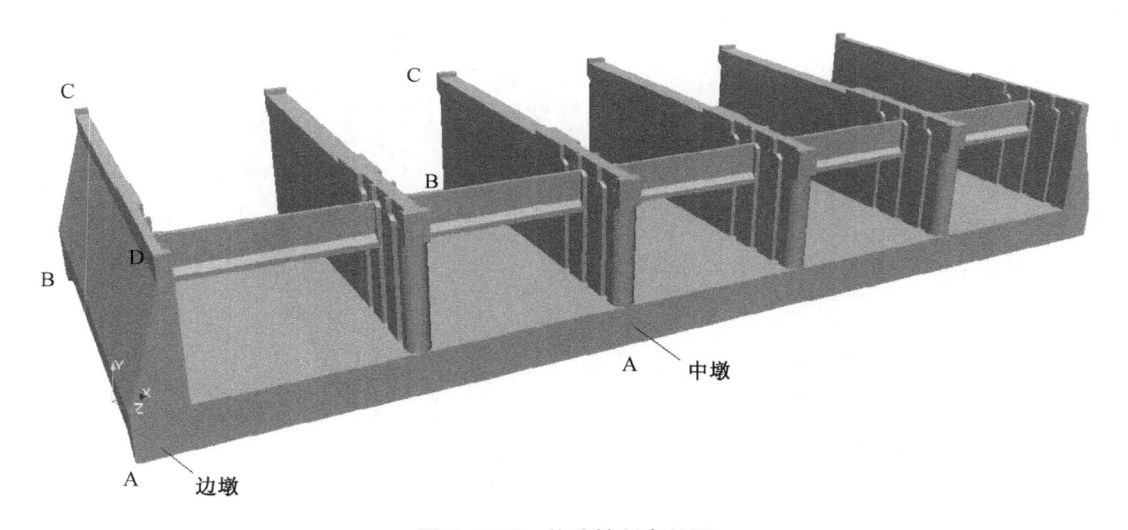

图 8.4-36　位移控制点位置

表 8.4-12　连通闸计算工况

工况	水位(m)	
	上游	下游
枯水期	无水	无水
滞洪期	53.50	50.50
退水期	53.50	46.80

计算模型中，x 方向为垂直水流方向右岸，y 方向为竖向指向上方，z 方向为顺水流方向指向上游，并选取两个剖面上的四个角点列出位移值。

根据《永定河滞洪水库工程初步设计阶段工程地质勘察报告》，连通闸基础主要地层有中砂、壤土及圆砾层，相应土层计算参数根据初步设计地勘报告及补充地勘报告相关土层参数建议值选取，闸室混凝土参数根据经验选取，具体见表8.4-13。

表8.4-13 材料力学参数取值

地层名称	容重(kN/m³)	弹性模量(MPa)	泊松比
闸身混凝土	24.0	2.25×10^4	0.167
中砂	18.5	2.5×10^2	0.25
壤土	19.2	2.1×10^2	0.30
圆砾	19.5	3.2×10^2	0.20

2) 枯水期应力变形计算结果

连通闸枯水期位移计算结果云图如图8.4-37～图8.4-40所示，应力计算云图如图8.4-41～图8.4-45所示。从计算结果可以看出，垂直水流方向底板跨中顶面、闸墩处底面

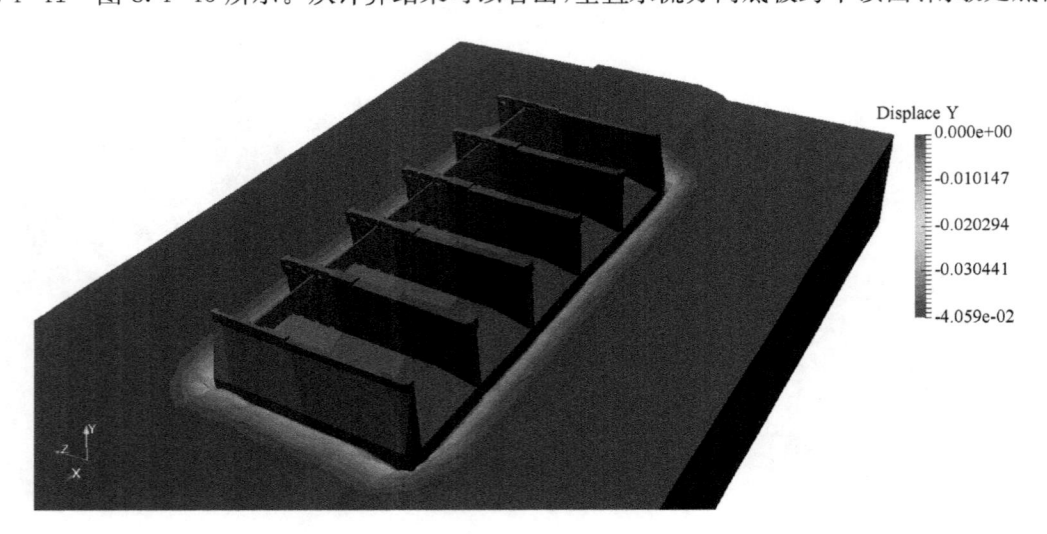

(a) 连通闸模型(放大100倍)

(b) 连通闸闸室(放大500倍)

图8.4-37 滞洪期连通闸变形图(y向位移着色，单位：m)

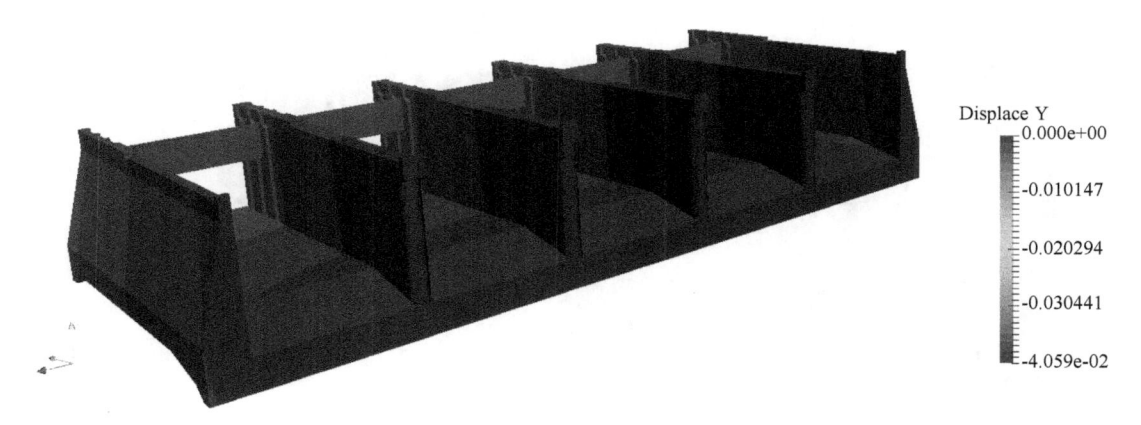

图 8.4-38 滞洪期连通闸闸室 y 向位移云图(单位:m)

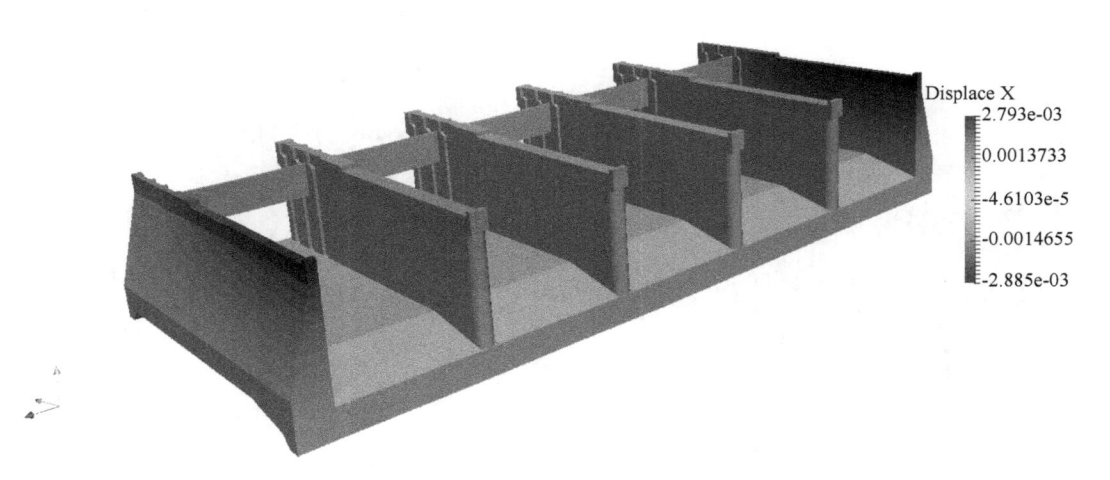

图 8.4-39 滞洪期连通闸闸室 x 向位移云图(单位:m)

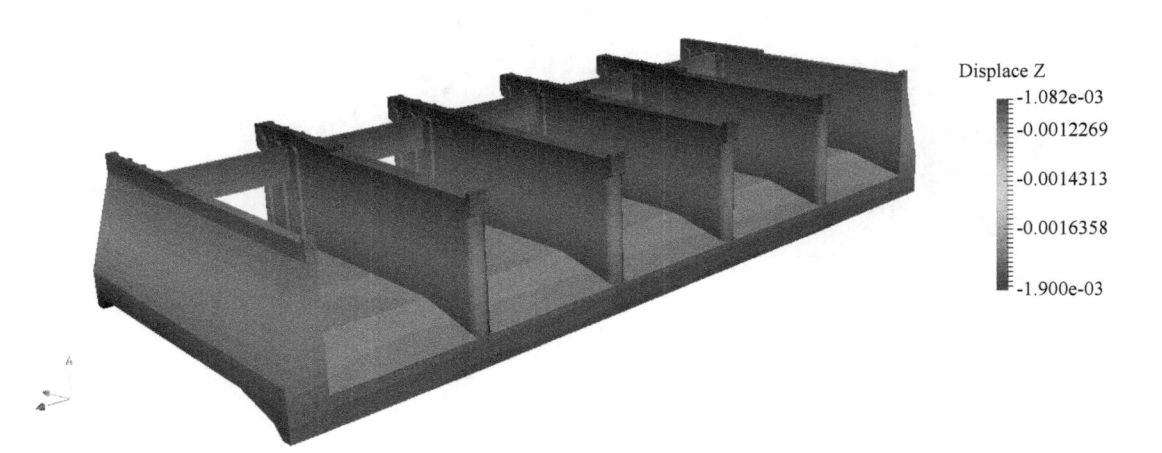

图 8.4-40 滞洪期连通闸闸室 z 向位移云图(单位:m)

167

(a) x 方向

(b) y 方向

(c) z 方向

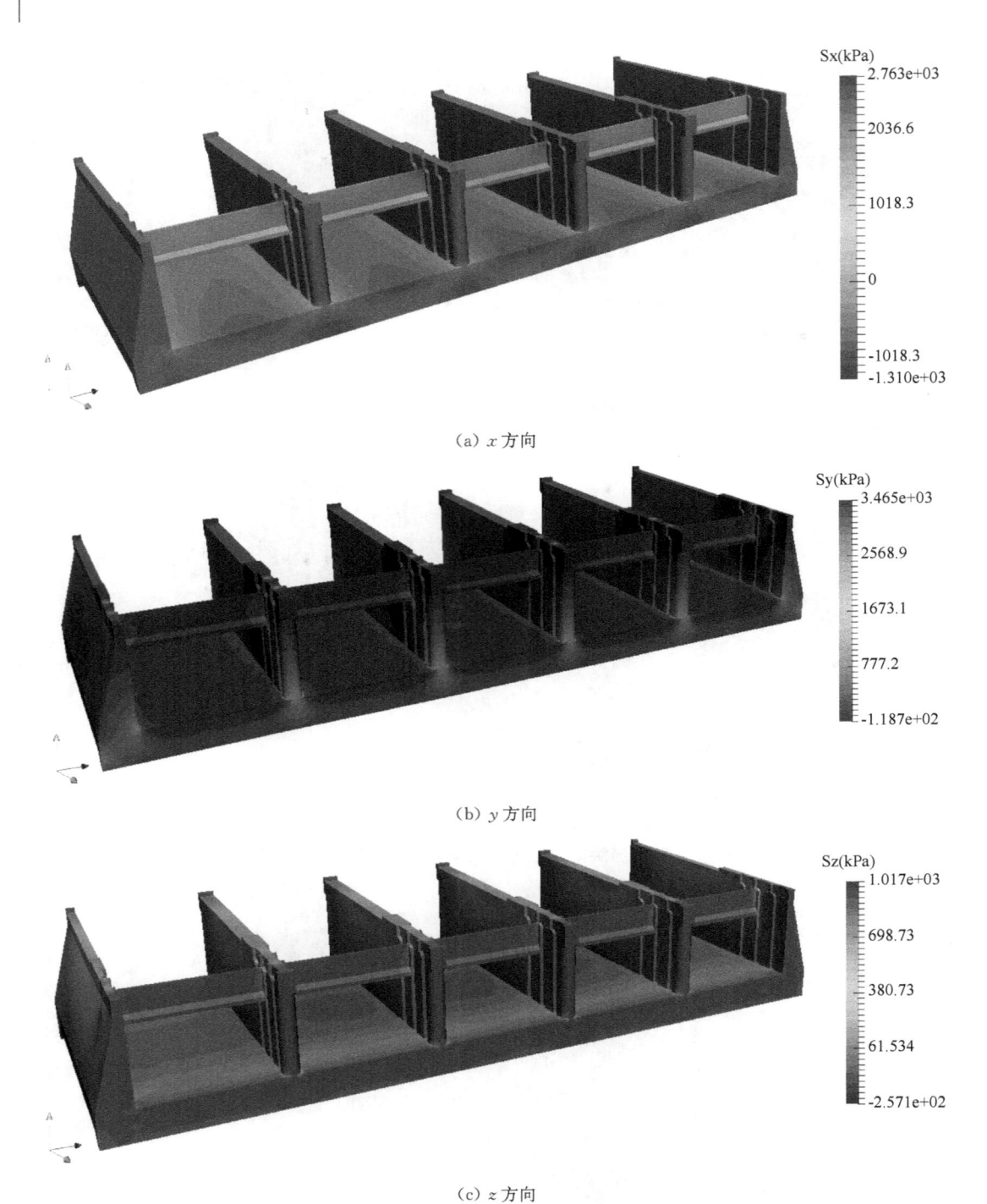

图 8.4-41 连通闸闸室三个方向应力云图(单位:kPa)

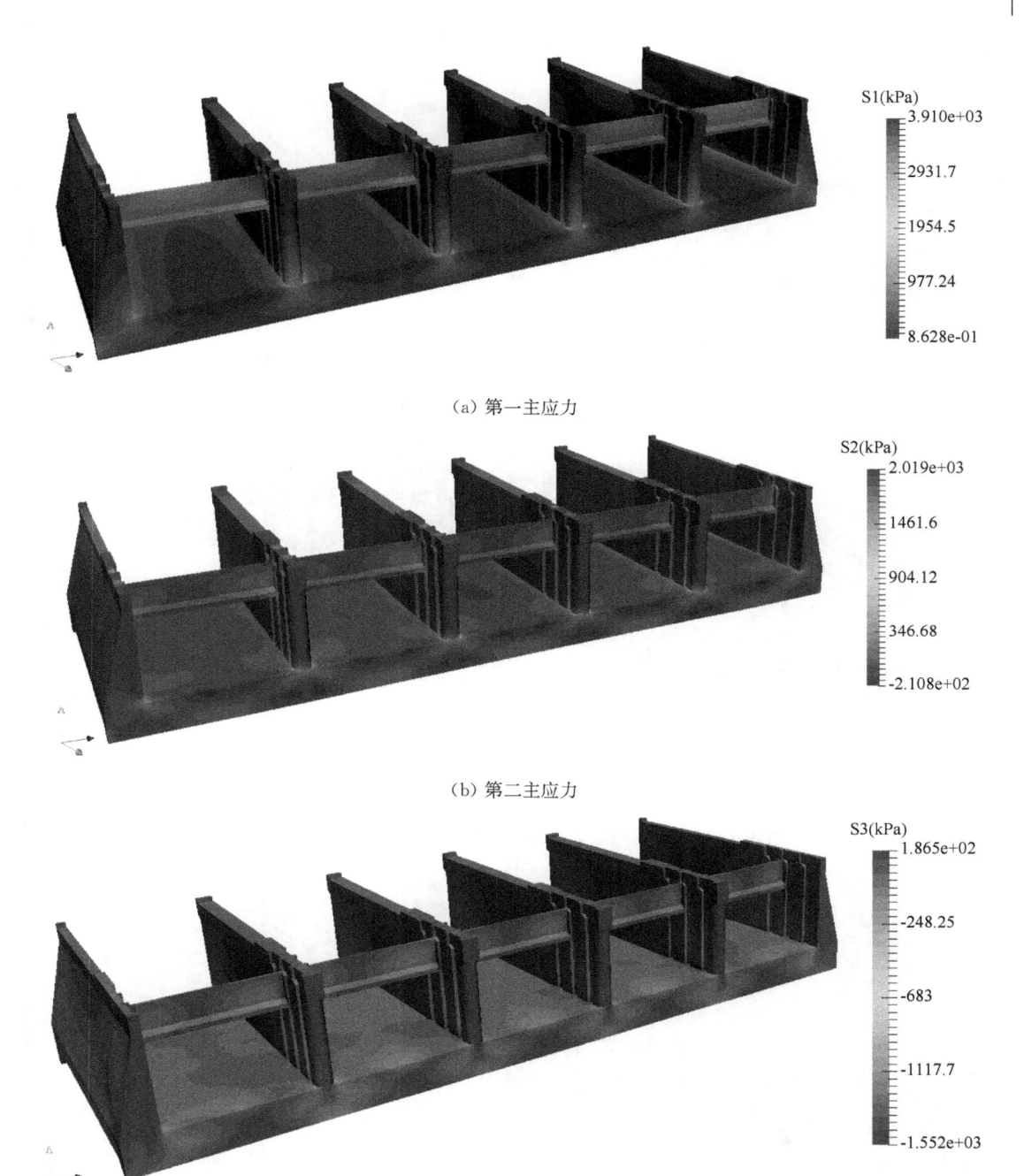

(a) 第一主应力

(b) 第二主应力

(c) 第三主应力

图 8.4-42 连通闸闸室主应力云图(单位:kPa)

(a)底板顶部

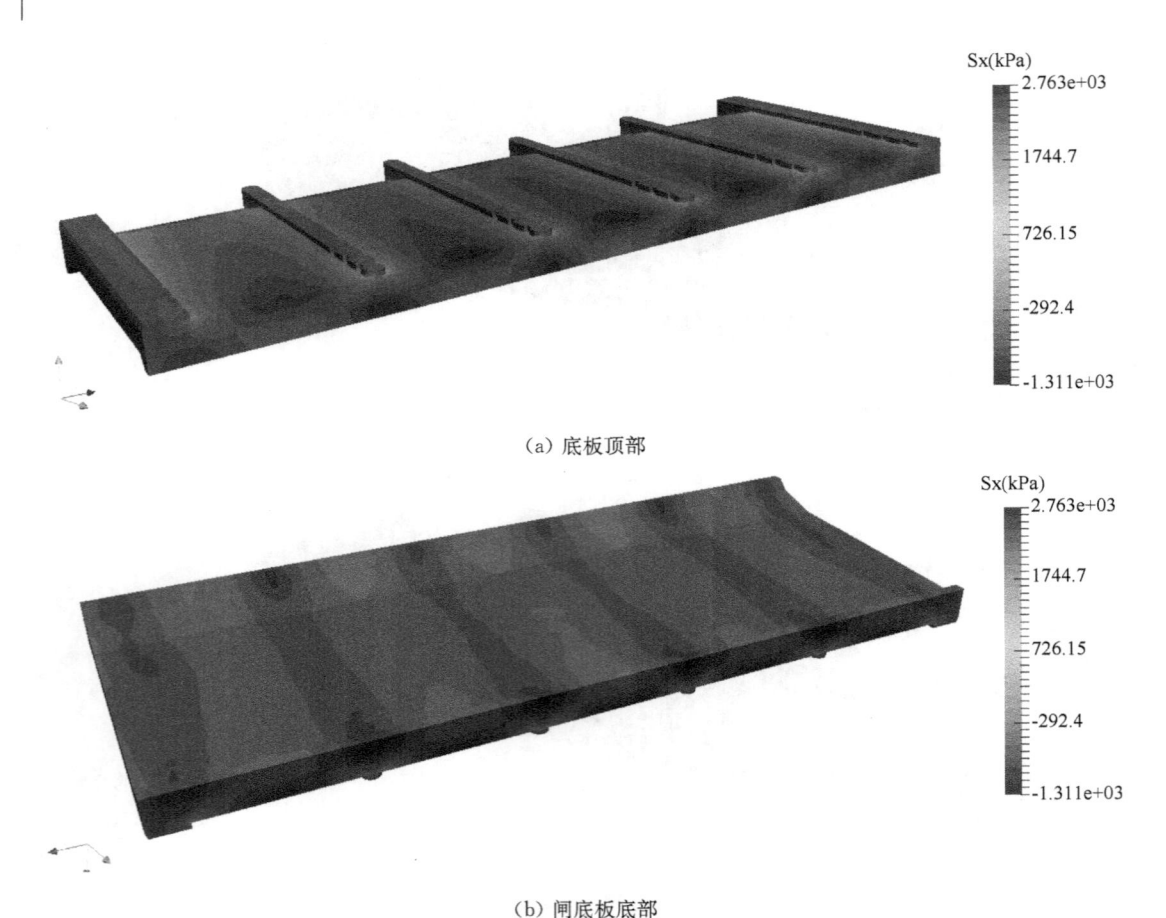

(b)闸底板底部

图 8.4-43　连通闸底板垂直水流方向应力云图（单位：kPa）

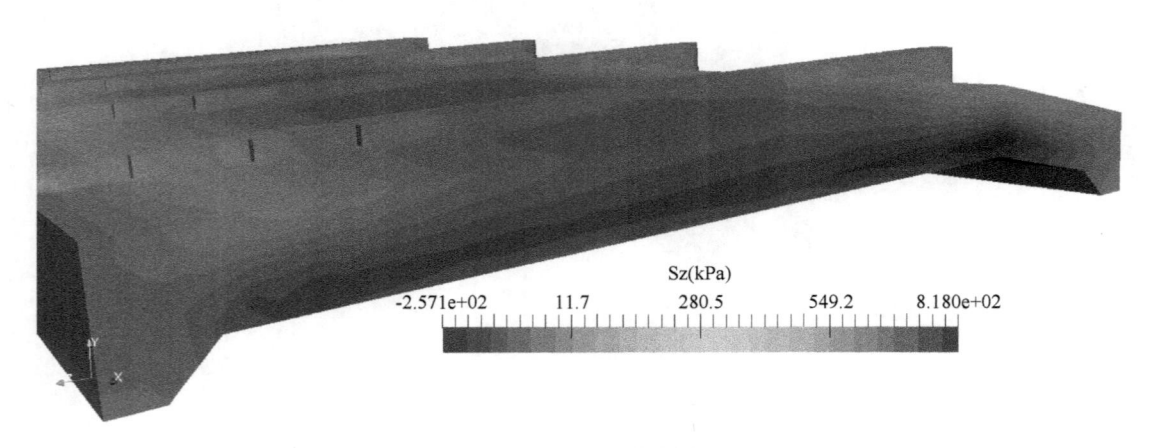

图 8.4-44　连通闸底板顺水流方向剖面应力云图（单位：kPa）

(a) x 方向

(b) y 方向

(c) z 方向

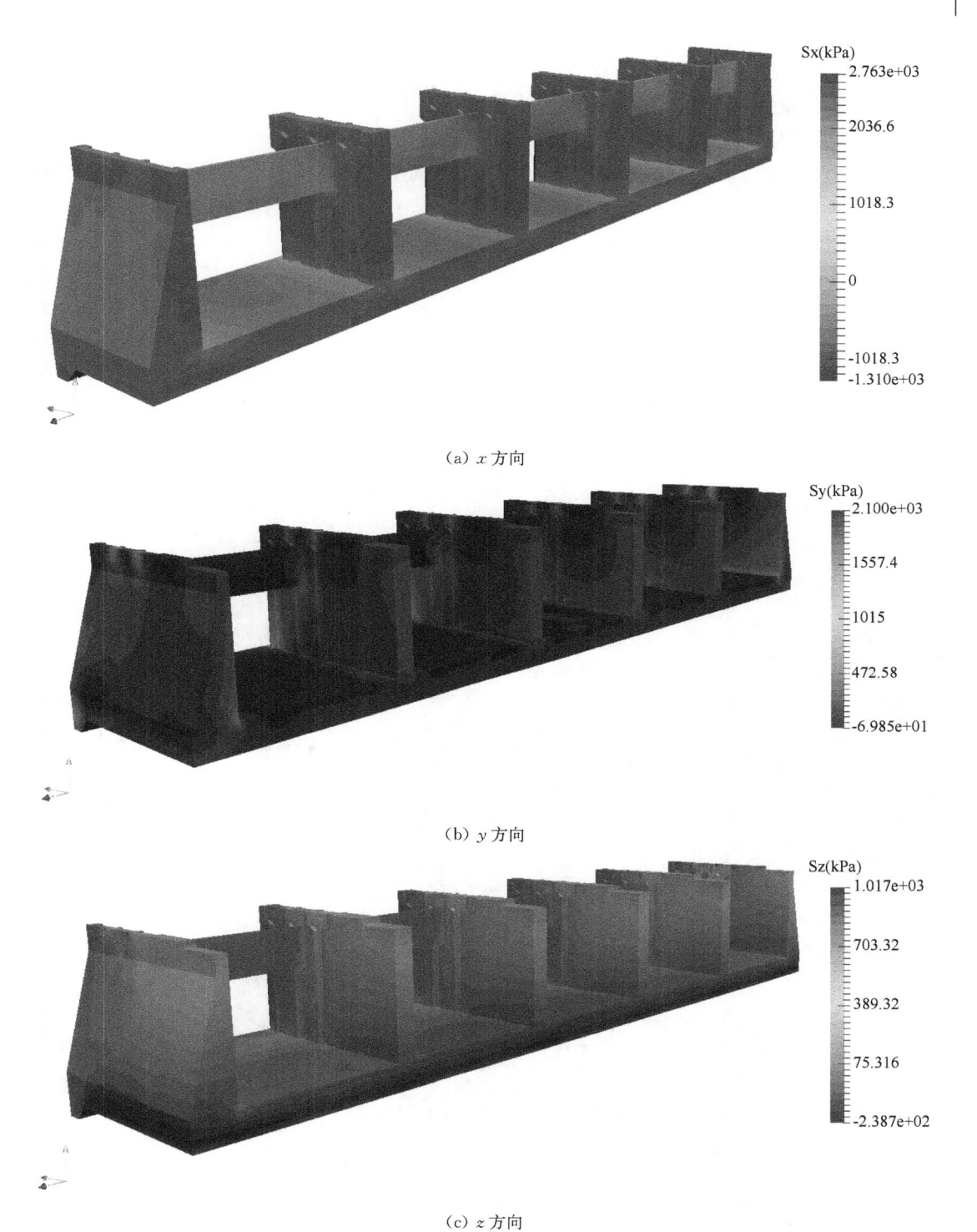

图 8.4-45　连通闸闸室剖面应力云图(单位:kPa)

受拉,底板跨中底面受压。闸室竖向主要以受压为主。闸墩底部竖向压应力较大,最大值约 3.200 MPa。闸室顺水流方向应力整体不大,临土侧边墙受土压力作用,产生一定拉应力。底板顶面拉应力主要分布在跨中,最大值发生在上游侧,为 1.311 MPa。最大压应力出现在闸墩底部附近,最大值约为 2.763 MPa。底板底面拉应力主要分布在闸墩处底部,最大值发生在上、下游边侧,为 1.311 MPa。底板顺河向底部受拉,拉应力值较小,最大值约 0.257 MPa。

3) 滞洪期应力变形计算结果

连通闸滞洪期位移计算云图如图 8.4-46～图 8.4-49 所示,应力计算结果如图 8.4-50～图 8.4-54 所示。从计算结果可知,垂直水流方向底板跨中顶面、闸墩处底面受拉,底板跨中底面受压。胸墙该方向上主要受压。闸室竖向主要以受压为主。闸墩底部竖向压应力较大,最大值约 2.300 MPa。闸室顺水流方向应力整体不大,由于水头差在该方向上产生了一定的拉应力,边墙挡土侧也有一定的拉应力区。底板顶面拉应力主要分布在跨中,最大值

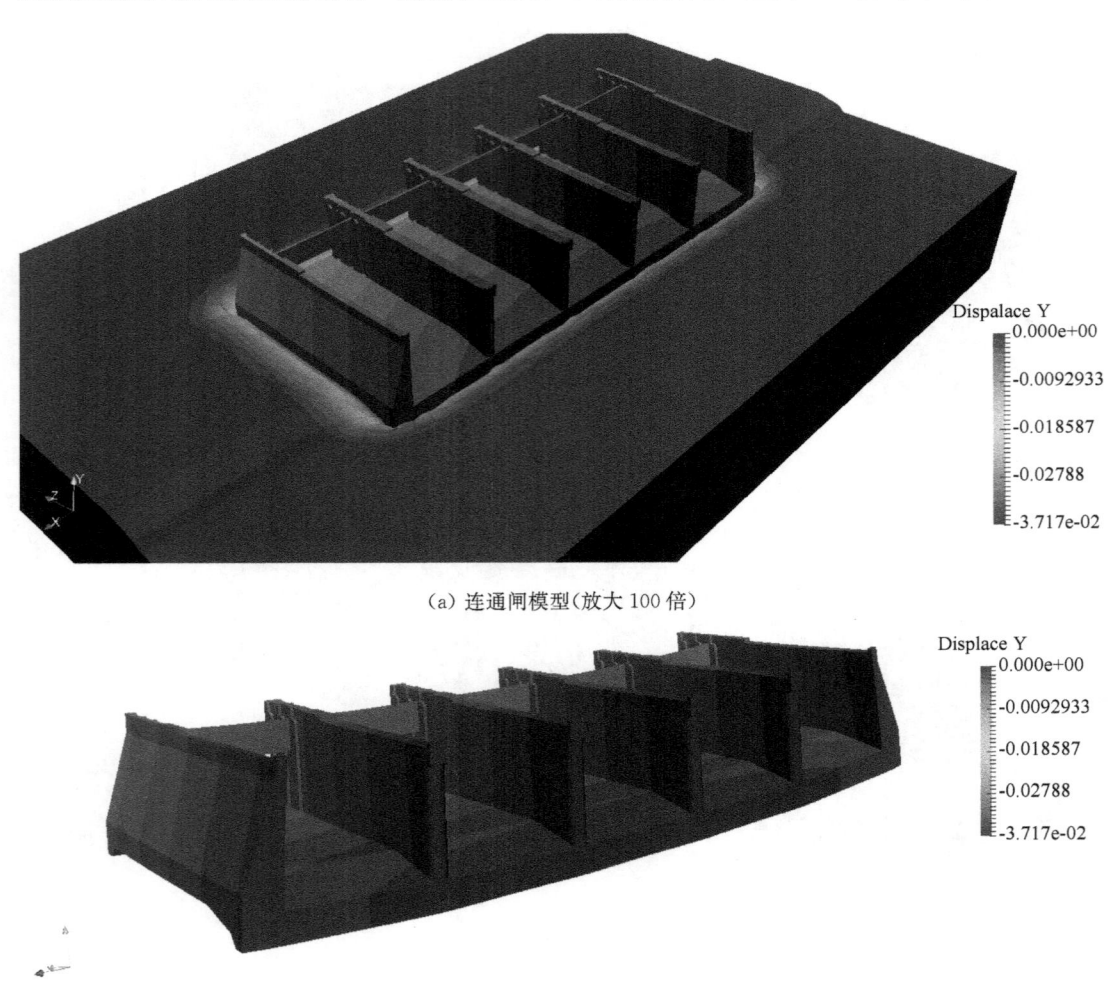

(a) 连通闸模型(放大 100 倍)

(b) 连通闸闸室(放大 500 倍)

图 8.4-46 滞洪期连通闸变形图(y 向位移着色,单位 m)

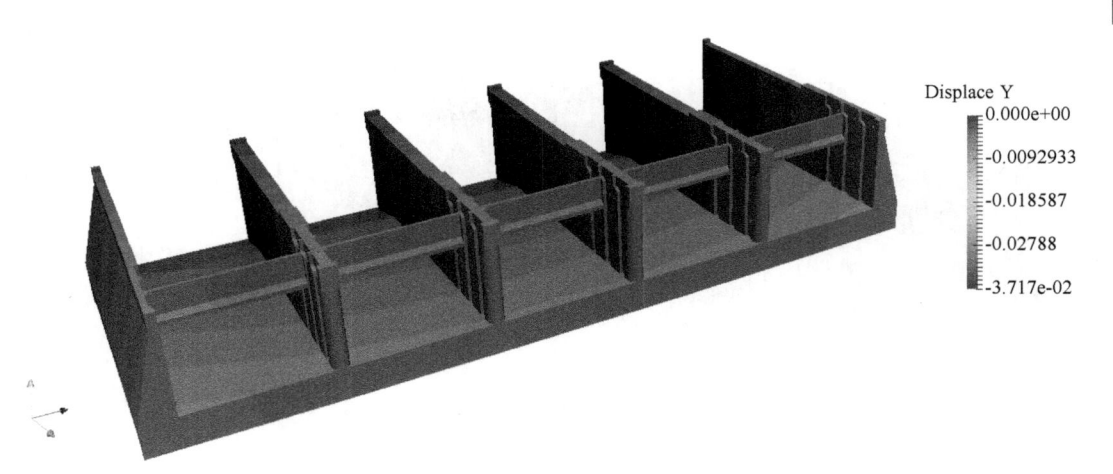

图 8.4-47　滞洪期连通闸闸室 y 向位移云图(单位:m)

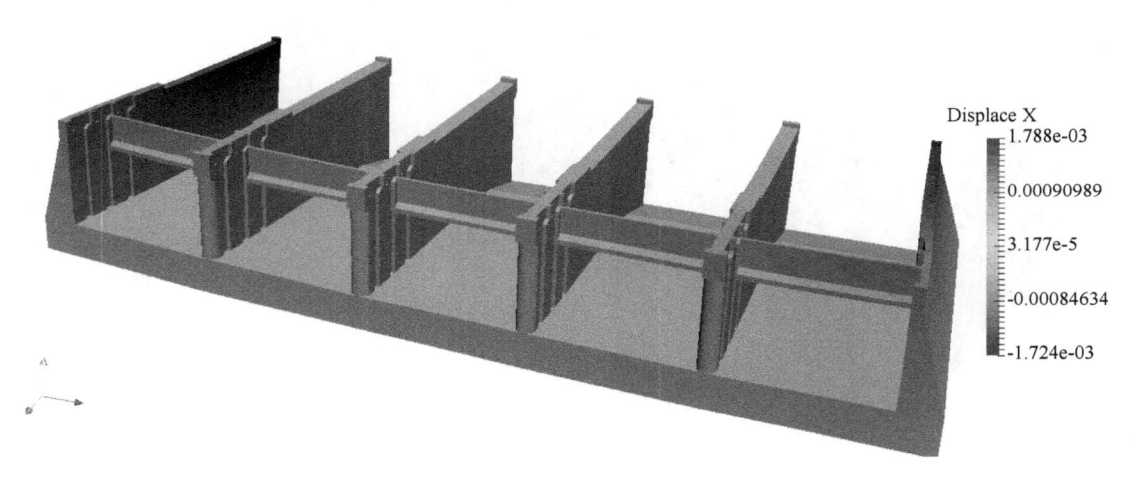

图 8.4-48　滞洪期连通闸闸室 x 向位移云图(单位:m)

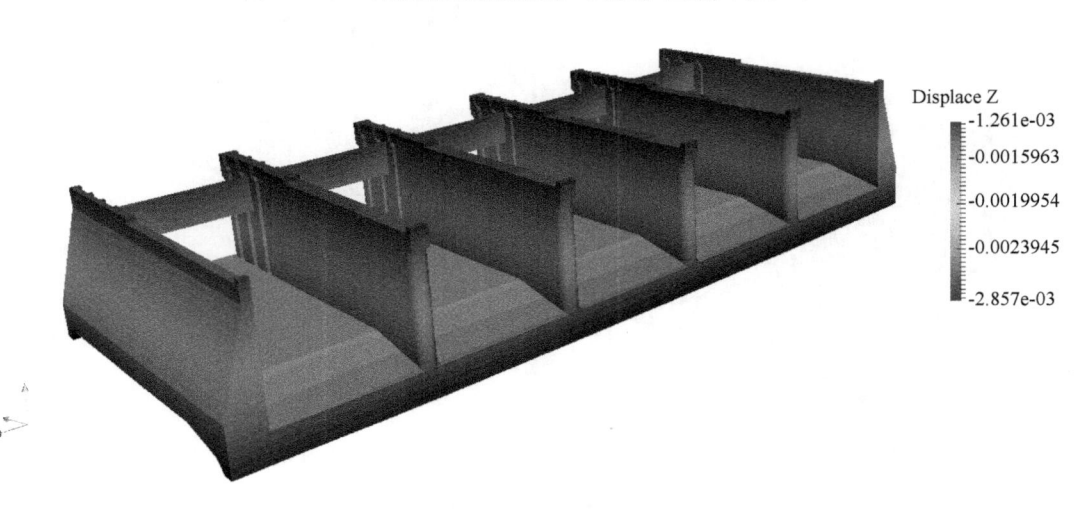

图 8.4-49　滞洪期连通闸闸室 z 向位移云图(单位:m)

(a) x 方向

(b) y 方向

(c) z 方向

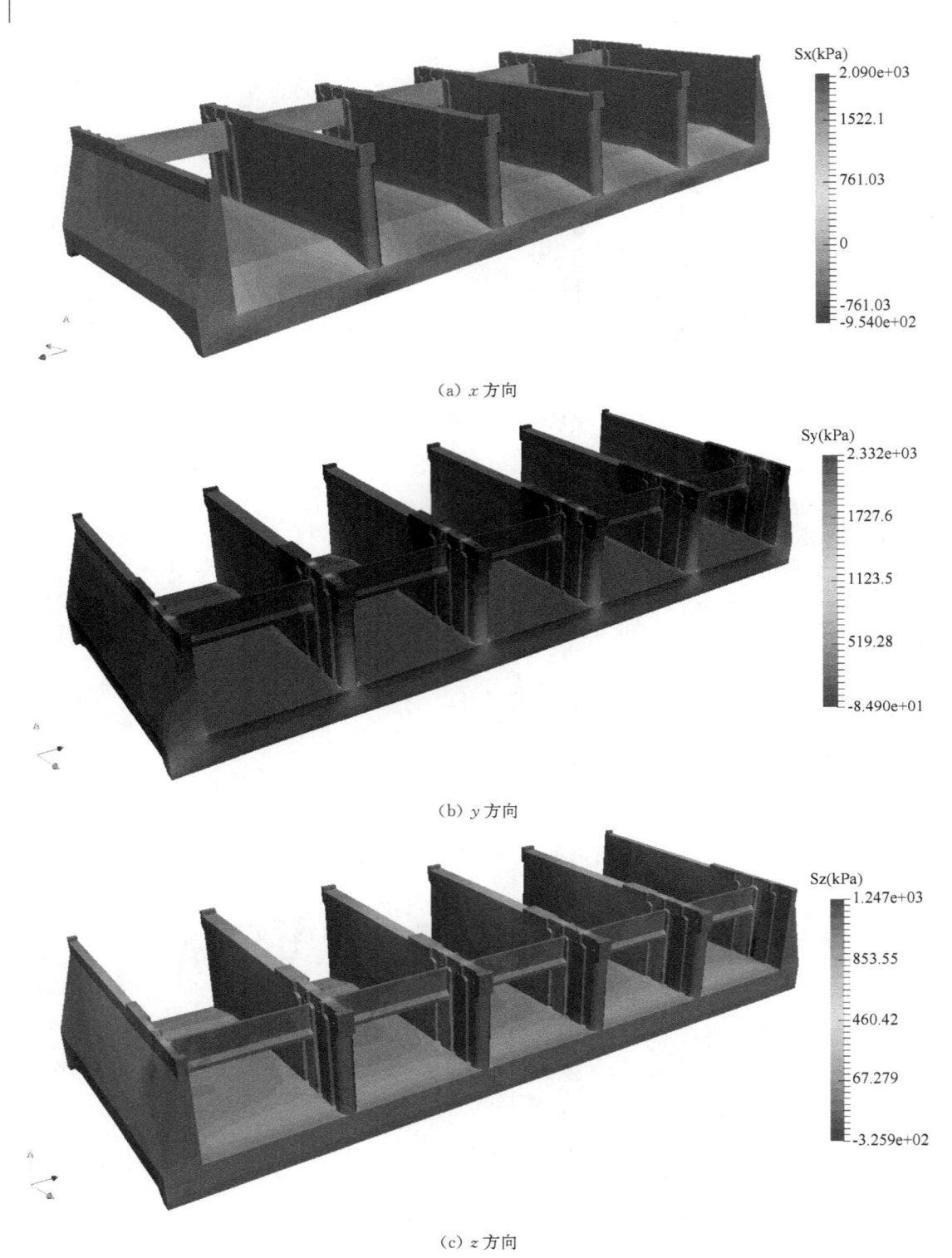

图 8.4-50　连通闸闸室三个方向应力云图(单位:kPa)

(a) 第一主应力

(b) 第二主应力

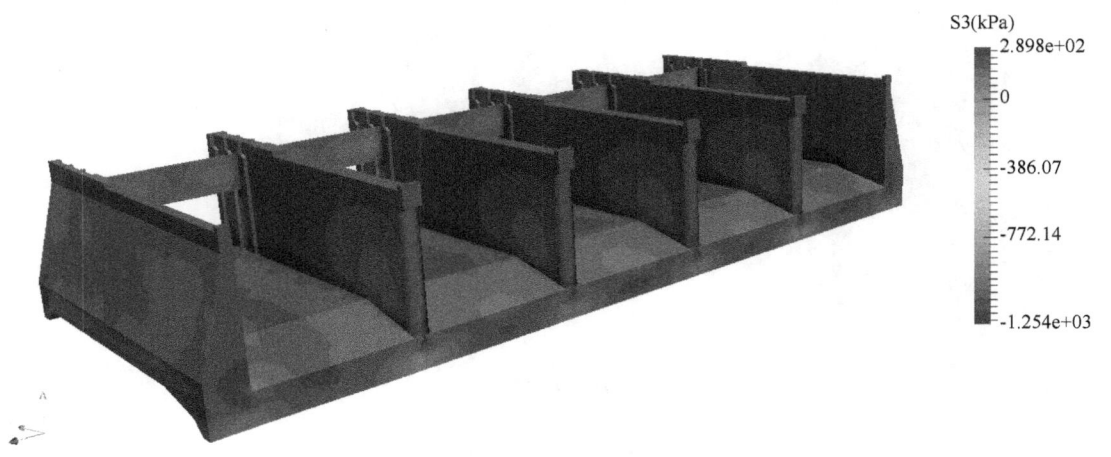

(c) 第三主应力

图 8.4-51　连通闸闸室主应力云图(单位:kPa)

(a) 底板顶部

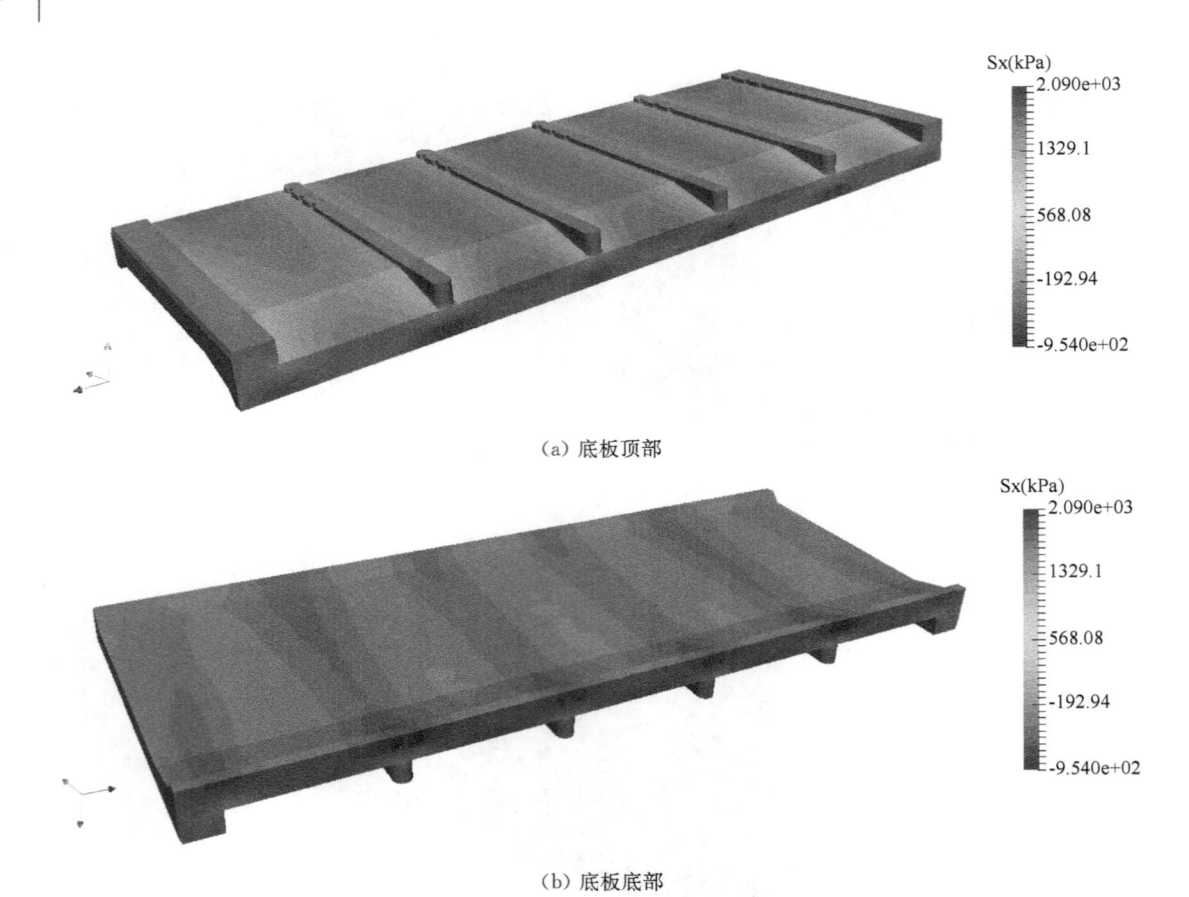

(b) 底板底部

图 8.4-52 连通闸底板垂直水流方向应力云图(单位:kPa)

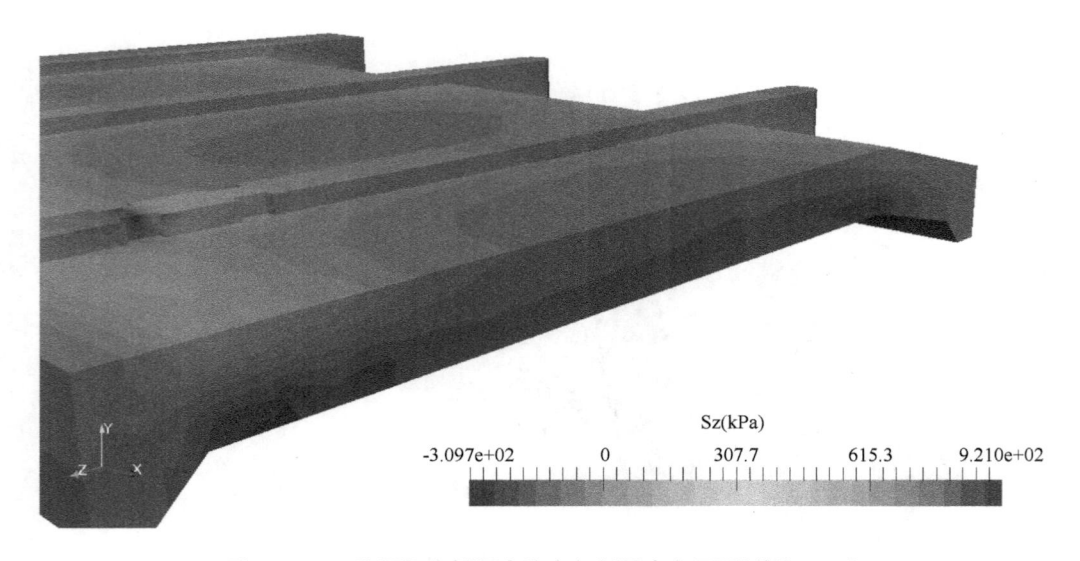

图 8.4-53 连通闸底板顺水流方向剖面应力云图(单位:kPa)

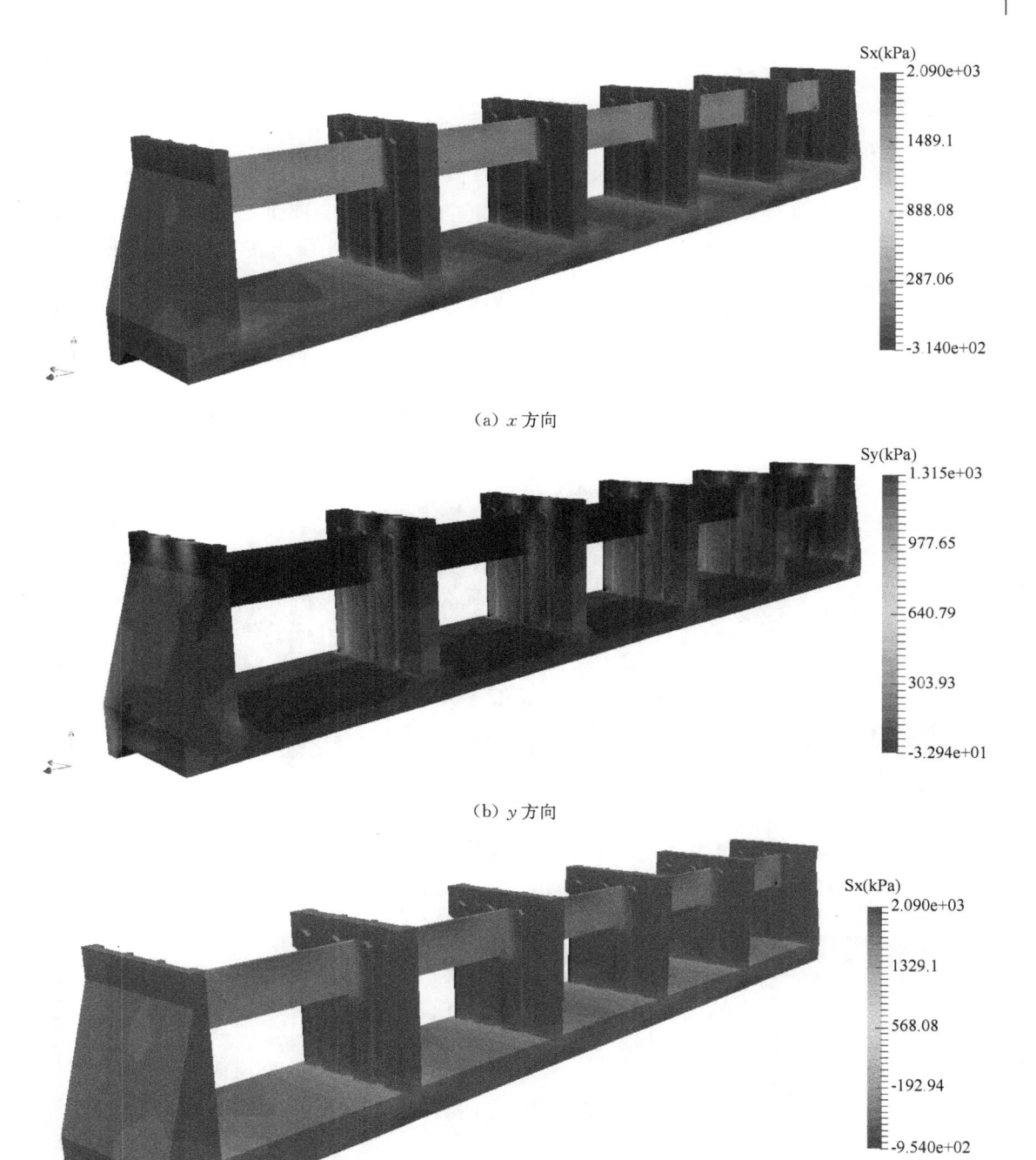

(a) x 方向

(b) y 方向

(c) z 方向

图 8.4-54 连通闸闸室剖面应力云图(单位:kPa)

发生在下游侧,为 0.880 MPa。最大压应力出现在闸墩底部附近,最大值约为 2.090 MPa。底板底面拉应力主要分布在闸墩处底部,最大值发生在下游边侧,为 0.954 MPa。底板顺河向底部受拉,最大值约 0.310 MPa。

4) 退水期应力变形计算结果

连通闸退水期位移计算云图如图 8.4-55～图 8.4-59 所示,应力计算结果如图 8.4-60～图 8.4-63 所示。从计算结果可知,连通闸垂直水流方向底板跨中顶面、闸墩处底面受拉,底板跨中底面受压。胸墙该方向上主要受压。闸室竖向主要以受压为主。闸墩底部竖向压应力较大,最大值约 1.937 MPa。闸室顺水流方向应力整体不大,水头差作用在该方向上产生了一定的拉应力,边墙挡土侧也有一定的拉应力区,最大拉应力值为 0.323 MPa。底板顶面拉应力主要分布在跨中,最大值发生在下游侧,为 0.988 MPa。最大压应力出现在边墙底部附近,最大值约 1.614 MPa。底板底面拉应力主要分布在闸墩处底部,最大值发生在下游边侧,为 1.014 MPa。底板顺河向底部受拉,最大值约 0.206 MPa。

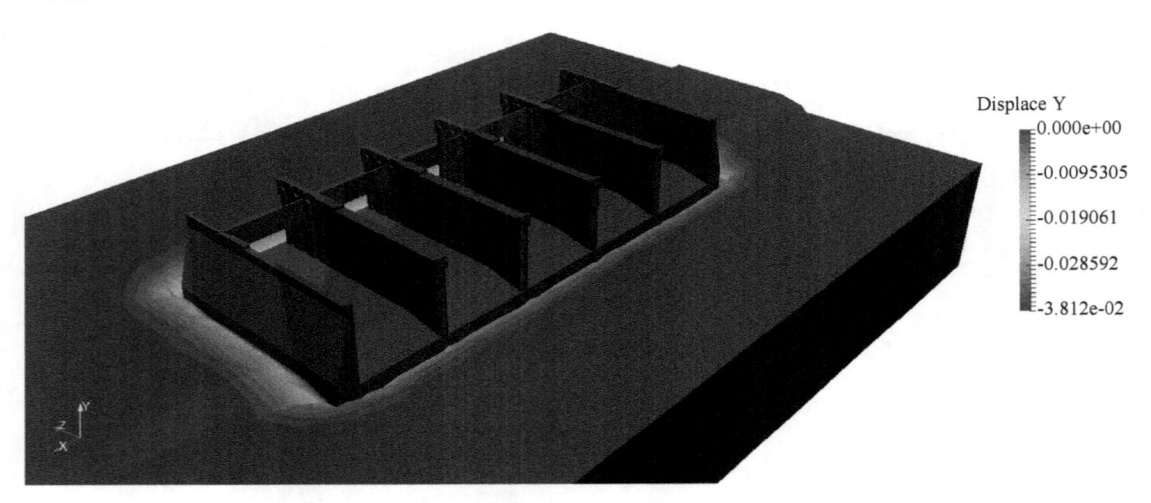

(a) 连通闸模型(放大 100 倍)

(b) 闸室(放大 200 倍)

图 8.4-55　退水期连通闸变形图(y 向位移着色,单位 m)

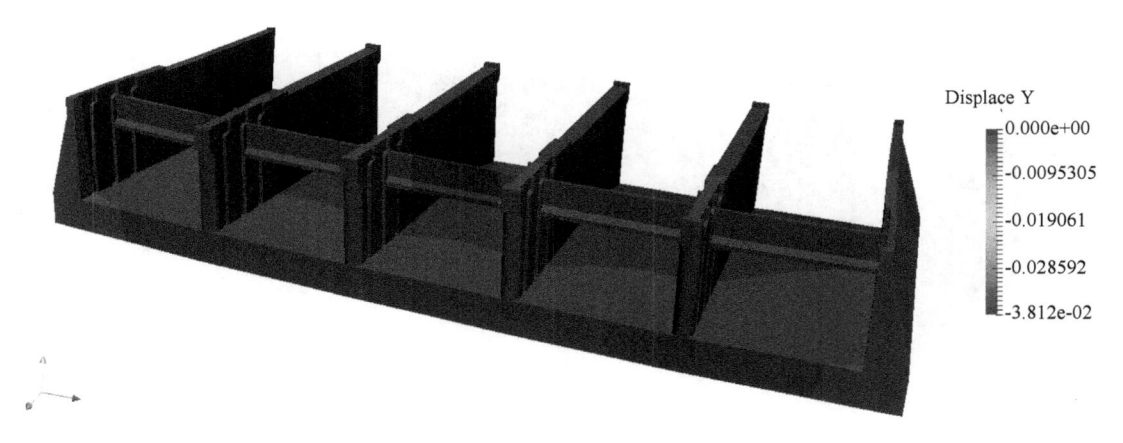

图 8.4-56　退水期连通闸闸室 y 向位移云图(单位:m)

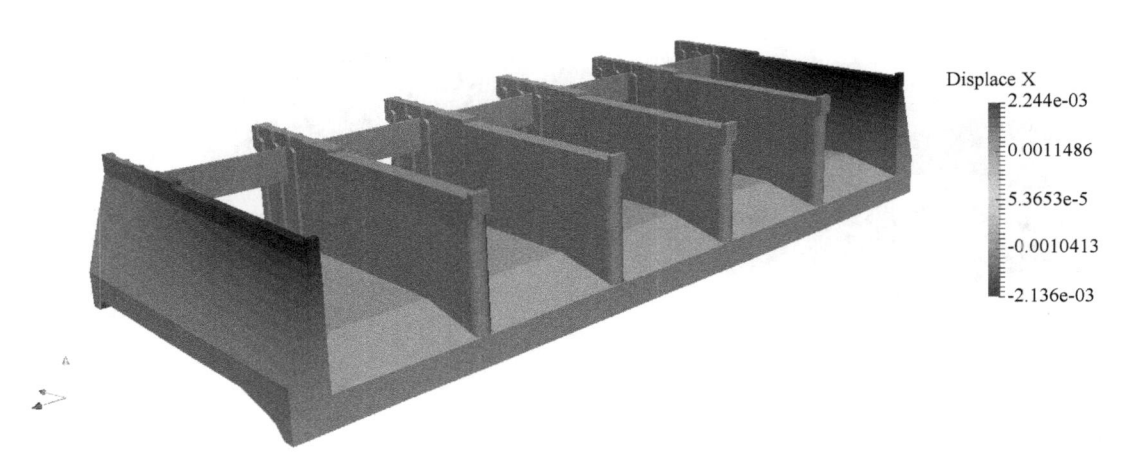

图 8.4-57　退水期连通闸闸室 x 向位移云图(单位:m)

图 8.4-58　退水期连通闸闸室 z 向位移云图(单位:m)

(a) x 方向

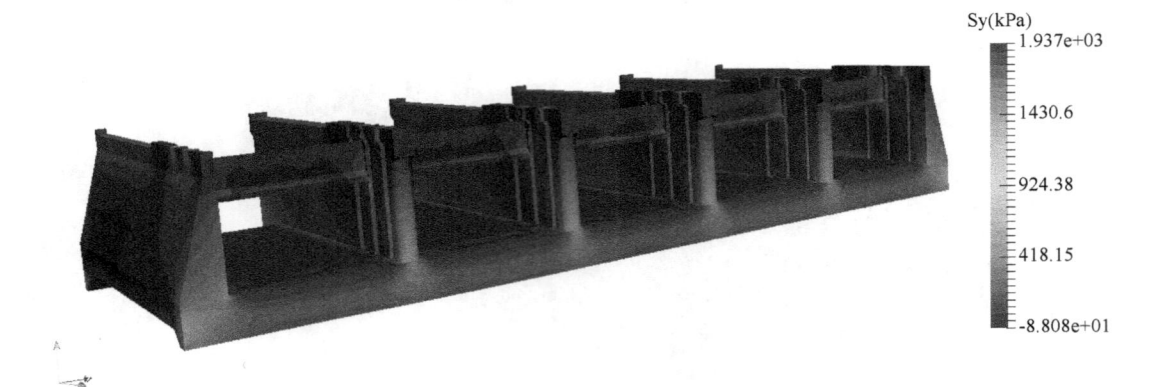

(b) y 方向

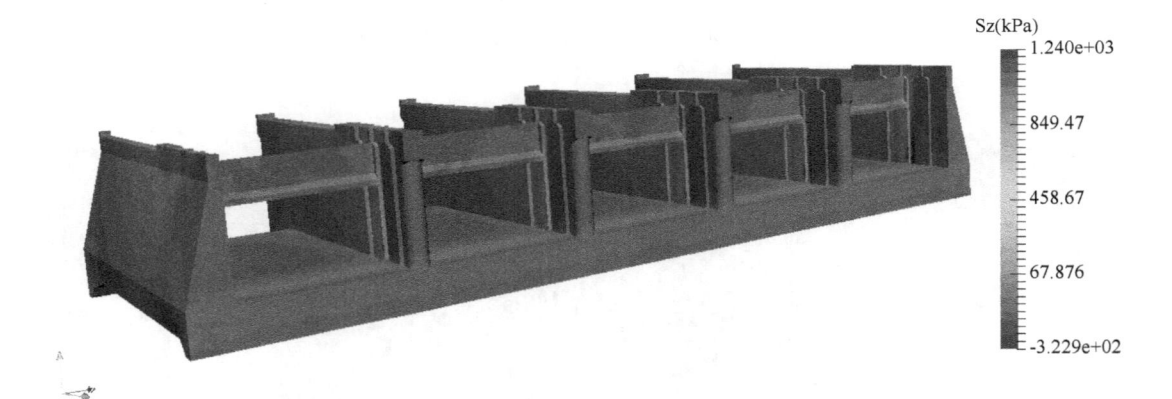

(c) z 方向

图 8.4-59 闸室三个方向应力云图(单位:kPa)

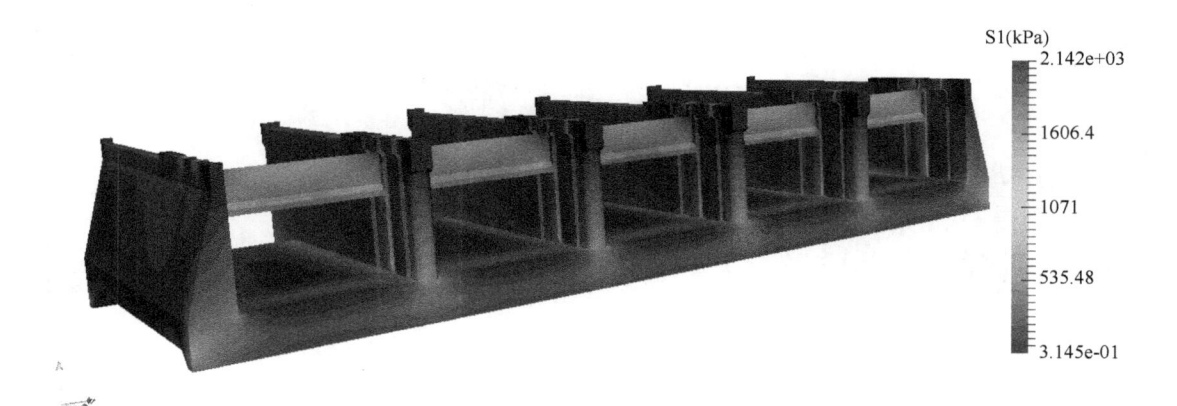

(a) 第一主应力

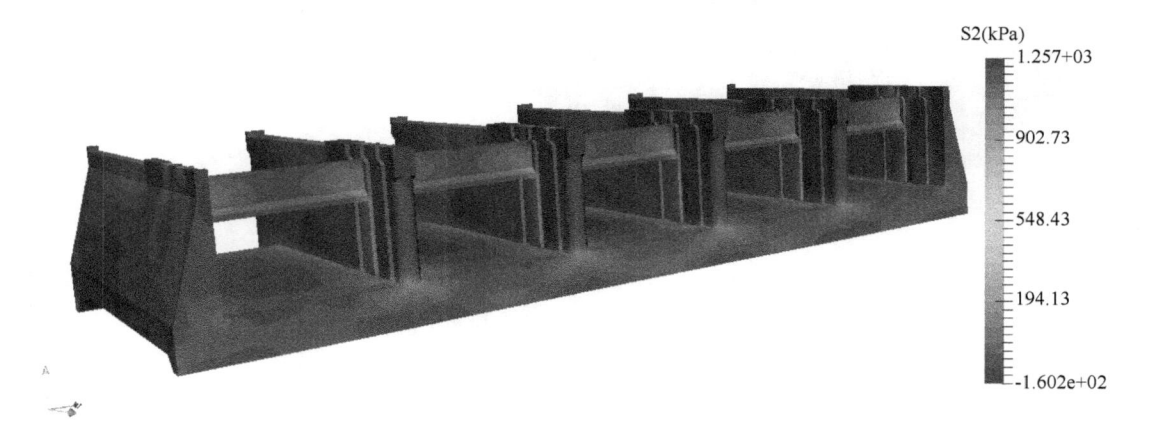

(b) 第二主应力

(c) 第三主应力

图 8.4-60　连通闸闸室主应力云图(单位:kPa)

(a) 底板顶部

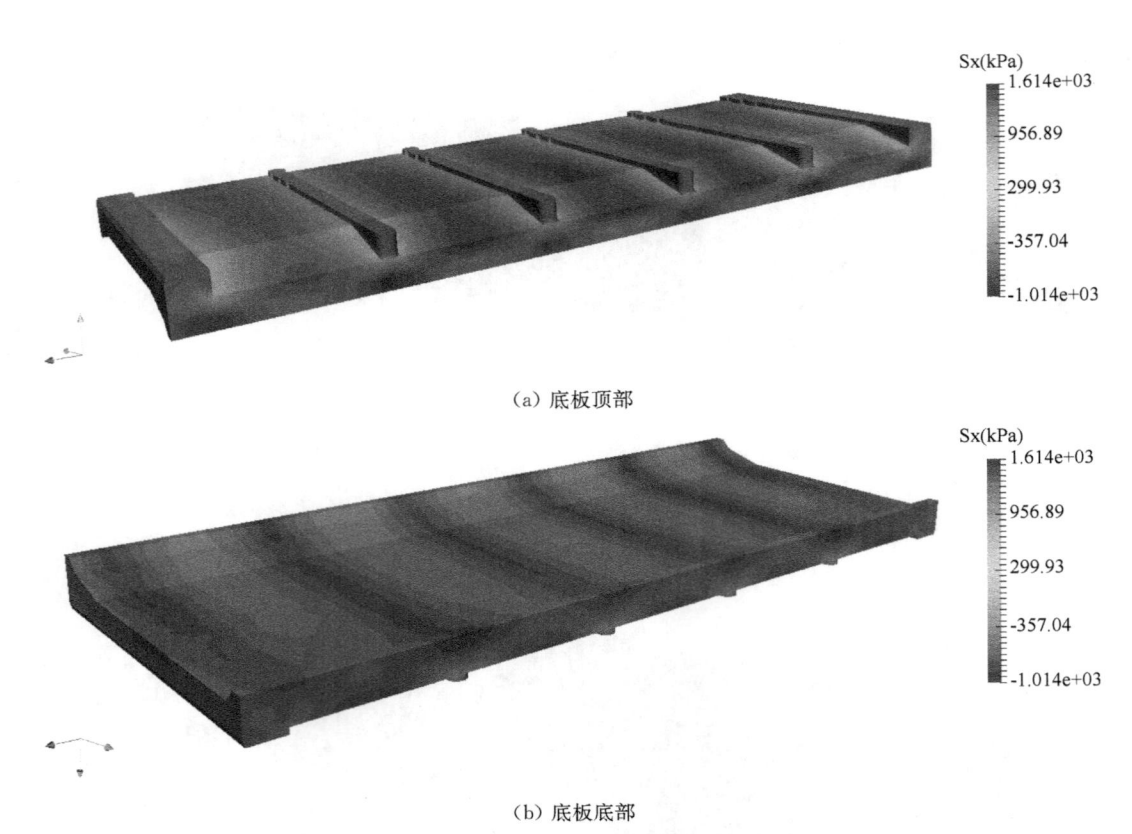

(b) 底板底部

图 8.4-61 连通闸底板垂直水流方向应力云图(单位:kPa)

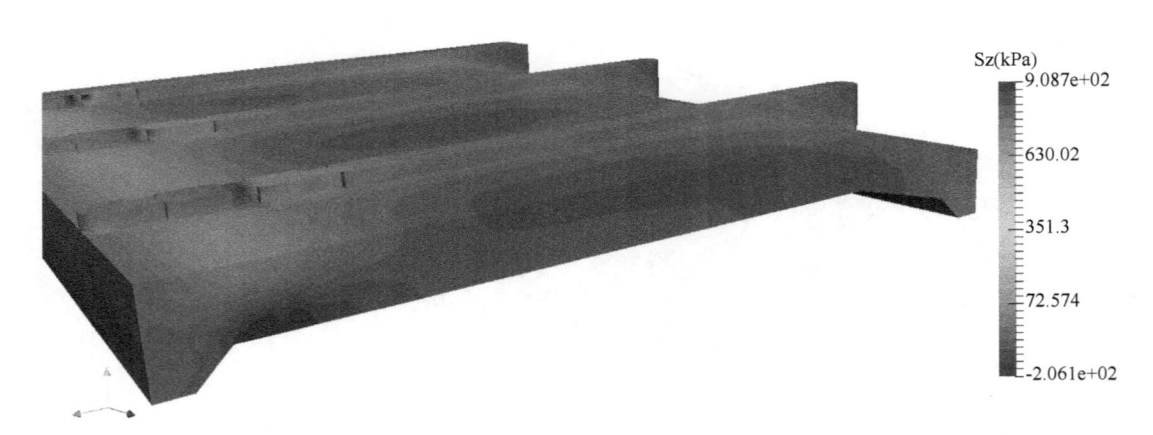

图 8.4-62 连通闸底板顺水流方向剖面应力云图(单位:kPa)

(a) x 方向

(b) y 方向

(c) z 方向

图 8.4-63 连通闸闸室剖面应力云图(单位:kPa)

5) 连通闸计算小结

连通闸各工况下控制点位移统计见表 8.4-14(其中 x 为垂直水流方向,y 为竖向,z 为顺水流方向),闸室位移计算最大值见表 8.4-15。

表 8.4-14　连通闸各工况控制点位移计算结果　　　　　　　　　　　　单位：cm

工况	控制点	边墩 U_x	边墩 U_y	边墩 U_z	中墩 U_x	中墩 U_y	中墩 U_z
枯水期	A	0.01	−3.48	−0.11	0	−3.48	−0.11
枯水期	B	0.13	−3.48	−0.19	0	−3.48	−0.19
枯水期	C	0.29	−4.05	−0.16	0	−4.05	−0.16
枯水期	D	0.01	−4.04	−0.13	0	−4.04	−0.13
滞洪期	A	0.01	−1.82	−0.13	0	−2.20	−0.13
滞洪期	B	0.13	−1.82	−0.29	0	−2.20	−0.29
滞洪期	C	0.18	−3.34	−0.29	0	−3.71	−0.29
滞洪期	D	0.01	−3.36	−0.13	0	−3.71	−0.13
退水期	A	0.01	−1.90	−0.26	0	−2.00	−0.26
退水期	B	0.12	−2.02	−0.38	0	−2.01	−0.36
退水期	C	0.24	−3.80	−0.32	0	−3.80	−0.32
退水期	D	0.01	−3.80	−0.26	0	−3.80	−0.26

表 8.4-15　闸室位移计算最大值统计表　　　　　　　　　　　　单位：cm

工况	U_x	U_y	U_z	基底最大沉降差
枯水期	0.288	4.059	0.190	0.577
滞洪期	0.179	3.717	0.286	1.264
退水期	0.224	3.812	0.381	1.412

计算结果显示，枯水期结构最大沉降发生在闸室中墩处偏下游侧，最大值达到 4.05 cm，该工况下基底沉降较为均匀，最大沉降差约为 0.577 cm。顺河向位移较小，最大值为 0.190 cm。横河方向上由于闸室直接挡土，临土侧边墙有一定位移，最大值达到 0.288 cm，发生在墙顶下游侧。

滞洪期由于扬压力的作用，闸室沉降较枯水期减小，最大沉降发生在闸室偏下游侧，为 3.717 cm，最大沉降差增至 1.264 cm，在水压力作用下，顺河向的位移最大值为 0.286 cm，发生在中联闸墩顶部。横河方向上最大位移为 0.179 cm。退水工况下下游水位降低，闸室的最大沉降量增大，为 0.381 cm，位置与上 2 个工况相同，最大沉降差为 1.412 cm。由于水头差增大，顺河向位移进一步增大至 0.381 cm，横河位移则为 0.224 cm。

连通闸应力计算结果见表 8.4-16。由表可知，枯水期，闸室主要荷载为结构自重，竖向主要为受压，闸墩底部压应力较大，最大值约 3.465 MPa；闸室顺水流方向应力整体不大，边墙受土压力作用，胸墙附近临土侧产生一定拉应力，最大值为 0.257 MPa，底板底部也出现拉应力，最大值为 0.119 MPa；垂直水流方向底板跨中顶面、闸墩处底面受拉，最大值出现在下游侧底面，为 1.311 MPa。主应力结果显示，闸墩主要受压，底部主压应力较大，最大约为 3.910 MPa，底板最大主拉应力为 1.552 MPa。

表 8.4-16　连通闸应力计算结果　　　　　　　　　　　单位：MPa

应力		正应力			主应力	
		σ_x	σ_y	σ_z	σ_1	σ_3
枯水期	max	2.763	3.465	1.017	3.910	0.187
	min	−1.310	−0.119	−0.257	−0.086	−1.552
滞洪期	max	2.090	2.332	1.247	2.495	0.290
	min	−0.954	−0.085	−0.326	−0.029	−1.254
退水期	max	1.614	1.937	1.240	2.142	0.260
	min	−1.014	−0.088	−0.323	−0.031	−1.203

滞洪期，受上下水头差的作用，顺水流方向应力增大，底板底部最大拉应力达到 0.954 MPa。竖直方向上主要为受压，闸墩底部压应力较大，最大值约 2.332 MPa。垂直水流方向底板跨中顶面、中墩处底面附近受拉，最大值出现在下游侧，为 0.954 MPa，底板跨中底面及闸墩底部受压，最大值约为 2.090 MPa。主应力结果显示，闸墩主要受压，底部压应力较大，最大约为 2.495 MPa，底板最大拉应力为 1.254 MPa。退水工况下，顺水流方向底板底部最大拉应力达到 1.203 MPa。竖直方向上主要为受压，闸墩底部压应力较大，最大值约 1.937 MPa。垂直水流方向底板跨中顶面、中墩处底面附近受拉，最大值约为 1.104 MPa。

8.4.3　退水闸结构安全复核

退水闸位于黄良铁路桥上游 500 m、马厂水库的尾堤上，上游最高水位 50.50 m 时，泄流量 400 m³/s。闸室为平底板开敞式，底板高程为 45.80 m，共 8 孔，每孔净宽 7 m，中墩厚 1.2 m，缝墩厚 2.0 m。闸门为弧行钢闸门，固定式卷扬启闭机。闸室上部设有检修桥、机架桥和交通桥。闸室上游接长 15 m、厚 0.5 m 的钢筋混凝土铺盖，铺盖前为长 15 m、厚 0.5 m 的浆砌块石护底和长 10 m、厚 0.5 m 的干砌石护底。闸室下游为长 15 m、厚 0.8 m 钢筋混凝土消力池，池深 1.2 m，池底板高程 43.8 m，消力池下游接钢筋混凝土护坦，下接长 40 m、厚 0.5 m 的浆砌块石海漫，海漫末端设 3 m 深混凝土防冲墙，海漫以 1:20 正坡与抛石防冲槽相接，防冲槽后以 1:10 反坡与退水渠衔接，退水渠渠首底高程 45.80 m，底坡 1/1 000，平均宽 150 m。

1. 水力复核

1) 泄流能力复核

连通闸采用平底板开敞式平板门，采用平底宽顶堰公式进行计算，计算公式为：

$$Q = B_0 \sigma \varepsilon m \sqrt{2g} H_0^{3/2}$$

式中：B_0——闸孔总净宽，m；

　　　Q——过闸流量，m³/s；

　　　H_0——计入行近流速水头的堰上水深，对于闸前水面较宽的水闸，不应计入行近流速，m；

　　　g——重力加速度，取 9.81 m/s²；

　　　m——堰流流量系数，可采用 0.385；

　　　ε——堰流侧收缩系数。

闸前上游水位为 50.50 m 时,进水闸泄流能力分别为 914.22 m³/s,大于设计流量 400 m³/s,泄流能力满足要求。

2) 消能防冲计算

计算工况:闸上游水位为 50.50 m,过闸流量为 400 m³/s,单宽流量为 7.14 m³/(s·m)。

按照以下公式计算消能防冲:

$$d = \sigma_0 h''_c - h'_s - \Delta z$$

$$h''_c = \frac{h_c}{2}\left(\sqrt{1+\frac{8\alpha q^2}{gh_c^3}}\right)\left(\frac{b_1}{b_2}\right)^{0.25}$$

$$h_c^3 - T_0 h_c^2 + \frac{\alpha q^2}{2g\varphi^2} = 0$$

式中:d——消力池深度,m;

T_0——由消力池地板顶面起算的总势能,m;

h''_c——跃后水深,m;

h_c——收缩水深,m;

α——水流动能校正系数,取 1.05;

q——单宽流量,m²/s;

φ——流速系数,取 0.95;

σ_0——水跃淹没系数,取 1.05;

h'_s——出池河床水深,m;

Δz——出池落差,m。

$$L_{sj} = L_s + \beta L_j$$
$$L_j = 6.9(h''_c - h_c)$$

式中:L_{sj}——消力池长度,m;

L_j——水跃长度,m;

L_s——消力池斜坡段水平投影长度,m;

β——水跃长度矫正系数,取 0.8。

经计算,消力池深度为 0.935 m,实际消力池深度为 1.2 m,满足要求;消力池长度 17.694 m,实际消力池长为 33 m,满足要求。

2. 结构复核

1) 计算原理

见 8.4 节。

2) 计算工况

根据《水闸设计规范》,参考滞洪水库调度运用方案,进水闸闸室整体稳定计算考虑工况如下:①枯水期,进水闸闸前和闸后均无水;②设计洪水位工况,即滞洪期退水闸上游马厂水库到达最高水位 50.50 m,下游无水。退水闸闸室整体稳定计算的工况见表 8.4-17,计算中扬压力由渗流计算得到。

表 8.4-17　退水闸计算工况　　　　　　　　　　　　　　　单位:m

水闸	工况	水位 上游	水位 下游
退水闸	枯水期	无水	无水
	滞洪期	50.50	无水

退水闸不同工况下计算简图见图 8.4-64、图 8.4-65。

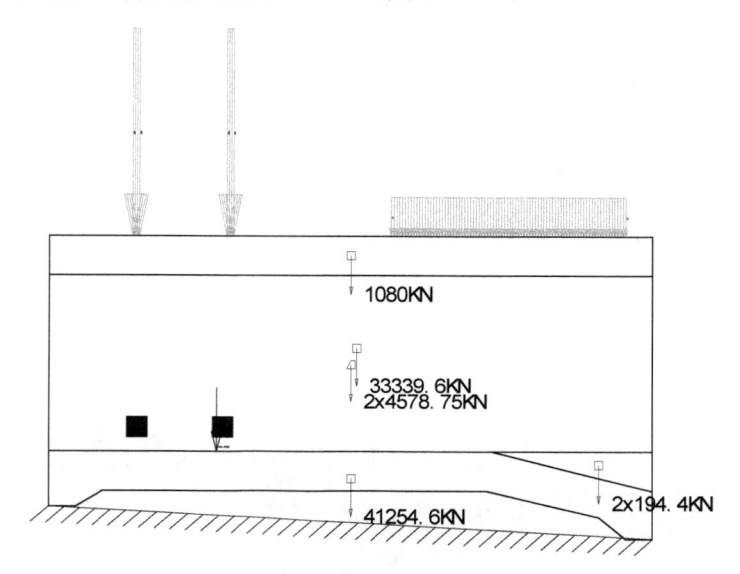

图 8.4-64　枯水期稳定计算简图

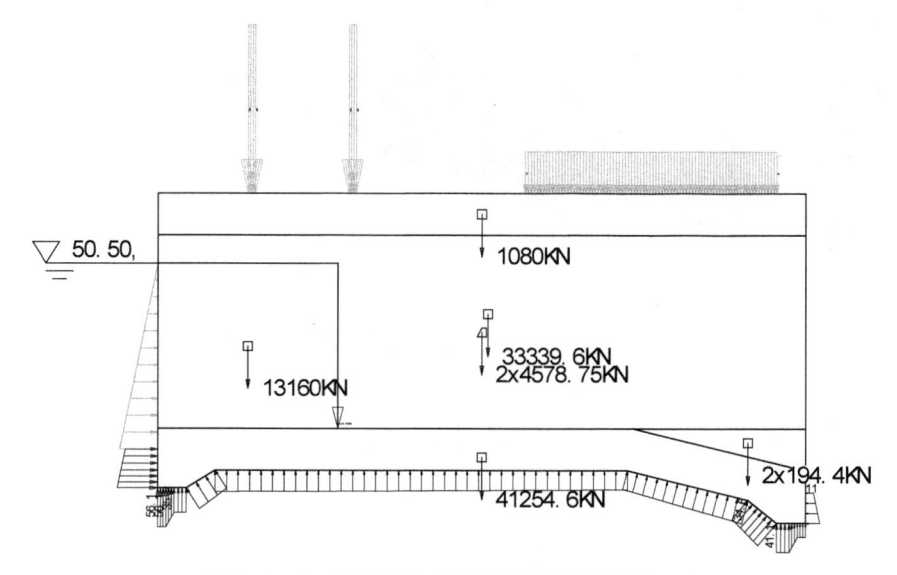

图 8.4-65　滞洪期稳定计算简图(水位单位:m)

3）计算结果

退水闸枯水期及滞洪期的闸室稳定计算结果见表8.4-18。

表8.4-18　退水闸稳定计算结果

工况	闸室基底应力(kPa) P_{max}	P_{min}	P	不均匀系数 计算值	抗滑安全系数 计算值
枯水期	81.10	75.88	78.49	1.07	无
滞洪期	71.13	48.28	59.70	1.47	1.62

退水闸为2级建筑物，滞洪期和退水期的抗滑稳定系数容许值为1.30，不均匀系数容许值为2.50。退水闸基础为细砂层，承载力标准值 $f_{ak}=140$ kPa。由计算结果可知，退水闸在计算的各工况下，不均匀系数和抗滑稳定系数均小于规范容许值，满足规范要求。基底平均应力在枯水期达到最大，为78.49 kPa，小于地基承载力，满足规范要求。

3. 退水闸三维有限元计算分析

1）计算模型

根据连通闸竣工图，建立计算模型，并进行有限元网格划分，如图8.4-66所示，节点数目为63 400，单元数目为290 457，接触面单元数目为7 997。

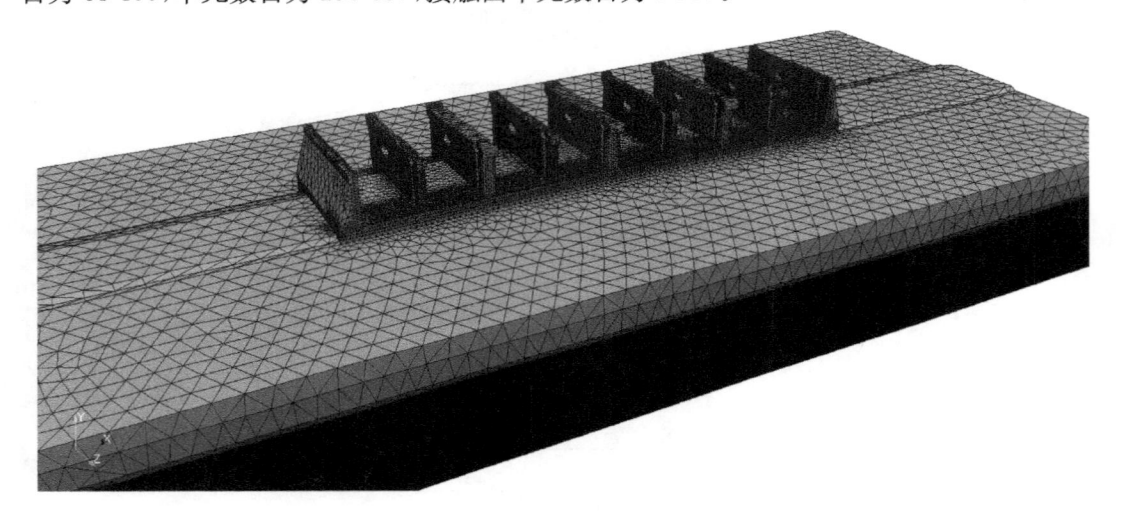

图8.4-66　退水闸有限元模型

退水闸三维静力计算主要考虑的荷载为结构自重、水压力、基底扬压力、土压力等。退水闸主要考虑以下工况，见表8.4-19。

表8.4-19　退水闸计算工况　　　　　　　　　　　　　　　单位：m

工况	水位 上游	下游
枯水期	无水	无水
滞洪期	50.50	无水

根据《永定河滞洪水库工程初步设计阶段工程地质勘察报告》,进水闸基础主要地层有砾石层、圆砾及卵石层,相应土层计算参数根据初步设计地勘报告及补充地勘报告相关土层参数建议值选取,闸室混凝土参数根据经验选取,具体见表8.4-20。

表8.4-20 材料力学参数取值

地层名称	容重(kN/m³)	弹性模量(MPa)	泊松比
闸身混凝土	24.0	2.25×10^4	0.167
细砂	18.5	2.6×10^2	0.20
壤土	19.2	2.3×10^2	0.30

计算模型中,x方向为垂直水流方向右岸,y方向为竖向指向上方,z方向为顺水流方向指向上游,并选取三个剖面上的四个角点列出位移值,如图8.4-67所示。

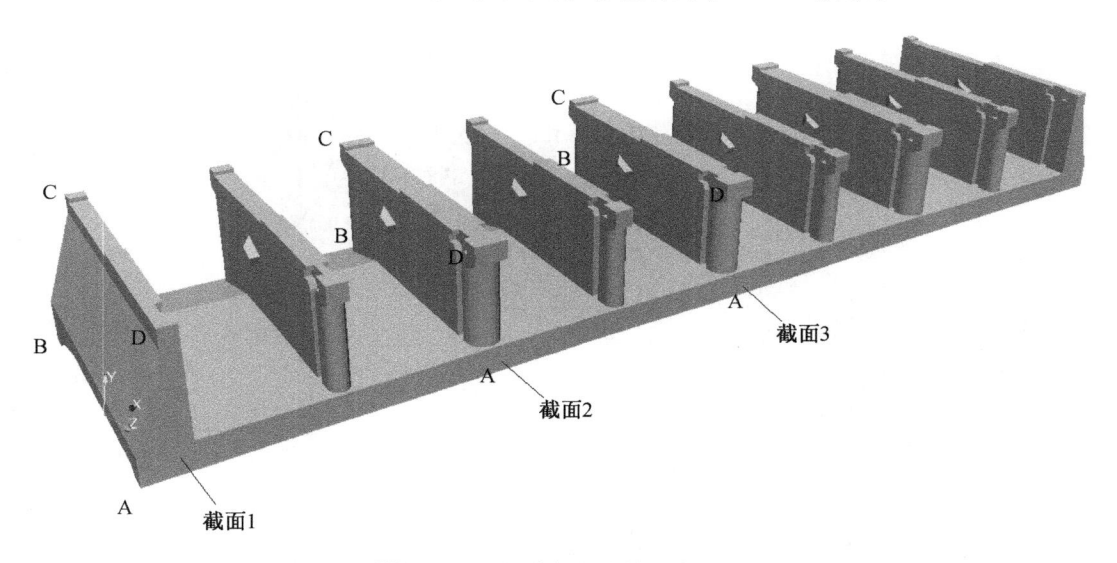

图8.4-67 退水闸位移控制点位置

2) 枯水期应力变形计算结果

退水闸枯水期位移计算结果云图如图8.4-68~图8.4-71所示,应力计算云图如图8.4-72~图8.4-76所示。从计算结果可以看出,垂直水流方向底板跨中顶面、闸墩处底面受拉,底板跨中底面受压。闸室竖向主要以受压为主。闸墩底部竖向压应力较大,最大值约1.900 MPa。边墙挡土,最大竖向拉应力约0.600 MPa。闸室顺水流方向应力整体不大,底板底面中部有拉应力区,最大值为0.291 MPa。底板顶面拉应力主要分布在跨中,最大值发生在上游侧,为0.799 MPa。最大压应力出现在闸墩底部附近,最大值约为0.800 MPa。底板底面拉应力主要分布在中墩处底部,最大值发生在下游边侧,为0.721 MPa。压应力出现在底板跨中底面,最大值0.866 MPa。底板顺河向底部受拉,最大值约0.291 MPa。

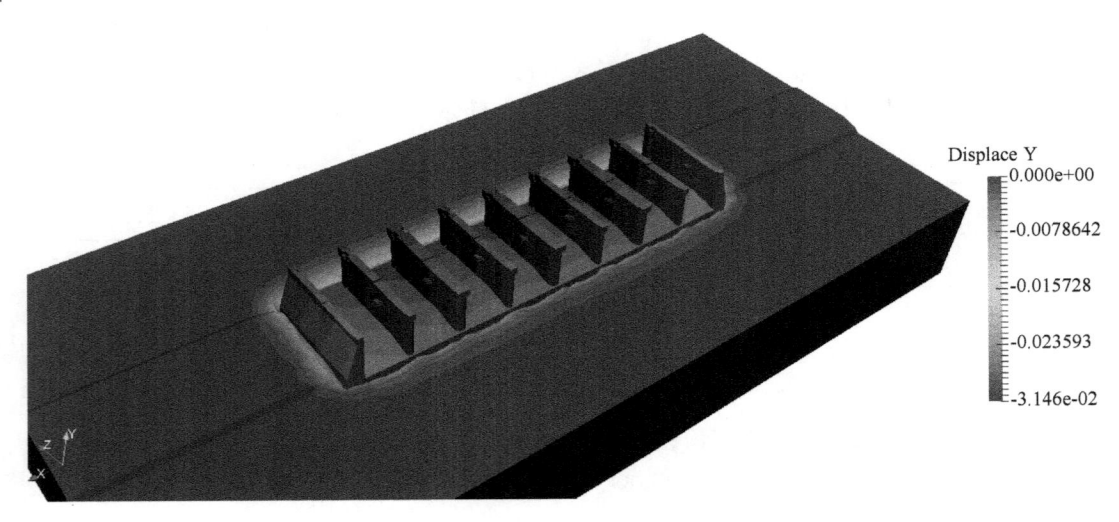

(a) 退水闸模型(放大100倍)

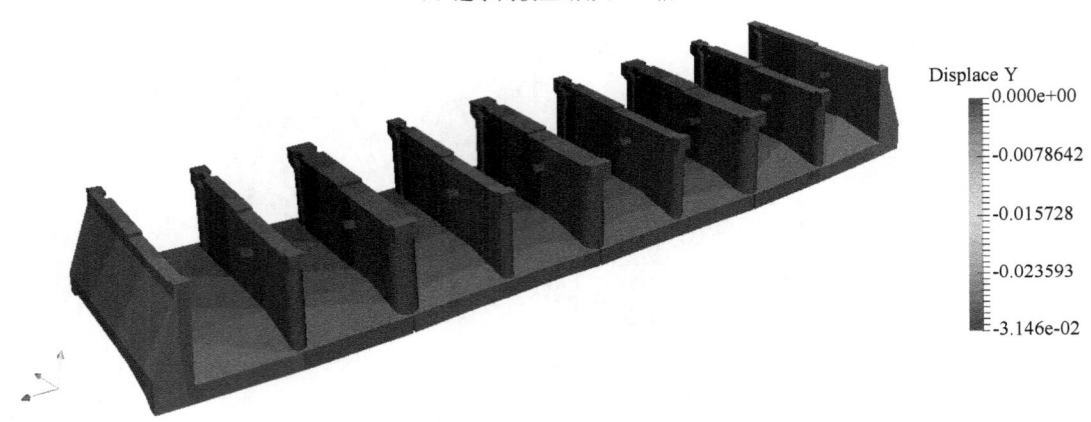

(b) 闸室(放大500倍)

图 8.4-68　枯水期退水闸变形图(y 向位移着色,单位 m)

图 8.4-69　枯水期退水闸闸室 y 向位移云图(单位:m)

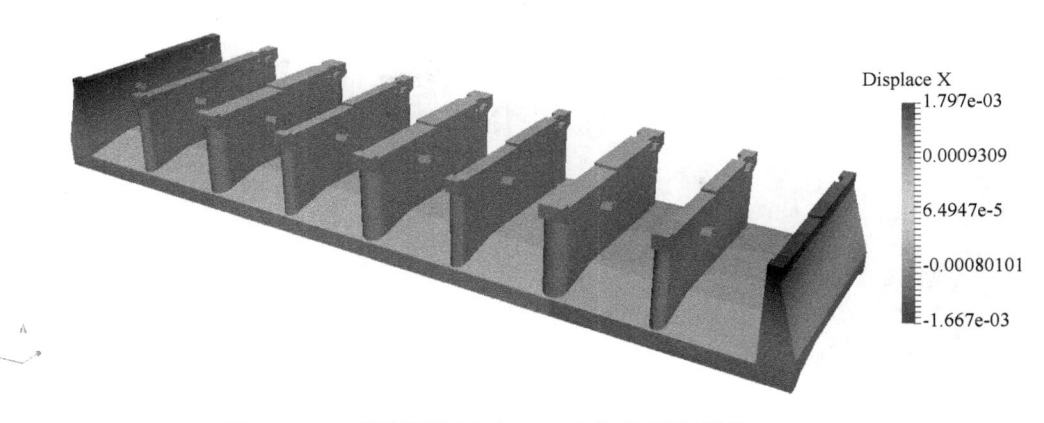

图 8.4-70 滞洪期退水闸闸室 x 向位移云图(单位:m)

图 8.4-71 滞洪期退水闸闸室 z 向位移云图(单位:m)

(a) x 方向

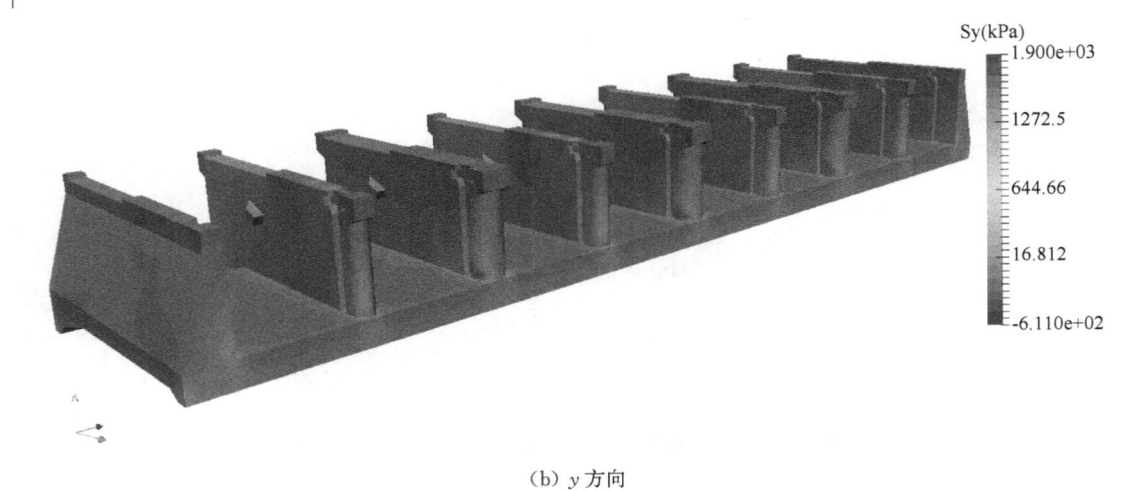

(b) y 方向

(c) z 方向

图 8.4-72　闸室三个方向应力云图(单位:kPa)

(a) 第一主应力

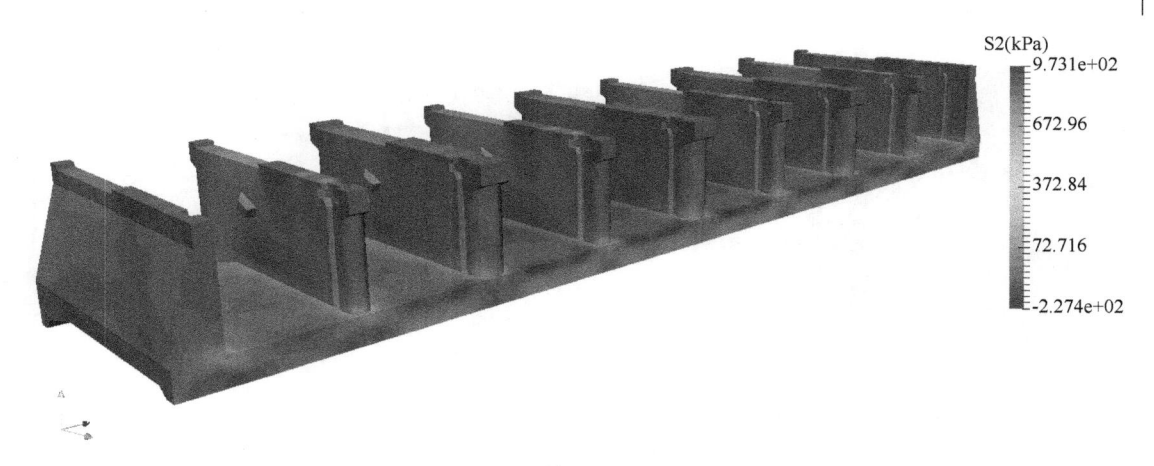

(b) 第二主应力

(c) 第三主应力

图 8.4-73 退水闸闸室主应力云图(单位:kPa)

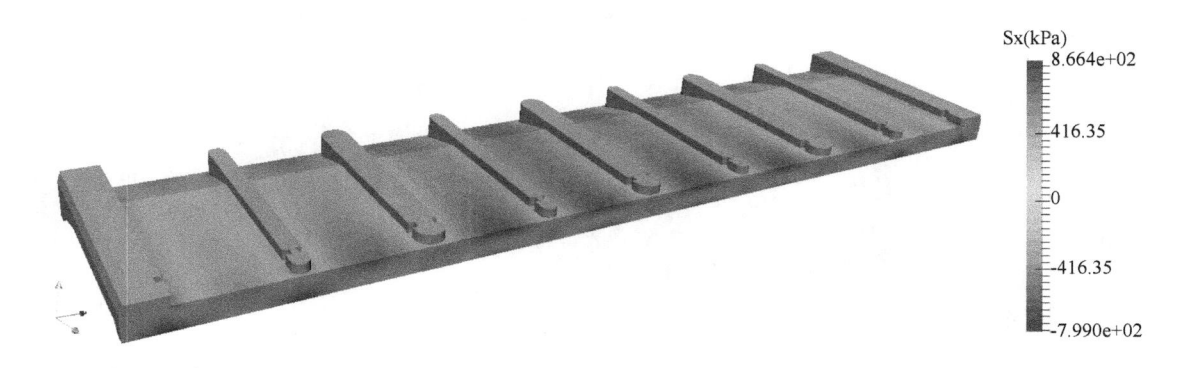

(a) 底板顶部

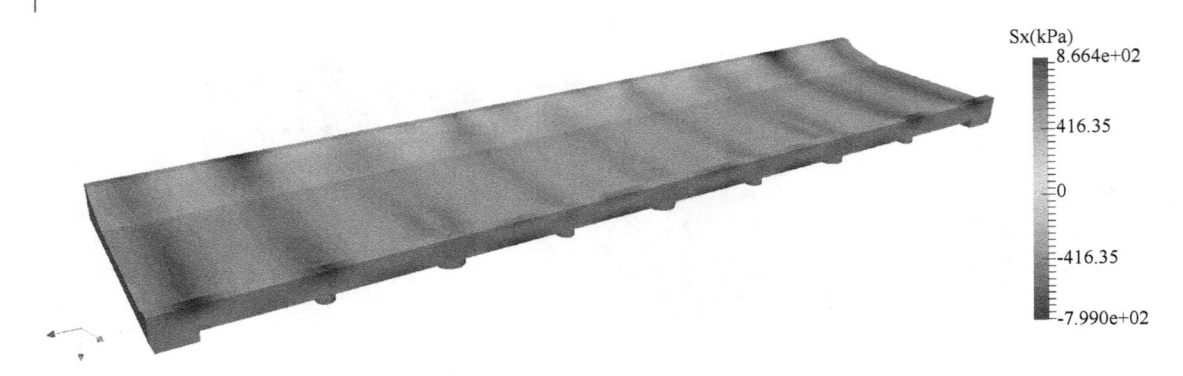

(b）底板底部

图 8.4-74　退水闸底板垂直水流方向应力云图（单位：kPa）

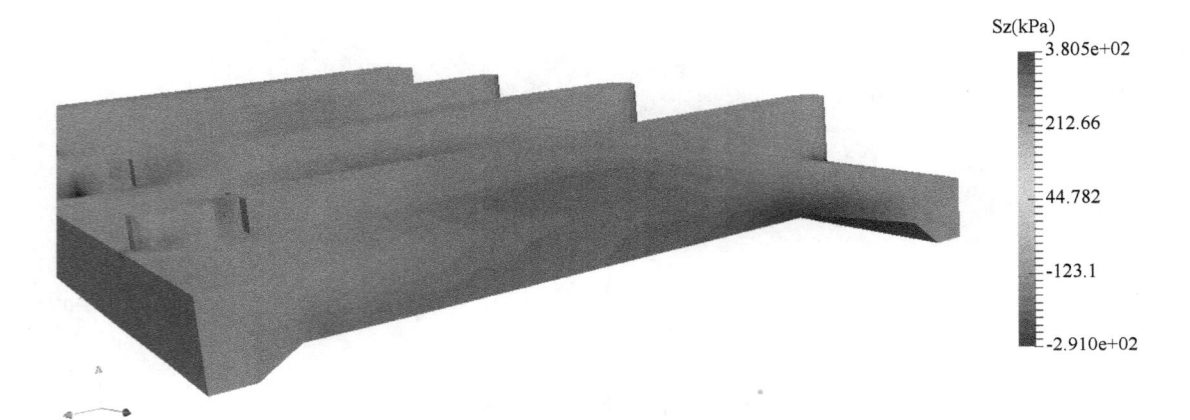

图 8.4-75　退水闸底板顺水流方向剖面应力云图（单位：kPa）

(a) x 方向

(b) y 方向

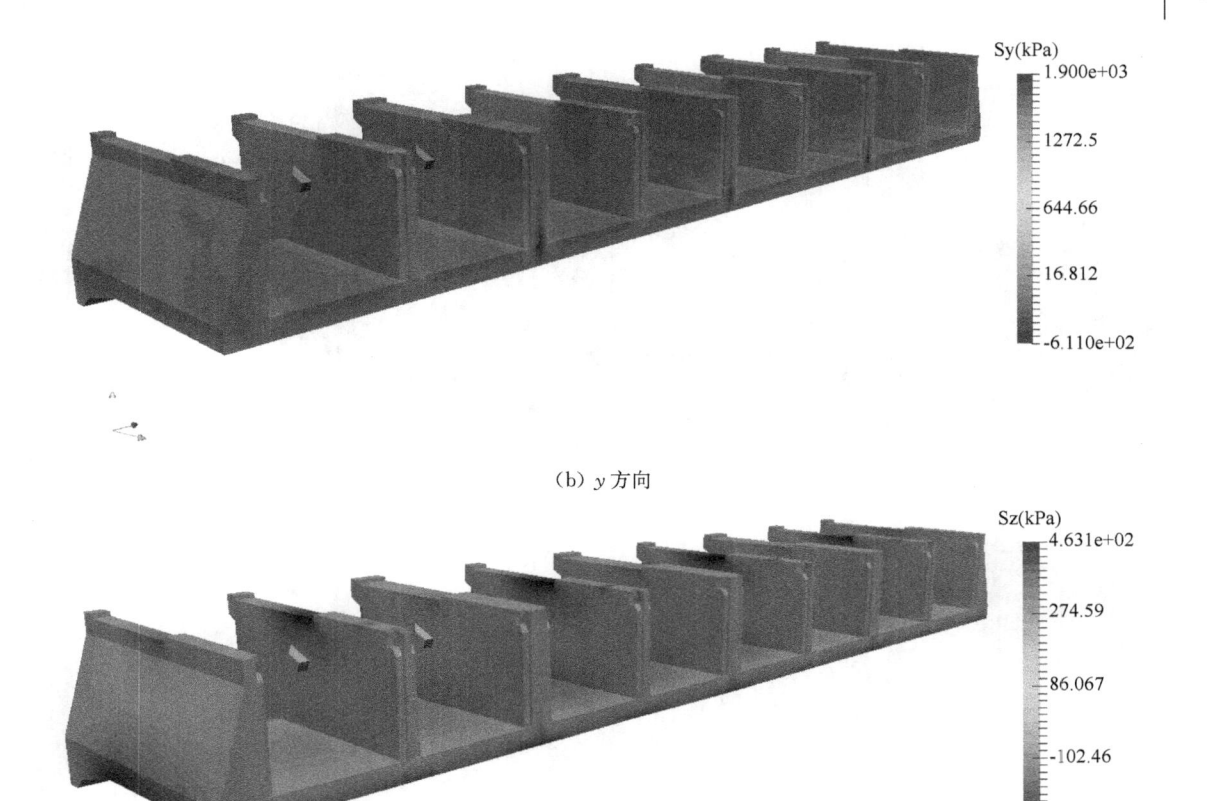

(c) z 方向

图 8.4-76　退水闸闸室剖面应力云图(单位:kPa)

3) 滞洪期应力变形计算结果

退水闸枯水期位移计算结果云图如图 8.4-77～图 8.4-80 所示,应力计算云图如图 8.4-81～图 8.4-84 所示。从计算结果可以看出,垂直水流方向底板跨中顶面、闸墩处底面受拉,底板跨中底面受压。闸室竖向主要以受压为主。闸墩底部竖向压应力较大,最大值约 1.434 MPa。边墙由于挡土受拉,最大拉应力约 0.525 MPa。闸室顺水流方向应力整体不大,受水头差作用,底板顶面中部有拉应力,最大值为 0.240 MPa。底板顶面拉应力主要分布在跨中,最大值为 0.682 MPa。最大压应力出现在闸墩底部附近及底板跨中底面,最大值约为 0.805 MPa。底板底面拉应力主要分布在中墩处底部,最大值约为 0.680 MPa。压应力出现在底板跨中底面,最大值为 0.802 MPa。底板顺河向底部受拉,最大值约 0.320 MPa。

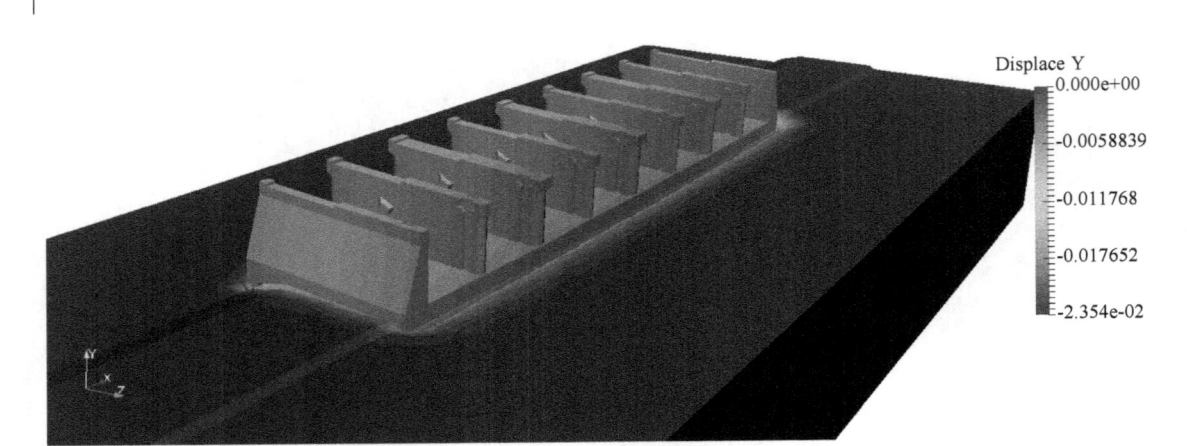

(a) 退水闸模型(放大100倍)

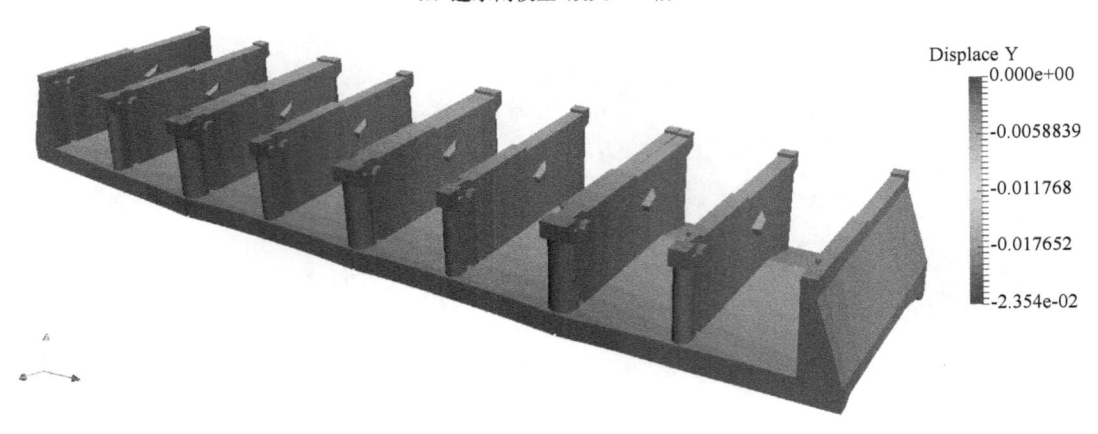

(b) 闸室(放大300倍)

图 8.4-77　滞洪期退水闸变形图(y 向位移着色,单位 m)

图 8.4-78　滞洪期退水闸闸室 y 向位移云图(单位:m)

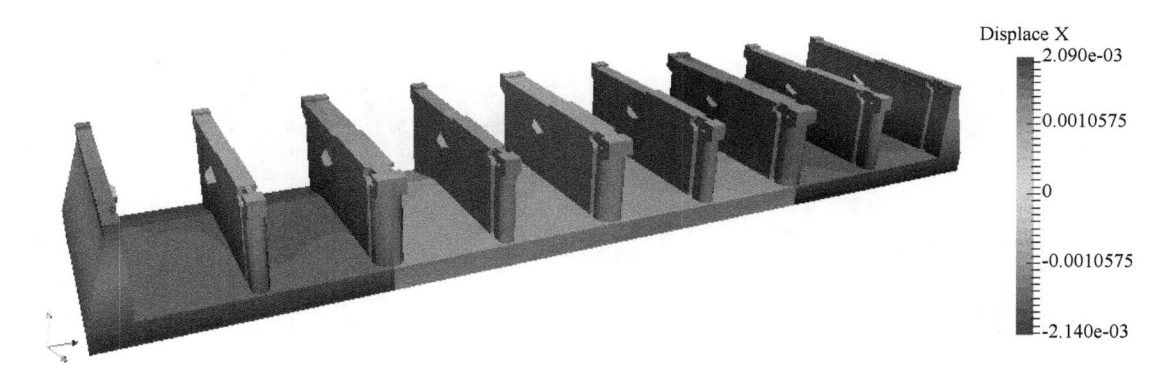

图 8.4-79　滞洪期退水闸闸室 x 向位移云图(单位:m)

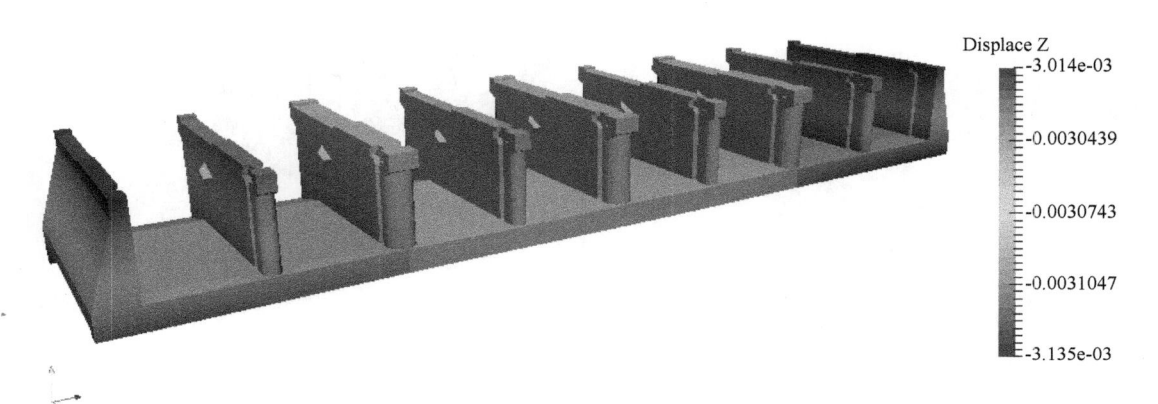

图 8.4-80　滞洪期退水闸闸室 z 向位移云图(单位:m)

(a) x 方向

(b) y 方向

(c) z 方向

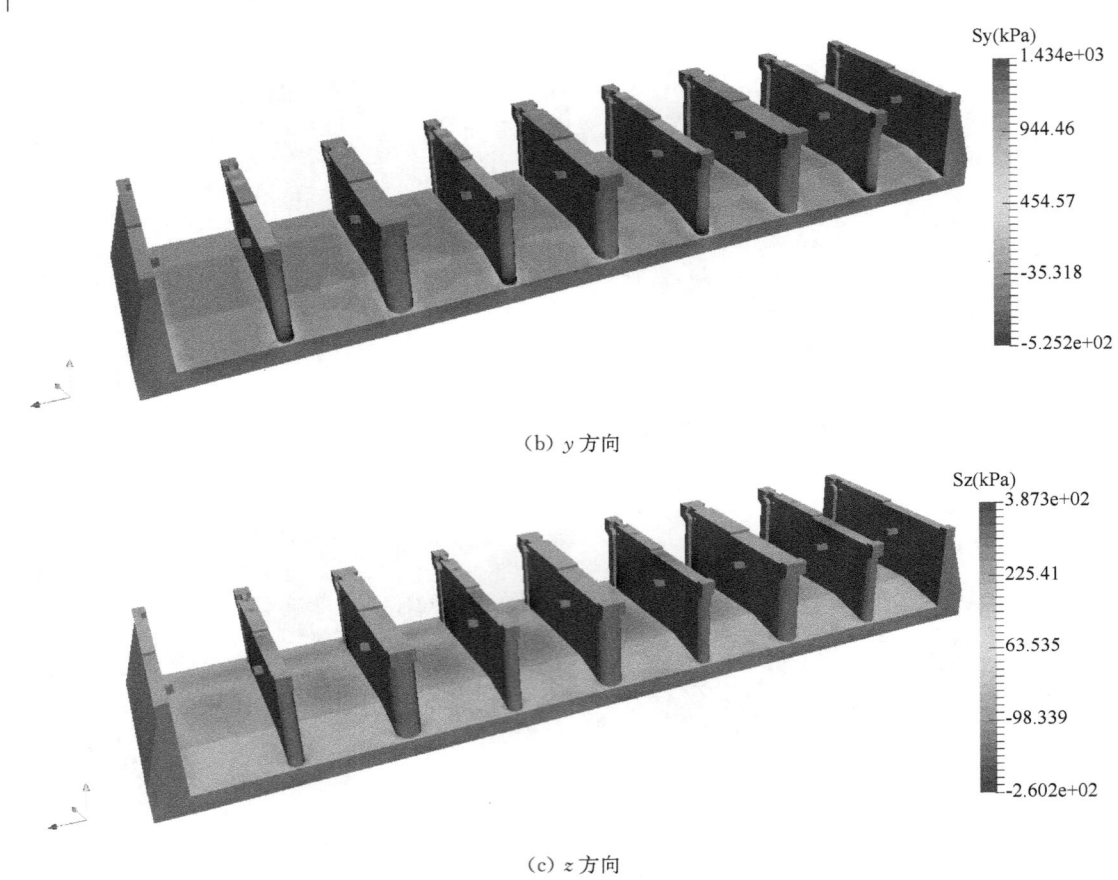

图 8.4-81　退水闸闸室三个方向应力云图（单位：kPa）

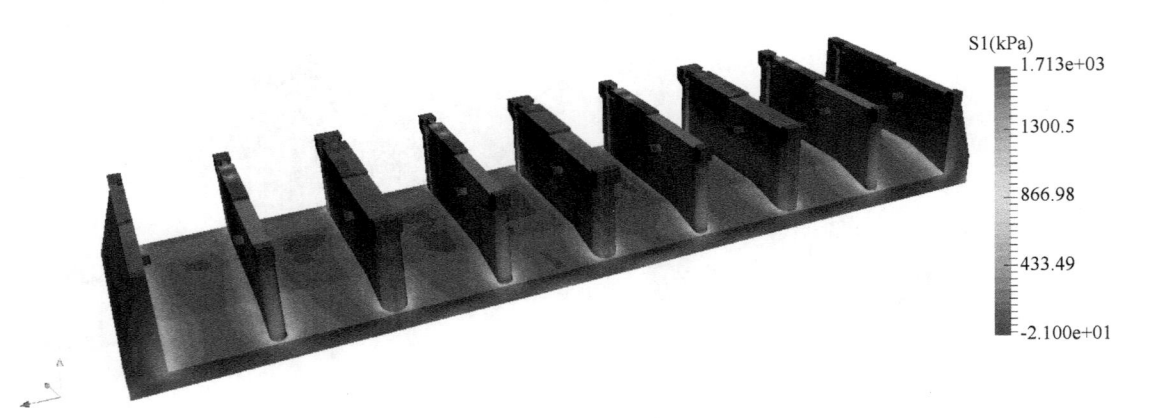

(a) 第一主应力

(b) 第二主应力

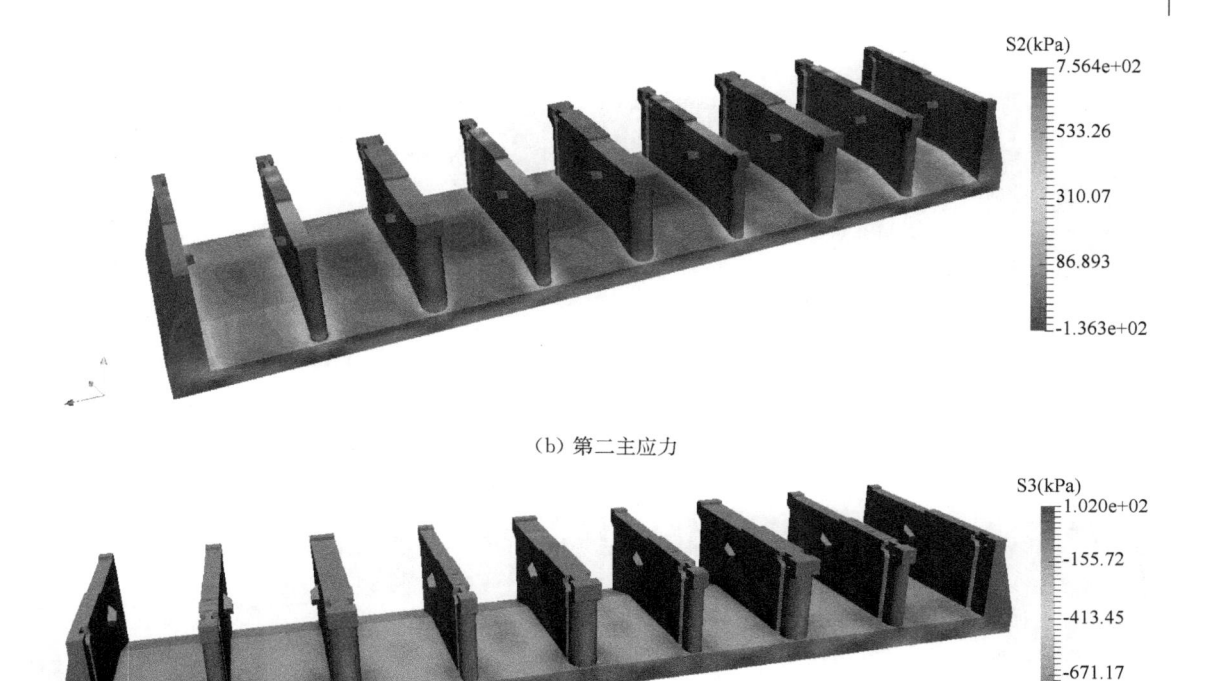

(c) 第三主应力

图 8.4-82 退水闸闸室主应力云图(单位:kPa)

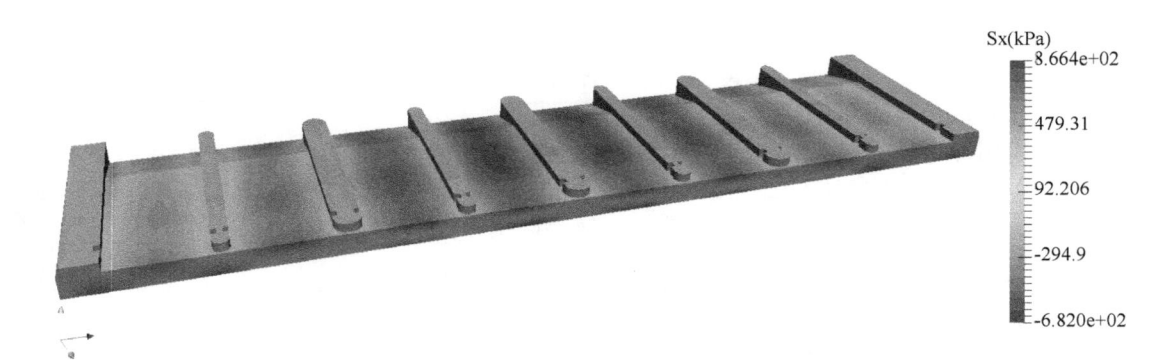

(a) 底板顶面

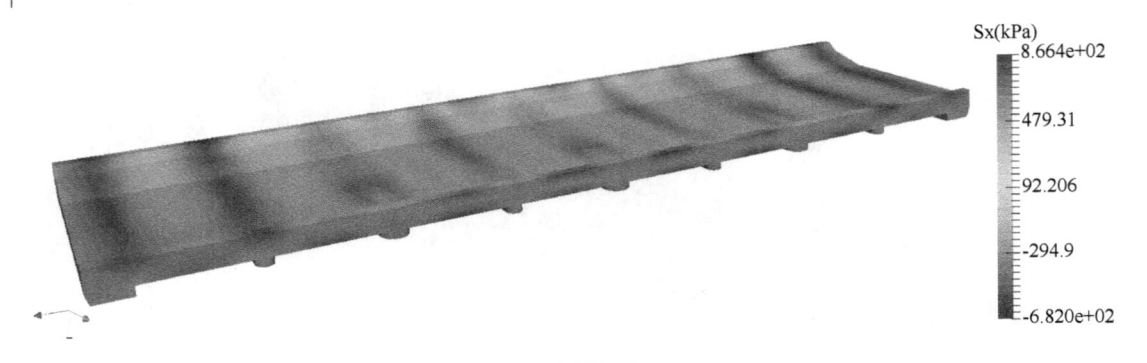

(b) 底板底面

图 8.4-83　退水闸底板垂直水流方向应力云图(单位:kPa)

图 8.4-84　退水闸底板顺水流方向剖面应力云图(单位:kPa)

4) 退水闸计算小结

退水闸各工况下控制点位移统计结果见表 8.4-21(其中 x 为垂直水流方向, y 为竖向, z 为顺水流方向), 位移计算最大值统计见表 8.4-22, 应力计算结果统计见表 8.4-23。

表 8.4-21　控制点位移统计　　　　　　　　　　　单位:cm

工况	控制点	边联侧墩			中联侧墩			中联中墩		
		U_x	U_y	U_z	U_x	U_y	U_z	U_x	U_y	U_z
枯水期	A	0.10	−3.12	−0.06	0	−3.13	−0.04	0	−3.14	−0.04
	B	0.10	−3.11	−0.06	0	−3.11	−0.04	0	−3.13	−0.04
	C	0.18	−2.45	0.10	0.02	−2.48	0.19	0	−2.49	0.19
	D	0.18	−2.49	0.10	0.02	−2.62	0.19	0	−2.63	0.19
滞洪期	A	−0.18	−2.17	−0.30	−0.04	−2.26	−0.30	0.03	−2.35	−0.30
	B	−0.18	−1.17	−0.30	−0.04	−1.21	−0.30	0.02	−1.22	−0.30
	C	0.09	−1.17	−0.31	−0.04	−1.21	−0.30	0.03	−1.22	−0.31
	D	0.21	−2.17	−0.31	−0.04	−2.26	−0.30	0.02	−2.35	−0.31

表 8.4-22　位移计算最大值统计表　　　　　　　　　　　单位：cm

工况	U_x	U_y	U_z	基底最大沉降差
枯水期	0.180	3.146	0.186	0.596
滞洪期	0.214	2.354	0.314	1.188

计算结果显示，枯水期结构最大沉降发生在闸室中联侧墩处偏上游侧，最大值达到 3.146 cm，该工况下基底沉降较为均匀，最大沉降差约为 0.596 cm。顺河向位移最大值为 0.186 cm，发生在墙顶偏向上游。横河方向上由于闸室边联直接挡土，边联临土侧边墙有一定位移，最大值达到 0.180 cm，发生在边墙墙顶。

滞洪期由于扬压力的作用，闸室沉降较枯水期减小，最大沉降发生在中联偏上游侧，最大值为 2.354 cm，最大沉降差增至 1.188 cm。在水压力作用下，顺河向的位移最大值为 0.314 cm，偏向下游，发生在中联侧墩顶部。横河方向上最大位移为 0.214 cm，发生在边墙墙顶。

在上述工况下，闸室的沉降缝均发生了一定量的张开错动，枯水期由于竖向力的作用，主要变形为闸墩底部张开，最大值约为 0.11 cm，发生在下游侧。滞洪期和退水期在受压力作用下张开最大值则发生在下游侧闸墩顶部，约为 0.03 cm，下游侧闸墩底部张开量约为 0.07 cm。

表 8.4-23　应力计算结果统计表　　　　　　　　　　　单位：MPa

应力		正应力			主应力	
		σ_x	σ_y	σ_z	σ_1	σ_3
枯水期	max	0.866	1.900	0.463	2.120	0.155
	min	−0.799	−0.611	−0.291	−0.014	−1.129
滞洪期	max	0.711	1.434	3.873	1.713	0.102
	min	−0.682	−0.525	−0.260	−0.210	−0.929

枯水期，闸室主要荷载为结构自重，竖向主要为受压，闸墩底部压应力较大，最大值约 1.900 MPa，边墙挡土，最大拉应力约为 0.611 MPa；闸室顺水流方向应力整体不大，底板底部也有轻微的拉应力，最大值为 0.291 MPa；垂直水流方向底板跨中顶面、闸墩处底面受拉，最大值出现在下游侧底面，为 0.799 MPa。主应力结果显示，闸墩主要受压，底部压应力较大，最大约为 2.120 MPa，底板最大拉应力为 1.129 MPa。

滞洪期，受上下水头差的作用，底板底部顺河向最大拉应力出现在上游侧底板底部，最大值约 0.260 MPa。竖直方向上主要为受压，闸墩底部压应力较大，最大值约 1.434 MPa。垂直水流方向底板跨中顶面、中墩处底面附近受拉，最大值出现在下游侧，为 0.682 MPa，底板跨中底面及闸墩底部受压，最大值约为 0.866 MPa。主应力结果显示，闸墩主要受压，底部压应力较大，最大约为 1.713 MPa，底板最大拉应力为 0.929 MPa。

8.5 小结

8.5.1 中堤、右堤结构安全评价

1. 中堤变形

(1) 2010 年之前,中堤堤顶整体有下沉趋势,下沉量逐年减小;2011—2015 年沉降已稳定。

(2) 2010 年之前 4 个主要观测断面均为下沉,堤顶沉降量大于岸坡,2013—2015 年沉降已稳定。2106 年和 2017 年无沉降观测数据。2018 年之后沉降量明显偏大且无规律性,但现场检查未发现结构异常变形,测值应属观测精度较低问题,建议复核工作基点,提高观测精度。中堤沉降变形稳定。

2. 中堤、右堤稳定安全评价

(1) 稻田水库和马厂水库迎水坡抗滑安全系数满足规范要求。

(2) 稻田水库和马厂水库背水坡抗滑安全系数满足规范要求。

8.5.2 进水闸

(1) 2018 年之前,进水闸表面变形变化量较小,变形性态正常。2018 年下半年之后变形量无规律性,需提高观测精度。对比补水阶段渗压计数据,闸前的防渗墙和铺盖起到了有效的防渗作用,降低了闸基渗流压力,闸基渗流性态正常。但由于渗压计测点埋设较高,非补水阶段进水闸闸前水位较低,渗压计难以有效监测闸基渗流压力。闸墩接缝开合度自 2017 年后有增大趋势,且仪器测值波动较大,需对仪器进行率定,重点关注其后期变化趋势。

(2) 通过水力复核计算,泄流能力和消能防冲效果达到设计要求。

(3) 通过结构与抗渗复核,闸室抗滑稳定系数、基地应力最大值与最小值之比均满足规范要求。

(4) 对进水闸进行了三维有限元应力应变分析。计算表明,枯水期、滞洪期、退水期的沉降量分别为 5.097 cm、4.670 cm、4.882 cm,顺河向的位移分别为 0.101 cm、0.423 cm、0.599 cm;枯水期、滞洪期、退水期最大压应力分别为 6.523 MPa、6.977 MPa、4.077 MPa,枯水期、滞洪期、退水期最大拉应力分别为 3.820 MPa、3.020 MPa、0.927 MPa,小于混凝土的抗拉强度。

8.5.3 连通闸

(1) 2018 年之前,连通闸表面变形变化量不大,无明显异常趋势,变形稳定;2018 年下半年之后观测精度低、误差大。连通闸上游、下游测缝计的测值和变化规律基本一致,主要受气温影响,整体变幅不大,变化规律正常。

(2) 通过水力复核计算,泄流能力和消能防冲效果达到设计要求。

(3) 通过结构与抗渗复核,闸室抗滑稳定系数、基地应力最大值与最小值之比均满足规范要求。

(4) 对连通闸进行了三维有限元应力应变分析。计算表明,枯水期、滞洪期、退水期的沉降量分别为 4.059 cm、3.717 cm、3.812 cm,顺河向的位移分别为 0.190 cm、0.286 cm、0.381 cm;枯水期、滞洪期、退水期最大压应力分别为 2.150 MPa、2.300 MPa、1.937 MPa,枯水期、滞洪期、退水期最大拉应力分别为 1.552 MPa、1.196 MPa、1.104 MPa,小于混凝土的抗拉强度。

8.5.4 退水闸

(1) 退水闸水平位移整体变化量不大,且无异常趋势性变化,变化规律正常;沉降值在 2016 年前变化量较小,2018 年出现明显沉降,2019 年出现明显抬升,变幅接近 30 mm,对比测缝计并无明显异常变化,应属沉降观测精度低导致,应校核工作基点,提高观测精度。闸基水位低于连通闸渗压计安装高程,渗压计测值常年位于仪器高程附近。2#闸墩接缝开合度的年变幅有增大趋势,4#闸墩接缝错动有增大趋势,但目前变化量较小;2#、4#闸墩其他方向测值受温度影响呈现周期变化,规律正常。

(2) 通过水力复核计算,泄流能力和消能防冲效果达到设计要求。

(3) 通过结构与抗渗复核,闸室抗滑稳定系数、基地应力最大值与最小值之比均满足规范要求。

(4) 对退水闸进行了三维有限元应力应变分析。计算表明,枯水期、滞洪期沉降量分别为 3.146 cm、2.354 cm,顺河向的位移分别为 0.186 cm、0.314 cm;枯水期、滞洪期最大压应力分别为 2.100 MPa、1.732 MPa,枯水期、滞洪期最大拉应力分别为 1.129 MPa、0.929 MPa,小于混凝土的抗拉强度。

综上,根据《水库大坝安全评价导则》,滞洪水库结构安全性为"A"级。

8.5.5 建议

(1) 进水闸、连通闸、退水闸 2018 年之后的变形观测精度低,需对变形基点进行复核,提高观测精度。同时,还应做好水闸的日常检查工作,运行期检查频次为每月 1 次。

(2) 滞洪水库堤防较长,巡视检查是堤防安全管理的重要手段,建议按照工程需求进行补充安全监测项目和监测设施;现有监测系统设备老化、功能不全,建议对自动化系统进行全面升级改造。

9 抗震安全评价

9.1 地震基本参数

根据《中国地震动参数区划图》,工程区场地类别为Ⅱ类,地震动峰值加速度为0.20 gal,地震动反应谱特征周期为0.40 s,相应地震基本烈度为Ⅷ度。

9.2 大坝抗震复核

中堤及右堤抗震复核计算断面及参数同第8章。

9.2.1 安全系数标准

堤防为1级建筑物,根据《碾压式土石坝设计规范》及《堤防工程设计规范》规定,采用简化毕肖普法计算时,非常运用条件Ⅱ下边坡抗滑稳定安全系数应不小于1.20。根据《堤防工程设计规范》要求,非常运用条件Ⅱ为多年平均水位时遭遇地震,滞洪水库平时不蓄水,空库迎汛,本次对空库遇到地震时的抗震稳定进行复核。

计算工况及抗滑稳定安全系数标准详见表9.2-1。

表9.2-1 计算工况及抗滑稳定安全系数标准

工况	计算断面	永定河水位	滞洪水库水位	永定河侧边坡	滞洪水库侧边坡	要求安全系数
空库+地震	稻田水库中堤K1+200断面	无水	无水	√	√	1.20
	稻田水库中堤K3+000断面	无水	无水	√	√	1.20
	马厂水库中堤K7+200断面	无水	无水	√	√	1.20

续表

工况	计算断面	永定河水位	滞洪水库水位	永定河侧边坡	滞洪水库侧边坡	要求安全系数
空库+地震	马厂水库中堤 K8+800 断面	无水	无水	√	√	1.20
	稻田水库右堤 K5+200 断面	—	无水	—	√	1.20
	马厂水库右堤 K12+800 断面	—	无水	—	√	1.20

9.2.2 计算结果与分析

地震工况下，中堤、右堤各断面边坡抗滑稳定分析计算结果见表9.2-2，边坡滑弧示意图见图9.2-1。由表9.2-2可知，地震工况下各计算断面迎、背水坡边坡抗滑稳定安全系数均大于规范要求。因此，中堤、右堤边坡的抗震稳定性满足规范要求。

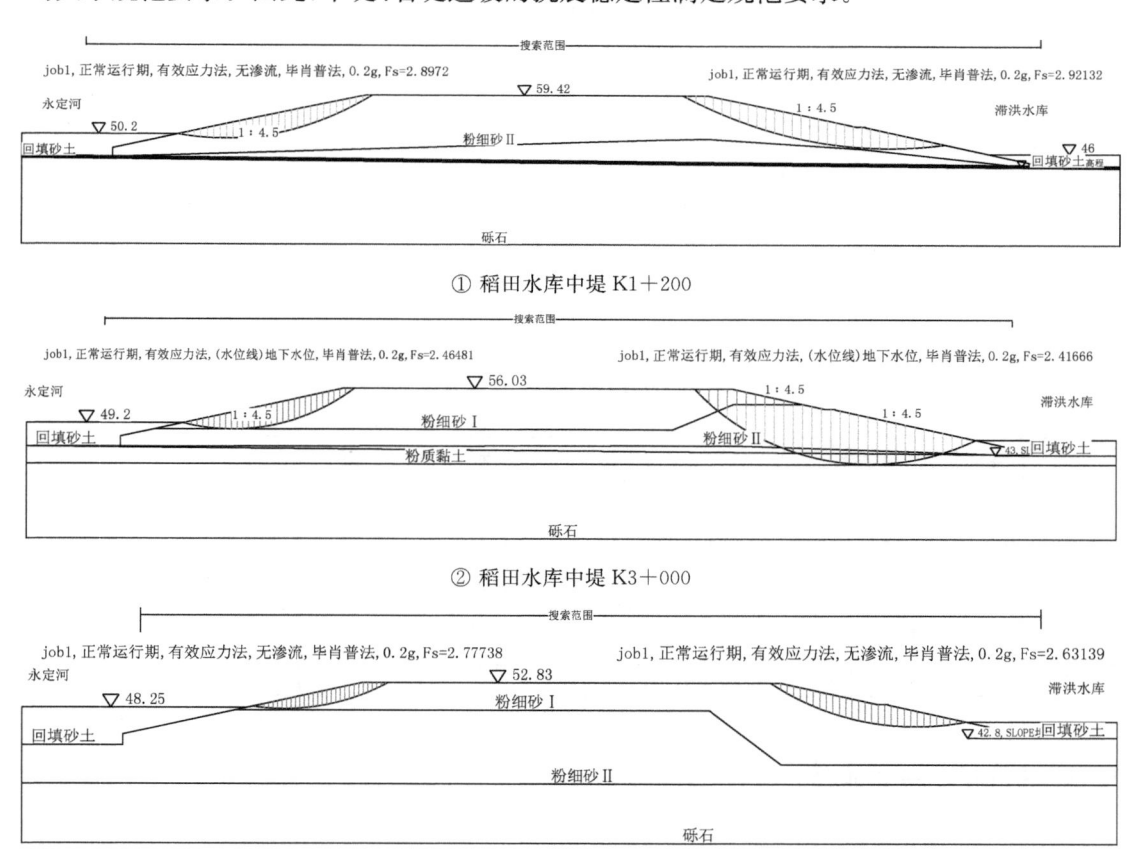

① 稻田水库中堤 K1+200

② 稻田水库中堤 K3+000

③ 马厂水库中堤 K7+200

④ 马厂水库中堤 K8+800

⑤ 稻田水库右堤 K5+200

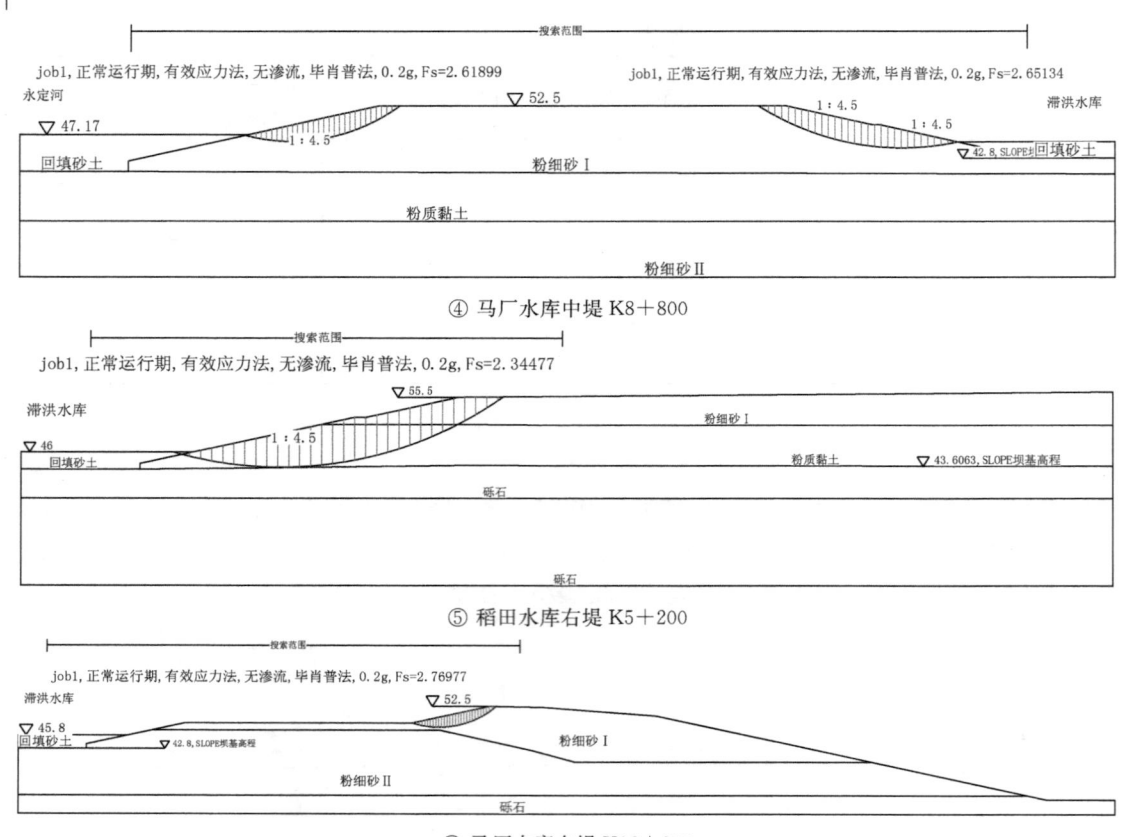

⑥ 马厂水库右堤 K12+800

图 9.2-1　地震工况下中堤及右堤各断面边坡抗滑稳定计算滑弧示意图（水位单位：m）

表 9.2-2　典型断面边坡抗震稳定计算成果表

工况	计算断面	永定河水位	滞洪水库水位	永定河侧边坡	滞洪水库侧边坡	要求安全系数
空库+地震	稻田水库中堤 K1+200 断面	无水	无水	2.89	2.92	1.20
	稻田水库中堤 K3+000 断面	无水	无水	2.46	2.42	1.20
	马厂水库中堤 K7+200 断面	无水	无水	2.78	2.63	1.20
	马厂水库中堤 K8+800 断面	无水	无水	2.61	2.65	1.20
	稻田水库右堤 K5+200 断面	—	无水	—	2.34	1.20
	马厂水库右堤 K12+800 断面	—	无水	—	2.77	1.20

9.3　泄输水建筑物抗震安全复核

9.3.1　进水闸抗震安全复核

1. 闸室稳定计算

工况：闸前水位为 51.00 m，闸后水位为 51.00 m，遇Ⅷ度地震。考虑主要荷载组合如

表9.3-1所示。

进水闸为2级建筑物,地震期的抗滑稳定系数容许值为1.05,不均匀系数容许值为3.00。由表9.3-2可知,闸室抗滑稳定系数和不均匀系数均能满足规范要求。

表9.3-1　进水闸抗震稳定计算条件表

荷载组合	荷载					
	自重	静水压力	扬压力	水重	土压力	地震惯性力
特殊组合一	√	√	√	√	√	√

表9.3-2　进水闸抗震稳定计算结果表

工况	闸室基底应力(kPa)			不均匀系数	抗滑安全系数
	P_{max}	P_{min}	P	计算值	计算值
低水位+Ⅷ度地震	160.42	150.42	155.43	1.06	5.37

2. 三维有限元分析

进水闸地震期三维有限元应力变形计算模型与第8章有限元模型相同,分边联和中联计算,其中自振振型如图9.3-1所示。

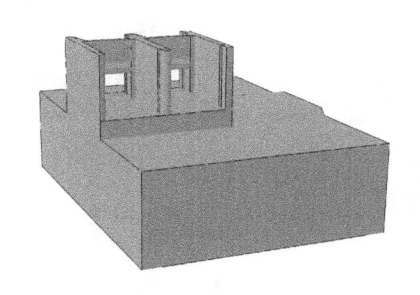

闸室边联模型

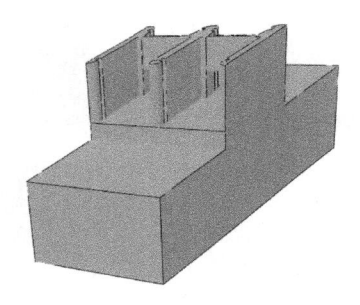

闸室中联模型

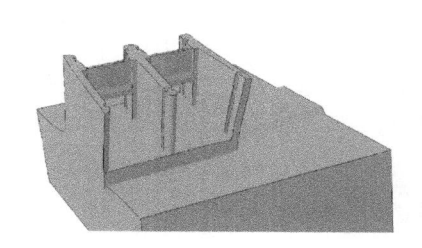

闸室边联第一阶振型图($f=5.11$)

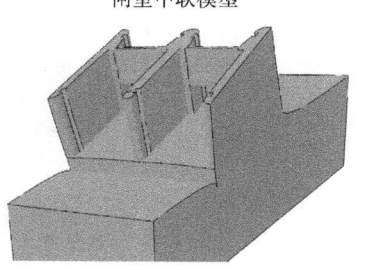

闸室中联第一阶振型图($f=4.85$)

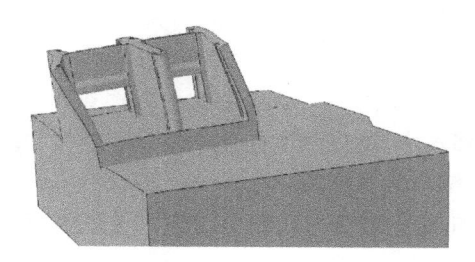

闸室边联第二阶振型图($f=5.29$)

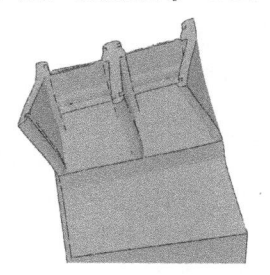

闸室中联第二阶振型图($f=5.18$)

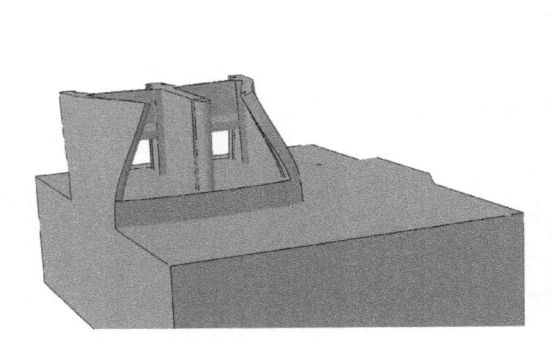

闸室边联第三阶振型图（$f=6.61$） 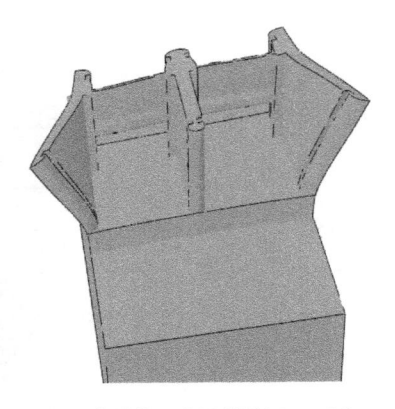　　闸室中联第三阶振型图（$f=6.84$）

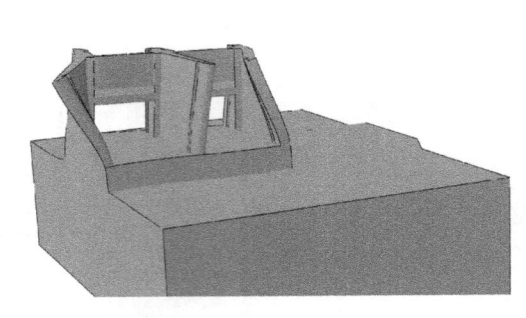

闸室边联第四阶振型图（$f=7.27$） 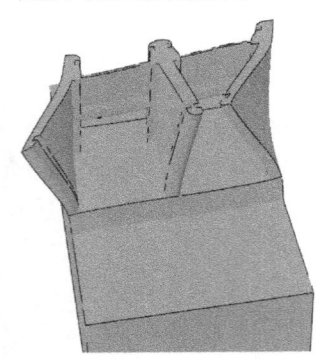　　闸室中联第四阶振型图（$f=7.34$）

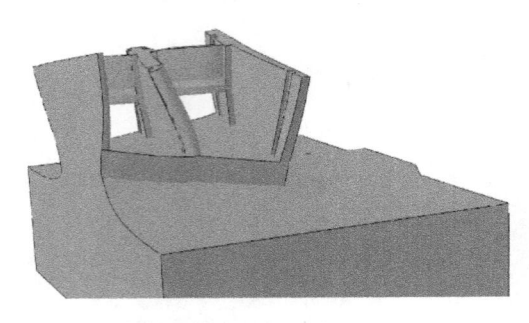

闸室边联第五阶振型图（$f=8.43$） 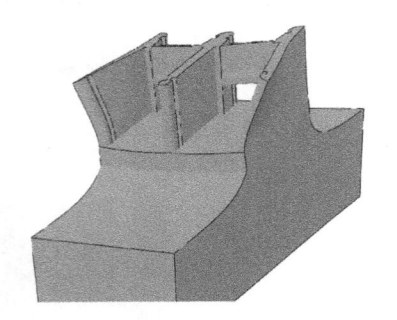　　闸室中联第五阶振型图（$f=8.01$）

图 9.3-1　闸室模型及振型

进水闸地震工况下闸室的动位移及动应力计算结果如图 9.3-2～图 9.3-5 所示。闸室结构的模态结果显示，中联与边联动力特性类似，一阶振动以横河向为主，边联的一阶频率为 5.11，中联为 4.85，从振型可知横河向是刚度较小的方向，因此在地震作用下，横河向的刚度和强度将经受考验。在地震作用下，中联和边联的横河向振动产生的动位移普遍大于顺河向振动产生的动位移。位移结果显示底板处位移较小，随着闸墩高度的增加，动位移增加，闸墩顶部的位移达到最大，闸室边联和中联横河向位移最大值为 2.516 cm 和 2.897 cm，顺河向的最大位移为 2.326 cm 和 2.841 cm。振型叠加反应谱法应力结果显示，闸室动应力主要集中在闸墩中下部，边联和中联最大主拉应力分别为 1.284 MPa 和 0.946 MPa。

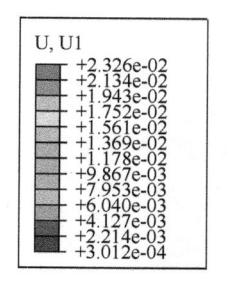

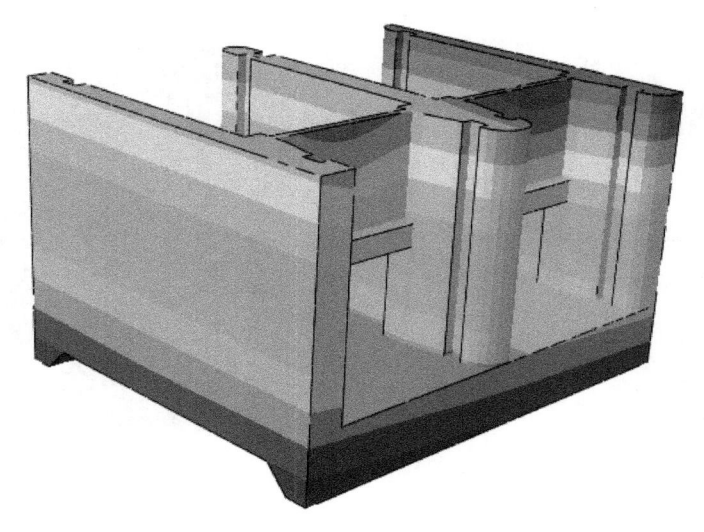

(a) 边联顺河向

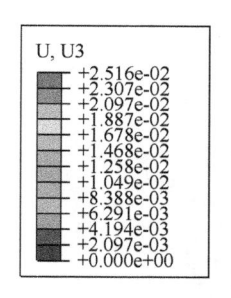

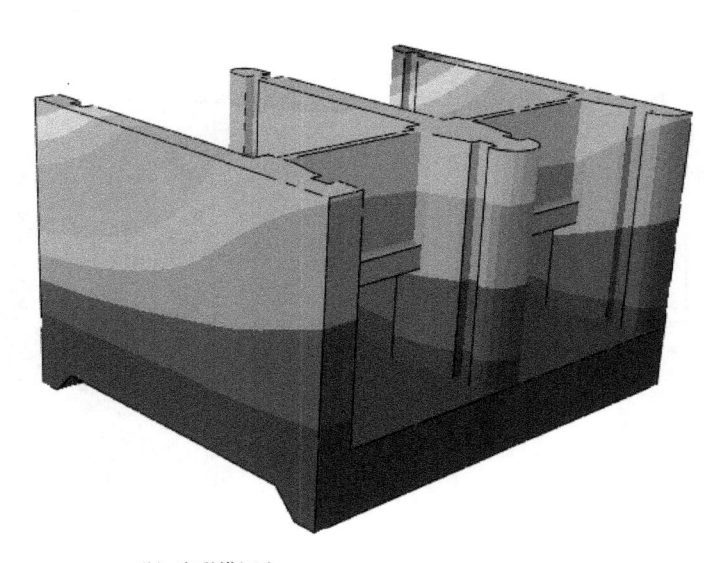

(b) 边联横河向

图 9.3-2　闸室边联动位移(单位:m)

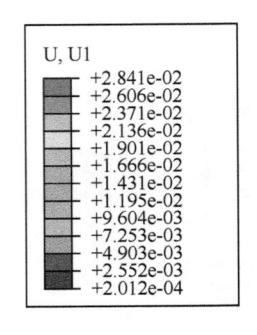

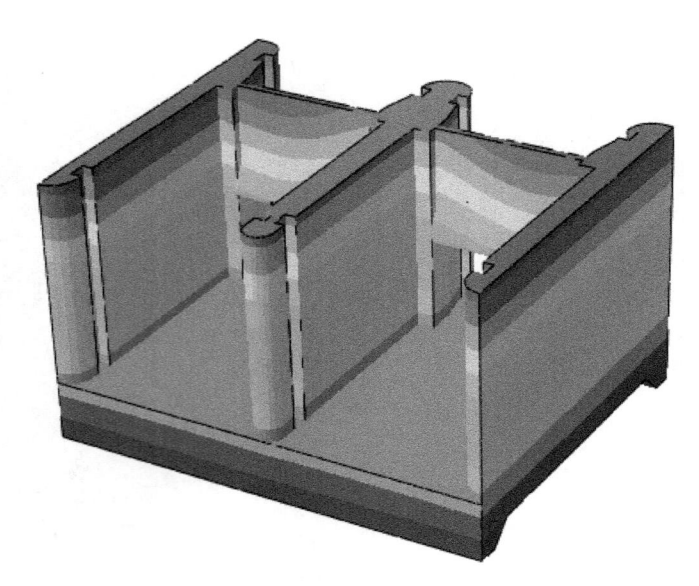

(a) 中联顺河向

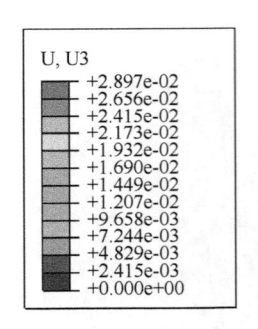

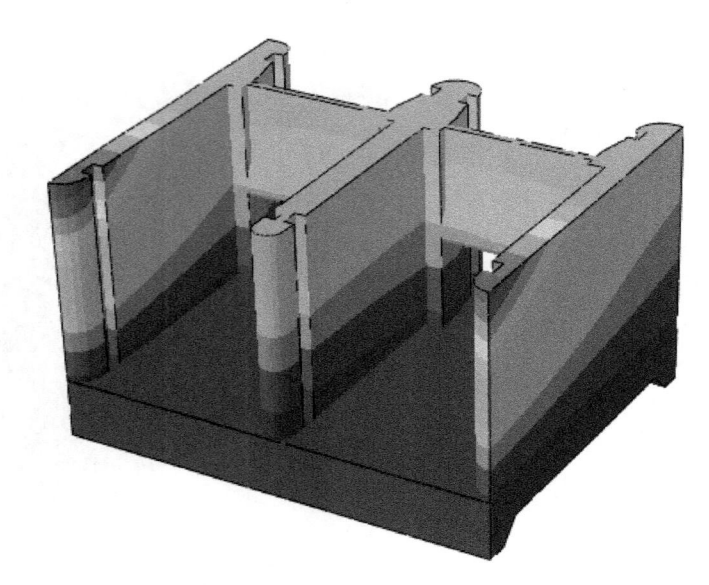

(b) 中联横河向

图 9.3-3　闸室中联动位移(单位:m)

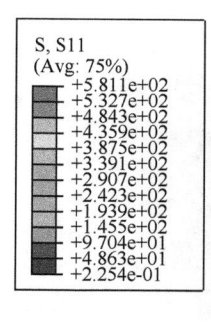

(a)边联顺河向

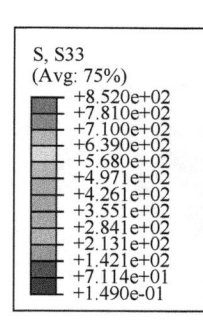

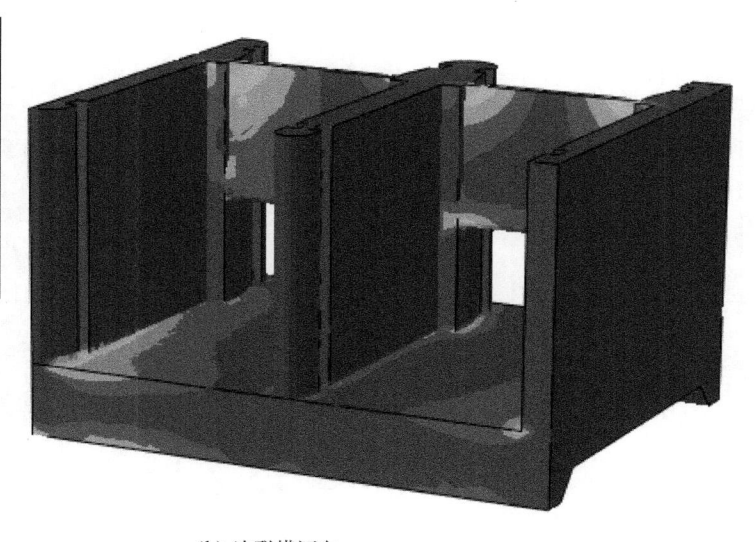

(b)边联横河向

(c) 边联顺河向主拉应力

(d) 边联顺河向主压应力

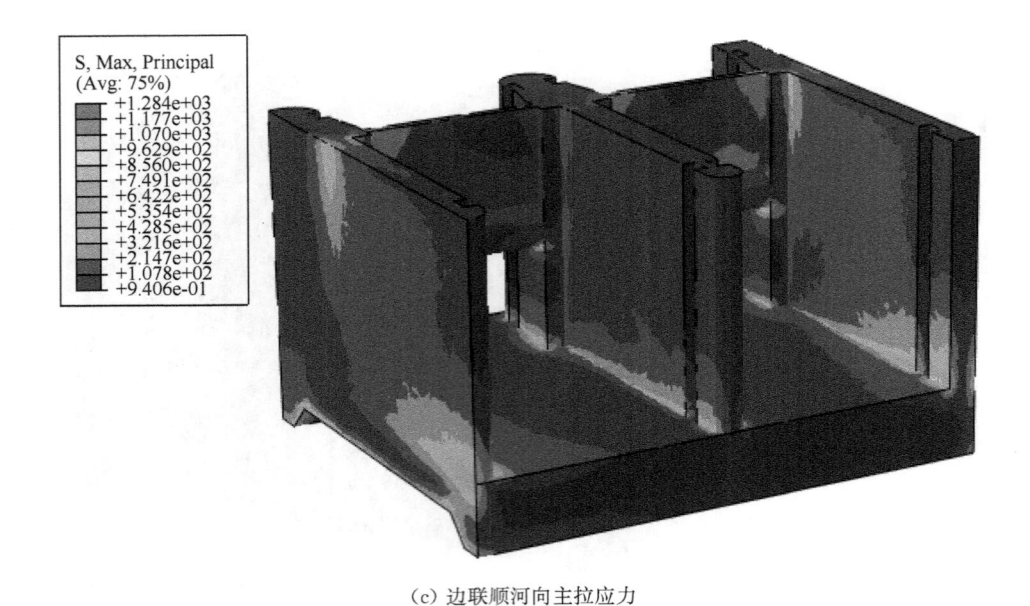

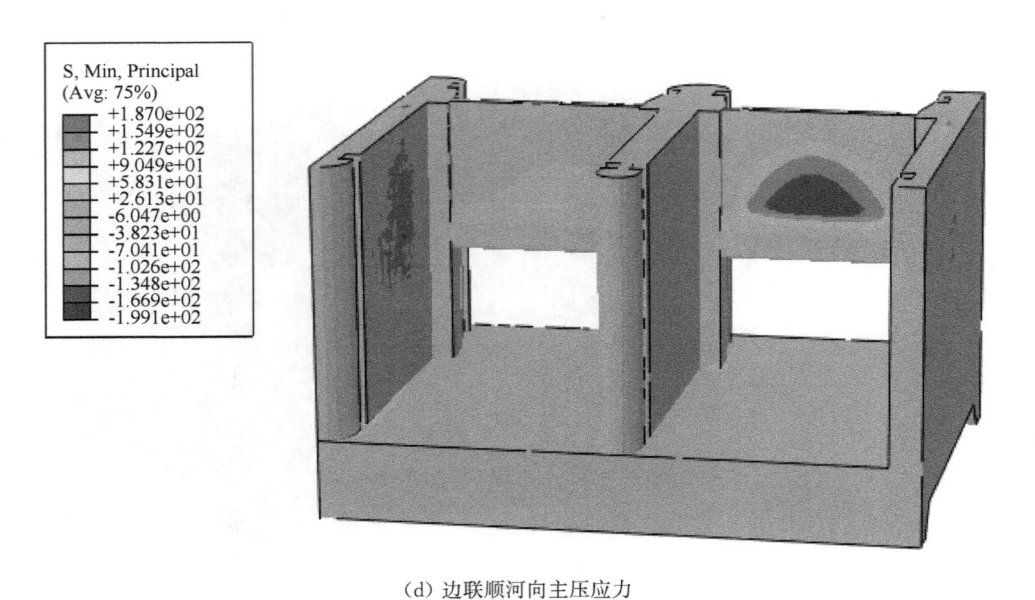

图 9.3-4　闸室边联动应力结果(单位:kPa)

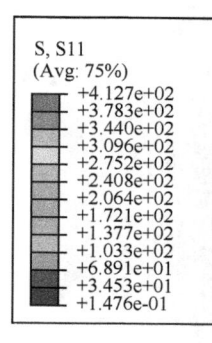

(a) 中联顺河向

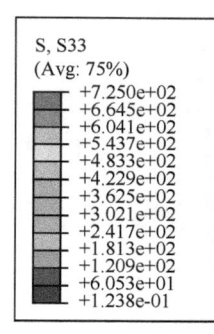

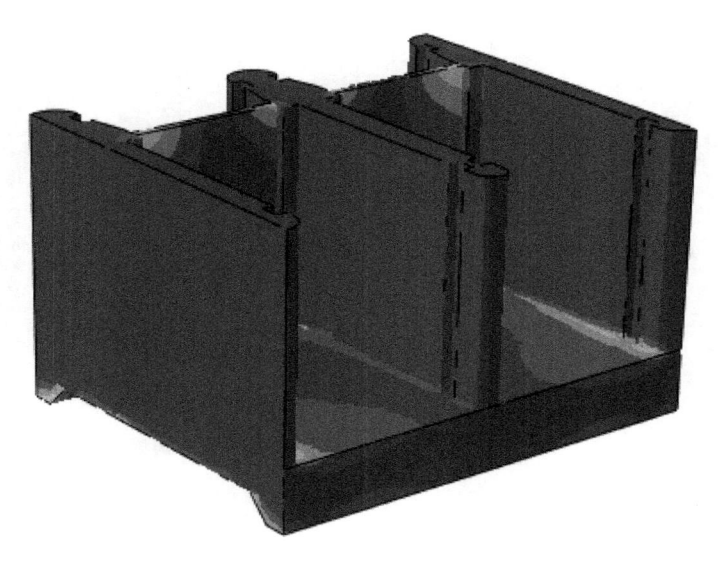

(b) 中联横河向

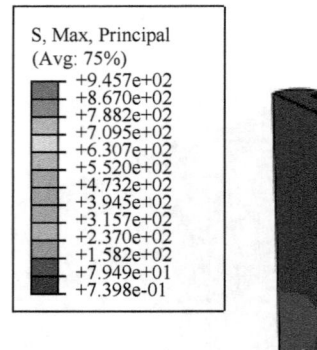

(c) 中联顺河向主拉应力

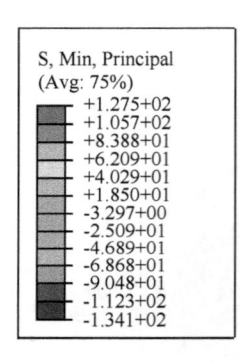

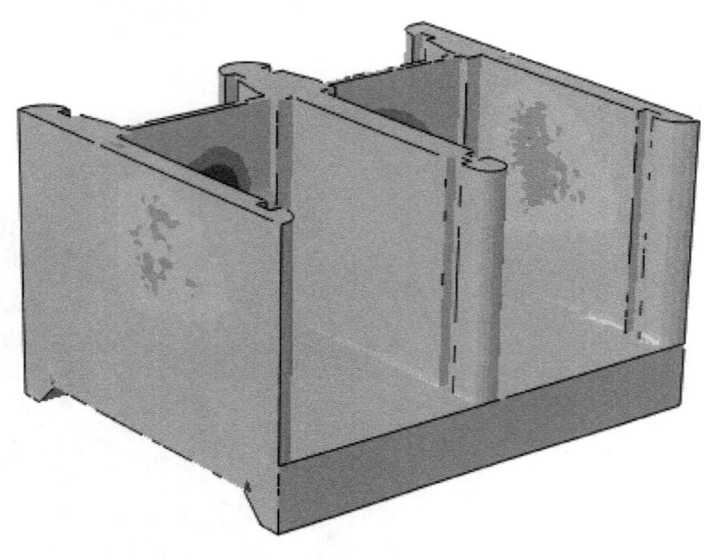

(d) 中联顺河向主压应力

图 9.3-5　闸室中联动应力结果（单位：kPa）

9.3.2　连通闸抗震安全复核

1. 闸室稳定计算

工况：闸前水位为 53.50 m，闸后水位为 50.50 m，遇Ⅷ度地震。考虑主要荷载组合如表 9.3-3 所示。

进水闸为 2 级建筑物，地震期的抗滑稳定系数容许值为 1.05，不均匀系数容许值为 3.00。由表 9.3-4 可知，闸室抗滑稳定系数和不均匀系数均能满足规范要求。

表 9.3-3　连通闸抗震稳定计算条件表

荷载组合	荷载					
	自重	静水压力	扬压力	水重	土压力	地震惯性力
特殊组合一	√	√	√	√	√	√

表 9.3-4　连通闸抗震稳定计算结果表

工况	闸室基底应力(kPa)			不均匀系数	抗滑安全系数
	P_{max}	P_{min}	P	计算值	计算值
低水位+Ⅷ度地震	64.50	53.08	58.79	1.21	1.08

2. 三维有限元计算分析

连通闸未分横缝,按整体进行反应谱法动力计算。在动力分析时同时考虑水体对结构的动力影响。闸顶以上的工作桥、启闭设备、公路桥等作为附加质量作用在闸顶上。闸墩和闸门上的水压力作为动水压力的附加质量等效作用在相应的闸墩和门槽上。计算软件采用大型有限元通用软件 ABAQUS,应力结果云图中正值为拉、负值为压。其中自振振型如图 9.3-6 所示。

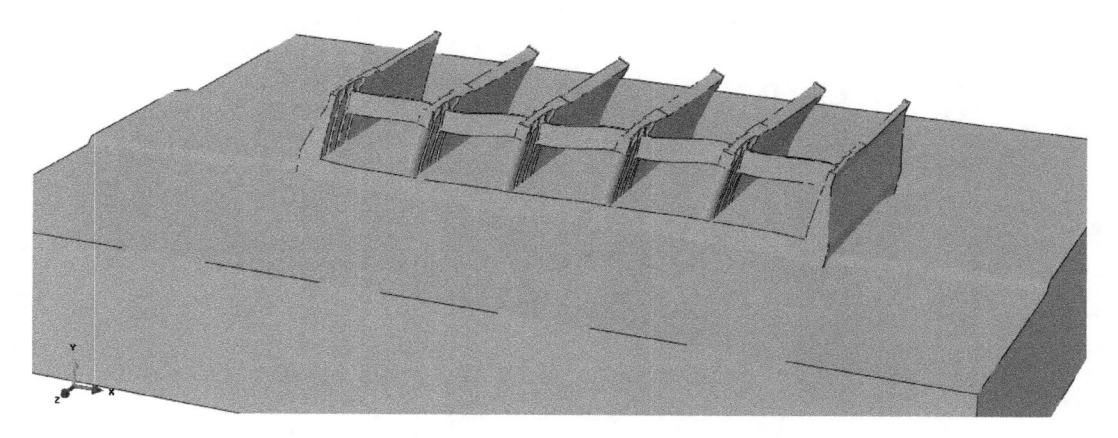

闸室边联第一阶振型图(f=6.96)

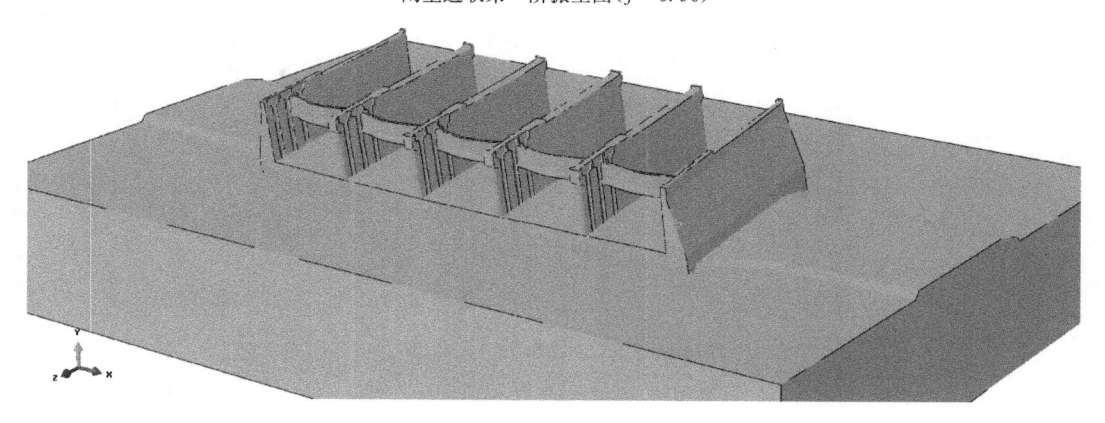

闸室边联第二阶振型图(f=7.51)

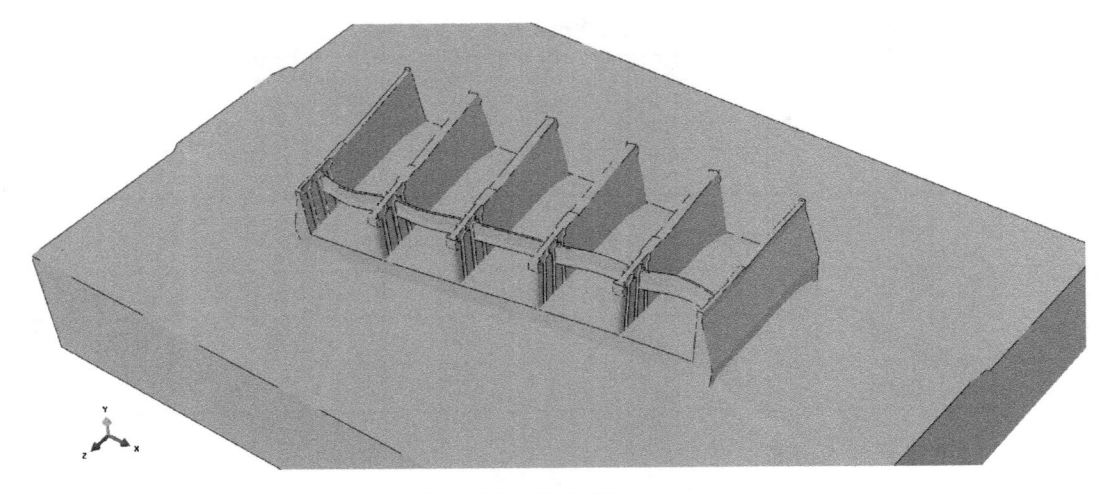

闸室边联第三阶振型图（$f=8.44$）

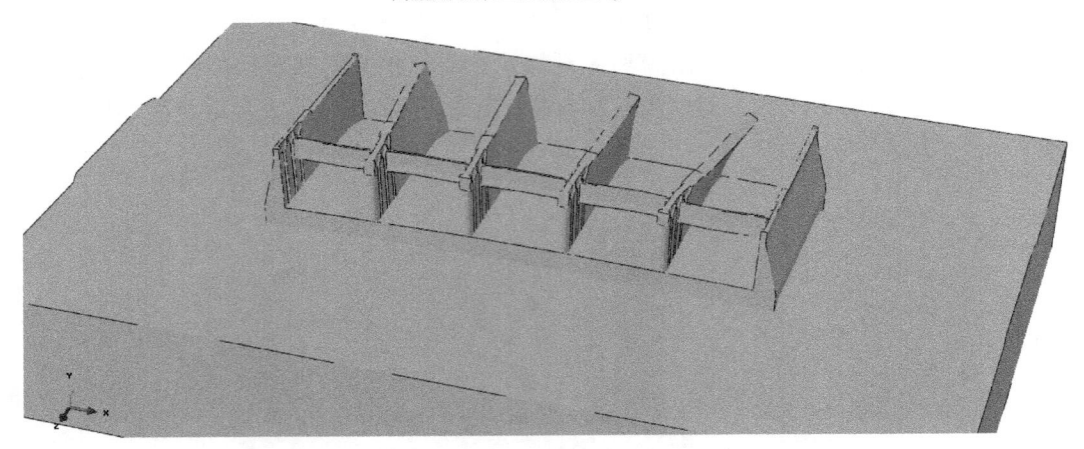

闸室边联第四阶振型图（$f=10.14$）

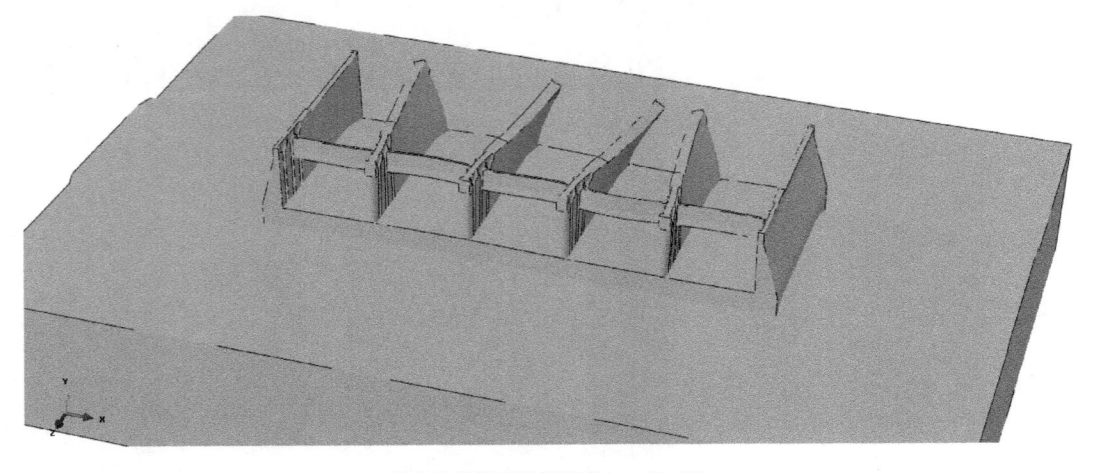

闸室边联第五阶振型图（$f=10.36$）

图 9.3-6　连通闸闸室结构振型

连通闸地震工况下闸室的位移及应力结果如图 9.3-7、图 9.3-8 所示,闸室结构的模态结果显示,一阶振动以横河向为主,频率为 6.96,从振型可知横河向是刚度较小的方向。在地震作用下,横河向闸室结构刚度明显小于顺河向闸室结构刚度,横河向振动产生的动位移大于顺河向振动产生的动位移。位移结果显示底板处位移较小,随着闸墩高度的增加,动位移增加,在闸墩顶部的横河向动位移达到最大,最大值为 1.766 cm。顺河向动位移的最大位移为 1.584 cm,发生在胸墙顶部。振型叠加反应谱法应力结果显示,闸室动应力主要集中在胸墙与闸墩连接处及闸墩中下部,最大主拉应力为 1.015 MPa。

(a) 顺河向

(b) 横河向

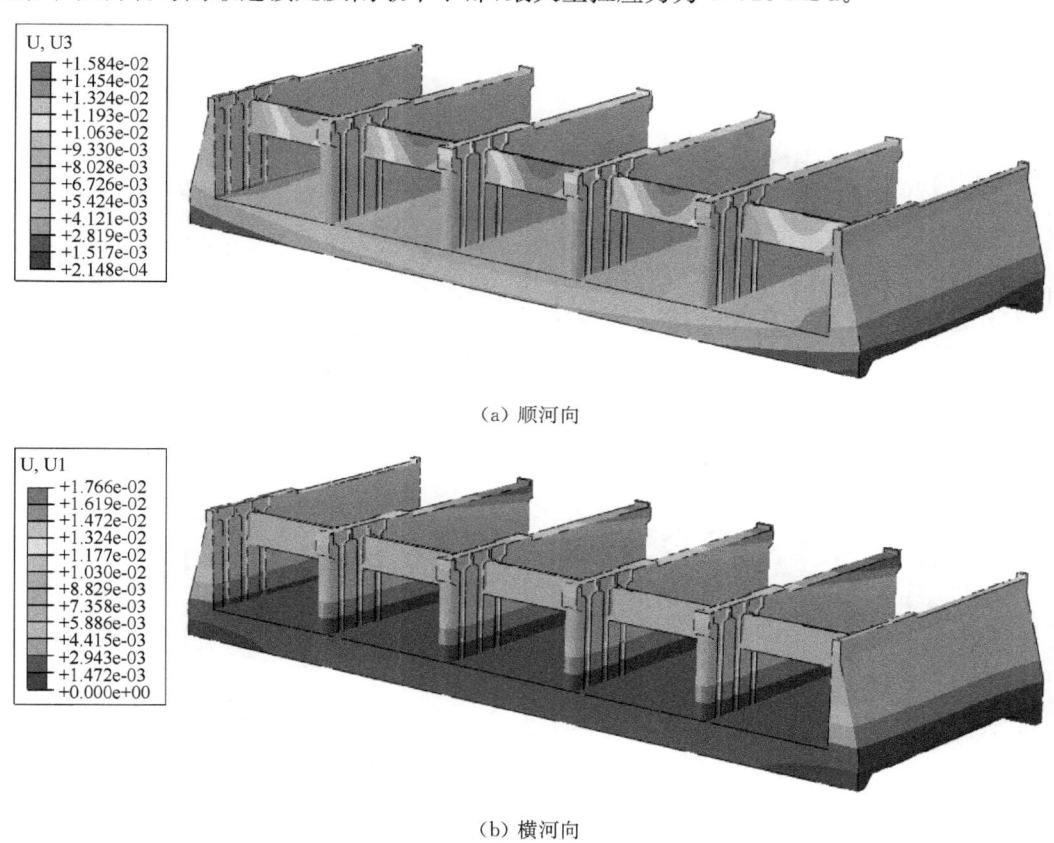

图 9.3-7　地震期闸室位移结果(总位移,单位:m)

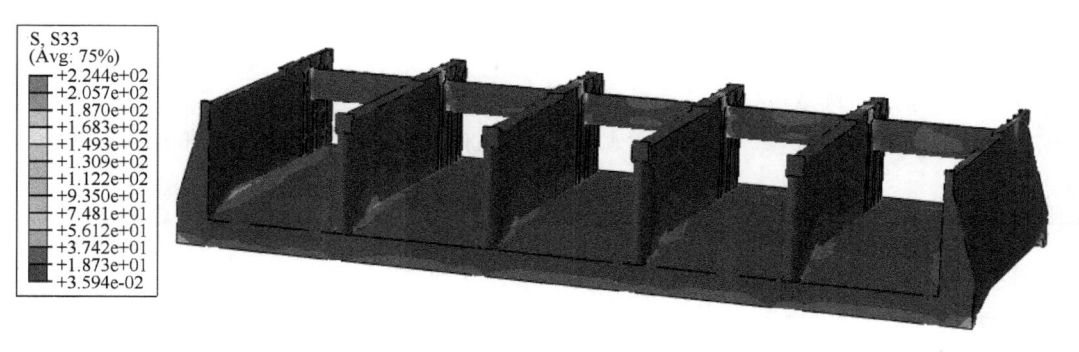

(a) 顺河向

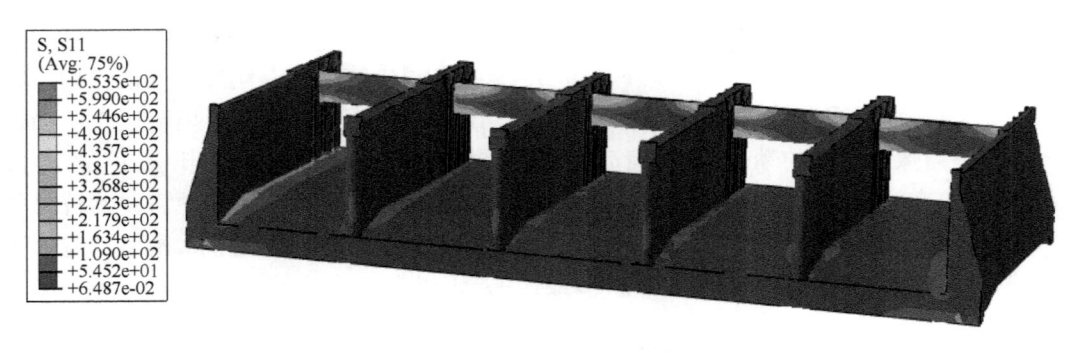

(b）横河向

(c）主拉应力

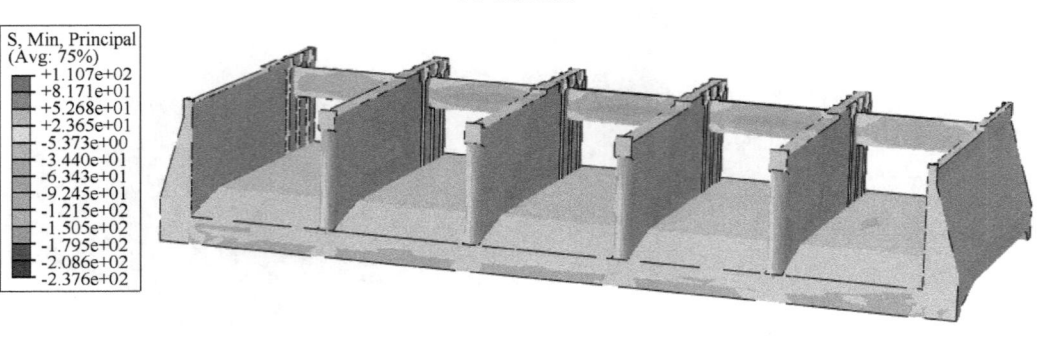

(d）主压应力

图 9.3-8　闸室动应力结果（单位：KPa）

9.3.3　退水抗震安全复核

1. 闸室稳定计算

工况：闸前水位为 50.50 m，闸后无水，遇Ⅷ度地震。考虑主要荷载组合如表 9.3-5 所示。

表 9.3-5　退水闸抗震稳定计算条件表

荷载组合	荷载					
	自重	静水压力	扬压力	水重	土压力	地震惯性力
特殊组合一	√	√	√	√	√	√

退水闸为 2 级建筑物,地震期的抗滑稳定系数容许值为 1.05,不均匀系数容许值为 3.00。由表 9.3-6 可知,闸室抗滑稳定系数和不均匀系数均能满足规范要求。

表 9.3-6 退水闸抗震稳定计算结果表

工况	闸室基底应力(kPa)			不均匀系数	抗滑安全系数
	P_{max}	P_{min}	P	计算值	计算值
低水位+Ⅷ度地震	72.01	44.28	58.15	1.63	1.15

2. 三维有限元分析

退水闸闸室结构采用两孔一联的结构布置形式,每两联之间存在横缝,各段的上部结构之间相互影响不大,进行有限元动力计算建模时,将两孔一联的闸室结构的一个中墩、两个缝墩和相应的底板作为计算对象,动力计算分别取一个边联和中联进行。在动力分析时同时考虑水体对结构的动力影响。闸顶以上的工作桥、启闭设备、公路桥等作为附加质量作用在闸顶上。闸墩和闸门上的水压力作为动水压力的附加质量等效作用在相应的闸墩和门槽上。计算软件采用大型有限元通用软件 ABAQUS,应力结果云图中正值为拉、负值为压。退水闸边联和中联自振振型如图 9.3-9 所示。

退水闸地震工况下闸室的位移及应力结果如图 9.3-10～图 9.3-13 所示。闸室结构的模态结果显示,中联与边联动力特性类似,一阶振动以横河向为主,边联的一阶频率为 6.85,中联为 6.42,从振型可知横河向是刚度较小的方向。在地震作用下,中联和边联的横河向振动产生的动位移普遍大于顺河向振动产生的动位移。位移结果显示底板处位移较小,随着闸墩高度的增加,动位移增加,在闸墩顶部的位移达到最大,闸室边联和中联横河

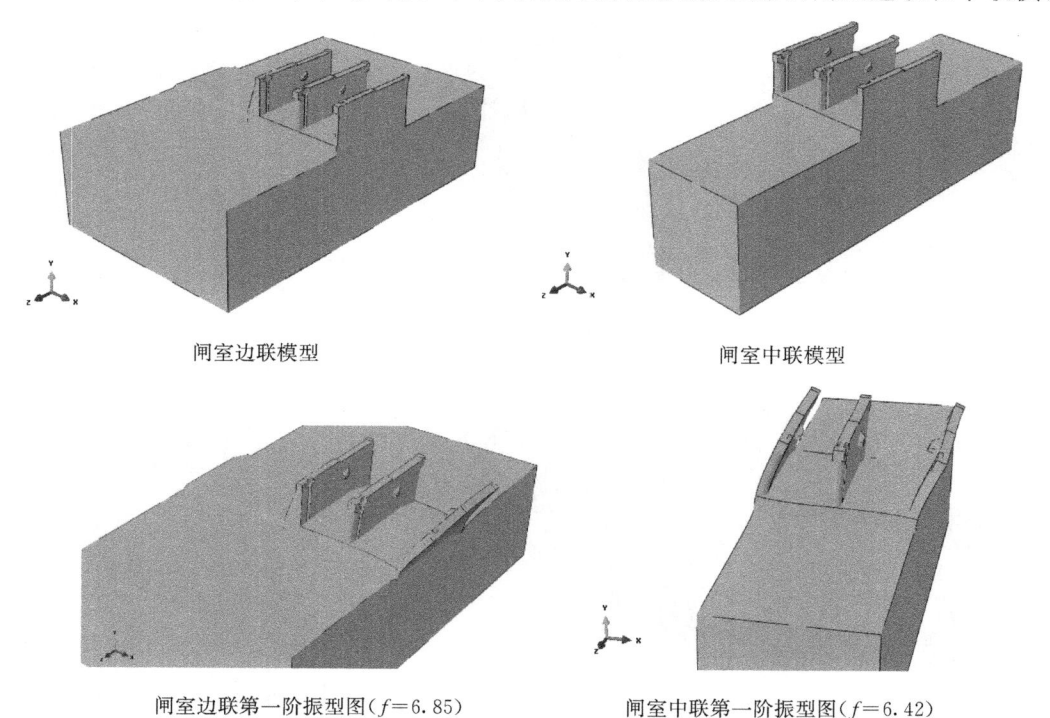

闸室边联模型　　　　　　　　　　闸室中联模型

闸室边联第一阶振型图($f=6.85$)　　　闸室中联第一阶振型图($f=6.42$)

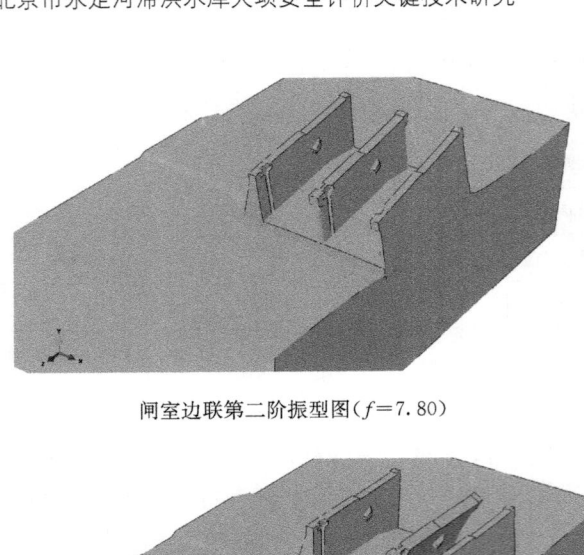

闸室边联第二阶振型图($f=7.80$) 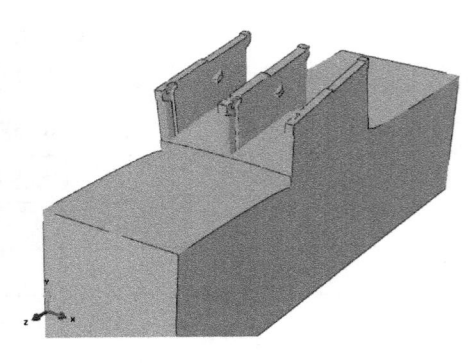　　闸室中联第二阶振型图($f=7.10$)

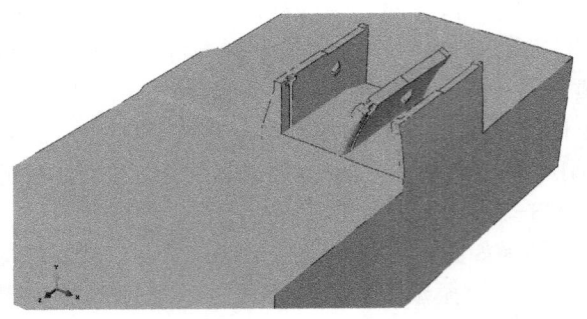

闸室边联第三阶振型图($f=9.02$) 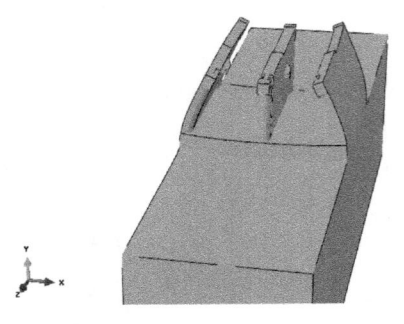　　闸室中联第三阶振型图($f=8.69$)

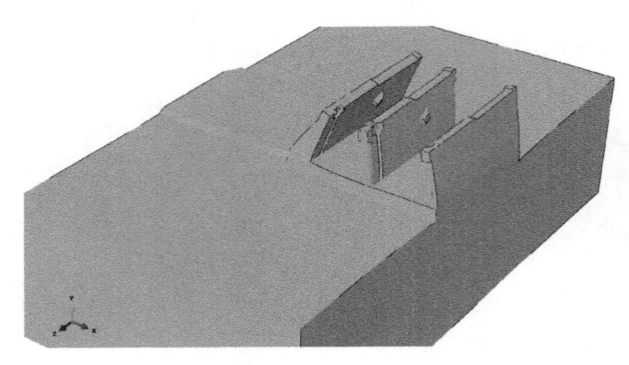

闸室边联第四阶振型图($f=10.43$) 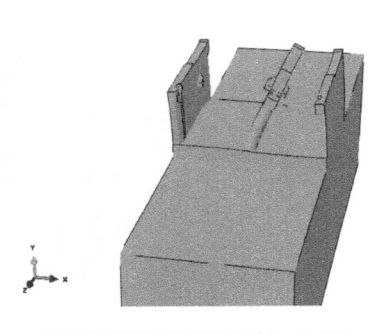　　闸室中联第四阶振型图($f=9.89$)

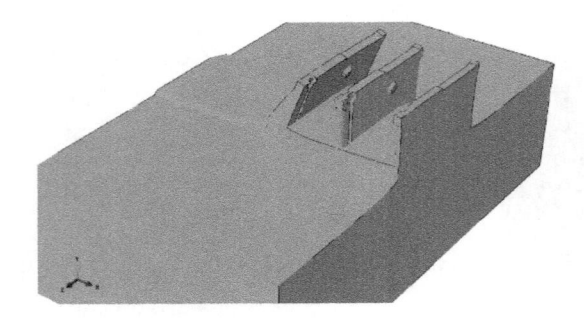

闸室边联第五阶振型图($f=11.90$) 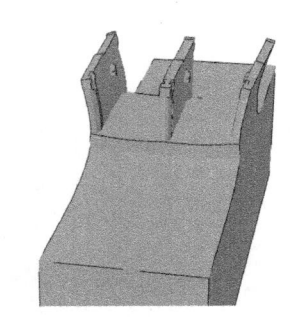　　闸室中联第五阶振型图($f=11.01$)

图 9.3-9　闸室模型及振型

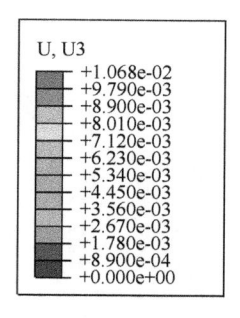

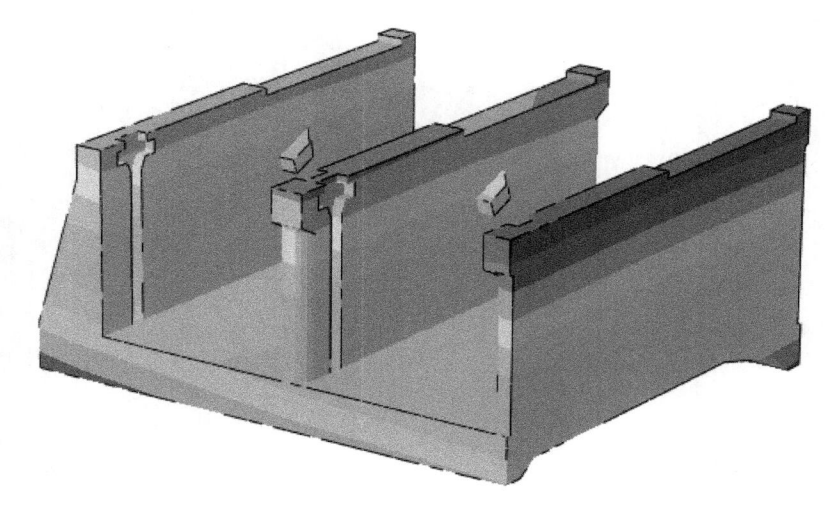

(a) 边联顺河向

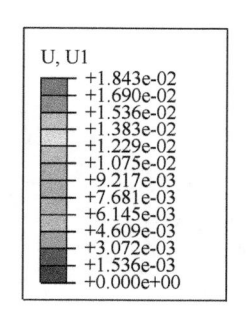

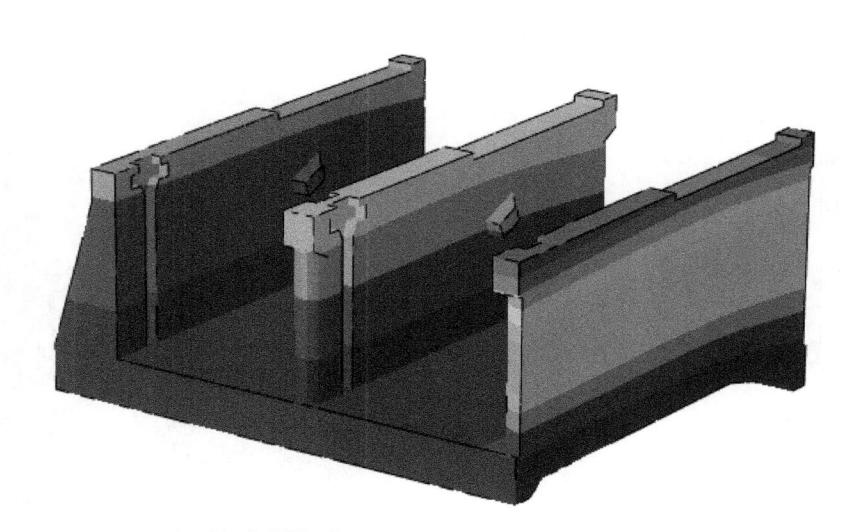

(b) 边联横河向

图 9.3-10　闸室边联动位移结果(总位移,单位:m)

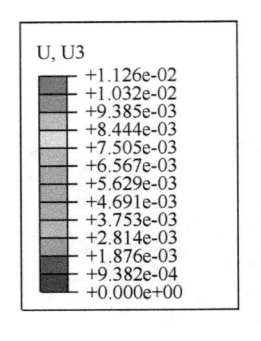

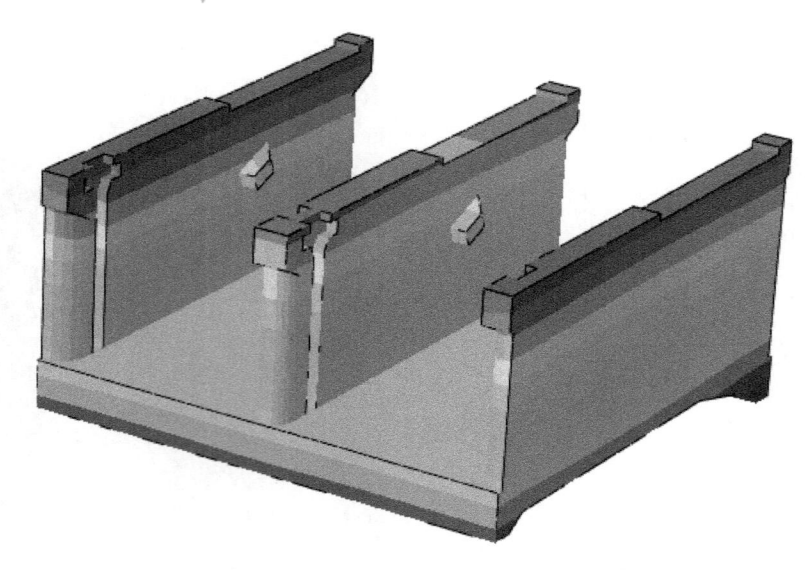

(a) 中联顺河向

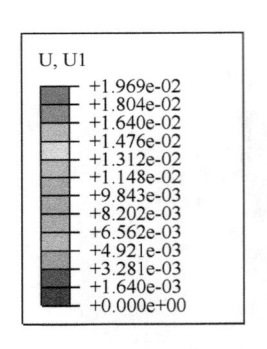

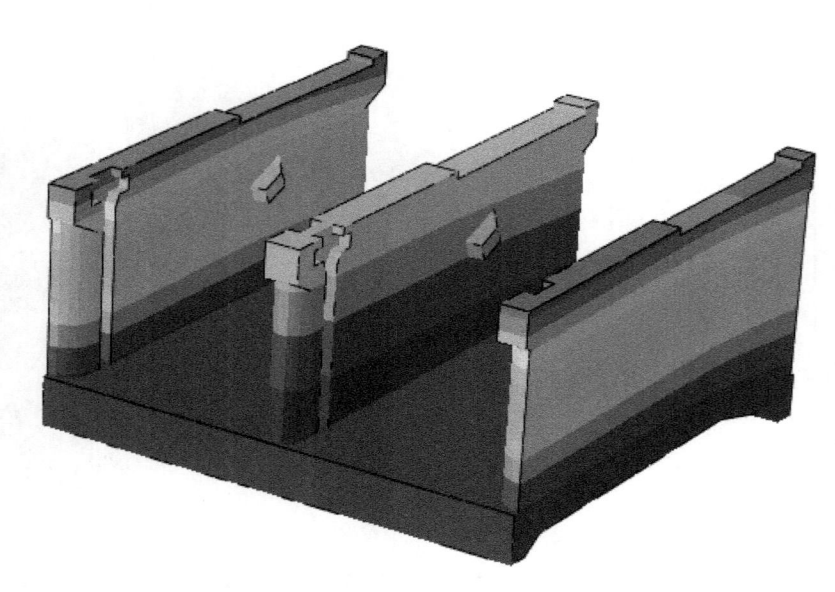

(b) 中联横河向

图 9.3-11 闸室中联动位移结果(总位移,单位:m)

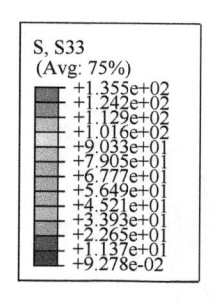

(a) 边联顺河向

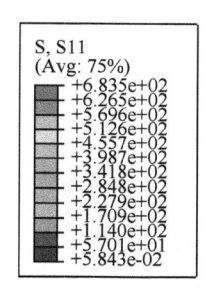

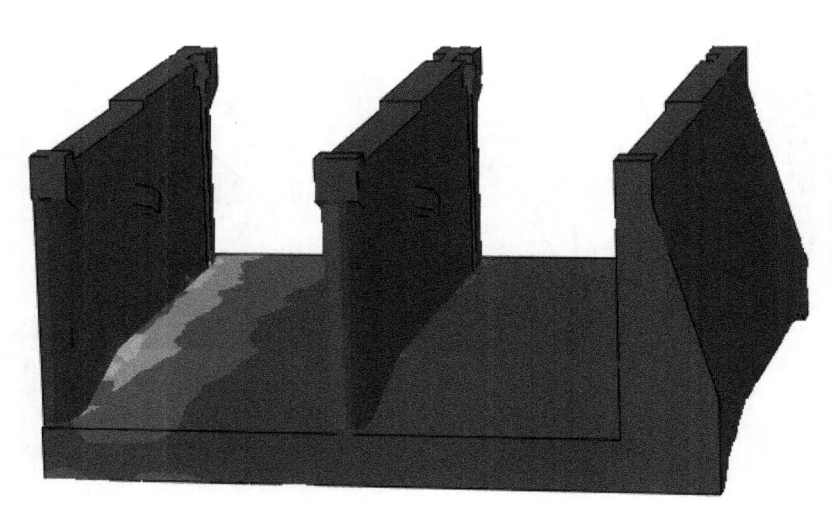

(b) 边联横河向

(c) 边联主拉应力

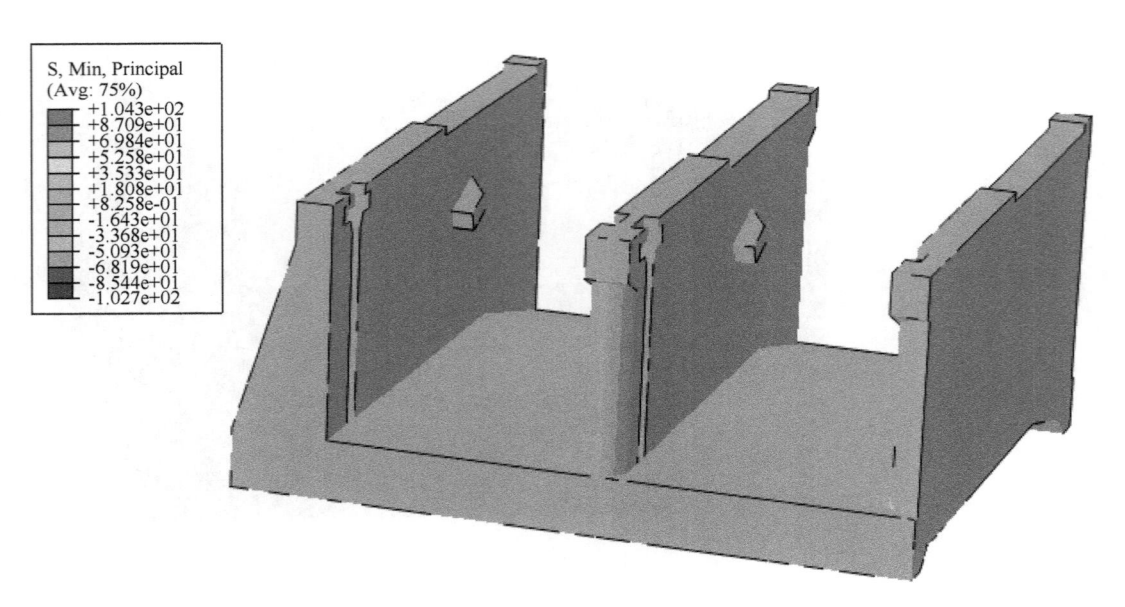

(d) 边联主压应力

图 9.3-12　闸室边联动应力结果(单位:kPa)

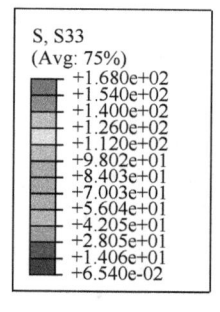

(a) 中联顺河向

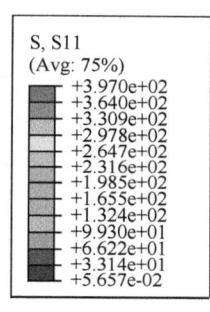

(b) 中联横河向

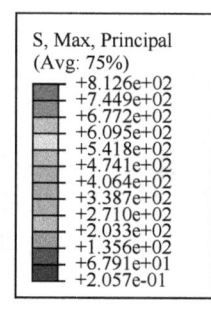

(c) 中联主拉应力

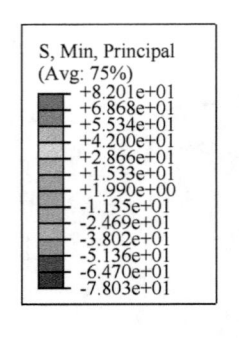

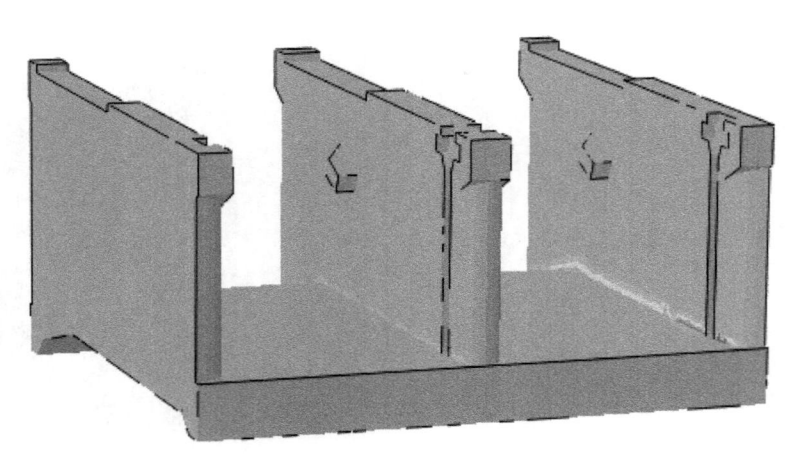

(d) 中联主压应力

图 9.3-13　闸室中联动应力结果(单位：kPa)

向位移最大值为 1.843 cm 和 1.969 cm，顺河向的最大位移为 1.068 cm 和 1.126 cm。振型叠加反应谱法应力结果显示，闸室动应力主要集中在闸墩中下部，边联和中联最大主拉应力分别为 0.894 MPa 和 0.812 MPa。

9.4　小结

(1) 大坝抗震稳定计算表明，中堤、右堤边坡抗滑稳定性均满足规范要求。

(2) 地震工况下，进水闸横河向动位移普遍大于顺河向动位移。底板处位移较小，随着闸墩高度的增加，动位移增加，在闸墩顶部的位移达到最大，闸室边联和中联横河向位移最大值为 2.516 cm 和 2.897 cm，顺河向的最大位移为 2.326 cm 和 2.841 cm。闸室动应力主要集中在闸墩中下部，边联和中联最大主拉应力分别为 1.284 MPa 和 0.946 MPa。

(3) 地震工况下，连通闸横河向动位移大于顺河向动位移，底板处位移较小，随着闸墩高度的增加，动位移增加，闸墩顶部横河向动位移最大为 1.766 cm，顺河向动位移最大为 1.584 cm。闸室动应力主要集中在胸墙与闸墩连接处及闸墩中下部，最大主拉应力为 1.015 MPa。

(4) 地震工况下，退水闸横河向动位移大于顺河向动位移，底板处位移较小，随着闸墩高度的增加，动位移增加，在闸墩顶部的位移达到最大，闸室边联和中联横河向位移最大值为 1.843 cm 和 1.969 cm，顺河向的最大位移为 1.068 cm 和 1.126 cm。闸室动应力主要集中在闸墩中下部，边联和中联最大主拉应力分别为 0.894 MPa 和 0.812 MPa。

综上，根据《水库大坝安全评价导则》，滞洪水库抗震安全性为"A"级。

10 金属结构安全评价

10.1 进水闸工作闸门及启闭机

进水闸共6孔，孔口尺寸10 m×6 m，设置6扇潜孔式平面定轮工作闸门，闸门设计水头12.21 m，闸门运行方式为动水启闭，启闭设备为6台PQ2×800 kN固定卷扬式启闭机。在工作闸门上、下游各设置1道检修门槽，检修闸门采用叠梁，共6节。

进水闸工作闸门为平面钢闸门，板梁结构，等高布置。面板支承在由主横梁、纵梁、边梁和小横梁组成的梁格上，面板与梁格直接焊接。主横梁为"工"字形截面组合梁，共6根；纵梁为"T"形截面组合梁，共5根，边梁为"Ⅱ"形截面组合梁；底梁为40号槽钢；闸门采用简支轮装置支承，共4个；侧导轮装置4个。

10.1.1 闸门外观检测

1. 工作闸门

进水闸6扇工作闸门总体状况相似，闸门整体状况完好。闸门表面涂层基本完整，闸门构件未见损伤变形，闸门焊缝外观质量较好，表面缺陷较少；闸门主轮支承装置零部件齐全，连接完好；闸门止水装置零部件齐全，连接牢靠，连接螺栓未见腐蚀，止水橡皮未见老化；闸门支撑轨道、门楣、底槛等埋件完好。

闸门面板局部区域存在较密集的老锈坑，在10 cm×10 cm范围内有20~30个老锈坑，腐蚀坑深0.5~1.5 mm；闸门主横梁和纵梁表面存在零星的老锈坑，腐蚀坑深较浅，最大腐蚀坑深约1.0 mm。

2. 检修闸门

检修闸门由6节叠梁组成，6节叠梁均放置在进水闸右侧草地上。

检修闸门6节叠梁总体状况相似，叠梁表面涂层基本完整；构件未见损伤变形；叠梁零部件齐全，连接完好；叠梁的主滑块、反向滑块、侧导向装置零部件齐全，连接正常；叠梁止水装置零部件齐全，连接牢靠；检修闸门门槽基本完好。

通过检测发现，检修闸门主要存在以下问题：

（1）每节叠梁的顶部腹板均存在一般腐蚀。局部区域腐蚀部位锈迹斑斑或锈皮脱落。

(2) 闸门门槽底部局部区域(距门底 10～15 cm 范围内)锈皮脱落。

10.1.2 闸门腐蚀量检测

对 2#、4# 工作闸门主要构件进行腐蚀量检测,共获得检测数据 146 个(每个检测数据均为 3 个以上测点数据的平均值),平均每扇闸门约 73 个检测数据。

通过对腐蚀量检测数据进行整理,闸门主要构件腐蚀量频数分布的统计结果列于表 10.1-1;闸门主要构件腐蚀量和腐蚀速率的平均值(腐蚀速率的计算年限为 18 年)列于表 10.1-2。根据腐蚀量检测数据统计结果可得到闸门腐蚀量频数分布直方图,如图 10.1-1、图 10.1-2 所示。

表 10.1-1 闸门腐蚀量频数分布

闸门	腐蚀量 (mm)	测点数 面板	测点数 主横梁	测点数 纵(边)梁	测点数 小横梁	频数 (%)
2#	0.1			1		1.4
2#	0.2	2	3	4	1	13.7
2#	0.3	2	7	10	2	28.8
2#	0.4	3	8	6	2	26.0
2#	0.5	3	6	4	1	19.2
2#	0.6	2	2	2		8.2
2#	0.7		1	1		2.7
4#	0.1	1		1		2.7
4#	0.2	2	3	6	1	16.4
4#	0.3	3	9	6	3	28.8
4#	0.4	3	9	10	1	31.5
4#	0.5	2	4	2	1	12.3
4#	0.6	1	2	3		8.2

表 10.1-2 闸门主要构件腐蚀量和腐蚀速率的平均值

	闸门号	面板	主横梁	纵(边)梁	小横梁	总体
平均腐蚀量 (mm)	2#	0.37	0.36	0.36	0.35	0.36
平均腐蚀量 (mm)	4#	0.35	0.37	0.35	0.33	0.35
标准差 (mm)	2#	0.13	0.12	0.14	0.10	0.12
标准差 (mm)	4#	0.14	0.11	0.13	0.09	0.12
平均腐蚀速率 (mm/a)	2#	0.020	0.020	0.020	0.019	0.020
平均腐蚀速率 (mm/a)	4#	0.019	0.021	0.020	0.019	0.020

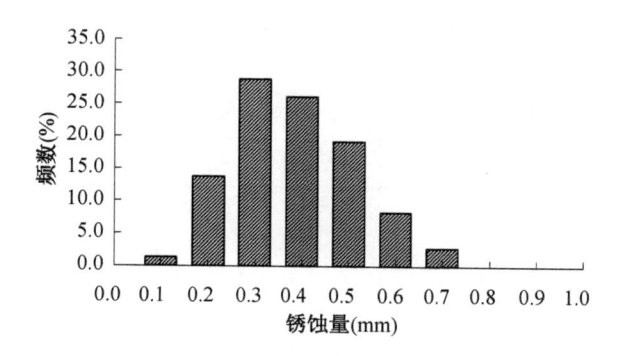

图 10.1-1　2#闸门腐蚀量频数分布

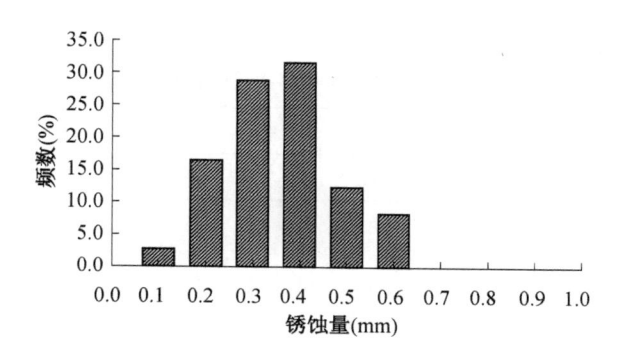

图 10.1-2　4#闸门腐蚀量频数分布

由腐蚀量频数分布的统计图表可知：

（1）2扇闸门腐蚀量频数分布相似，闸门腐蚀量主要介于0.2～0.5 mm，频数分别为87.7%、89.0%，表明2扇闸门腐蚀状况基本相似。

（2）2#闸门面板、主横梁、纵(边)梁、小横梁平均腐蚀量分别为0.37 mm、0.36 mm、0.36 mm、0.35 mm，标准差分别为0.13 mm、0.12 mm、0.14 mm、0.10 mm，平均腐蚀速率为0.019～0.020 mm/a。

（3）4#闸门面板、主横梁、纵(边)梁、小横梁平均腐蚀量分别为0.35 mm、0.37 mm、0.35 mm、0.33 mm，标准差分别为0.14 mm、0.11 mm、0.13 mm、0.09 mm，平均腐蚀速率为0.019～0.021 mm/a。

（4）2#、4#闸门总体平均腐蚀量分别为0.36 mm、0.35 mm，标准差分别为0.12 mm、0.12 mm，平均腐蚀速率分别为0.020 mm/a、0.020 mm/a。

10.1.3　闸门材料检测

1. 材料化学成分分析

选取闸门的纵梁加劲板进行取样。

化验试样前，对试样表面进行处理，清除试样表面污垢、涂层、腐蚀等杂物，然后对试样进行化验，测试出试样化学成分的百分含量，测试结果列于表10.1-3。

表 10.1-3　试样化学成分测试结果

试样部位	化学成分(%)				
	C	Mn	Si	S	P
纵梁加劲板	0.20	0.53	0.25	0.002	0.017

2. 材料硬度与抗拉强度检测

为了验证试样材料的牌号,在试样化学成分分析的基础上,还需对试样进行硬度和抗拉强度检测。

硬度和抗拉强度使用 HLN-11A 型里氏硬度计进行检测,仪器将硬度测试值自动转换成相应的抗拉强度值,硬度和抗拉强度值测试一次完成。闸门主要构件材料的抗拉强度测试结果列于表 10.1-4。

表 10.1-4　闸门主要构件抗拉强度测试结果　　　单位:MPa

构件	面板	主横梁	纵(边)梁	小横梁	纵梁加劲板
抗拉强度	406～424	398～454	406～449	395～453	395～443

3. 检测结果分析

根据《碳素结构钢》(GB/T 700—2006)、《低合金高强度结构钢》(GB/T 1591—2018)规定可知:

(1) 纵梁加劲板试样的化学成分和抗拉强度均与碳素结构钢 Q235 相符合。

(2) 闸门面板、主横梁、小横梁、纵梁材料的抗拉强度与碳素结构钢 Q235 相符合。

(3) 综合试样材料化学成分分析、硬度及抗拉强度的检测结果,可以判断闸门主要构件所使用的材料为碳素结构钢 Q235,与设计图纸所标明材料一致。

10.1.4　闸门焊缝超声波探伤

根据焊缝类别,选定闸门主横梁、边梁和面板为探伤构件。接受超声波探伤的焊缝为:主横梁腹板与边梁腹板连接焊缝、主横梁翼缘板与边梁翼缘板连接焊缝等一类焊缝;面板对接焊缝、主横梁腹板与翼缘板连接焊缝、边梁腹板与面板连接焊缝、边梁腹板与翼缘板连接焊缝等二类焊缝。闸门焊缝探伤比例为:一类焊缝约 40%,二类焊缝约 20%。

2#、4# 工作闸门焊缝探伤的主要参数和探伤结果分别列于表 10.1-5、表 10.1-6,表中探伤焊缝编号参见图 10.1-3;到零点的距离为缺陷起点到零点的距离,零点规定如下:横焊缝以右端为零点,竖焊缝以上端为零点,纵向(水流向)焊缝以上游侧为零点。

探伤基准面规定如下:面板为下游面;主横梁腹板为上表面、翼缘板为下游面;边梁腹板为内侧面、翼缘板为下游面。

焊缝超声波探伤结果如下:

(1) 2# 闸门主横梁腹板与翼缘板连接焊缝存在 5 处条状缺陷;其余受检焊缝未发现应记录缺陷。

(2) 4# 闸门主横梁腹板与翼缘板连接焊缝存在 4 处条状缺陷;其余受检焊缝未发现应记录缺陷。

(3) 2#、4#闸门所有受检焊缝均未发现裂纹缺陷。

表 10.1-5 2# 工作闸门焊缝超声波探伤记录

仪器:CTS-2020 型　　　　　　　　　　　仪器校正:1:1

探头:K2.5　　　　　　　　　　　　　　材料厚度:14、18、22(mm)

耦合剂:浆糊　　　　　　　　　　　　　记录极限:φ3～10 dB

测试比例:一类:40%　二类:20%　　　　　验收标准:GB/T 11345、GB/T 14173

焊缝编号	焊缝类别	测试范围(mm)	缺陷性质	到零点距离(mm)	深度位置(mm)	记录长度(mm)	当量(dB)
1-5-1	一	1 100	—	—	—	—	—
1-5-2	二	1 600	条状缺陷	800	7.2	100	SL+5
1-5-3	二	1 600	—	—	—	—	—
1-5-4	二	1 600	—	—	—	—	—
1-5-5	二	1 600	—	—	—	—	—
1-5-6	二	1 600	—	—	—	—	—
1-5-7	二	1 600	—	—	—	—	—
1-5-8	一	1 100	—	—	—	—	—
1-5-9	二	1 600	—	—	—	—	—
1-5-10	二	1 600	—	—	—	—	—
1-5-11	二	1 600	条状缺陷	450	6.8	45	SL+4
1-5-12	二	1 600	—	—	—	—	—
1-5-13	二	1 600	—	—	—	—	—
1-5-14	二	1 600	—	—	—	—	—
1-5-15	一	140	—	—	—	—	—
1-5-16	一	140	—	—	—	—	—
1-6-1	一	1 100	—	—	—	—	—
1-6-2	二	1 600	—	—	—	—	—
1-6-3	二	1 600	—	—	—	—	—
1-6-4	二	1 600	条状缺陷	760	8	50	SL+5
1-6-5	二	1 600	—	—	—	—	—
1-6-6	二	1 600	—	—	—	—	—
1-6-7	二	1 600	—	—	—	—	—
1-6-8	一	1 100	—	—	—	—	—
1-6-9	二	1 600	—	—	—	—	—

续表

焊缝编号	焊缝类别	测试范围（mm）	缺陷性质	到零点距离(mm)	深度位置（mm）	记录长度（mm）	当量（dB）
1-6-10	二	1 600	条状缺陷	600	7.5	60	SL+6
1-6-11	二	1 600	—	—	—	—	—
1-6-12	二	1 600	—	—	—	—	—
1-6-13	二	1 600	条状缺陷	460	7	70	SL+4.6
1-6-14	二	1 600	—	—	—	—	—
1-6-15	一	140	—	—	—	—	—
1-6-16	一	140	—	—	—	—	—
2-1	二	950	—	—	—	—	—
2-2	二	800	—	—	—	—	—
2-3	二	800	—	—	—	—	—
2-4	二	950	—	—	—	—	—
2-5	二	950	—	—	—	—	—
2-6	二	800	—	—	—	—	—
2-7	二	800	—	—	—	—	—
2-8	二	950	—	—	—	—	—
3-1	二	1 600	—	—	—	—	—
3-2	二	1 600	—	—	—	—	—
3-3	二	1 600	—	—	—	—	—
3-4	二	1 600	—	—	—	—	—
3-5	二	1 600	—	—	—	—	—
3-6	二	1 600	—	—	—	—	—
3-7	二	1 600	—	—	—	—	—
3-8	二	1 600	—	—	—	—	—
3-9	二	1 600	—	—	—	—	—
3-10	二	1 600	—	—	—	—	—
3-11	二	1 600	—	—	—	—	—
3-12	二	1 600	—	—	—	—	—

表 10.1-6　4# 工作闸门焊缝超声波探伤记录

仪器:CTS-2020 型	仪器校正:1∶1
探头:K2.5	材料厚度:14、18、22(mm)
耦合剂:浆糊	记录极限:φ3～10 dB
测试比例:一类:40%　二类:20%	验收标准:GB/T 11345、GB/T 14173

焊缝编号	焊缝类别	测试范围(mm)	缺陷性质	到零点距离(mm)	深度位置(mm)	记录长度(mm)	当量(dB)
1-5-1	一	1 100	—	—	—	—	—
1-5-2	二	1 600	—	—	—	—	—
1-5-3	二	1 600	—	—	—	—	—
1-5-4	二	1 600	—	—	—	—	—
1-5-5	二	1 600	条状缺陷	200	8	60	SL+5
1-5-6	二	1 600	—	—	—	—	—
1-5-7	二	1 600	—	—	—	—	—
1-5-8	一	1 100	—	—	—	—	—
1-5-9	二	1 600	—	—	—	—	—
1-5-10	二	1 600	条状缺陷	450	7.8	20	SL+6
1-5-11	二	1 600	—	—	—	—	—
1-5-12	二	1 600	—	—	—	—	—
1-5-13	二	1 600	—	—	—	—	—
1-5-14	二	1 600	—	—	—	—	—
1-5-15	一	140	—	—	—	—	—
1-5-16	一	140	—	—	—	—	—
1-6-1	一	1 100	—	—	—	—	—
1-6-2	二	1 600	—	—	—	—	—
1-6-3	二	1 600	—	—	—	—	—
1-6-4	二	1 600	—	—	—	—	—
1-6-5	二	1 600	—	—	—	—	—
1-6-6	二	1 600	条状缺陷	1 200	6.5	60	SL+5
1-6-7	二	1 600	—	—	—	—	—
1-6-8	一	1 100	—	—	—	—	—
1-6-9	二	1 600	—	—	—	—	—
1-6-10	二	1 600	—	—	—	—	—
1-6-11	二	1 600	条状缺陷	575	14.2	35	SL+6

续表

焊缝编号	焊缝类别	测试范围（mm）	缺陷性质	到零点距离(mm)	深度位置（mm）	记录长度（mm）	当量（dB）
1-6-11	二	1 600	—	—	—	—	—
1-6-12	二	1 600	—	—	—	—	—
1-6-13	二	1 600	—	—	—	—	—
1-6-14	二	1 600	—	—	—	—	—
1-6-15	一	140	—	—	—	—	—
1-6-16	一	140	—	—	—	—	—
2-1	二	950	—	—	—	—	—
2-2	二	800	—	—	—	—	—
2-3	二	800	—	—	—	—	—
2-4	二	950	—	—	—	—	—
2-5	二	950	—	—	—	—	—
2-6	二	800	—	—	—	—	—
2-7	二	800	—	—	—	—	—
2-8	二	950	—	—	—	—	—
3-1	二	1 600	—	—	—	—	—
3-3	二	1 600	—	—	—	—	—
3-5	二	1 600	—	—	—	—	—
3-6	二	1 600	—	—	—	—	—
3-7	二	1 600	—	—	—	—	—
3-8	二	1 600	—	—	—	—	—
3-9	二	1 600	—	—	—	—	—
3-10	二	1 600	—	—	—	—	—
3-11	二	1 600	—	—	—	—	—
3-12	二	1 600	—	—	—	—	—

10.1.5 闸门结构复核计算与分析

1. 强度评判标准

闸门主要构件材料为Q235，主横梁、边梁材料厚度大于16 mm而小于40 mm，容许应力为$[\sigma]=150$ MPa，$[\tau]=90$ MPa；其余主要构件厚度均不大于16 mm，容许应力为$[\sigma]=160$ MPa，$[\tau]=95$ MPa。

《水利水电工程钢闸门设计规范》(SL 74—2019)规定，对于大中型工程的工作闸门和重要事故闸门，容许应力应乘以0.90～0.95的调整系数。《水工钢闸门和启闭机安全监测

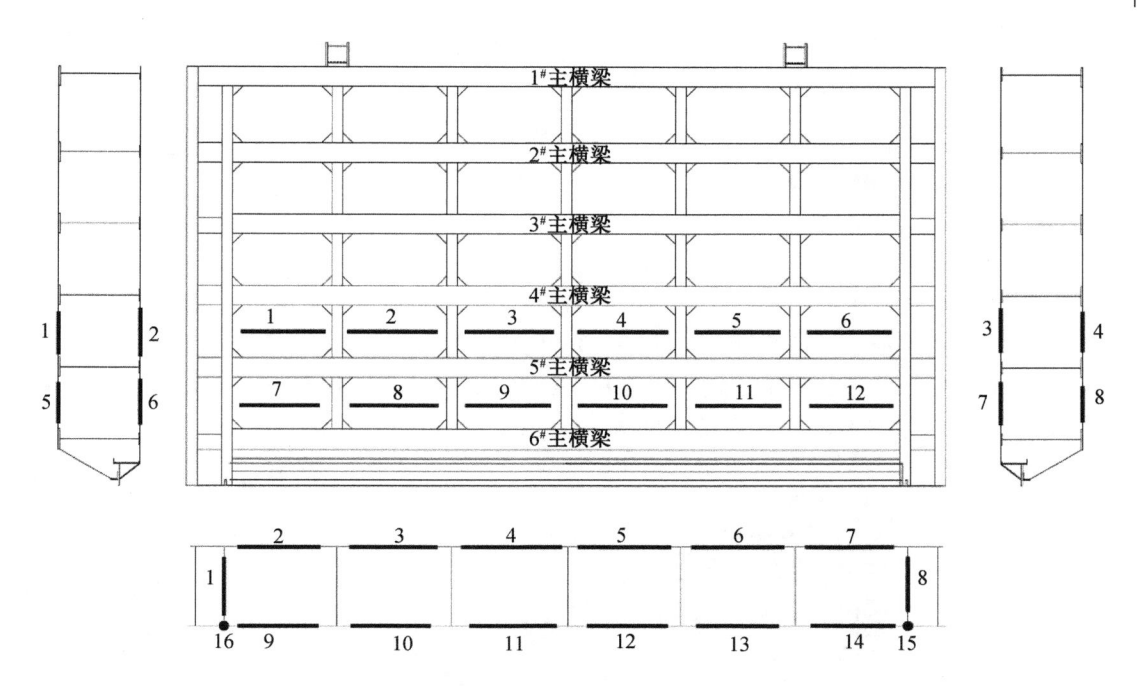

注：主横梁焊缝编号为 1-×-××；边梁焊缝编号为 2-××；面板焊缝编号为 3-××；×为主横梁编号（自上而下依次编号为 1#～6#）；××为焊缝编号。

图 10.1-3　进水闸工作闸门探伤焊缝编号示意图

技术规程》(SL 101—2014)规定，大型工程的闸门和启闭机运行 10～30 年，时间系数应为 1.00～0.95。根据以上规定，取容许应力的修正系数 $k=0.95\times0.97=0.9215$。修正后的闸门各主要构件的容许应力列于表 10.1-7。

表 10.1-7　闸门各主要构件的容许应力　　　　　　　　　　　　单位：MPa

应力种类	抗拉、抗压和抗弯[σ]		抗剪[τ]	
	调整前	调整后	调整前	调整后
主横梁、边梁	150.0	138.2	90.0	82.9
其余主要构件	160.0	147.4	95.0	87.5

由于受力状况不同，闸门各构件的强度评判标准亦不相同。

对于面板而言，考虑到面板本身在局部弯曲的同时还随主（次）梁受整体弯曲的作用，故应对面板的折算应力 σ_{zh} 进行校核，校核公式为：

$$\sigma_{zh}\leqslant 1.1\alpha[\sigma]$$

式中：α——弹塑性调整系数（$b/a>3$ 时取 1.4，$b/a\leqslant 3$ 时取 1.5）。

对于闸门承重构件和连接件，应校核正应力 σ 和剪应力 τ，校核公式为：

$$\sigma\leqslant[\sigma],\quad\tau\leqslant[\tau]$$

式中：[σ]、[τ]——调整后的容许应力。

对于组合梁中同时受较大正应力和剪应力作用处,除校核正应力和剪应力外,还应校核折算应力 σ_{zh},校核公式为:

$$\sigma_{zh} \leqslant 1.1[\sigma]$$

2. 闸门结构有限元计算

1) 复核计算主要参数依据

计算工况为设计工况,闸门作用水头为 12.21 m。

计算荷载为作用于闸门的静水压力×动力系数(1.1)+闸门自重+启门瞬间启门力。

闸门的结构外形尺寸按设计图纸取用,钢材厚度采用 2# 闸门实测蚀余厚度。

闸门结构材料为 Q235 钢,弹性模量 $E=2.06 \times 10^5$ MPa,泊松比 $\upsilon=0.3$,容重 $\gamma=78.5$ kN/m³。进水闸有限元计算模型见图 10.1-4。

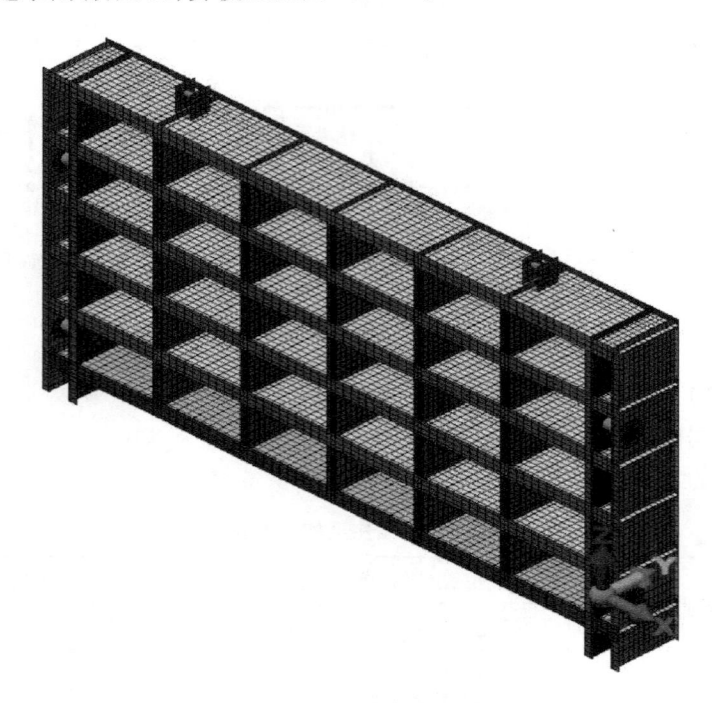

图 10.1-4 闸门有限元计算模型

2) 计算结果

(1) 面板最大折算应力为 236.3 MPa,小于相应的容许值($1.1\alpha[\sigma]=243.2$ MPa)。面板强度满足要求。

(2) 主横梁应力

主横梁最大应力列于表 10.1-8。由应力计算结果可知:

① 1#~6# 主横梁最大正应力 σ_x 分别为 84.0 MPa、86.5 MPa、97.9 MPa、107.8 MPa、121.9 MPa、132.7 MPa,均小于相应的容许应力(138.2 MPa)。最大正应力均出现在主横梁后翼缘跨中区域。

② 1#~6# 主横梁最大剪应力 τ 分别为 37.4 MPa、22.6 MPa、25.7 MPa、26.0 MPa、31.3 MPa、46.1 MPa,均小于相应的容许应力(82.9 MPa)。主横梁最大剪应力(τ)均出现

在主横梁腹板跨端区域。

③ 由于顶止水布置在1#主横梁后翼缘上,因此1#主横梁腹板还直接承受水压力,按面板校核其强度。1#主横梁腹板最大折算应力为175.8 MPa,小于相应的应力容许值($1.1\alpha[\sigma]=1.1\times1.5\times138.2=228.0$ MPa)。

④ 2#~6#主横梁最大折算应力σ_{zh}分别为95.5 MPa、105.4 MPa、120.2 MPa、137.0 MPa、141.9 MPa,均小于相应的容许应力($1.1[\sigma]=1.1\times138.2=152.0$ MPa)。最大折算应力均出现在主横梁跨中后翼缘区域。

表10.1-8 主横梁最大应力　　　　　　　　　　　　单位:MPa

主横梁编号	σ_x	τ	σ_{zh}
1#	84.0	37.4	175.8
2#	86.5	22.6	95.5
3#	97.9	25.7	105.4
4#	107.8	26.0	120.2
5#	121.9	31.3	137.0
6#	132.7	46.1	141.9

注:1#主横梁直接承受水压。

(3) 边梁应力

由于侧止水布置在边梁内侧后翼缘上,因此边梁内侧腹板直接承受水压,按面板校核其强度。

由应力计算结果可知:

① 边梁内侧最大折算应力为120.3 MPa,小于相应的应力容许值(228.0 MPa),出现在边梁内侧腹板与4#主横梁连接区域。

② 边梁外侧最大轴向应力为-65.4 MPa,小于相应的容许应力(138.2 MPa),出现在边梁与上主轮连接区域的外侧后翼缘上。

③ 边梁外侧最大剪应力为37.9 MPa,小于相应的容许应力(82.9 MPa),出现在边梁外侧腹板与下主轮轴连接区域。

(4) 纵梁应力

由应力计算结果可知:

① 纵梁最大轴向应力为71.8 MPa,小于相应的容许应力(147.4 MPa),出现在1#、5#纵梁后翼缘与2#主横梁后翼缘连接区域。

② 纵梁最大剪应力为11.5 MPa,小于相应的容许应力(87.5 MPa),出现在2#、4#纵梁腹板与底梁连接区域。

(5) 底梁应力

由应力计算结果可知:

① 底梁轴向最大正应力为-83.1 MPa,小于相应的容许应力(147.4 MPa),出现在底梁与边梁内侧腹板连接区域。

② 底梁最大剪应力为21.9 MPa,小于相应的容许应力(87.5 MPa),出现在底梁与边梁

内侧腹板连接区域。

(6) 主横梁挠度

对于潜孔式工作闸门，主横梁的最大挠度与计算跨度的比值不应超过 1/750。闸门主横梁跨度为 10 600 mm，其容许出现的最大挠度值为 14.13 mm。

1#～6#主横梁的最大挠度分别为 5.95 mm、6.82 mm、7.67 mm、8.56 mm、9.51 mm、10.54 mm，均小于主横梁最大挠度容许值。

10.1.6 启闭机检测

1. 启闭机现状检测

(1) 启闭机运行管理制度健全，设备管理规范，管理制度、操作规程上墙，管理措施落实到位。

(2) 启闭机运行维护管理实行管养分离，实现运行管理和维护保养专业化，工程及设备运行管理和维护保养水平有保障；专业化的维保队伍负责启闭设备及闸门的维护保养工作，启闭设备维护保养工作落实到位，设备状况及维护保养状况良好。

(3) 启闭机设备布置规范、合理，启闭机室空间宽敞，运行环境良好。

(4) 启闭机设一机一柜现地操作运行控制系统，运行控制功能和性能状况良好；启闭机过载保护、行程控制装置等附属设施配置齐全，操作控制功能正常可靠。

(5) 启闭机钢丝绳在卷筒表面排列整齐；启闭机开式齿轮副、卷筒、钢丝绳润滑状况正常；各滑动轴承处注油口设置齐全，润滑功能正常；打开启闭机减速器透视孔盖检查，其内传动轴、传动齿轮副表面无缺陷、无锈蚀；齿轮副齿面啮合状况良好，齿轮副及轴承润滑良好。

2. 存在问题

现场检测发现，启闭机设备存在以下问题：

(1) 3#启闭机左侧开式齿轮副大齿轮左端轮缘处有 1 处孔洞缺陷，面积大小约 15 mm×10 mm，深约 4 mm；该大齿轮同侧断面有 1 个轮齿齿根部位存在夹砂浅表缺陷。两处缺陷不影响使用，但是有碍观瞻。

(2) 4#启闭机左侧开式齿轮副大齿轮左端轮缘处有 1 处表面浅孔缺陷，面积大小约 30 mm×20 mm，最深处约 3 mm；其右侧开式齿轮副右侧轮缘处有 1 处表面砂眼缺陷，面积大小约 100 mm×20 mm，最深处约 1.5 mm。两处缺陷不影响使用，但是有碍观瞻。

(3) 6#启闭机左侧卷筒左端面有 1 处连续分布孔洞缺陷，分布于长约 320 mm、宽约 30 mm 的环形区域内，缺陷最大深度约 10 mm，此缺陷不影响使用，但是有碍观瞻。

(4) 5#启闭机左侧卷筒表面有 1 根绳槽，顶部脊线存在 2 处缺损缺陷，缺陷面积分别为 20 mm×8 mm 和 15 mm×8 mm，深度约 5 mm 和 2 mm。此缺陷不影响使用，但是有碍观瞻。

(5) 6#启闭机左侧卷筒表面有相邻 4 根绳槽，顶部脊线共计存在 7 处缺损缺陷，最大单个缺陷面积约 15 mm×10 mm，深约 80 mm，此缺陷不影响使用，但是有碍观瞻。

(6) 部分启闭机卷筒表面绳端固定处钢丝绳余留绳头过长。

3. 启闭机运行状况检测

根据管理单位要求，选取 2#、4#启闭机进行启闭机运行状况检测。检测时闸门上下游无水，启闭机启闭闸门运行。

1）电气参数检测

使用 DM6266 型钳形电流表、DT890B 型数字万用表、DM6234P 型光电数字转速表、DM6801 型数字温度表、ZC25-3 型（500V）兆欧表对启闭机电动机的三相电流及其不平衡度、三相电压及其不平衡度、转速、温升、绝缘电阻等进行检测。检测结果列于表 10.1-9～表 10.1-13。

表 10.1-9　启闭机电动机三相电流及其不平衡度检测结果

启闭机	电动机	测次	定子三相电流及平均值（A）				电流不平衡度（%）
			I_A	I_B	I_C	$I_{均}$	
2#	左	1	29.1	29.1	30.6	29.6	3.4
		2	29.1	29.2	30.7	29.7	3.4
	右	1	28.3	29.3	30.5	29.4	3.7
		2	28.7	29.1	30.3	29.4	3.1
4#	左	1	30.8	29.7	30.1	30.2	1.7
		2	30.7	29.9	30.4	30.3	1.3
	右	1	29.6	30.4	30.0	30.0	1.3
		2	29.8	30.5	30.2	30.2	1.3

表 10.1-10　启闭机电动机三相电压及其不平衡度检测结果

启闭机	电动机	测次	定子三相电压及平均值（V）				电压不平衡度（%）
			U_{AB}	U_{BC}	U_{CA}	$U_{均}$	
2#	左	1	397	398	398	398	0.3
		2	398	398	397	398	0.3
	右	1	396	398	397	397	0.3
		2	395	398	397	397	0.5
4#	左	1	396	397	397	397	0.3
		2	397	398	398	398	0.3
	右	1	396	397	397	397	0.3
		2	397	398	398	398	0.3

表 10.1-11　启闭机电动机转速检测结果　　　　　　　　　　单位：r/min

启闭机	测次	转速测试值	转速平均值
2#	1	740	740
	2	740	
4#	1	755	748
	2	740	

表 10.1-12　启闭机电动机温升检测结果　　　　　　　　　　　单位:℃

启闭机	电动机	电动机温度	电动机温升
2#	左	37.4	3.7
2#	右	38.0	4.3
4#	左	39.8	6.1
4#	右	38.4	4.7

注:(1)测试运行环境温度为33.7℃;(2)运行时间均为断续运行20 min左右。

表 10.1-13　启闭机电动机绝缘电阻检测结果　　　　　　　　单位:MΩ

启闭机	电动机	定子三相对地绝缘电阻 A	B	C
2#	左	200	200	200
2#	右	200	200	200
4#	左	200	200	200
4#	右	200	200	200

由表所列检测数据可知:

(1) 2台启闭机电动机单相电流最大值为30.7 A,小于电动机额定电流值(48.5 A);三相电流不平衡度最大值为3.7%,小于规范允许的最大值(10%)。启闭机电动机三相电流满足规范要求。

(2) 2台启闭机电动机三相电压最大、最小值分别为398 V和395 V,小于电动机额定电压±7%的允许范围(353~407 V);三相电压不平衡度最大值为0.5%,小于规范允许的最大值(10%)。启闭机电动机三相电压满足规范要求。

(3) 2台启闭机电动机转速、温升、绝缘电阻均满足规范要求。

2) 启闭机运行状况检测

(1) 启闭机启、闭闸门运行时,启闭机启动、制动情况正常,运行过程平稳,运行过程中无异常现象。

(2) 运行过程中,启闭机行程控制及开度指示装置功能正常。

(3) 运行过程中,启闭机负荷限制装置功能正常,启闭机左右吊点平衡状况良好。

(4) 现场检测运行完成后,启闭机零部件、结构件无损坏,各连接处无松动现象。

10.2　连通闸工作闸门及启闭机

连通闸共5孔,孔口尺寸12 m×5.5 m,设置5扇潜孔式平面定轮工作闸门,闸门设计水头7.5 m,闸门运行方式为动水启闭。启闭设备为5台2×400 kN固定卷扬式启闭机。

连通闸工作闸门为平面钢闸门,板梁结构,等高布置。闸门采用2节拼焊而成,面板支承在由主横梁、纵梁、边梁和小横梁组成的梁格上,面板与梁格直接焊接。主横梁为"工"字形截面组合梁,共4根;纵梁、边梁均为"T"形截面组合梁,共9根;小横梁为25号槽钢,共6

根(包括顶、底梁);闸门采用悬臂式主轮支承,共 8 个;侧导向装置共 8 个。

10.2.1 闸门外观检测

连通闸 5 扇工作闸门总体状况相似,闸门整体状况完好。闸门表面涂层基本完整;闸门主要构件未见损伤变形;闸门焊缝外观质量较好,表面缺陷较少;闸门主轮支承装置零部件齐全,连接完好;侧导向装置连接正常;闸门止水橡皮完整无损坏;闸门支撑轨道、门楣、底槛等埋件完好。

通过检测发现,闸门底止水装置的压板和连接螺栓存在轻微腐蚀;闸门底部和门槽底部局部区域存在一般腐蚀。

10.2.2 闸门腐蚀量检测

对 1#、3# 连通闸工作闸门主要构件进行腐蚀量检测,共获得检测数据 198 个(每个检测数据均为 3 个以上检测数据的平均值),平均每扇闸门约 99 个检测数据。

闸门主要构件腐蚀量频数分布的统计结果列于表 10.2-1;闸门主要构件腐蚀量和腐蚀速率的平均值(腐蚀速率的计算年限为 18 年)列于表 10.2-2。根据腐蚀量检测数据统计结果,可得到闸门腐蚀量频数分布直方图,如图 10.2-1 和图 10.2-2。

表 10.2-1 闸门腐蚀量频数分布

闸门	腐蚀量(mm)	测点数 面板	测点数 主横梁	测点数 纵(边)梁	测点数 小横梁	频数(%)
1#	0.1	1	1	5		7.1
1#	0.2	2	8	17	3	30.3
1#	0.3	2	8	13	3	26.3
1#	0.4	3	5	6	1	15.2
1#	0.5	1	4	8	2	15.2
1#	0.6		1	4		5.1
1#	0.7			1		1.0
3#	0.1		2	4		6.1
3#	0.2	3	7	16	3	29.3
3#	0.3	2	7	15	3	27.3
3#	0.4	2	6	9	1	18.2
3#	0.5	1	3	5	1	10.1
3#	0.6	1	2	4	1	8.1
3#	0.7			1		1.0

表 10.2-2 闸门主要构件腐蚀量和腐蚀速率的平均值

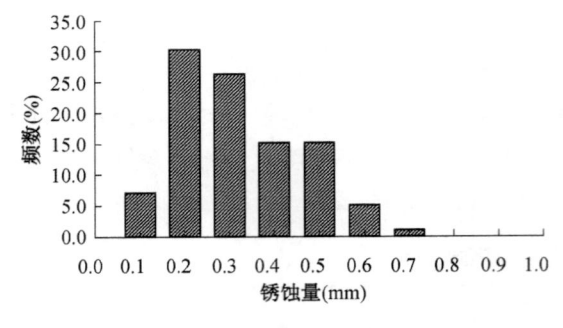

参数	闸门号	面板	主横梁	纵（边）梁	小横梁	总体
平均腐蚀量（mm）	1#	0.31	0.32	0.32	0.32	0.32
	3#	0.34	0.33	0.32	0.33	0.33
标准差（mm）	1#	0.12	0.12	0.15	0.11	0.13
	3#	0.13	0.13	0.14	0.13	0.14
平均腐蚀速率（mm/a）	1#	0.017	0.018	0.018	0.018	0.018
	3#	0.019	0.018	0.018	0.019	0.018

图 10.2-1 1# 闸门腐蚀量频数分布

图 10.2-2 3# 闸门腐蚀量频数分布

由腐蚀量频数分布的统计图表可知：

（1）2 扇闸门腐蚀量频数分布相似，闸门腐蚀量主要位于 0.2～0.5 mm，频数分别为 86.9%、84.8%，表明 2 扇闸门腐蚀状况基本相似。

（2）1# 闸门面板、主横梁、纵（边）梁、小横梁平均腐蚀量分别为 0.31 mm、0.32 mm、0.32 mm、0.32 mm，标准差分别为 0.12 mm、0.12 mm、0.15 mm、0.11 mm，平均腐蚀速率为 0.017～0.018 mm/a。

（3）3# 闸门面板、主横梁、纵（边）梁、小横梁平均腐蚀量分别为 0.34 mm、0.33 mm、0.32 mm、0.33 mm，标准差分别为 0.13 mm、0.13 mm、0.14 mm、0.13 mm，平均腐蚀速率为 0.018～0.019 mm/a。

（4）2 扇闸门总体平均腐蚀量分别为 0.32 mm、0.33 mm，标准差分别为 0.13 mm、0.14 mm，平均腐蚀速率分别为 0.018 mm/a、0.018 mm/a。

10.2.3 闸门材料检测

1. 材料化学成分分析

选取闸门的纵梁加劲板和边梁加劲板进行取样。

化验试样前，对试样表面进行处理，清除试样表面污垢、涂层、腐蚀等杂物，然后对试样进行化验，测试出试样化学成分的百分含量，测试结果列于表 10.2-3。

表 10.2-3　试样化学成分测试结果

试样部位	化学成分(%)				
	C	Mn	Si	S	P
纵梁加劲板	0.25	0.45	0.19	0.003	0.020
边梁加劲板	0.21	0.57	0.27	0.009	0.021

2. 材料硬度与抗拉强度检测

为了验证试样材料的牌号,在分析试样化学成分的基础上,还需对试样进行硬度和抗拉强度检测。

硬度和抗拉强度使用 HLN-11A 型里氏硬度计进行检测,仪器将硬度测试值自动转换成相应的抗拉强度值,硬度和抗拉强度值测试一次完成。闸门主要构件材料的抗拉强度测试结果列于表 10.2-4。

表 10.2-4　闸门主要构件抗拉强度测试结果　　　　　　　　　　　单位:MPa

构件	面板	主横梁	纵(边)梁	小横梁	纵梁加劲板	边梁加劲板
抗拉强度	395～447	401～439	406～449	406～439	391～443	398～449

3. 检测结果分析

(1) 闸门纵梁加劲板和边梁加劲板试样的化学成分和抗拉强度均与碳素结构钢 Q235 相符合。

(2) 闸门面板、主横梁、边梁、小横梁的抗拉强度均与碳素结构钢 Q235 相符合。

(3) 综合试样材料化学成分分析、硬度及抗拉强度的检测结果,可以判断闸门主要构件所使用的材料为碳素结构钢 Q235,与设计图纸所标明材料一致。

10.2.4　闸门焊缝超声波探伤

根据焊缝类别,选定闸门主横梁、边梁、面板为探伤构件。接受超声波探伤的焊缝为:主横梁翼缘板对接焊缝、主横梁腹板与边梁腹板连接焊缝、主横梁翼缘板与边梁翼缘板连接焊缝等一类焊缝;面板对接焊缝、主横梁腹板与翼缘板连接焊缝、边梁腹板与面板连接焊缝、边梁腹板与翼缘板连接焊缝等二类焊缝。闸门焊缝探伤比例为:一类焊缝约 50%,二类焊缝约 30%。

1#、3# 工作闸门焊缝探伤的主要参数和探伤结果分别列于表 10.2-5、表 10.2-6,图 10.2-3;到零点距离为缺陷起点到零点的距离,零点规定如下:横焊缝以右端为零点,竖焊缝以上端为零点,纵向(水流向)焊缝以上游侧为零点。

探伤基准面规定如下:面板为下游面;主横梁腹板为上表面、翼缘板为下游面;边梁腹板为内侧面、翼缘板为下游面。

焊缝超声波探伤结果如下:

(1) 1# 闸门主横梁腹板与翼缘板连接焊缝存在 2 处条状缺陷;边梁腹板与翼缘板连接焊缝存在 1 处条状缺陷;其余受检焊缝未发现应记录缺陷。

(2) 3# 闸门主横梁腹板与翼缘板连接焊缝存在 2 处条状缺陷;边梁腹板与翼缘板连接

焊缝存在1处条状缺陷,边梁腹板与面板连接焊缝存在1处条状缺陷;其余受检焊缝未发现应记录缺陷。

(3) 1#、3#闸门所有受检焊缝均未发现裂纹缺陷。

表10.2-5　1#工作闸门焊缝超声波探伤记录

仪器:CTS-2020型	仪器校正:1:1
探头:K2.5	材料厚度:12、16、20(mm)
耦合剂:浆糊	记录极限:φ3~10 dB
测试比例:一类:50%　二类:30%	验收标准:GB/T 11345、GB/T 14173

焊缝编号	焊缝类别	测试范围(mm)	缺陷性质	到零点距离(mm)	深度位置(mm)	记录长度(mm)	当量(dB)
1-3-1	一	600	—	—	—	—	—
1-3-2	二	400	—	—	—	—	—
1-3-3	二	1 950	—	—	—	—	—
1-3-4	二	1 650	条状缺陷	620	8.5	30	SL+5
1-3-5	二	1 650	—	—	—	—	—
1-3-6	二	1 650	—	—	—	—	—
1-3-7	二	1 650	—	—	—	—	—
1-3-8	二	1 950	—	—	—	—	—
1-3-9	二	60	—	—	—	—	—
1-3-10	一	600	—	—	—	—	—
1-3-11	二	400	—	—	—	—	—
1-3-12	二	2 100	—	—	—	—	—
1-3-13	二	1 650	—	—	—	—	—
1-3-14	二	1 650	—	—	—	—	—
1-3-15	二	1 650	—	—	—	—	—
1-3-16	二	1 650	—	—	—	—	—
1-3-17	二	2 100	—	—	—	—	—
1-3-18	二	400	—	—	—	—	—
1-3-23	一	190	—	—	—	—	—
1-3-24	一	85	—	—	—	—	—
1-4-1	一	600	—	—	—	—	—
1-4-2	二	400	—	—	—	—	—
1-4-3	二	1 950	—	—	—	—	—
1-4-4	二	1 650	—	—	—	—	—

续表

焊缝编号	焊缝类别	测试范围（mm）	缺陷性质	到零点距离(mm)	深度位置（mm）	记录长度（mm）	当量（dB）
1-4-5	二	1 650	—	—	—	—	—
1-4-6	二	1 650	—	—	—	—	—
1-4-7	二	1 650	—	—	—	—	—
1-4-8	二	1 950	—	—	—	—	—
1-4-9	二	60	—	—	—	—	—
1-4-10	一	600	—	—	—	—	—
1-4-11	二	400	—	—	—	—	—
1-4-12	二	2 100	—	—	—	—	—
1-4-13	二	1 650	—	—	—	—	—
1-4-14	二	1 650	—	—	—	—	—
1-4-15	二	1 650	—	—	—	—	—
1-4-16	二	1 650	—	—	—	—	—
1-4-17	二	2 100	条状缺陷	950	9	50	SL+4
1-4-18	二	400	—	—	—	—	—
1-4-19	一	85	—	—	—	—	—
1-4-20	一	190	—	—	—	—	—
1-4-21	一	190	—	—	—	—	—
1-4-22	一	190	—	—	—	—	—
1-4-23	一	190	—	—	—	—	—
1-4-24	一	85	—	—	—	—	—
2-1	二	730	—	—	—	—	—
2-2	二	900	条状缺陷	400	6	30	SL+5
2-3	二	630	—	—	—	—	—
2-4	二	900	—	—	—	—	—
2-5	二	630	—	—	—	—	—
2-6	二	900	—	—	—	—	—
2-7	二	730	—	—	—	—	—
2-8	二	900	—	—	—	—	—
3-1	二	7 000	—	—	—	—	—

表 10.2-6　3#工作闸门焊缝超声波探伤记录

仪器:CTS-2020 型　　　　　　　　　　仪器校正:1∶1

探头:K2.5　　　　　　　　　　　　　材料厚度:12、16、20(mm)

耦合剂:浆糊　　　　　　　　　　　　记录极限:φ3～10 dB

测试比例:一类:50%　二类:30%　　　　验收标准:GB/T 11345、GB/T 14173

焊缝编号	焊缝类别	测试范围(mm)	缺陷性质	到零点距离(mm)	深度位置(mm)	记录长度(mm)	当量(dB)
1-3-1	一	600	—	—	—	—	—
1-3-2	二	400	—	—	—	—	—
1-3-3	二	1 950	—	—	—	—	—
1-3-4	二	1 650	—	—	—	—	—
1-3-5	二	1 650	—	—	—	—	—
1-3-6	二	1 650	—	—	—	—	—
1-3-7	二	1 650	—	—	—	—	—
1-3-8	二	1 950	—	—	—	—	—
1-3-9	二	60	—	—	—	—	—
1-3-10	一	600	—	—	—	—	—
1-3-11	二	400	—	—	—	—	—
1-3-12	二	2 100	—	—	—	—	—
1-3-13	二	1 650	—	—	—	—	—
1-3-14	二	1 650	—	—	—	—	—
1-3-15	二	1 650	—	—	—	—	—
1-3-16	二	1 650	—	—	—	—	—
1-3-17	二	2 100	—	—	—	—	—
1-3-18	二	400	—	—	—	—	—
1-3-19	一	85	—	—	—	—	—
1-3-20	一	190	—	—	—	—	—
1-3-21	一	190	—	—	—	—	—
1-3-22	一	190	—	—	—	—	—
1-3-23	一	190	—	—	—	—	—
1-4-1	一	600	—	—	—	—	—
1-4-2	二	400	—	—	—	—	—
1-4-3	二	1 950	—	—	—	—	—

续表

焊缝编号	焊缝类别	测试范围（mm）	缺陷性质	到零点距离(mm)	深度位置（mm）	记录长度（mm）	当量（dB）
1-4-4	二	1 650	—	—	—	—	—
1-4-5	二	1 650	—	—	—	—	—
1-4-6	二	1 650	—	—	—	—	—
1-4-7	二	1 650	—	—	—	—	—
1-4-8	二	1 950	条状缺陷	50	7	30	SL+4
1-4-9	二	60	—	—	—	—	—
1-4-10	一	600	—	—	—	—	—
1-4-11	二	400	—	—	—	—	—
1-4-12	二	2 100	条状缺陷	1 600	7.8	55	SL+5
1-4-13	二	1 650	—	—	—	—	—
1-4-14	二	1 650	—	—	—	—	—
1-4-15	二	1 650	—	—	—	—	—
1-4-16	二	1 650	—	—	—	—	—
1-4-17	二	2 100	—	—	—	—	—
1-4-18	二	400	—	—	—	—	—
1-4-19	一	85	—	—	—	—	—
1-4-20	一	190	—	—	—	—	—
1-4-21	一	190	—	—	—	—	—
1-4-23	一	190	—	—	—	—	—
1-4-24	一	85	—	—	—	—	—
2-1	二	730	—	—	—	—	—
2-2	二	900	—	—	—	—	—
2-3	二	630	条状缺陷	400	6	30	SL+5.7
2-4	二	900	—	—	—	—	—
2-5	二	630	—	—	—	—	—
2-6	二	900	—	—	—	—	—
2-7	二	730	条状缺陷	350	7.8	20	SL+4.6
2-8	二	900	—	—	—	—	—
3-1	二	6 000	—	—	—	—	—

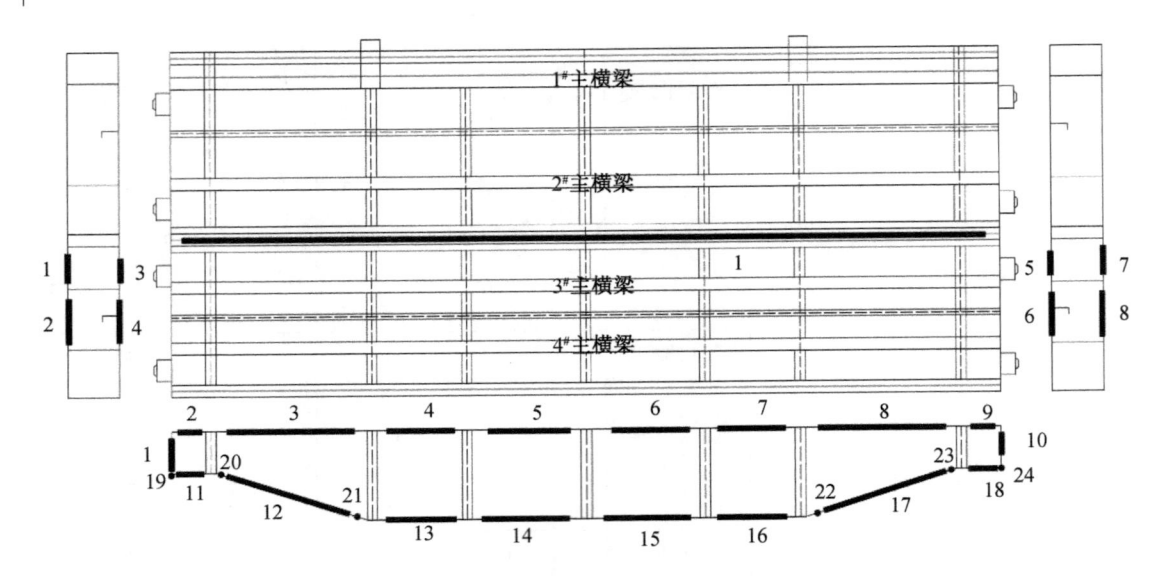

注：主横梁焊缝编号为1-×-××；边梁焊缝编号为2-××；面板焊缝编号为3-××；×为主横梁编号（自上而下依次编号为1#~4#）；××为焊缝编号。

图10.2-3　1#、3#工作闸门探伤焊缝编号示意

10.2.5　闸门结构复核计算与分析

1. 强度评判标准

闸门主要构件材料为Q235钢，闸门主横梁后翼缘、边梁后翼缘等构件厚度大于16 mm但不大于40 mm，其容许应力为$[\sigma]=150$ MPa，$[\tau]=90$ MPa。闸门其他主要构件厚度均不大于16 mm，其容许应力为$[\sigma]=160$ MPa，$[\tau]=95$ MPa。

《水利水电工程钢闸门设计规范》规定，对于大中型工程的工作闸门和重要事故闸门，容许应力应乘以0.90~0.95的调整系数。《水工钢闸门和启闭机安全监测技术规程》规定，对在役闸门进行结构强度验算时，材料的容许应力应按使用年限进行修正，容许应力应乘以1.00~0.95的使用年限修正系数。根据以上规定，取容许应力的修正系数$k=0.95\times0.97=0.92$。修正后的闸门各主要构件的容许应力列于表10.2-7。

表10.2-7　闸门主要构件材料的容许应力　　　　　　　　　单位：MPa

应力种类	抗拉、抗压和抗弯$[\sigma]$		抗剪$[\tau]$	
	调整前	调整后	调整前	调整后
主横梁后翼缘、边梁后翼缘	150	138.0	90	82.8
其他主要构件	160	147.2	95	87.4

由于受力状况不同，闸门各构件的强度评判标准亦不相同。

对于面板而言，考虑到面板本身在局部弯曲的同时还随主（次）梁受整体弯曲的作用，故应对面板的折算应力σ_{zh}进行校核，校核公式为：

$$\sigma_{zh} \leqslant 1.1\alpha[\sigma]$$

式中：α——弹塑性调整系数（$b/a>3$ 取 1.4，$b/a\leqslant 3$ 取 1.5）。

对于闸门承重构件和连接件，应校核正应力 σ 和剪应力 τ，校核公式为：

$$\sigma\leqslant[\sigma],\quad \tau\leqslant[\tau]$$

式中：$[\sigma]$、$[\tau]$——调整后的容许应力。

对于组合梁中同时受较大正应力和剪应力作用处，除校核正应力和剪应力外，还应校核折算应力 σ_{zh}，校核公式：$\sigma_{zh}\leqslant 1.1[\sigma]$。

2. 闸门结构有限元计算

1）复核计算主要参数依据

计算工况：闸门上游水位 53.50 m，下游无水，底槛高程 46.00 m，闸门作用水头 7.5 m。

计算荷载为作用于闸门的静水压力×动力系数（1.1）+闸门自重。

闸门的结构外形尺寸按设计图纸取用，钢材厚度采用 1# 闸门实测蚀余厚度。

闸门结构材料为 Q235 钢，弹性模量 $E=2.06\times 10^5$ MPa，泊松比 $\mu=0.3$，容重 $\gamma=78.5$ kN/m³。连通闸有限元计算模型见图 10.2-4。

图 10.2-4　闸门有限元计算模型

2）计算结果与分析

主横梁从上往下依次编为 1#～4#，纵梁从左向右依次编号为 1#～7#，小横梁（含顶、底梁）从上往下依次编为 1#～6#。

（1）面板应力

面板最大折算应力为 96.4 MPa，小于相应的容许值 226.7 MPa（$1.1\alpha[\sigma]=1.1\times 1.4\times 147.2=226.7$ MPa）。最大折算应力出现在面板与 4# 纵梁连接区域。

(2) 主横梁应力

① 1#～2#主横梁最大正应力(σ_x)分别为 87.4 MPa、129.4 MPa，均小于相应的容许应力；3#～4#主横梁最大正应力(σ_x)分别为 149.7 MPa、155.8 MPa，分别超过相应的容许应力(138.0 MPa)8.5%、12.9%，最大正应力均出现在主横梁后翼缘跨中区域。

② 1#～4#主横梁最大剪应力(τ)分别为 18.1 MPa、60.0 MPa、83.9 MPa、83.8 MPa，均小于相应的容许应力(87.4 MPa)。主横梁最大剪应力出现在 3#主横梁腹板跨端区域。

③ 1#～3#主横梁最大折算应力(σ_{zh})分别为 107.1 MPa、130.0 MPa、150.8 MPa，均小于相应的容许应力($1.1[\sigma]=1.1\times138.0=151.8$ MPa)；4#主横梁最大折算应力(σ_{zh})为 155.3 MPa，超过相应的容许应力 2.3%，出现在主横梁后翼缘跨中区域。

主横梁计算结果见表 10.2-8。

表 10.2-8　主横梁最大应力　　　　　　　　　　　　　单位：MPa

主横梁编号	σ_x	τ	σ_{zh}
1#	87.4	18.1	107.1
2#	129.4	60.0	130.0
3#	149.7	83.9	150.8
4#	155.8	83.8	155.3

(3) 边梁应力

① 边梁最大轴向正应力为 102.9 MPa，小于相应的容许应力，出现在边梁翼缘与 1#主横梁连接区域。

② 边梁最大剪应力为 61.6 MPa，小于相应的容许应力，出现在边梁腹板与下节门上主轮轴连接区域。

(4) 纵梁应力

① 纵梁最大轴向应力为 -105.4 MPa，小于相应的容许应力，出现在 7#纵梁后翼缘与 1#主横梁连接区域。

② 纵梁最大剪应力为 48.7 MPa，小于相应的容许应力，出现在 7#纵梁腹板与 2#主横梁连接区域。

(5) 小横梁应力

① 小横梁轴向最大正应力为 120.0 MPa，小于相应的容许应力，出现在 4#小横梁与边梁连接区域。

② 小横梁最大剪应力为 34.5 MPa，小于相应的容许应力，出现在 6#小横梁与边梁连接区域。

(6) 主横梁挠度

对于潜孔式工作闸门，主横梁的最大挠度与计算跨度的比值不应超过 1/750。闸门主横梁跨度为 12 400 mm，其容许出现的最大挠度值为 16.5 mm。

1#～4#主横梁的最大挠度分别为 2.9 mm、9.9 mm、13.3 mm、14.1 mm，均小于主横梁最大挠度容许值。

10.2.6 启闭机检测

1. 启闭机现状检测

（1）启闭机运行管理制度健全，设备管理规范，管理制度、操作规程上墙，管理措施落实到位。

（2）启闭机运行维护管理实行管养分离，实现运行管理和维护保养专业化，工程及设备运行管理和维护保养水平有保障；专业化的维保队伍负责启闭设备及闸门的维护保养工作，启闭设备维护保养工作落实到位，设备设备状况及维护保养状况良好。

（3）启闭机设备布置规范、合理，启闭机室空间宽敞，运行环境良好。

（4）启闭机设一机一柜现地操作运行控制系统，运行控制功能和性能状况良好；启闭机过载保护、行程控制装置等附属设施配置齐全，启闭机电动、手动互锁设置可靠。

（5）启闭机钢丝绳在卷筒表面排列整齐；启闭机开式齿轮副、卷筒、钢丝绳润滑状况正常；各滑动轴承处注油口设置齐全，润滑功能正常；打开启闭机减速器透视孔盖检查，其内传动轴、传动齿轮副表面无缺陷、无锈蚀；齿轮副齿面啮合状况良好，减速器内润滑油油质清澈、油量正常，齿轮副及轴承润滑良好。

2. 存在问题

现场检测发现，启闭机存在以下问题：

（1）1#启闭机钢丝绳存在 2 处钢丝绳松散、单丝变形现象。1 处位于左侧定滑轮组最右侧定滑轮下游侧钢丝绳机架位置处（闸门全关）；另一处位于卷筒表面右端。

（2）4#启闭机钢丝绳有 1 根单丝存在对接接头。接头位于左侧定滑轮组左侧定滑轮下游侧钢丝绳滑轮槽出口处；右卷筒表面左侧钢丝绳存在 1 处松散、单丝变形现象。

（3）5#启闭机左卷筒表面左侧钢丝绳存在 1 处松散、单丝变形现象。

（4）启闭机开式齿轮副轮缘部位分布有许多大小不等的孔洞、缩松、砂眼等缺陷。其中，3#启闭机右卷筒大齿轮右端轮缘部位有 1 处连片密集铸造孔洞、缩松、砂眼缺陷，分布于长约 320 mm、宽约 30 mm 的环形区域内，有规范所不允许的修补、打磨痕迹，缩松、砂眼缺陷延伸至轮齿齿槽部位，缩松、砂眼缺陷面积约 20 mm×10 mm，缺陷最深约 5 mm。

（5）1#启闭机电动机外壳散热片有 1 处破损，破损处位于中部，破损范围约 140 mm×35 mm。

（6）启闭机卷筒表面绳端固定处普遍存在余留绳头过长现象。

3. 启闭机运行状况检测

根据管理单位要求，选取 1#、3#启闭机进行启闭机运行状况检测。检测时闸门上下游无水，启闭机启闭闸门运行。

1）电气参数检测

使用 DM6266 型钳形电流表、DT890B 型数字万用表、DM6234P 型光电数字转速表、DM6801 型数字温度表、ZC25-3 型(500V)兆欧表对启闭机电动机的三相电流及其不平衡度、三相电压及其不平衡度、转速、温升、绝缘电阻等进行检测。检测结果列于表 10.2-9～表 10.2-13。

表 10.2-9　启闭机电动机三相电流及其不平衡度检测结果

启闭机	测次	定子三相电流及平均值（A）				电流不平衡度（%）
		I_A	I_B	I_C	$I_{均}$	
1#	1	29.6	29.1	25.7	28.1	8.5
	2	28.6	29.3	25.4	27.8	8.6
3#	1	29.6	25.4	28.7	27.9	9.0
	2	29.7	25.5	29.2	28.1	9.3

表 10.2-10　启闭机电动机三相电压及其不平衡度检测结果

启闭机	测次	定子三相电压及平均值（V）				电压不平衡度（%）
		U_{AB}	U_{BC}	U_{CA}	$U_{均}$	
1#	1	393	393	395	394	0.3
	2	392	394	396	394	0.5
3#	1	394	395	397	395	0.5
	2	394	392	396	394	0.5

表 10.2-11　启闭机电动机转速检测结果　　　　　　　　　　　　单位：r/min

启闭机	测次	转速测试值	转速平均值
1#	1	728	728
	2	728	
3#	1	732	728
	2	732	

表 10.2-12　启闭机电动机温升检测结果　　　　　　　　　　　　　单位：℃

启闭机	电动机温度	电动机温升
1#	34.3	3.3
3#	34.0	2.0

注：(1) 运行环境温度为 31.0℃；(2) 运行时间均为断续运行 15 min 左右。

表 10.2-13　启闭机电动机绝缘电阻检测结果　　　　　　　　　　　单位：MΩ

启闭机	定子三相对地绝缘电阻		
	A	B	C
1#	100	100	100
3#	50	50	50

由表所列检测数据可知：

(1) 2 台启闭机电动机单相电流最大值为 29.7 A，小于电动机额定电流值（45.8 A）；三相电流不平衡度最大值为9.3%,小于规范允许的最大值(10%)。启闭机电动机三相电流满足规范要求。

(2) 2台启闭机电动机三相电压最大、最小值分别为397 V和392 V,小于电动机额定电压±7%的允许范围(353～407 V);三相电压不平衡度最大值为0.5%,小于规范允许的最大值(10%)。启闭机电动机三相电压满足规范要求。

(3) 2台启闭机电动机转速、温升、绝缘电阻均满足规范要求。

2) 启闭机运行状况检测

(1) 启闭机启、闭闸门运行时,启闭机启动、制动情况正常,运行过程平稳,运行过程中无异常现象。

(2) 运行过程中,启闭机行程控制及开度指示装置功能正常。

(3) 运行过程中,3#启闭机负荷限制装置功能异常,显示载荷值为0。

(4) 现场检测运行完成后,启闭机零部件、结构件无损坏,各联接处无松动现象。

10.3 退水闸工作闸门及启闭机

退水闸共8孔,孔口净宽7 m,设置8扇露顶式弧形工作闸门,闸门设计水头4.7 m,闸门运行方式为动水启。启闭设备为8台2×100 kN固定卷扬式启闭机。

退水闸工作闸门为双主横梁斜支臂圆柱铰弧形钢闸门,板梁结构,等高布置。面板支承在由主横梁、纵梁、边梁和小横梁组成的梁格上,面板与梁格直接焊接,支臂与主横梁采用螺栓连接构成主框架。闸门主横梁为40号"工"字型钢;支臂为36号"工"字型钢;纵梁、边梁均为"T"形截面组合梁,共5根;小横梁为16号槽钢,共7根(包括顶、底梁)。

10.3.1 闸门外观检测

退水闸8扇工作闸门总体状况相似,闸门整体状况完好。闸门表面涂层基本完整,闸门构件未见损伤变形;闸门焊缝外观质量较好,表面缺陷较少;闸门支臂与主横梁之间连接完好;闸门支铰装置连接正常;闸门吊耳装置连接完好;侧导轮装置零部件齐全,连接完好;闸门止水装橡皮完整无破损;闸门轨道、底槛等埋件完好。

通过检测发现,闸门主要存在以下问题:

(1) 闸门下支臂与主横梁连接区域局部存在密集的老锈坑,最大锈蚀坑深约2 mm。

(2) 闸门底止水装置的少数连接螺栓存在轻微腐蚀。

10.3.2 闸门腐蚀量检测

对1#、3#、5#退水闸工作闸门主要构件进行腐蚀量检测,共获得检测数据150个(每个检测数据均为3个以上测点数据的平均值),平均每扇闸门约50个检测数据。闸门主要构件腐蚀量频数分布的统计结果列于表10.3-1;闸门主要构件腐蚀量和腐蚀速率的平均值(腐蚀速率的计算年限为18年)列于表10.3-2。根据腐蚀量检测数据统计结果,可得到闸门腐蚀量频数分布直方图,如图10.3-1～图10.3-3所示。

表 10.3-1　闸门腐蚀量频数分布

闸门	腐蚀量（mm）	测点数 面板	主横梁	纵（边）梁	小横梁	支臂	频数（%）
1#	0.1			2		1	6.0
	0.2	2	2	6	1	3	28.0
	0.3	2	1	6	4	4	34.0
	0.4	2	2	5	1	3	26.0
	0.5		1	1		1	6.0
3#	0.1	1		2		1	8.0
	0.2	2	1	4	2	4	26.0
	0.3	1	2	7	2	3	30.0
	0.4	1	2	6	1	3	26.0
	0.5	1	1	1	1	1	10.0
5#	0.1	1		2			6.0
	0.2	1	2	4	2	4	26.0
	0.3	2	2	6	2	5	34.0
	0.4	1	1	5	2	2	22.0
	0.5	1	1	3		1	12.0

表 10.3-2　闸门主要构件腐蚀量和腐蚀速率的平均值

参数	闸门号	面板	主横梁	纵（边）梁	小横梁	支臂	总体
平均腐蚀量（mm）	1#	0.30	0.33	0.29	0.30	0.30	0.30
	3#	0.28	0.35	0.30	0.32	0.29	0.31
	5#	0.30	0.32	0.32	0.30	0.30	0.31
标准差（mm）	1#	0.08	0.11	0.11	0.06	0.11	0.09
	3#	0.13	0.10	0.10	0.11	0.11	0.11
	5#	0.13	0.11	0.12	0.08	0.09	0.11
平均腐蚀速率（mm/a）	1#	0.017	0.019	0.016	0.017	0.017	0.017
	3#	0.016	0.019	0.017	0.018	0.016	0.017
	5#	0.017	0.018	0.018	0.017	0.017	0.017

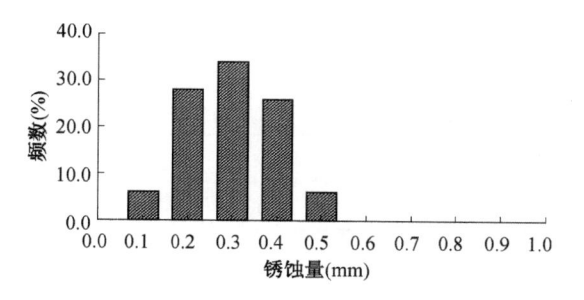

图 10.3-1　1#闸门腐蚀量频数分布

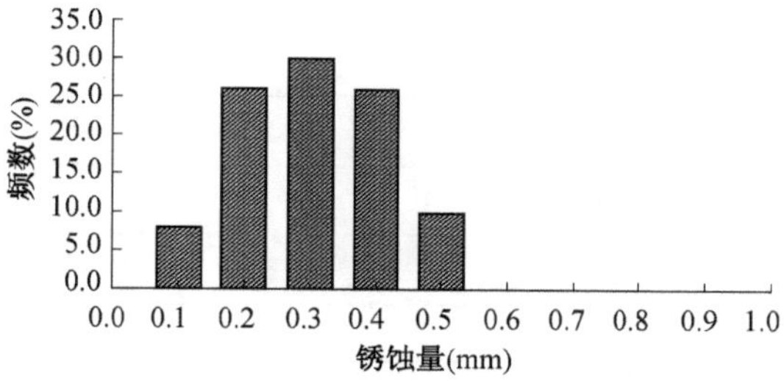

图 10.3-2　3#闸门腐蚀量频数分布

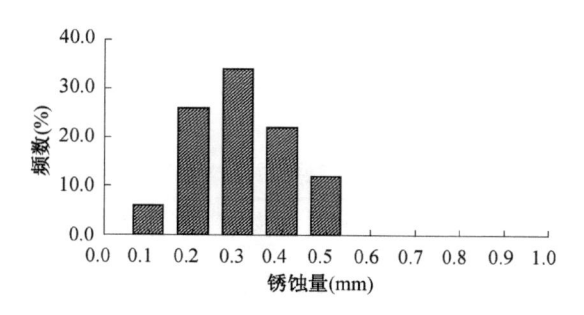

图 10.3-3　5#闸门腐蚀量频数分布

由腐蚀量频数分布的统计图表可知：

(1) 3 扇闸门腐蚀量频数分布相似，闸门腐蚀量主要位于 0.2～0.4 mm，频数分别为 88.0%、82.0%、82.0%，表明 3 扇闸门腐蚀状况基本相似。

(2) 1#闸门面板、主横梁、纵(边)梁、小横梁、支臂平均腐蚀量分别为 0.30 mm、0.33 mm、0.29 mm、0.30 mm、0.30 mm，标准差分别为 0.08 mm、0.11 mm、0.11 mm、0.06 mm、0.11 mm，平均腐蚀速率为 0.016～0.019 mm/a。

(3) 3#闸门面板、主横梁、纵(边)梁、小横梁、支臂平均腐蚀量分别为 0.28 mm、0.35 mm、0.30 mm、0.32 mm、0.29 mm，标准差分别为 0.13 mm、0.10 mm、0.11 mm、0.11 mm、0.11 mm，平均腐蚀速率为 0.016～0.019 mm/a。

(4) 5#闸门面板、主横梁、纵(边)梁、小横梁、支臂平均腐蚀量分别为 0.30 mm、0.32 mm、0.32 mm、0.30 mm、0.30 mm，标准差分别为 0.13 mm、0.11 mm、0.12 mm、0.08 mm、0.09 mm，平均腐蚀速率为 0.017～0.018 mm/a。

(5) 3 扇闸门总体平均腐蚀量分别为 0.30 mm、0.31 mm、0.31 mm，标准差分别为 0.09 mm、0.11 mm、0.11 mm，平均腐蚀速率分别为 0.017 mm/a、0.017 mm/a、0.017 mm/a。

10.3.3　闸门材料检测

1. 材料化学成分分析

选取闸门的支臂加劲板和支臂加强板进行取样。

化验试样前，对试样表面进行处理，清除试样表面污垢、涂层、腐蚀等杂物，然后对试样进行化验，测试出试样化学成分的百分含量，测试结果列于表 10.3-3。

表 10.3-3　试样化学成分测试结果

试样部位	化学成分(%)				
	C	Mn	Si	S	P
支臂加劲板	0.18	0.57	0.26	0.009	0.021
支臂加强板	0.12	0.42	0.21	0.006	0.011

2. 材料硬度与抗拉强度检测

为了验证试样材料的牌号，在分析试样化学成分的基础上，还需对试样进行硬度和抗拉强度检测。

硬度和抗拉强度检测使用 HLN-11A 型里氏硬度计进行检测，仪器将硬度测试值自动转换成相应的抗拉强度值，硬度和抗拉强度值测试一次完成。闸门主要构件材料的抗拉强度测试结果列于表 10.3-4。

表 10.3-4　闸门主要构件抗拉强度测试结果　　　　　　　　　　　单位：MPa

构件	面板	主横梁	纵(边)梁	支臂	小横梁	支臂加劲板	支臂加强板
抗拉强度	388～443	406～463	410～453	412～471	407～433	424～461	419～469

3. 检测结果分析

将《碳素结构钢》《低合金高强度结构钢》规定的钢材化学成分及抗拉强度指标列于表 10.3-5。

表 10.3-5　碳素结构钢、低合金高强度结构钢的化学成分及抗拉强度

牌号	等级	化学成分(%)，不大于					抗拉强度 σ_b (MPa)
		C	Si	Mn	P	S	
Q215	A	0.15	0.35	1.20	0.045	0.050	335～450
	B					0.045	
Q235	A	0.22	0.35	1.40	0.045	0.050	370～500
	B	0.20[b]				0.045	
	C	0.17			0.040	0.040	
	D				0.035	0.035	

牌号	等级	C	Si	Mn	P	S	抗拉强度 σ_b (MPa)
					不大于		
Q345	A	≤0.20	≤0.50	≤1.70	0.035	0.035	470～630
	B				0.035	0.035	
	C				0.030	0.030	
	D	≤0.18			0.030	0.025	
	E				0.025	0.020	

（1）闸门支臂加劲板、支臂加强板试样的化学成分和抗拉强度均与碳素结构钢 Q235 相符合。

（2）闸门面板、主横梁、支臂臂杆、小横梁、纵梁的抗拉强度均与碳素结构钢 Q235 相符合。

（3）综合试样材料化学成分分析、硬度及抗拉强度的检测结果，可以判断闸门主要构件所使用的材料为碳素结构钢 Q235，与设计图纸所标明材料一致。

10.3.4　闸门焊缝超声波探伤

根据焊缝类别，选定闸门主横梁、边梁、面板为探伤构件。接受超声波探伤的焊缝为：主横梁翼缘板对接焊缝、主横梁腹板与边梁腹板连接焊缝、主横梁翼缘板与边梁翼缘板连接焊缝、边梁腹板对接焊缝等一类焊缝；面板对接焊缝、主横梁腹板与翼缘板连接焊缝、边梁腹板与面板连接焊缝、边梁腹板与翼缘板连接焊缝等二类焊缝。闸门焊缝探伤比例为：一类焊缝约 70%，二类焊缝约 50%。

1#、3#、5# 闸门焊缝探伤的主要参数和探伤结果分别列于表 10.3-6～表 10.3-8，表中探伤焊缝编号参见图 10.3-4；到零点距离为缺陷起点到零点的距离，零点规定如下：横焊缝以右端为零点，竖焊缝以上端为零点，纵向（水流向）焊缝以上游侧为零点。

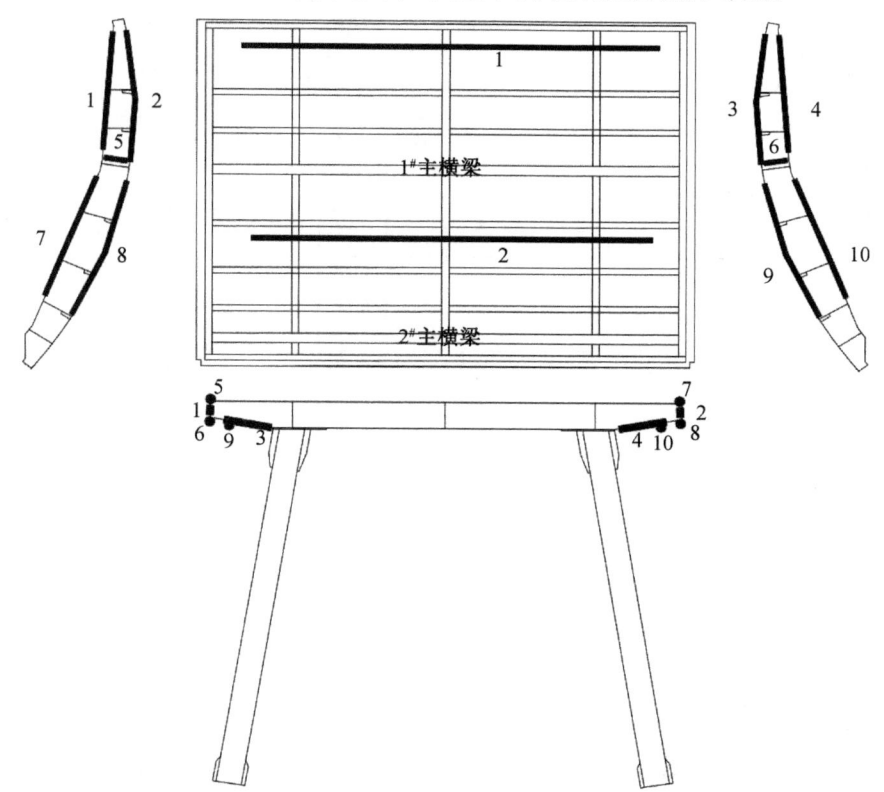

注：主横梁焊缝编号为 1-×-××；边梁焊缝编号为 2-××；面板焊缝编号为 3-××；× 为主横梁编号（自上而下依次编号为 1#、2#）；×× 为焊缝编号。

图 10.3-4　1#、3#、5# 闸门探伤焊缝编号示意

表 10.3-6　1# 闸门焊缝超声波探伤记录

仪器:CTS-2020 型	仪器校正:1∶1
探头:K2.5	材料厚度:8、10、10.5(mm)
耦合剂:浆糊	记录极限:$\varphi3\sim10$ dB
测试比例:一类:70%　二类:50%	验收标准:GB/T 11345、GB/T 14173

焊缝编号	焊缝类别	测试范围(mm)	缺陷性质	到零点距离(mm)	深度位置(mm)	记录长度(mm)	当量(dB)
1-1-1	一	250	—	—	—	—	—
1-1-2	一	250	—	—	—	—	—
1-1-3	二	950	—	—	—	—	—
1-1-4	二	950	—	—	—	—	—
1-1-5	一	60	—	—	—	—	—
1-1-6	一	60	—	—	—	—	—
1-1-7	一	60	—	—	—	—	—
1-1-8	一	60	—	—	—	—	—
1-1-9	一	150	—	—	—	—	—
1-1-10	一	150	—	—	—	—	—
1-2-1	一	250	—	—	—	—	—
1-2-2	一	250	—	—	—	—	—
1-2-3	二	950	—	—	—	—	—
1-2-4	二	950	—	—	—	—	—
1-2-5	一	60	—	—	—	—	—
1-2-6	一	60	—	—	—	—	—
1-2-7	一	60	—	—	—	—	—
1-2-8	一	60	—	—	—	—	—
1-2-9	一	150	—	—	—	—	—
1-2-10	一	150	—	—	—	—	—
2-1	二	2 000	条状缺陷	1 150	5.6	40	SL+5
2-2	二	2 000	—	—	—	—	—
2-3	二	2 000	—	—	—	—	—
2-4	二	2 000	—	—	—	—	—
2-5	一	250	—	—	—	—	—
2-6	一	250	—	—	—	—	—
2-7	二	2 500	—	—	—	—	—

续表

焊缝编号	焊缝类别	测试范围(mm)	缺陷性质	到零点距离(mm)	深度位置(mm)	记录长度(mm)	当量(dB)
2-8	二	2 500	—	—	—	—	—
2-9	二	2 500	—	—	—	—	—
2-10	二	2 500	—	—	—	—	—
3-1	二	6 500	—	—	—	—	—
3-2	二	6 500	—	—	—	—	—

表 10.3-7　3# 闸门焊缝超声波探伤记录

仪器:CTS-2020 型	仪器校正:1∶1
探头:K2.5	材料厚度:8、10、10.5(mm)
耦合剂:浆糊	记录极限:φ3～10 dB
测试比例:一类:70%　二类:50%	验收标准:GB/T 11345、GB/T 14173

焊缝编号	焊缝类别	测试范围(mm)	缺陷性质	到零点距离(mm)	深度位置(mm)	记录长度(mm)	当量(dB)
1-1-1	一	250	—	—	—	—	—
1-1-2	一	250	—	—	—	—	—
1-1-3	二	950	—	—	—	—	—
1-1-4	二	950	—	—	—	—	—
1-1-5	一	60	—	—	—	—	—
1-1-6	一	60	—	—	—	—	—
1-1-7	一	60	—	—	—	—	—
1-1-8	一	60	—	—	—	—	—
1-1-9	一	150	—	—	—	—	—
1-1-10	一	150	—	—	—	—	—
1-2-1	一	250	—	—	—	—	—
1-2-2	一	250	—	—	—	—	—
1-2-3	二	950	—	—	—	—	—
1-2-4	二	950	—	—	—	—	—
1-2-5	一	60	—	—	—	—	—
1-2-6	一	60	—	—	—	—	—
1-2-7	一	60	—	—	—	—	—
1-2-8	一	60	—	—	—	—	—

续表

焊缝编号	焊缝类别	测试范围(mm)	缺陷性质	到零点距离(mm)	深度位置(mm)	记录长度(mm)	当量(dB)
1-2-9	一	150	—	—	—	—	—
1-2-10	一	150	—	—	—	—	—
2-1	二	2 000	—	—	—	—	—
2-2	二	2 000	—	—	—	—	—
2-3	二	2 000	—	—	—	—	—
2-4	二	2 000	—	—	—	—	—
2-5	一	250	—	—	—	—	—
2-6	一	250	—	—	—	—	—
2-7	二	2 500	—	—	—	—	—
2-8	二	2 500	—	—	—	—	—
2-9	二	2 500	—	—	—	—	—
2-10	二	2 500	—	—	—	—	—
3-1	二	6 500	条状缺陷	2 300	6	50	SL+4.5
3-2	二	6 500	—	—	—	—	—

表 10.3-8　5# 闸门焊缝超声波探伤记录

仪器:CTS-2020 型	仪器校正:1:1
探头:K2.5	材料厚度:8、10、10.5(mm)
耦合剂:浆糊	记录极限:φ3～10 dB
测试比例:一类70%　二类:50%	验收标准:GB/T 11345、GB/T 14173

焊缝编号	焊缝类别	测试范围(mm)	缺陷性质	到零点距离(mm)	深度位置(mm)	记录长度(mm)	当量(dB)
1-1-1	一	250	—	—	—	—	—
1-1-2	一	250	—	—	—	—	—
1-1-3	二	950	—	—	—	—	—
1-1-4	二	950	—	—	—	—	—
1-1-5	一	60	—	—	—	—	—
1-1-6	一	60	—	—	—	—	—
1-1-7	一	60	—	—	—	—	—
1-1-8	一	60	—	—	—	—	—
1-1-9	一	150	—	—	—	—	—

续表

焊缝编号	焊缝类别	测试范围(mm)	缺陷性质	到零点距离(mm)	深度位置(mm)	记录长度(mm)	当量(dB)
1-1-10	一	150	—	—	—	—	—
1-2-1	一	250	—	—	—	—	—
1-2-2	一	250	—	—	—	—	—
1-2-3	二	950	—	—	—	—	—
1-2-4	二	950	—	—	—	—	—
1-2-5	一	60	—	—	—	—	—
1-2-6	一	60	—	—	—	—	—
1-2-7	一	60	—	—	—	—	—
1-2-8	一	60	—	—	—	—	—
1-2-9	一	150	—	—	—	—	—
1-2-10	一	150	—	—	—	—	—
2-1	二	2 000	—	—	—	—	—
2-2	二	2 000	—	—	—	—	—
2-3	二	2 000	—	—	—	—	—
2-4	二	2 000	—	—	—	—	—
2-5	二	250	—	—	—	—	—
2-6	二	250	—	—	—	—	—
2-7	二	2 500	—	—	—	—	—
2-8	二	2 500	条状缺陷	240	6	20	SL+4
	二	2 500	条状缺陷	570	5.3	35	SL+5
2-9	二	2 500	—	—	—	—	—
2-10	二	2 500	—	—	—	—	—
3-1	二	6 500	—	—	—	—	—
3-2	二	6 500	—	—	—	—	—

探伤基准面规定如下：面板为下游面；主横梁腹板为上表面、翼缘板为下游面；边梁腹板为内侧面、翼缘板为下游面。

焊缝超声波探伤结果如下：

(1) 1#闸门边梁腹板与翼缘板的连接焊缝存在1处条状缺陷；其余受检焊缝未发现应记录缺陷。

(2) 3#闸门面板对接焊缝存在1处条状缺陷；其余受检焊缝未发现应记录缺陷。

(3) 5#闸门边梁腹板与面板的连接焊缝存在2处条状缺陷；其余受检焊缝未发现应记录缺陷。

(4) 1#、3#、5#闸门所有受检焊缝均未发现裂纹缺陷。

10.3.5 闸门结构复核计算与分析

1. 强度评判标准

闸门主要构件材料为Q235钢,厚度均不大于16 mm,其容许应力为$[\sigma]=160$ MPa,$[\tau]=95$ MPa。

《水利水电工程钢闸门设计规范》规定,对于大中型工程的工作闸门和重要事故闸门,容许应力应乘以0.90~0.95的调整系数。《水工钢闸门和启闭机安全监测技术规程》规定,对在役闸门进行结构强度验算时,材料的容许应力应按使用年限进行修正,容许应力应乘以1.00~0.95的使用年限修正系数。

根据以上规定,取容许应力的修正系数$k=0.95\times0.97=0.92$。修正后的闸门各主要构件的容许应力列于表10.3-9。

表10.3-9 闸门主要构件材料的容许应力　　　　单位:MPa

应力种类	抗拉、抗压和抗弯$[\sigma]$		抗剪$[\tau]$	
	调整前	调整后	调整前	调整后
应力数值	160	147.2	95	87.4

由于受力状况不同,闸门各构件的强度评判标准亦不相同。

对于闸门承重构件和连接件,应校核正应力σ和剪应力τ,校核公式为:

$$\sigma \leqslant [\sigma], \quad \tau \leqslant [\tau]$$

式中:$[\sigma]$、$[\tau]$——调整后的容许应力。

对于组合梁中同时受较大正应力和剪应力作用处,除校核正应力和剪应力外,还应校核折算应力σ_{zh},校核公式为:

$$\sigma_{zh} \leqslant 1.1[\sigma]$$

对于面板而言,考虑到面板本身在局部弯曲的同时还随主(次)梁受整体弯曲的作用,故应对面板的折算应力σ_{zh}进行校核,校核公式为:

$$\sigma_{zh} \leqslant 1.1\alpha[\sigma]$$

式中:α——弹塑性调整系数,取1.5。

2. 闸门结构有限元计算

1) 复核计算主要参数依据

计算工况为设计工况,闸门上游水位51.00 m,下游无水,底槛高程45.80 m,闸门设计水头5.2 m。

计算荷载为作用于闸门的静水压力×动力系数(1.1)+闸门自重+启门瞬间启门力。

构件的外形尺寸按设计图纸取用,构件的截面厚度采用3#闸门实测蚀余厚度。

闸门主要构件材料为Q235钢,弹性模量取$E=2.06\times10^5$ MPa,泊松比$\mu=0.3$,容重$\gamma=78.5$ kN/m³。退水闸有限元计算模型见图10.3-5。

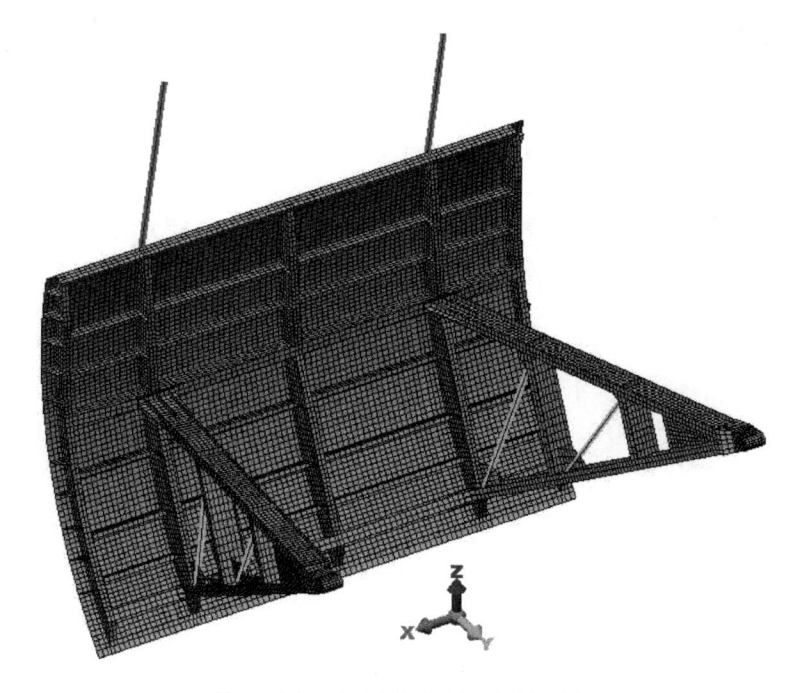

图 10.3-5　闸门结构有限元计算模型

2) 计算结果与分析

纵梁（含边梁）从左向右依次编号为 1#～5#，小横梁（包括顶梁、底梁）自上而下依次编号为 1#～7#。

(1) 面板应力

面板最大折算应力为 76.9 MPa，小于应力容许值（$1.1\alpha[\sigma]=1.1\times1.5\times147.2=242.9$ MPa）；最大折算应力出现在 4#、5# 小横梁与 3#、4# 纵梁组成的区域上。

(2) 主横梁应力

① 上、下主横梁最大正应力（σ_x）分别为 50.5 MPa、57.7 MPa，小于相应的容许应力；最大正应力均出现在主横梁后翼缘跨中区域。

② 上、下主横梁最大剪应力（τ）分别为 22.8 MPa、28.3 MPa，小于相应的容许应力；最大剪应力均出现在主横梁与支臂连接区域的腹板上。

③ 上、下主横梁最大折算应力（σ_{zh}）分别为 78.8 MPa、71.6 MPa，小于相应的应力容许值；最大折算应力均出现在主横梁后翼缘跨中区域。

(3) 支臂应力

① 上支臂最大轴向正应力为 −54.6 MPa，小于相应的容许应力；最大轴向正应力出现在上支臂与主横梁连接区域的腹板上。

② 下支臂最大轴向正应力为 −54.7 MPa，小于相应的容许应力；最大轴向正应力出现在下支臂与主横梁连接区域的腹板上。

(4) 纵梁应力

① 纵梁最大轴向应力为 −80.4 MPa，小于相应的容许应力；最大轴向应力出现在 4# 纵梁后翼缘与上主横梁连接区域。

② 纵梁最大剪应力为 39.4 MPa，小于相应的容许应力；最大剪应力出现在 4# 纵梁腹板与上主横梁连接区域。

（5）小横梁应力

① 小横梁最大正应力为 −63.3 MPa，小于相应的容许应力；最大正应力出现在 4# 小横梁与 4# 纵梁连接区域。

② 小横梁最大剪应力为 22.4 MPa，小于相应的容许应力；最大剪应力出现在 5# 小横梁与 4# 纵梁连接区域。

（6）主横梁挠度

对于露顶式工作闸门，主横梁的最大挠度与计算跨度的比值不应超过 1/600。闸门主横梁跨度为 4 200 mm，其容许出现的最大挠度值为 7.0 mm。

上、下主横梁的最大挠度分别为 1.5 mm、1.8 mm，均小于主横梁最大挠度容许值。

3. 闸门支臂稳定计算

稳定计算采用的弯矩、轴向力计算方法为结构力学法。构件截面尺寸以现场检测的蚀余厚度为准。支臂稳定计算结果列于表 10.3-10。

表 10.3-10　支臂稳定计算结果　　　　　　　　　　　　　单位：MPa

	上支臂	下支臂
弯矩作用平面内	49.6	52.5
弯矩作用平面外	52.1	55.2

从表可知：闸门上、下支臂弯矩作用平面内的最大稳定计算应力分别为 49.6 MPa、52.5 MPa，弯矩作用平面外的最大稳定计算应力分别为 52.1 MPa、55.2 MPa，支臂平面内、平面外的最大稳定计算应力均小于相应的容许应力。

10.3.6　启闭机检测

1. 概况

退水闸启闭机为 2×400 kN 固定卷扬式启闭机，共计 5 台（从右向左编为 1#～5#），一机一门启闭 8 扇弧形钢闸门。启闭机布置在地上二层启闭机室内。启闭机运行控制方式为现地控制。

启闭机主要由电动机、制动器（带弹性柱销联轴器）、齿轮减速器、齿轮联轴器、联动传动轴、开式齿轮副、卷筒、钢丝绳、荷重限制器、行程控制装置及手动装置等组成。启闭机主要技术参数列于表 10.3-11。

表 10.3-11　启闭机主要技术参数

启闭机型式		QH 型双吊点固定卷扬式		
额定容量		2×100 kN	启门速度	1.8 m/min
扬程		12 m	吊点中心距	m
电动机	型号	YZ 160M2-6	额定电压/电流	380 V/16.9 A
	功率	7.5 kW	转速	943 rpm

续表

启闭机型式		QH型双吊点固定卷扬式	
制动器	型号	TJ$_2$-200	制动力矩	160 N·m
减速器	型号		传动比	
卷筒直径		ϕ600 mm	钢丝绳型号	6×37-ϕ30-185

2. 启闭机现状检测

1）启闭机整体状况

（1）启闭机运行管理制度健全，设备管理规范，管理制度、操作规程上墙，管理措施落实到位。

（2）启闭机运行维护管理实行管养分离，实现运行管理和维护保养专业化，工程及设备运行管理和维护保养水平有保障；专业化的维保队伍负责启闭设备及闸门的维护保养工作，启闭设备维护保养工作落实到位，设备设备状况及维护保养状况良好。

（3）启闭机室实行封闭化管理，无鸟雀昆虫等进入启闭机室内，启闭机室环境整洁，启闭机设备表面无灰尘、无污秽。启闭机设备布置规范、合理。

（4）启闭机设一机一柜现地操作运行控制系统，并且留有集控操作系统接口以备将来升级换代；启闭机操作运行控制系统功能齐全，操作控制面板清晰；启闭机过载保护、行程控制装置等附属设施配置齐全，控制功能基本正常；启闭机各零部件表面涂层完整，表面颜色标记符合规范要求。

（5）启闭机钢丝绳在卷筒表面排列整齐；启闭机开式齿轮副、卷筒、钢丝绳润滑状况正常；各滑动轴承处注油口设置齐全，润滑功能正常，轴承座处均无润滑油渗漏现象；打开启闭机减速器透视孔盖检查，其内传动轴、传动齿轮副表面无缺陷、无锈蚀；齿轮副齿面啮合状况良好，齿轮副及轴承润滑良好。

2）存在问题

现场检测发现，启闭机存在以下问题：

（1）3#、4#、5#启闭机电动、手动系统切换离合器脱离间距过小，存在安全隐患。

（2）1#、3#、5#启闭机卷筒表面钢丝绳存在松散、单丝变形现象。其中，1#启闭机左卷筒表面钢丝绳存在4处松散、单丝变形现象；3#启闭机左卷筒表面存在5处钢丝绳松散、单丝变形现象；5#启闭机卷筒表面钢丝绳存在3处钢丝绳松散。

（3）3#、4#、6#、8#启闭机卷筒表面钢丝绳存在钢丝绳单丝焊接接头。其中，3#启闭机左卷筒表面钢丝绳存在1处单丝焊接接头；4#启闭机右卷筒表面钢丝绳存在1处单丝焊接接头；6#启闭机左卷筒表面钢丝绳同1点处有两个单丝焊接接头；8#启闭机右卷筒表面钢丝绳有1处单丝焊接接头。

（4）6#启闭机左侧开式齿轮副右端面轮缘部位有2处面积约4 mm×2 mm，深度约1 mm的小孔洞缺陷。

（5）1#、3#、4#、5#、6#启闭机卷筒端面存在大小、深浅不一的缺肉、孔洞缺陷。其中，1#启闭机右卷筒端面有1处面积40 mm×10 mm，深度约3 mm的表面缺肉缺陷，左卷筒端面有1处面积70 mm×10 mm，深度约1.5 mm的表面缺肉缺陷；3#启闭机右卷筒端面有2处连片小孔洞缺陷，1处分布面积35 mm×20 mm，最大单孔缺陷面积约5 mm×5 mm，深度约 1 mm；另 1 处分布面积 70 mm×20 mm，最大单孔缺陷面积约 8 mm×8 mm，深度约 4 mm；4#启闭机右卷筒端面边缘处有 1 段面积约 90 mm×10 mm，最大深度约 5 mm 的断续缺肉缺陷；5#启闭机右卷筒端面边缘有 1 处面积约 90 mm×15 mm 的断续缺肉缺陷，缺陷最大深度约 4 mm；6#启闭机右卷筒端面边缘有 2 处连成片状的缺肉缺陷，面积约 120 mm×10 mm 和 90 mm×15 mm，最大缺陷深度约 4 mm 和 5 mm。

3）启闭机运行状况检测

根据管理单位要求，选取 1#、3#、5#启闭机进行启闭机运行状况检测。检测时闸门上下游无水，启闭机启闭闸门。

4）电气参数检测

使用 DM6266 型钳形电流表、DT890B 型数字万用表、DM6234P 型光电数字转速表、DM6801 型数字温度表、ZC25-3 型(500V)兆欧表对启闭机电动机的三相电流其不平衡度、三相电压及其不平衡度、转速、温升、绝缘电阻等进行检测。检测结果列于表 10.3-12～表 10.3-16。

由表可知：

（1）启闭机电动机单相电流最大值为 14.6 A，小于电动机额定电流值(16.9 A)；三相电流不平衡度最大值为 9.6%，小于规范允许的最大值(10%)。启闭机电动机三相电流满足规范要求。

（2）启闭机电动机三相电压最大、最小值分别为 388 V 和 382 V，小于电动机额定电压 ±7%的允许范围(353～407 V)；三相电压不平衡度最大值为 0.8%，小于规范允许的最大值(10%)。启闭机电动机三相电压满足规范要求。

（3）2 台启闭机电动机转速、温升、绝缘电阻均满足规范要求。

表 10.3-12　启闭机电动机三相电流及其不平衡度检测结果

启闭机	测次	定子三相电流及平均值(A)				电流不平衡度(%)
		I_A	I_B	I_C	$I_均$	
1#	1	14.6	12.2	13.7	13.5	9.6
	2	14.4	13.3	12.0	13.2	9.1
3#	1	13.9	12.4	13.1	13.1	6.1
	2	13.6	12.4	13.1	13.0	4.6
5#	1	12.6	12.9	11.9	12.5	4.8
	2	12.8	12.8	11.9	12.5	4.8

表 10.3-13　启闭机电动机三相电压及其不平衡度检测结果

启闭机	测次	定子三相电压及平均值(V)				电压不平衡度(%)
		U_{AB}	U_{BC}	U_{CA}	$U_均$	
1#	1	385	385	388	386	0.5
	2	385	385	387	386	0.3

续表

启闭机	测次	定子三相电压及平均值(V)				电压不平衡度(%)
		U_{AB}	U_{BC}	U_{CA}	$U_{均}$	
3#	1	384	383	386	384	0.5
	2	384	384	386	385	0.3
5#	1	383	384	385	384	0.3
	2	382	383	387	384	0.8

表 10.3-14 启闭机电动机转速检测结果　　　　　　　　　　　单位:r/min

启闭机	测次	转速测试值	转速平均值
1#	1	979	981
	2	982	
3#	1	984	984
	2	984	
5#	1	983	983
	2	982	

表 10.3-15 启闭机电动机温升检测结果　　　　　　　　　　　　单位:℃

启闭机	电动机温度	电动机温升
1#	35.1	3.1
3#	35.8	3.8
5#	34.6	2.6

注：(1)测试运行环境温度为 32℃；(2)运行时间均为断续运行 20 min 左右。

表 10.3-16 启闭机电动机绝缘电阻检测结果　　　　　　　　　　单位:MΩ

启闭机	定子三相对地绝缘电阻		
	A	B	C
1#	100	100	100
3#	40	40	40
5#	60	60	60

5) 启闭机运行状况检测

(1) 启闭机启、闭闸门运行时，启闭机启动、制动情况正常，运行过程平稳，运行过程中无异常现象。

(2) 运行过程中，启闭机行程控制及开度指示装置功能正常。

(3) 运行过程中，5# 启闭机负荷限制装置功能异常，载荷值不显示。

(4) 现场检测运行完成后，启闭机零部件、结构件无损坏，各联接处无松动现象。

10.4 小结

10.4.1 进水闸工作闸门及启闭机

(1) 进水闸工作闸门整体状况完好,闸门构件未见损伤变形;闸门表面涂层基本完整,面板局部区域存在较密集的老锈坑;闸门焊缝外观质量较好,超声波探伤未发现焊缝存在超标缺陷或裂纹缺陷;有限元复核计算结果表明,闸门主要构件的强度和刚度均满足安全运行要求;闸门主轮支承装置零部件齐全,连接完好;闸门止水装置零部件齐全,连接牢靠;闸门支撑轨道、门楣、底槛等埋件完好。根据现场检测与复核计算成果综合分析,进水闸工作闸门不存在影响运行的安全隐患。

(2) 进水闸工作闸门启闭机运行管理制度健全,设备管理规范,设备及运行控制系统布置规范,操作控制系统设备完好;启闭机过载保护、行程控制装置等附属设施配置齐全,功能正常;减速箱内传动轴、传动齿轮副表面无缺陷、无锈蚀;齿轮副齿面啮合状况良好,齿轮副及轴承润滑良好;启闭机电动机电气参数均满足规范规定的要求;启闭机启动、制动情况正常,运行过程平稳,无异常现象。启闭机开式齿轮副大齿轮端面以及卷筒端面、绳槽表面虽然存在孔洞、缺损缺陷,但不影响启闭机安全运行。现场检测未发现影响启闭机运行的安全隐患。

(3) 进水闸检修叠梁闸门状况基本完好,主要构件未见损伤变形;叠梁表面涂层基本完整,叠梁顶部腹板存在一般腐蚀;叠梁零部件齐全,连接完好;叠梁的主滑块、反向滑块、侧导向装置零部件齐全,连接正常;叠梁止水装置零部件齐全,连接牢靠;检修闸门门槽基本完好。现场检测未发现影响进水闸检修叠梁闸门运行的安全隐患。

(4) 启闭机开式齿轮副大齿轮端面以及卷筒端面、绳槽表面存在的各种缺陷,不影响启闭机的安全运行,但有碍观瞻,建议进行相应处理。

(5) 部分启闭机卷筒表面绳端固定处钢丝绳余留绳头过长,建议予以截短,以策安全。

10.4.2 连通闸工作闸门及启闭机

(1) 连通闸工作闸门整体状况完好,闸门门体未见损伤变形;闸门表面涂层基本完整;闸门焊缝外观质量较好,表面缺陷较少,超声波探伤未发现焊缝存在超标缺陷或裂纹缺陷;闸门主轮支承装置零部件齐全,连接完好;侧导向装置连接正常;闸门止水橡皮完整无损坏;闸门支撑轨道、门楣、底槛等埋件完好。有限元复核计算结果表明,闸门 3#、4# 主横梁最大正应力分别为 149.7 MPa、155.8 MPa,分别超过相应的容许应力(138.0 MPa)的 8.5%、12.9%,不满足安全运行要求。采取适当处理措施后可继续安全使用。

(2) 连通闸工作闸门启闭机运行管理制度健全,设备管理规范,设备及运行控制系统布置规范,操作控制系统设备完好,操作控制装置齐全,功能正常可靠;启闭机过载保护、行程控制装置等附属设施配置齐全,功能正常;减速箱内传动轴、传动齿轮副表面无缺陷、无锈蚀;齿轮副齿面啮合状况良好,齿轮副及轴承润滑良好;启闭机电动机电气参数均满足规范规定的要求;启闭机启动、制动情况正常,运行过程平稳,无异常现象。1#、4#、5# 启闭机钢丝绳存在钢丝松散、变形现象和焊接接头等缺陷;3# 启闭机右卷筒大齿轮右端轮缘部位有 1

处连片密集铸造孔洞、缩松、砂眼缺陷,存在打磨修补痕迹。现场检测发现启闭机存在影响安全运行的隐患,采取适当处理措施后可继续安全使用。

(3) 1#、4#、5#启闭机钢丝绳存在钢丝松散、变形现象和焊接接头等缺陷,建议在使用维护过程中,增加观察和检测频次,及时掌握缺陷的变化情况。如果条件允许,建议更换现有钢丝绳。

(4) 启闭机开式齿轮副大齿轮端面存在孔洞、缩松、砂眼等缺陷,这些缺陷不影响启闭机的安全运行,但有碍观瞻,建议进行相应处理。

(5) 3#启闭机右卷筒大齿轮右端轮缘部位有1处连片密集铸造孔洞、缩松、砂眼缺陷,存在打磨修补痕迹,建议更换。

(6) 部分启闭机卷筒表面绳端固定处钢丝绳余留绳头过长,建议予以截短。

(7) 3#启闭机负荷限制装置功能异常,建议修复。

10.4.3　退水闸工作闸门及启闭机

(1) 退水闸工作闸门整体状况完好,闸门门体未见损伤变形;闸门表面涂层基本完整;闸门下支臂与主横梁连接区域局部区域存在密集老锈坑;闸门焊缝外观质量较好,表面缺陷较少,超声波探伤未发现焊缝存在超标缺陷或裂纹缺陷;有限元复核计算结果表明,闸门主要构件的强度和刚度均满足安全运行要求;闸门支臂与主横梁之间连接完好;闸门支铰装置连接正常;闸门吊耳装置连接完好;侧导轮装置零部件齐全,连接完好;闸门止水装橡皮完整无破损;闸门轨道、底槛等埋件完好。根据现场检测与复核计算成果综合分析,退水闸工作闸门不存在影响运行的安全隐患。

(2) 退水闸工作闸门启闭机运行管理制度健全,设备管理规范,设备及运行控制系统布置规范,操作控制系统设备完好,操作控制装置齐全,功能正常可靠;启闭机过载保护、行程控制装置等附属设施配置齐全,功能正常;减速箱内传动轴、传动齿轮副表面无缺陷、无锈蚀;齿轮副齿面啮合状况良好,齿轮副及轴承润滑良好;启闭机电动机电气参数均满足规范规定的要求;启闭机启动、制动情况正常,运行过程平稳,无异常现象。1#、3#、5#启闭机钢丝绳存在钢丝松散、变形缺陷;启闭机开式齿轮副大齿轮端面存在孔洞、缩松、砂眼、缺肉等缺陷;3#、4#、5#启闭机电动、手动系统切换离合器脱离间距过小;5#启闭机负荷限制装置功能异常。现场检测发现启闭机存在影响安全运行的隐患,采取适当处理措施后可继续安全使用。

(3) 1#、3#、5#启闭机钢丝绳存在钢丝松散、变形缺陷,3#、4#、6#、8#启闭机钢丝绳存在焊接接头缺陷。建议在使用维护过程中,增加观察和检测频次,及时掌握缺陷的变化情况。如果条件允许,建议更换现有钢丝绳。

(4) 启闭机开式齿轮副大齿轮端面存在孔洞、缩松、砂眼、缺肉等缺陷,这些缺陷不影响启闭机的安全运行,但有碍观瞻,建议进行相应处理。

(5) 5#启闭机负荷限制装置功能异常,建议修复。

(6) 鉴于3#、4#、5#启闭机电动、手动系统切换离合器脱离间距过小,存在安全隐患,建议进行调整。

综上,根据《水库大坝安全评价导则》,滞洪水库金属结构安全性为"A"级。

11

大坝安全综合评价

11.1 主要结论

（1）滞洪水库工程等别为Ⅱ等，中堤、右堤等级为 1 级，进水闸、连通闸、退水闸等级为 2 级，洪水标准采用 100 年一遇洪水设计，符合现行规范规定。本次设计洪水复核参照滞洪水库工程初步设计成果，由流量资料推求设计洪水。由于近几年流域较少发生大的暴雨洪水，延长系列后设计成果略有增加，年最大暴雨均值相对差在 5% 以内。从偏安全考虑，设计洪水采用本次复核成果。经调洪演算，本次复核的稻田水库 100 年一遇设计洪水位 53.55 m，略大于原设计洪水位 53.50 m；马厂水库 100 年一遇设计洪水位 50.50 m，等于原设计洪水位 50.50 m。经坝顶高程复核，现状稻田水库、马厂水库坝顶高程满足抗洪能力要求。经闸顶高程复核，进水闸、连通闸和退水闸闸顶高程满足规范要求。防洪安全性为"A"级。

（2）滞洪水库中堤、右堤基础处理施工方法合适，处理质量满足设计要求。中堤、右堤堤防填筑施工方法合适，施工参数由现场碾压试验确定，填筑质量由干密度控制合适，施工质量满足设计和规范要求。中堤、右堤填筑料主要以砂料为主，局部桩号段相对密度偏小，相对密度总体满足规范要求。中堤的内外坡护坡包括多种形式，反滤土工布和混凝土防护板施工方法合适，水泥、骨料等混凝土原材料经检测均满足规范要求，护坡板混凝土配合比在经验范围内，强度、抗冻指标经检测满足设计要求。内外侧护坡施工质量满足设计要求。浆砌石施工方法合适，原材料经检测满足规范要求，砂浆配合比在经验范围内，砂浆强度经检测满足规范要求。浆砌石齿墙、岸肩坡、浆砌石护坡施工质量满足设计要求。进水闸上游护坡、上游翼墙、铺盖、闸底板、闸墩、胸墙、检修桥、消力池斜坡、护坦、下游翼墙、下游中堤护坡的回弹法混凝土强度推定值均大于原设计强度。连通闸上游翼墙、铺盖、闸底板、闸墩、胸墙、检修桥、交通桥、消力池底板、护坦、下游翼墙的回弹法混凝土强度推定值均大于原设计强度。连通闸上游翼墙、闸墩、下游翼墙的超声回弹综合法混凝土强度推定值均大于原设计强度。退水闸上游翼墙、铺盖、闸底板、闸墩、牛腿、检修桥梁、交通桥板梁、消力池底板、护坦、下游翼墙、尾堤护坡的回弹法混凝土强度推定值均大于原设计强度。退水闸闸墩、下游翼墙的超声回弹综合法混凝土强度推定值均大于原设计强度。评定滞洪水库工程质量为"合格"。

（3）水库管理机构完善，管理人员满足工程运行管理需求；水库防汛交通及通信设施完整，使用正常；水库调度规程、防汛抢险应急预案按照规定编制完成，并报上级主管部门批准；水库维修资金落实，大坝养护维修及时，工程工作状态完整、安全。评定滞洪水库运行管理为"较规范"。

（4）根据补水阶段渗流监测资料，进水闸闸基渗压水位和位势变化规律正常；中堤、右堤堤身渗透稳定性满足规范要求；进水闸、连通闸和退水闸的渗透坡降小于允许渗透坡降。评定滞洪水库大坝渗流安全性为"A"级。

（5）中堤沉降量较小并趋于稳定，未见异常变形情况。经复核计算，中堤、右堤抗滑稳定性满足规范要求。泄、输水建筑物选型合适、布置合理，防渗体系完整。通过水力复核计算，各建筑物体形设计及消能方式合适，泄流能力与消能效果均达到设计要求。经结构与抗渗复核，各建筑物结构强度与稳定性均满足相应设计规范要求，渗径长度满足规范要求。闸基地应力最大值与最小值之比均满足规范要求。评定滞洪水库大坝结构安全为"A"级。

（6）工程区设计地震动峰值加速度为 0.20 gal，相应的地震基本烈度为Ⅷ度，地震动加速度反应谱特征周期为 0.40 s。经计算，地震工况下中堤、右堤边坡抗滑稳定性均满足规范要求。地震工况下，进水闸、连通闸和退水闸基底应力、抗滑稳定和结构强度满足规范要求。评定滞洪水库抗震安全性为"A"级。

（7）进水闸、连通闸和退水闸金属结构设备运行正常。闸门强度、应力和变形以及启闭机启闭力复核结果基本满足规范要求，连通闸工作闸门 3#、4# 主横梁最大正应力大于容许应力，应采取适当处理措施。供电安全可靠，运行和维护状况良好。评定滞洪水库金属结构安全为"A"级。

综上所述，滞洪水库现状工程质量合格，运行管理条件好，水库防洪安全、渗流稳定、结构稳定、抗震稳定及金属结构安全等均满足要求，运行情况总体正常，应属"一类坝"。

11.2　建议

（1）修复水库中堤、右堤局部破损与塌陷部位，对马道与排水沟局部破损部位进行处理，对护坡乔木进行处理。对进水闸底板、铺盖、工作桥柱混凝土裂缝、钢筋锈胀和露筋进行处理；对退水闸翼墙、闸墩、闸室底板、消力池底板、护坦、铺盖混凝土裂缝和交通桥混凝土钢筋锈胀、露筋进行处理。

（2）对连通闸工作闸门 3#、4# 主横梁采取适当加固措施。

（3）对已损坏监测设施进行更换，对自动化系统进行升级改造，根据需要增设必要的监测设施。

（4）加强水库日常巡视检查，编制水库大坝安全管理应急预案。

参考文献

[1] 水利部天津水利水电勘测设计研究院,北京市水利规划设计研究院.永定河滞洪水库工程可行性研究报告[R].1998.

[2] 水利部天津水利水电勘测设计研究院,北京市水利规划设计研究院.永定河滞洪水库工程初步设计报告[R].2000.

[3] 水利部天津水利水电勘测设计研究院,北京市水利规划设计研究院.永定河滞洪水库工程修改设计报告[R].2000.

[4] 北京市水利规划设计研究院.永定河滞洪水库工程初步设计阶段工程地质勘察报告[R].1999.

[5] 南京水利科学研究院,水利部大坝安全管理中心.水库大坝安全评价导则:SL 258—2017[S].北京:中国水利水电出版社,2017.

[6] 黄河水利委员会勘测规划设计研究院.碾压式土石坝设计规范:SL 274—2001[S].北京:中国水利水电出版社,2002.

[7] 黄河水利委员会黄河水利科学研究院,水利部堤防安全与病害防治工程技术研究中心.堤防工程安全评价导则:SL/Z 679—2015[S].北京:中国水利水电出版社,2015.

[8] 中华人民共和国水利部.防洪标准:GB 50201—2014[S].北京:中国计划出版社,2015.

[9] 中华人民共和国水利部.水利水电工程地质勘察规范:GB 50487—2008.[S].北京:中国水利水电出版社,2008.

[10] 中华人民共和国住房和城乡建设部.中国地震动参数区划图:GB 18306—2015[S].北京:中国建筑工业出版社,2015.

[11] 江苏省水利勘测设计研究院有限公司.水闸设计规范:SL 265—2016[S].北京:中国水利水电出版社,2016.

[12] 中水东北勘测设计研究有限责任公司.水利水电工程钢闸门设计规范:SL 74—2019[S].北京:中国水利水电出版社,2019.

[13] 水利部水工金属结构质量检验测试中心.水工金属结构防腐蚀规范:SL 105—2007[S].北京:中国水利水电出版社,2007.

[14] 水利部水工金属结构质量检验测试中心.水利水电工程启闭机制造、安装及验收规范:SL381—2007[S].北京:中国水利水电出版社,2007.

[15] 中国水利水电科学研究院.土石坝安全监测技术规范:SL 551—2012[S].北京:中国水利水电出版社,2012.

[16] 水利部水利水电规划设计总院.水工设计手册(第1卷 基础理论)[M].北京:中国水利水电出版社,2011.

附表

滞洪水库工程特性表

序号	名称	单位	数量	备注
一	水文			
1	官厅山峡流域面积	km²	1 600	
2	多年平均径流量	亿 m³	1.2	
3	设计洪峰流量(1%)	m³/s	6 230	
4	设计 3 d 洪量(1%)	亿 m³/s	4.64	
5	设计 7 d 输沙量(1%)	万 t	7 282	
二	水库			
1	稻田水库			
2	设计洪水位($p=1\%$)	m	53.50	
3	总库容	万 m³	3 008	
4	调洪库容	万 m³	3 008	
5	马厂水库			
6	设计洪水位($p=1\%$)	m	50.50	
7	总库容	万 m³	1 381	
8	调洪库容	万 m³	1 381	
三	主要建筑物			
1	进水闸			
	型式		平板钢闸门	
	闸底板高程	m	49.00	
	闸孔尺寸	m	6 孔 12.2 m×6 m(宽×高)	
	控制泄量	m³/s	1 900	
2	连通闸			
	型式		平板钢闸门	

续表

序号	名称	单位	数量	备注
	闸底板高程	m	46.00	
	闸孔尺寸	m	5孔12 m×5.5 m(宽×高)	
	控制泄量	m³/s	1 176	
3	退水闸			
	型式		弧形钢闸门	
	闸底板高程	m	45.80	
	闸孔尺寸	m	8孔宽7 m	
	控制泄量	m³/s	400	
4	中堤			
	型式		碾压式细砂均质坝	
	堤顶宽度	m	75	
	堤长	km	10.21	
	最大堤高	m	12.7	
	内、外坡比		1∶4.5	